建筑

普通高等教育土建学科『十三五』规划教材

建筑设计原理

JIANZHU SHEJI YUANLI

主　编　董莉莉　魏　晓
副主编　沈　涛　张　蕾
参　编　周　蕙　周　筠　姚　阳　张　炜
温　泉　甘　亮　任鹏宇　董文静
罗融融　雷　怡

華中科技大學出版社
http://www.hustp.com
中国·武汉

内容简介

本书内容的理论部分分为四个方面：概论篇、设计篇、技术经济篇和构思创作篇，共计十章。各个章节相对独立而又相互联系，共同构建本课程的理论体系。本书涉及建筑概念、外部环境、功能和形式、建筑造型、建筑技术、建筑经济等内容，以此作为理论结构的框架，将每个章节作为一个独立的主题展开实践。每个实践单元由大、小两个单元组成，大单元是课堂讲授部分，小单元是内容与形式均不相同的若干个小练习。通过对本课程的学习，希望可以引导读者研究建筑的本质，掌握建筑设计的一般方法，最终获得创作思路。

为了方便教学，本书还配有电子课件等教学资源包，任课教师和学生可以登录“我们爱读书”网（www.ibook4us.com）免费注册并浏览，或者发邮件至 husttujian@163.com 免费索取。

本书可以作为普通高等院校建筑学专业，以及建筑类、艺术类与土木类相关专业的教学用书，也可以作为建筑设计行业从业人员的参考用书。

图书在版编目(CIP)数据

建筑设计原理/董莉莉，魏晓主编. —武汉：华中科技大学出版社，2017.6(2024.2 重印)
普通高等教育土建学科“十三五”规划教材
ISBN 978-7-5680-2226-2

Ⅰ.①建… Ⅱ.①董… ②魏… Ⅲ.①建筑设计-高等学校-教材 Ⅳ.①TU2

中国版本图书馆 CIP 数据核字(2016)第 235460 号

建筑设计原理
Jianzhu Sheji Yuanli

董莉莉　魏　晓　主编

策划编辑：康　序
责任编辑：徐桂芹
责任监印：朱　玢
出版发行：华中科技大学出版社(中国·武汉)　电话：(027)81321913
武汉市东湖新技术开发区华工科技园　邮编：430223
录　　排：武汉正风天下文化发展有限公司
印　　刷：武汉市洪林印务有限公司
开　　本：787mm×1092mm　1/16
印　　张：19.75
字　　数：531 千字
版　　次：2024 年 2 月第 1 版第 7 次印刷
定　　价：48.00 元

建筑设计原理是当前普通高校建筑学专业理论教学的核心主干课程。通过对该课程的学习，要求学生熟悉建筑设计的一般方法与规律，掌握建筑空间组合的基本准则，了解建筑设计中外部环境与规划、空间的功能与形式，以及建筑结构、建筑材料、建筑设备、建筑经济等方面的知识。在编写本书的过程中，我们试图通过解决普遍存在的矛盾的方法来解决专业性的问题，即分析事物本质的共性—运用一般性原则—解决普遍性矛盾，对应到本书的编写，则反映为研究建筑的本质—掌握一般性的设计手法—获得新的创作思路。

设计过程本身是难以言传身教的，但建筑教育却本能地要求我们将设计过程描述并传达出来。这也是建筑教育亟待解决的普遍存在的矛盾。我们在编写本书的过程中尽力使其言简意赅，通俗易懂，并配有大量精美的图片，图文并茂，使理论更加视觉化，使逻辑思维与形象思维可以完美结合，使读者更容易记忆与理解。本书涉及建筑概念、外部环境、功能和形式、建筑造型、建筑技术、建筑经济等内容，以此作为理论结构的框架，将每个章节作为一个独立的主题展开实践。每个实践单元由大、小两个单元组成，大单元是课堂讲授部分，小单元是内容与形式均不相同的若干个小练习。这些小练习可能是一次与大单元主题相关的激烈的课堂辩论，也可能是一次课后的案例收集、抄绘与图解，还可能是一次实地调研或者一次模型制作。所有的小练习以两条路线铺开：一条路线是关于“如何”的问题，另一条路线是关于“为什么”的问题。两条路线同时进行，最初并不相互介入，它们维持着各自的独立性，但并不意味着两者完全相反。第一条路线侧重于建筑设计中会用到的工具、技能和方法，它可以是一个图表、一张设计图纸、一种模型制作的技能、一个组织战略，也可以是一种空间布局的方法。对于第二条路线，每个练习都提供了一个用以讨论观点、概念或理论的平台，通过大单元中由讲授内容引发的对话，培养学生的推理能力。

在教学过程中，我们不要让学生从外部来认识这门学科，而要让他们通过对本课程的学习，从自己熟悉的、已经掌握的内在的东西出发，开始他们的设计之旅。我们的目标不仅是学习这些技术并运用它们，而且是在理解它们的基础上进行创作。因此，我们强调通过研究和讨论，在掌握和运用这些技术的基础上进行设计。

本书由董莉莉（重庆交通大学建筑与城市规划学院）和魏晓（重庆交通大学建筑与城市规划

学院)担任主编,由山西大学土木工程系沈涛和西安理工大学土木建筑工程学院张蕾担任副主编,由重庆交通大学建筑与城市规划学院周蕙、周筠、姚阳、张炜、温泉、甘亮、任鹏宇、董文静、罗融融、雷怡担任参编。第1章由董莉莉(重庆交通大学建筑与城市规划学院)、魏晓(重庆交通大学建筑与城市规划学院)编写,第2章由董莉莉(重庆交通大学建筑与城市规划学院)、张炜(重庆交通大学建筑与城市规划学院)编写,第3章由魏晓(重庆交通大学建筑与城市规划学院)、周蕙(重庆交通大学建筑与城市规划学院)编写,第4章由董莉莉(重庆交通大学建筑与城市规划学院)、罗融融(重庆交通大学建筑与城市规划学院)编写,第5章由魏晓(重庆交通大学建筑与城市规划学院)、温泉(重庆交通大学建筑与城市规划学院)编写,第6章由董莉莉(重庆交通大学建筑与城市规划学院)、姚阳(重庆交通大学建筑与城市规划学院)编写,第7章由魏晓(重庆交通大学建筑与城市规划学院)、甘亮(重庆交通大学建筑与城市规划学院)编写,第8章由周筠(重庆交通大学建筑与城市规划学院)、董文静(重庆交通大学建筑与城市规划学院)编写,第9章由沈涛(山西大学土木工程系)、张蕾(西安理工大学土木建筑工程学院)编写,第10章由任鹏宇(重庆交通大学建筑与城市规划学院)、雷怡(重庆交通大学建筑与城市规划学院)编写,最后由董莉莉、魏晓审核并统稿。

在编写过程中,卢银行、谢月彬、周煜、李开厚等同学参与了图片的拍摄、绘制与整理工作,在此表示感谢。

为了方便教学,本书还配有电子课件等教学资源包,任课教师和学生可以登录“我们爱读书”网(www.ibook4us.com)免费注册并浏览,或者发邮件至 husttujian@163.com 免费索取。

我们在编写本书的过程中参阅了许多专家、学者的著作和文章,在此表示衷心的感谢。由于时间仓促,学识有限,书中难免有遗漏和错误之处,还望广大读者批评与指正。

编　者

2017年2月

目
录
CONTENTS

Chapter 1

第1章 建筑学的基本问题

人类在进化过程中不断寻找控制自然的手段,并逐步巩固其在自然界中的地位。建筑以其特殊、抽象的方式赋予人类安全、自信的感受。它是一种让人难以拒绝的视觉艺术,散布于人类的整个生存环境中。人们很难无视建筑的存在,也无法避免进入这个人工构筑的空间,并在使用建筑的过程中对其进行体验、欣赏与评价。

1.1 建筑的角色

作为人们生活的庇护所,建筑在自然及社会体系中扮演着举足轻重的角色。与工业设计产品相比,它更是人类所必需的;同绘画、文学、音乐、表演等艺术形式相比,它受到更多的约束。建筑不仅可以创造具体的生活构架,也可以折射出人类文明的进程。

首先,建筑是一种功利性的艺术。它以实用为目的,创造利益,彰显社会财富。最初,原始人类筑巢建屋都是基于"遮风雨""避群害"的功利性目的,千百年之后,建筑仍然以居住为起因和结果,仍然以实用为目的。

其次,建筑不是简单的机能性复制品,而是有生命的构筑物。德国诗人荷尔德林曾写到,"人,诗意地居住在大地上"。哲学家海德格尔认为,"诗意地居住"赋予了建筑更多情境相融的精神功能。科林·圣约翰·威尔逊则认为,建筑必须完成从它的实用功能到神圣意义的转变,也就是说,建筑不仅是人们维持生活的"容器",以高效、充满智慧的方式服务于人类,同时,它还通过形式表达思想、升华情感,鼓励人们积极参与,唤起大众的期许与想象。

再次,建筑属于世界,也"述说"着世界。它通过特有的语言构成空间形态,以指示性意义诠释自然,以象征性途径宣扬某种社会价值,表现美学意蕴,甚至影响道德伦理。

总之,建筑的权威在于它使建筑、气候、文化相互妥协,达成一致。它立足于多个领域,横跨艺术和科学、美学和实践;它尊重传统的普遍规律,满足人类实践与情感的需要;它凝聚诸多社会要素,代表文化繁荣和时代进步的方向,是一种伟大的综合艺术。

1.1.1 建筑与自然的关系

建筑以大地为平台,是自然和人类之间物质、能源及信息传递与交换的媒介。对于环境,人们可以利用、改造,并重新创造,正如《园冶》中所论述的那样,"巧于因借,精在体宜"。

建筑可以顺应地貌,像植物一样破土生长。无论是主张有机建筑理论的赖特,还是注重地方性与人性化的阿尔瓦·阿尔托，都创造出了大量融入自然的作品。一些以可持续发展为目标的当代建筑，也充分尊重自然。正如日本建筑师长谷川逸子所说，建筑和我们人类一样，是大自然的产物，源于自然，也以死亡和毁灭等更具深远意义的生命形式回归自然。

建筑还可以采用与自然相悖的形态，以表现人工构筑物的优势，大量工业时代以后的建筑都具有这个特点。还有一些建筑以婉转的"言辞"回避与环境之间的直接交锋，采用底层架空等方式应对各种地貌。

1.1.2　建筑与人的关系

建筑与人的关系是复杂而细腻的。从宏观上看，人类生活的改变与拓展，是建筑逐渐分化成居住、商业、交通、体育、娱乐、文教、展览、观演、纪念、工业等专门形态的基础。

建筑的实用价值决定了它的任务是服从于人，并建立舒适、有效的空间秩序和便于识别的特定场所，以体现对生命的直接关注。使用者或体验者犹如活跃于建筑营造的空间舞台上的演员，他们是主体。在这一点上，建筑与雕塑完全不同，雕塑即使有可以进入的空间，也不会包含任何使用行为。建筑与人体工程学息息相关，包括人的性别、年龄、个体差异，以及站立、坐、卧、行走等不同姿态，针对不同的使用人群会采用不同的建筑定位，如针对残疾人、老年人等，就应该考虑无障碍设计，而纪念性的建筑物，则要传达众人能理解的意义。可见，建筑从空间功能到形态尺度、从概念到建造，都必须考虑人的生理特征、心理特征及行为习性，其要素与环节无不关系到人。

另外，建筑设计还与工业设计、装饰设计等领域在手法与材料等方面交叉融合。建筑设计深入延展到室内空间、家具、陈设、设施等各个要素，使建筑真正做到了微观上的"以人为本"。

1.1.3　建筑与建筑的关系

建筑在构成特定时空下的城市环境空间的同时，既具备相对独立的个性特征，又与既有文脉保持连续性关系。建筑一经建造，便可能会存在几十年甚至上百年的时间，其寿命比某些机械、设施或室内空间的寿命要长得多，因此需要慎之又慎地考虑它所处的地理位置和产生的影响。建筑的定位、规模、造型形态及象征意义都不是在真空环境中孤立发生的，它的起因与结果在很大程度上有其特定的参照系。

以重庆国泰艺术中心（见图 1-1）为例，重庆国泰艺术中心位于重庆市渝中区解放碑中央商务区核心地带，由国泰大戏院和重庆美术馆两部分组成。建筑造型来源于重庆湖广会馆中的多重斗拱构件，整个建构方式依据《汉书》中的"题凑"工法，利用传统构件穿插的形式，以现代、简洁的手法表达传统建筑的精神内涵，力图体现中国建筑的视觉冲击力和雕塑感。设计所追求的特殊肌理效果正是重庆人最本质的精神追求。

作为标志性建筑，重庆国泰艺术中心对解放碑区域的其他地块形成了统领作用，既统一于解放碑区域的现有建筑，又为解放碑区域创造了新的秩序。重庆国泰艺术中心及其森林广场与洪崖洞相连，直抵嘉陵江，给解放碑区域打开了一个呼吸的窗口。该建筑在色彩方面具有地域性及鲜明的特征，在林立的高楼之间，露出红色的边角，带给人们方向感和归属感，并且鲜红的颜色是中国的传统颜色，代表着富贵、吉祥，又如同重庆的红油火锅，表现出重庆人刚烈率直、热情好客的性格特征。再加上其自身建筑功能的复杂性，它创造了一种与外部城市空间相互渗透、融合的具有东方特质的肌理。在不同的肌理块中，通过联系、渗透、沟通，形成建筑的整体。

总之，对于建筑、自然、人之间的关系，其关注重点及解决方案是没有定式的，但是一个优秀的建筑作品总是可以在这三者间找到最好的契合点来创造出动人的视觉空间。

图 1-1

1.2 建筑的基本构成要素

早在公元前 1 世纪，古罗马建筑师维特鲁威就在其论著《建筑十书》中提到，“实用、坚固、美观”是建筑的三大构成要素，而这三大构成要素是通过建筑功能、建筑技术和建筑艺术来体现的。

1.2.1 建筑功能

建筑功能主要是指建筑的用途和使用要求。随着社会生产生活的发展，产生了不同的建筑类型，不同类型的建筑又有着不同的建筑特点和不同的使用要求，如影院要求有良好的视听环境，汽车站要求车流和人流线路通畅，工业建筑则要求符合产品的生产工艺流程等。建筑不仅仅要满足各自的使用要求，还应满足人体各种活动尺度的要求，以及人的生理和心理要求，为人们创造一个舒适、安全、卫生的环境。

1. 人体各种活动尺度的要求

人体的各种活动尺度与建筑空间有着十分密切的关系。为了满足人体活动的需要，应该了解人体活动的一些基本尺度，例如：幼儿园建筑的楼梯踏步高度、窗台高度、黑板的高度等，均应满足儿童的使用要求；对于医院建筑中的病房设计，通道必须保证移动病床能够顺利进出；家具的尺寸要反映出人体的基本尺度，不符合人体尺度的家具会给使用者带来不舒适感。

2. 人的生理要求

人对建筑的生理要求主要包括人对建筑的朝向、保温、防潮、隔热、隔声、通风、采光、照明等方面的要求，这些是人们生产与生活所必需的基本条件。

3. 人的心理要求

建筑中对人的心理要求主要是研究人的行为与人所处的物质环境之间的相互关系。不少建筑因无视使用者的需求，对使用者的身心和行为都产生了各种消极影响。例如，老年居所与青年公寓由于使用主体的生活方式和行为方式存在巨大差异，所以对具体的建筑设计应有不同的考虑，如果千篇一律，必会导致使用者心理上的不接受。

有关人与建筑设计之间的关系的理论研究，我们将在本书第 3 章进行进一步的阐述。

1.2.2 建筑技术

建筑技术是建造房屋的手段，包括建筑结构、建筑材料、建筑施工和建筑设备等内容。建筑不可能脱离建筑技术而存在，建筑结构和建筑材料构成建筑的骨架，建筑设备是保证建筑物达到某种要求的技术条件，建筑施工是保证建筑物实施的重要手段。

1. 建筑结构

建筑结构是建筑的骨架。建筑结构为建筑提供合理的使用空间，承受建筑物自身的全部荷载，并抵抗自然界作用于建筑物的活荷载，如风雪、地震、地基沉陷、温度变化等。建筑结构的强度直接影响着建筑物的安全与寿命。

梁板柱结构和拱券结构是人类最早采用的两种结构形式。钢筋混凝土材料的使用，使梁和拱的跨度大大增加，使这两种结构仍然是目前较常采用的结构形式。随着科学技术的发展与进步，人们能够对结构的受力情况进行演算与分析，相继出现了桁架、网架、壳体、悬索和膜等大跨度结构形式。

2. 建筑材料

建筑材料是建筑的物质基础。建筑材料决定了建筑的形式和施工方法。建筑材料的数量、质量、品种、规格、外观、色彩等，都在很大程度上影响着建筑的功能和质量，影响着建筑的适用性、艺术性和耐久性。新材料的出现促使建筑形式发生了变化，结构设计方法得以改进，施工技术得到革新。现代材料科学技术的进步为建筑学和建筑技术的发展提供了新的可能。

为了使建筑满足适用、坚固、耐久、美观等基本要求，材料在建筑的各个部位，应充分发挥各自的作用，分别满足各种不同的需求，如：高层或大跨度建筑中的结构材料，要求是轻质、高强度的；冷藏库建筑必须采用高效能的绝热材料；防水材料要求致密，不透水；影院、音乐厅为了达到良好的音响效果，需要采用优质的吸声材料；大型公共建筑及纪念性建筑的立面材料，要求有较强的装饰性与耐久性。

材料的合理化使用和最优化设计，能够使用于建筑的所有材料最大限度地发挥其本身的效能，合理、经济地满足建筑的各种功能要求。在建筑设计中，还常常通过对材料和构造的处理来反映建筑的艺术性，通过对材料造型、线条、色彩、光泽、质感等多方面的综合运用，来实现设计构思。

3. 建筑施工与设备

人们通过施工将建筑从设计变为现实。建筑施工一般包括两个方面:一是施工技术,即人的操作熟练程度、施工工具和机械、施工方法等;二是施工组织,即材料的运输、进度的安排、人力的调配等。装配化、机械化、工厂化的建筑施工与设备可以大大提高建筑施工的速度,但它们必须以设计的定型化为前提。目前,我国已逐步形成了设计与施工配套的全装配大板、框架挂墙板、现浇大模板等工业化体系。

建筑完成土建施工后还必须安装相应的设备才能满足其基本的功能需求,建筑设备主要包括物理环境控制系统、给排水系统、暖通空调系统、电气及供电系统、火灾自动报警系统等几个系统。

1.2.3 建筑艺术

建筑艺术主要是通过建筑群体或单体建筑的空间组合、造型设计及细部处理等方面来体现的。建筑的形象问题涉及文化传统、民族风格、社会思想意识等多方面的因素,并不单纯是美观的问题。建筑艺术要素处理得当,不仅会产生良好的艺术效果,也可以满足人们对审美和精神功能的要求。

上述的三个要素,建筑功能是目的,建筑技术是手段,而建筑艺术则是前两者对审美要求的综合体现,它们之间是辩证统一的关系。而对于不同性质的建筑,三者之间的辩证关系会发生改变,关键是要看建筑师对辩证关系的把握。实践证明,优秀的建筑作品都能体现良好的辩证关系。

1.3 建筑的分类

建筑一般可以从以下几个方面进行分类。

1.3.1 按建筑的使用功能分类

1. 居住建筑

居住建筑是指供家庭和集体生活用的建筑,如住宅、宿舍、公寓等。

2. 公共建筑

公共建筑是指供人们进行各种社会活动的建筑,如行政办公建筑、文教建筑、托幼建筑、科研建筑、医疗建筑、商业建筑、观览建筑、体育建筑、旅馆建筑、交通建筑、通信广播建筑、园林建筑、纪念性建筑等。

随着社会的进步和科学技术的发展,人们的物质生活条件不断提高,公共建筑的类型与内容日益更新、充实。建筑由单一功能变为多种功能综合,从而出现了“复合体”“中心”等建筑,即相关联的若干建筑类型聚集在一起构成的综合建筑,它可以是一大幢单体建筑,也可以是一个建筑群,如青少年活动中心具有学习、展览、文娱、演出等多种功能,购物中心具有购物、休息、娱乐、餐饮等多种功能。

3. 工业建筑

工业建筑是指为工业生产服务的各类建筑,如生产车间、辅助车间、动力用房、仓储建筑等。

4. 农业建筑

农业建筑是指用于农业、牧业生产和加工的建筑，如温室、畜禽饲养场、粮食与饲料加工站、农机修理站等。

1.3.2 按建筑的规模分类

1. 大量性建筑

大量性建筑是指在日常生活中大量存在、与人们生活密切相关的建筑，如住宅、学校、商店、医院、中小型办公楼等。

2. 大型性建筑

大型性建筑是指建筑规模大、耗资多、社会影响较大的建筑。与大量性建筑相比，其修建的数量有限，但这些建筑在一个国家或一个地区具有代表性，对城市形象的影响很大，如火车站、航站楼、大型体育馆、博物馆、大剧院等。

1.3.3 按建筑的层数分类

我国现行的《民用建筑设计通则》(GB 50352—2005)有如下规定。

(1) 住宅建筑按层数分类，一层到三层为低层住宅，四层到六层为多层住宅，七层到九层为中高层住宅，十层及以上为高层住宅。

(2) 除住宅建筑之外的民用建筑，高度不大于 24 m 的为单层和多层建筑，大于 24 m 的为高层建筑，不包括建筑高度大于 24 m 的单层公共建筑，大于 100 m 的为超高层建筑。

1.3.4 按建筑的耐久年限分类

建筑的耐久年限是根据建筑的重要性和规模大小来划分的，它可以作为基本建设投资、建筑设计和材料选择的重要依据。建筑按设计使用年限分类如表 1-1 所示。

表 1-1 建筑按设计使用年限分类

级　别	设计使用年限/年	建筑类型
一	5	临时性建筑
二	25	易于替换结构构件的建筑
三	50	普通建筑与构筑物
四	100	纪念性建筑和特别重要的建筑

1.3.5 按耐火等级分类

在建筑设计中，应对建筑的防火与安全给予足够的重视，特别是在选择结构材料和构造方式上，应根据其性质分别对待。根据我国现行的《建筑设计防火规范》(GB 50016—2014)，建筑物的耐火等级可以划分为一级、二级、三级、四级等四个等级，一级耐火性能最好，四级耐火性能最差。重要的或者规模较大的建筑通常按照一、二级耐火等级进行设计；大量性或一般性的建筑通常按照二、三级耐火等级进行设计；次要的或临时性的建筑通常按照四级耐火等级进行设计。

不同耐火等级的建筑物构件的燃烧性能和耐火极限应不低于表1-2中的规定。

表1-2　建筑物构件的燃烧性能和耐火极限(数据的单位为h)

构件名称		耐火等级			
		一级	二级	三级	四级
墙	防火墙	不燃烧体　3.00	不燃烧体　3.00	不燃烧体　3.00	不燃烧体　3.00
	承重墙	不燃烧体　3.00	不燃烧体　2.50	不燃烧体　2.00	难燃烧体　0.50
	非承重墙	不燃烧体　1.00	不燃烧体　1.00	不燃烧体　0.50	燃烧体
	楼梯间的墙 电梯井的墙 住宅单元之间的墙 住宅分户墙	不燃烧体　2.00	不燃烧体　2.00	不燃烧体　1.50	难燃烧体　0.50
	疏散走道两侧的隔墙	不燃烧体　1.00	不燃烧体　1.00	不燃烧体　0.50	难燃烧体　0.25
	房间隔墙	不燃烧体　0.75	不燃烧体　0.50	不燃烧体　0.50	难燃烧体　0.25
柱		不燃烧体　3.00	不燃烧体　2.50	不燃烧体　2.00	难燃烧体　0.50
梁		不燃烧体　2.00	不燃烧体　1.50	不燃烧体　1.00	难燃烧体　0.50
楼板		不燃烧体　1.50	不燃烧体　1.00	不燃烧体　0.50	燃烧体
屋顶承重构件		不燃烧体　1.50	不燃烧体　1.00	燃烧体	燃烧体
疏散楼梯		不燃烧体　1.50	不燃烧体　1.00	不燃烧体　0.50	燃烧体
吊顶(包括吊顶搁栅)		不燃烧体　0.25	难燃烧体　0.25	难燃烧体　0.15	燃烧体

1.3.6　按主要承重结构的材料分类

按主要承重结构的材料,建筑可以分为以下几类。

(1) 砖木结构建筑,指砖(石)砌墙体、木楼板、木屋顶的建筑。

(2) 砖混结构建筑,指砖(石)砌墙体、钢筋混凝土楼板和屋顶的多层建筑。

(3) 钢筋混凝土建筑,指用钢筋混凝土柱、梁、楼板承重的多层和高层建筑,以及用钢筋混凝土材料制造的装配式大板建筑和大模板建筑。

(4) 钢结构建筑,指全部用钢柱、钢梁组成承重骨架的建筑。

(5) 其他结构建筑,如生土建筑、充气建筑、塑料建筑等。

1.4　建筑的发展概况

建造房屋是人类最早的生产活动之一。随着社会的不断发展,人们对建筑的功能与形式的要求发生了巨大的变化。建筑的发展反映了时代的变化与发展,建筑形式深深地留下了时代的烙印。建筑史上,一般将世界建筑分为西方建筑和东方建筑,它们分别是砖石结构与木结构所反映的两种不同的建筑文化形态。

1.4.1 外国建筑的发展概况

1. 原始社会时期的建筑

原始人类最初的栖居形式有巢和穴。随着生产力的发展，开始出现了蜂巢形石屋、圆形树枝棚等栖居形式(见图 1-2)。这个时期还出现了不少宗教性与纪念性的巨石建筑，如崇拜太阳的石柱、石环等。

2. 奴隶社会时期的建筑

在奴隶制时代，古埃及、古西亚、古希腊和古罗马的建筑成就较高，对后世的影响较大。

古埃及是世界上最古老的国家之一，在这里产生了人类第一批巨大的纪念性建筑物，其建筑形式主要有金字塔(见图 1-3)、方尖碑(见图 1-4)、神庙等。

图 1-2

图 1-3

图 1-4

古西亚的建筑包括两河流域建筑、波斯建筑和叙利亚地区建筑，代表作品包括乌尔观象台、新巴比伦城、萨艮王宫等。

古希腊是欧洲文化的摇篮，古希腊的建筑同样也是欧洲建筑的开拓者。于公元前 5 世纪建成的雅典卫城(见图 1-5)是古希腊建筑的典型代表，在西方建筑史中被誉为建筑群体组合艺术中一个极为成功的实例。古希腊留给世界最具体而直接的建筑遗产是柱式结构(见图 1-6)。

古罗马的建筑成就主要集中在有“永恒之都”之称的罗马城，以罗马城里的大角斗场(见图 1-7)、万神庙和大型公共浴场为代表。

图 1-5

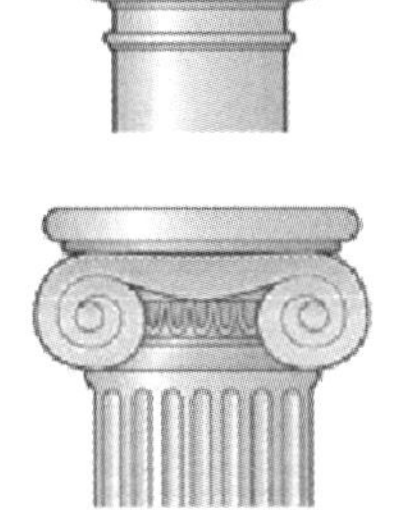

图 1-6

人们习惯于把古希腊和古罗马的文化称为古典文化，把它们的建筑称为古典建筑。

3. 封建社会时期的建筑

封建社会时期，西方建筑又出现了一个新的高峰，即哥特式建筑。哥特式建筑在技术与艺术上都取得了伟大的成就，且具有非常强烈的独特性。哥特式建筑在形式上追求高、直、尖，与尖拱技术同步发展。法国巴黎圣母院(见图 1-8)为这一时期哥特式建筑的典型代表。

图 1-7

图 1-8

4. 文艺复兴时期的建筑

文艺复兴时期的建筑风格高举人文主义大旗，各类建筑的艺术形式都有了很多的创新。这个时期的建筑风格恢复了中断数千年之久的古典建筑风格，重新使用柱式结构作为建筑构图的基本元素，追求端庄、和谐、典雅、精致的建筑形象。这一时期的代表性建筑有罗马圣彼得大教堂(见图 1-9)，它是世界上最大的教堂。它的大穹顶轮廓为球形。这座建筑被称为意大利文艺复兴时期最伟大的建筑。

图 1-9

5. 近现代时期的建筑

19 世纪，欧洲进入资本主义社会，一批建筑师、工程师、艺术家纷纷提出各自的见解，倡导“新建筑”运动。20世纪20年代，出现了名副其实的现代建筑，这种现代建筑注重建筑的功能与形式的统一，力求体现材料和结构的特性，反对虚假、烦琐的装饰，并强调建筑的经济性及建造规模。

这一时期出现了现代建筑的“四巨头”，他们分别是格罗皮乌斯、柯布西耶、密斯和赖特。格罗皮乌斯设计的包豪斯校舍，体现了现代建筑的典型特征。柯布西耶的萨伏伊别墅，体现了柯布西耶对现代建筑的深刻理解。密斯的巴塞罗那世界博览会德国馆，渗透着他对流动空间概念的阐释。赖特的流水别墅，是对其“有机建筑”理论解释的范例。（见图1-10）

图1-10

1.4.2 中国建筑的发展概况

1. 中国古代建筑

1）原始雏形

早在50万年前的旧石器时代，中国原始人就已经知道利用天然的洞穴作为栖身之所，北京、辽宁、贵州、广东、湖北、浙江等地均发现有原始人居住过的崖洞。到了新石器时代，黄河中游的氏族部落利用黄土层为墙壁，用木构架、草泥建造半穴居住所，进而发展为地面上的建筑，并形成聚落。长江流域，因潮湿多雨，常有水患、兽害，因而出现了干栏式建筑。经考古发现，在距今六七千年前，中国古代人已经知道使用榫卯构筑木架房屋。黄河流域也发现了不少原始聚落，如西安半坡遗址、临潼姜寨遗址等。在这些聚落中，居住区、墓葬区、制陶场，分区明确，布局有致。木构架已经开始出现，房屋的平面形式也因功用不同而有圆形、方形等。这是中国古代建筑的草创阶段。

约公元前21世纪夏朝建立，标志着原始社会结束。经过夏、商、周三代至春秋战国时期，在中国的大地上先后营建了许多都邑，夯土技术已广泛应用于筑墙造台。此时，木构技术比原始社会时期的已有很大提高，已有斧、刀、锯、凿、钻、铲等加工木构件的专用工具。木构技术和夯土技术均已经形成，并取得了一定的进步。春秋战国时期，各诸侯国均各自营造了以宫室为中心的都城，这些都城的宫殿布置在城内，建在夯土台之上，木构架已成为主要的结构方式，屋顶已开始使用陶瓦，而且木构架上开始使用彩绘。这标志着中国古代建筑已经具备了雏形，不论夯土技术、木构技术，还是建筑的立体造型和平面布局、建筑材料的制造与运用，以及色彩、装饰的使用，都进入了雏形阶段。这是中国古代建筑不断发展的基础。

2）第一个高潮

公元前221年，秦始皇统一了韩、赵、魏、楚、燕、齐六国之后，建立了中央集权的大帝国，并且动用全国的人力、物力在咸阳修建都城、宫殿、陵墓。从阿房宫遗址和秦始皇陵东侧大规模的兵马俑，可以想象当时建筑的宏大、雄伟。此外，这一时期还修筑了通达全国的驰道，筑长城以防匈奴南下，凿灵渠以通水运。

汉代继秦，经过约半个世纪的休养生息之后，又进入大规模营造建筑时期。汉武帝刘彻先后五次大规模修筑长城，开拓通往西亚的丝绸之路，又兴建了长安城内的桂宫、光明宫和西南郊的建章宫、上林苑。西汉末年，还在长安南郊建造了明堂、辟雍。东汉光武帝刘秀依东周都城故址营建了洛阳城及其宫殿。

秦汉五百年间，由于国家统一、国力富强，中国古代建筑在历史上出现了第一次发展高潮。其结构主体木构架已趋于成熟，重要建筑普遍使用斗拱。屋顶形式多样化，庑殿、歇山、悬山、攒尖、囤顶均已出现，有的已被广泛采用。砖石结构和拱券结构有了新的发展。

3）持续发展

两晋、南北朝是中国历史上的民族大融合时期，在此期间，传统建筑持续发展，并受到佛教建筑的影响。北朝营建了都城洛阳，南朝营建了建康城，这些都城、宫殿均是在前代建筑的基础上营造的，规模和气势远逊于秦汉时期。

东汉时传入中国的佛教此时发展起来了，广建佛寺，一时间佛教寺塔盛行。据记载，北魏建有佛寺3万多所，仅洛阳就建有1367寺。南朝都城建康城也建有佛寺500多所。在不少地区还开凿了石窟佛寺，重要的石窟佛寺有大同云冈石窟、敦煌莫高窟、天水麦积山石窟、洛阳龙门石窟、太原天龙山石窟等。这就使这一时期的中国建筑融入了许多来自印度、西亚的建筑形式与风格。

4）第二个高潮

隋唐时期的建筑既继承了前代建筑的成就，又融合了外来建筑的影响，形成了一个独立而完整的建筑体系，把中国古代建筑推向了成熟阶段，并影响着朝鲜、日本。

隋朝虽然是一个不足四十年的短命王朝，但在建筑领域却颇有作为。隋朝时期修建了都城大兴城，营造了东都洛阳，经营了长江下游的江都（扬州），开凿了南起余杭（杭州）、北达涿郡（北京）、东始江都、西抵长安（西安），长约2 500千米的大运河，还动用百万人力，修筑了万里长城。隋炀帝大业年间（605—618年），名匠李春在现今河北赵县修建了一座世界上最早的敞肩石拱桥安济桥。

唐代前期，经过一百多年的稳定发展，经济繁荣，国力富强，疆域远拓，于开元年间（714—741年）达到鼎盛时期，在首都长安与东都洛阳继续修建规模巨大的宫殿、苑囿，在全国出现了许多著名的商业城和手工业城，如泉州、洪州（南昌）、明州（宁波）、益州（成都）、广州等。由于工商业的发展，这些城市的布局出现了许多新的变化。

唐代在都城和地方城镇兴建了大量寺塔、道观，并继承前代续凿石窟佛寺，遗留至今的有著名的五台山佛光寺大殿、南禅寺佛殿、西安大慈恩寺大雁塔、荐福寺小雁塔、兴教寺玄奘塔、大理千寻塔，以及一些石窟寺等。在此期间，建筑技术有了新的发展，木构架已能正确地运用材料性能，建筑设计中已经知道运用以“材”为木构架设计的标准，朝廷也制定了关于营缮的法令，并设置有掌握绳墨、绘制图样和管理营造的官职。

5）宋、辽、金时期建筑的发展与《营造法式》的颁布

从晚唐开始，中国进入三百多年的分裂战乱时期，先是梁、唐、晋、汉、周五个朝代的更替和十个地方政权的割据，接着是宋与辽、金南北对峙，因此中国的社会经济遭到巨大的破坏，建筑也从唐代的高峰上跌落下来，再没有长安那么大规模的都城与宫殿了。由于商业、手工业的发展，城市布局、建筑技术与建筑艺术都有不少提高与突破。城市逐渐由前代的里坊制演变为临街设店、按行成街的布局。在建筑技术方面，前期的辽代较多地继承了唐代的特点，而后期的金代则继承了宋、辽两朝的特点并有所发展。在建筑艺术方面，自北宋起，就一改唐代宏大、雄浑的气势，向细腻、纤巧方面发展，建筑装饰方面也更加讲究。

宋崇宁二年（1103 年），朝廷颁布了《营造法式》。这是一部有关建筑设计和施工规范的图书，是一部完善的建筑技术书籍，颁布的目的是加强对宫殿、寺庙、府第等官式建筑的管理。书中总结了历代的建筑技术经验，制定了“以材为祖”的建筑模数制，对建筑的功限、料例做了严格的限定，并以此作为编制预算和施工组织的准绳。《营造法式》的颁布，反映出中国古代建筑到了宋代，在工程技术与施工管理方面已达到了一个新的历史水平。

6）最后的高潮

元、明、清三朝统治中国达六百多年，其间除了元末、明末短时期的割据战乱外，大体上保持着中国统一的局面。由于中国古代社会的发展已近尾声，社会经济、文化发展缓慢，因此建筑的历史也只能是最后的发展高潮了。元代营建大都及宫殿，明代营造南、北两京及宫殿。在建筑布局方面，这一时期比宋代更为成熟、合理。明、清时期大事兴建帝王苑囿与私家园林，形成了中国历史上的一个造园高潮。

明、清两代距今最近，许多建筑佳作得以保留至今，如京城的宫殿和坛庙、京郊的园林、两朝的帝陵、江南的园林、遍及全国的佛教寺塔与道教宫观，以及城垣建筑等，构成了中国古代建筑史上的光辉华章。

2. 中国近代建筑

从 1840 年鸦片战争开始，中国进入半殖民地半封建社会，中国建筑进入近代时期。

随着中国封建经济结构的逐步解体，以及资本主义生产方式的产生和发展，中国建筑开始了近代化的进程。由于外国殖民主义、帝国主义的入侵，大批西方建筑接踵在中国出现。近代新建筑类型和新技术运动的被动输入和主动引入，加速了中国建筑的变化。这个变化的突出表现就是近代中国形成新、旧两大建筑体系并存的局面。旧建筑体系是原有的传统建筑体系的延续，基本上沿袭着旧有的功能布局、技术体系和风格面貌，只是受新建筑的影响，出现了若干局部的变化。新建筑体系包括从西方输入和中国自身发展出来的新建筑类型，具有近代的新功能、新技术和新形式。

这一时期的建筑形式与建筑思潮主要包括：以模仿或照搬西洋建筑为特征的洋式建筑、以模仿中国古代建筑或对之进行改造为特征的传统式建筑、欧美“国际式”新建筑潮流冲击下的新式现代建筑。中国近代建筑处于承上启下、中西交汇、新旧接替的过渡时期，既交织着中西建筑的

文化碰撞，也经历了近现代建筑的历史衔接，它所关联的时空关系是错综复杂的。大部分近代建筑还保留至今，成为我们今天的城市建筑的重要构成部分，并对当代的中国建筑活动有着很大的影响。

3. 中国现当代建筑

中国现当代建筑指的是从1949年中华人民共和国成立至今这段时间的建筑活动，分为五个时期：国民经济恢复时期（1949—1952年）、第一个五年计划时期（1953—1957年）、国民经济调整时期、"设计革命运动"和"文化大革命"时期、建设社会主义现代化国家的新时期。思想的解放和对繁荣创作的努力，使中国现当代建筑出现了明显的多元化倾向，中国建筑正逐步趋向于开放、兼容。

1.4.3 当代世界建筑的发展趋势

20世纪末以来，建筑的现代化、同类型化已经是世界建筑发展的趋势。世界上各个国家的建筑，无论是商业的、公共的建筑，还是私人性住宅，形式上都有越来越类似的趋势，这就是国际化的特征。这个特征在21世纪继续发展，成为国际建筑的主要发展方向。

造成建筑国际化的原因，首先是国际交往增加，对于建筑的需求越来越接近，比如旅馆的等级划分、商务大楼的基本需求、交通运输设备和建筑物的国际配套需求、住宅的基本条件标准等，都越来越相似，建筑为了满足这种越来越接近的国际需求，自然会趋同。因此，建筑出现国际化，是需求趋同造成的，而不是风格领导的结果。此外，建筑技术、建筑结构国际标准化和普及化，也是造成建筑国际化的一个主要原因。

1. 参数化设计

随着IT技术的日新月异，计算机在建筑设计上得到了越来越广泛的应用，并已成为当代建筑的一个突出特点。

"参数化设计"是数码技术在设计应用上普及而产生的一个术语，主要是指用数码、计算机技术来辅助设计。数码、计算机技术的使用开始于20世纪90年代初期，最早的甚至可以推至20世纪80年代末期，现在已经成为探索新形式的设计的主要技术方法。通过参数化，在计算机的几何体系中形成立体形象，应用不同的数码技术软件和参数建模工具达到设计的目的。这种技术多应用于形态不规则的建筑设计，其中又以解构主义类型的建筑设计用得较多，比如美国建筑师弗兰克·盖里、英国建筑师扎哈·哈迪德的建筑设计就广泛地使用了参数化设计，他们的概念设计大部分是用特殊的纸张、黏土、泡沫塑料块剪切、拼合、弯曲、成型，具有高度的随意性，且形态变化多端，这些模型做出概念之后，用三维追踪定位设备对随意、不规则的纸张模型、泡沫塑料模型、黏土模型或者综合材料的模型进行扫描定位，转换为数码参数，再经过计算机处理，进入具体的建筑设计程序。因为解构主义的作品有大量的弯曲面，一个弯曲面上有两个甚至三个不同的弧线走向，如果没有参数化技术，用手工是无法做出来的。这类技术目前还仅仅应用在比较具有竞争性的大型公共建筑中，2010年落成的广州大剧院（见图1-11）是扎哈·哈迪德设计的第一个歌剧院建筑，该建筑就使用了这种技术。在目前的技术和施工条件下，规则形态的建筑在造价上依然远远低于不规则形态的建筑，因此，运用这种技术设计的建筑，往往造价较高，且适用范围有限。

图 1-11

2. 现代地方风格

地方、民族的建筑和现代建筑之间的结合探索,在过去的 20 多年有很大的发展。既具有现代建筑的结构、功能,同时在建筑的立面、空间布置、装饰细节上采用某些建筑所在国家、地区的传统的民族特点,形成具有民俗性的现代建筑,这种探索由来已久,到 21 世纪依然是一个很引人注目的设计趋势。

建筑师对这种探索有不同的称谓,比如在中国称为"现代中式建筑"或者"中式现代建筑"等,在西方建筑界则称为"地方主义建筑""本土主义建筑"等。这类建筑指现代建筑吸收本地的、民族的、民俗的风格,使现代建筑中体现出地方的特定风格。地方主义不等同于地方传统建筑的仿古、复旧,地方主义建筑依然是现代建筑的组成部分,在功能和构造上都遵循现代的标准和需求,仅仅在形式上部分吸收传统的风格而已。

这种建筑上的主张,早在战后的日本现代建筑中就已经得到体现,丹下健三的广岛原子弹受害者纪念公园的设计,就部分地吸收了日本当地的民族建筑风格,比较早地体现出地方主义的发展趋势。欧洲和美国因为采取完全摆脱欧洲古典主义传统建筑的方式,因此其走的是比较绝对化的创新道路,很少有欧美现代主义建筑师企图恢复地方特色。直到后现代主义时期,欧美才出现全面恢复传统、地方特色的各种流派。后现代主义在使用古典风格上,具有强烈的理论依据,也具有很深的意识形态。这里提到的"地方主义",比较强调在形式上体现地方特色,具有很强的实用主义性质。

3. 可持续性建筑

"可持续性建筑"兴起于 20 世纪下半叶,早期也叫作"环境派",这是提倡建筑与环境保护相结合的一个建筑派别。因为它与当代的环境意识密切结合,因此颇受注意,但是在建筑设计上还没有摸索出一种既能够保护生态环境,又具有商业潜力的建筑模式来,因此,具有很大的试验性特征。其主要设计方法是设计半地穴式的建筑,并且在建筑顶部进行广泛绿化,以植被覆盖建筑,因此建筑成为植物的基础和底层,这样既达到了建筑的目的,也能够保护地球的生态平衡,还可以逐步减少建筑的覆盖率。

新技术的不断发展,使得当代建筑越来越从生态、环保、绿色、可持续性的角度考虑。最近,越来越多的建筑师开始重新审视传统的自然材料，在设计中将现代材料、技术和传统材料结合起来使用，这使得砖、木、土等传统建材重新得到建筑界的重视。

生态建筑首先要考虑的是建筑对环境的影响要尽量小。建筑肯定会占用土地，消耗能源和水资源，改变建筑周边的空气和环境面貌。要想对环境的影响小，就要把土地、能耗、水资源影响、周边环境面貌、空气质量五个方面作为设计的考虑要点，只有达到这五个要求的生态建筑，才可以称为具有可持续发展性的建筑。环保建筑构成了新的"可持续社区"，这是各个国家、地区都在努力探索、设计和建造的新型社区，只有这样，未来的城市才能够真正做到适宜居住，并且能够持续发展。

实践单元——练习 

- **单元主题**：空间想象——折叠与展开。
- **单元形式**：模型制作。
- **练习说明**：天马行空地想象一个空间，之后用三个形容词对它进行描述。选择一个可行的方法将想象变成实体的东西，建立起梦想的空间。
- **评判标准**：空间想象的能力、形容词与空间架构的关系、制作技巧的选用、模型的精确性、方法的易理解程度。

Chapter 2

第 2 章 建筑设计的基本问题

建筑设计是一种有预设的规划活动。建筑设计构思能借助形象的思维将抽象的立意贯穿到具体的设计手法中，是思想建筑化的过程。建筑设计既可能是宏观的观念艺术，也可能是微观的实效创作；既是物质条件限制下功利性选择的结果，又是建筑师意识流的外化张显。它需要根据环境，结合地域差异性因素，确立其功能个性，并以高效、充满智慧的方式服务于使用目的，通过形式表达思想，升华情感，鼓励观者积极参与，唤起期许与想象，同时又要物化到切实的建筑结构、技术、材料和建构中，是一种保留与突破共生、借鉴与挑战并存的选择性创作。

2.1 建筑设计的内容

2.1.1 广义的建筑设计

广义的建筑设计是指设计一个建筑物或一个建筑群所要做的全部工作。

建造建筑是一个比较复杂的物质生产过程，它需要多方面的配合，一般要经过设计和施工两个步骤。在施工之前，必须对建筑物或建筑群的建造做全面的研究，制订合理的方案，编制出一套完整的施工图样，为施工的开展提供依据。广义的建筑设计的工作内容通常包括建筑设计、结构设计、设备设计三个部分。

1. 建筑设计

建筑设计的内容包括建筑内外空间的组合、环境与造型设计，以及细部的构造方法的技术设计。建筑设计是建筑工程设计的龙头，指导整个工程的展开，并与建筑结构、建筑设备的设计相协调。

2. 结构设计

结构设计的内容包括结构选型、结构计算、结构布置与构件设计，它必须保证建筑物的绝对安全。

3. 设备设计

设备设计的内容包括给水、排水、供热、通风、电气（强电、弱电）、燃气等。它是保证建筑正常使用及改善建筑物理环境的重要设计因素。

2.1.2 狭义的建筑设计

狭义的建筑设计包括建筑空间环境的组合设计和建筑构造设计两部分内容。

1. 建筑空间环境的组合设计

建筑空间环境的组合设计的主要内容是通过对建筑空间的限定、塑造和组合，来解决建筑的功能、技术、经济和美观等方面的问题。它的具体内容是通过下列设计来完成的。

(1) 建筑总平面设计，是指根据建筑的性质与规模，结合自然条件和环境特点，包括地形、道路、绿化、朝向、原有建筑和管网等，来确定建筑物或建筑群在基地上的位置和布局，规划基地范围内的绿化、道路和出入口，同时布置其他的总体设施，使建筑总体上满足使用要求和艺术要求。

(2) 建筑平面设计，是指根据建筑的使用功能要求，结合自然条件、经济条件、技术条件，包括材料、结构、设备、施工等，来确定房间的大小和形状，确定房间与房间之间的、室内与室外空间之间的分隔与联系方式、平面布局，使建筑的平面组合满足实用、经济、美观、流线清晰和组织合理的要求。

(3) 建筑剖面设计，是指根据建筑功能和使用方面对立体空间的要求，结合建筑结构和构造特点，来确定房间各部分的高度与空间比例，考虑垂直方向空间的组合和利用，选择适当的剖面形式，进行采光、通风等方面的设计，使建筑立体空间关系符合功能、艺术、技术、经济等方面的要求。

(4) 建筑立面设计，是指根据建筑的功能和性质，结合材料、结构、周围环境的特点以及艺术表现的要求，综合考虑建筑内部的空间形象、外部的体量组合、立面构图，以及材料的质感、色彩的处理等诸多因素，使建筑的形式与功能统一，创造良好的建筑造型，以满足人们对建筑的审美需求。

2. 建筑构造设计

建筑构造设计的主要内容是确定房屋建筑各组成构件的材料与构造方式，其具体设计内容包括对建筑的基础、墙体、楼面、楼梯、屋顶、门窗等构件进行详细的构造设计。

值得注意的一点是，建筑空间环境的组合设计中，总平面设计以及平面、立面、剖面各部分的设计是一个综合考虑的过程，并不是相互孤立的设计步骤，而建筑空间环境的组合设计与建筑构造设计，虽然二者具体的设计内容有所不同，但其目的和要求却是一致的，都是为了建造一个实用、经济、坚固、美观的建筑，因此设计时应该综合起来考虑。

2.2 建筑设计的原则

2.2.1 国家的基本方针政策

早在1953年，我国第一个五年计划开始提出的时候就制定了“适用、经济，在可能条件下注意美观”的建筑方针以及一系列的政策，这对当时的建筑工作起到了巨大的指导作用。随着社会的发展与进步，在1986年由中华人民共和国住房和城乡建设部制定并颁发的《中国建筑技术政策》中，明确指出了“建筑业的主要任务是全面贯彻适用、安全、经济、美观的方针”。

“适用、安全、经济、美观”与构成建筑的三大要素“功能、技术、艺术”是一致的，它反映了建筑的本质，同时也结合了我国的具体情况。所以说，它不但是建筑业的指导方针，也是评价建筑优劣的基本准则。

2.2.2 建筑设计的基本原则

建筑设计是一项政策性很强而且内容非常广泛的综合性工作，同时也是一项艺术性较强的创造。因此，建筑设计必须遵循以下基本原则。

(1) 坚持贯彻国家的方针政策，遵守有关法律、规范、条例。

(2) 结合地势与环境，满足城市规划要求。

(3) 结合建筑功能，创造良好的环境，满足使用要求。

(4) 充分考虑防水、防震、防空、防洪要求，保障人民的生命财产安全，并做好无障碍设计，创造便利条件。

(5) 保障使用要求的同时，创造良好的建筑形象，满足人们的审美要求。

(6) 考虑经济条件，创造良好的经济效益、社会效益、环境效益和节能减排的环保效益。

(7) 结合施工技术，为施工创造有利条件，促进建筑工业化。

2.2.3 建筑设计的“3W”原则

尽管当代设计范畴在不断扩展，设计内涵也在不断延伸，但是撇开个性与差异性，从整体角度探究建筑设计的一般性，仍然可以将建筑设计关注的焦点概括为“3W”，即“where”——建筑的地域性与环境性、“what”——建筑的性格与内在性、“when”——建筑的时代性。

身处主观价值体系与客观价值体系之间，建筑师将意向抽象还原的过程势必与具体的物质要素相碰撞，并在建筑内容的独立性、形态的自律性特质与开放性环境的摩擦中不断创造出新的价值。建筑始终持续地影响着周围环境的功能与使用者的生活，贯穿着历史、现在与未来。密斯·凡·德罗在《谈建筑》中说道：“建筑是表现空间的时代意志……在我们的建筑中试用以往的形式是无出路的。”但这并非意味着割断历史，历史沉淀的建筑的普遍性如何在当下得以再现与重新表达，如何在传统的重复中产生新创造，以及如何将历史中某些鼓舞人心的想法作为驱动现代建筑的活力，这些都需要从动态、发展、前瞻的角度来思考。很多具有实践精神的先锋设计师所构思的可持续生长建筑看似科幻，却为未来的建筑趋势勾画了蓝图。图2-1展现的是几位中国青年建筑师在一次竞赛中提交的一份参赛作品——能够调节大气pH值的建筑。这种建筑其实是一种能够悬浮在200～300米高空的氢气球，看上去就像一个个巨大的水母，氢气球下方悬挂着一个巨大的空气净化舱。建筑师解释说，这个建筑的设计灵感来源于固氮微生物。这种微生物能够产生大量的碱性物质，在地球表面或水中它们或许会造成一种污染，然而将它们悬挂在大气中，却恰巧可以中和空气中的酸性成分。它们不仅可以调节大气的pH值，同时还会有效地遏制酸雨的形成。这种微生物在产生碱性物质的同时，还会释放其本身的含氮化合物，这种化合物恰好是植物所必需的一种肥料。

建筑设计就是这样一个探索的过程，其意义与乐趣也在于此。

图 2-1

2.3 建筑设计的依据

2.3.1 人体尺度及人体活动所需的空间尺度

人体尺度及人体活动所需的空间尺度包括我国成人与儿童不同的人体尺度、生理要求和人体活动所需的空间尺度。建筑中家具的尺寸，台阶、窗台、栏杆的高度，门洞、走廊、楼梯的宽度和高度，以及各类房间的高度和面积，都和人体尺度及人体活动所需的空间尺度有直接或间接的关系。因此，人体尺度和人体活动所需的空间尺度是确定建筑空间的基本依据之一。

2.3.2 自然条件

1. 气候条件

气候条件包括各地区不同的温度、湿度、日照、降水、风向、风速等气象因素，应做好防止各种自然灾害侵袭的设计。

2. 水文、地形、地质条件

水文、地形、地质条件包括地面与地下水的基本情况，以及建筑用地的地形情况、地质情况和抗震要求。

2.3.3 环境因素

环境因素主要指建设基地的区位、形状、面积，基地周围的绿化与自然风景，基地原有建筑、管网设施，航空和通信限高，古迹遗址、古树等，以及城市规划部门对建筑的要求。

2.3.4 技术要求

技术要求包括建筑模数的限制，以及建筑材料、结构形式、施工条件和施工设备的选择等，应综合各方面因素尽可能地运用新材料、新技术为建筑工业化创造条件。

2.4 建筑设计的程序

2.4.1 我国基本建设的程序

根据我国基本建设的程序，建造一栋建筑通常包括六个环节，如图 2-2 所示。建筑师的工作包括参加建设项目的决策、编制各设计阶段的设计文件、配合施工并参与竣工验收，其中最主要的工作是设计前期的准备工作和各阶段的设计工作。

2.4.2 建筑设计前期的准备工作

建筑设计前期的准备工作包括以下几个方面。

(1) 接受任务，核实、查看并熟悉设计任务的必要文件，如图 2-3 所示。

(2) 结合设计任务书，学习有关方针政策与设计规范。

(3) 根据设计任务的要求，积极做好资料收集和调查研究工作，如图 2-4 所示。

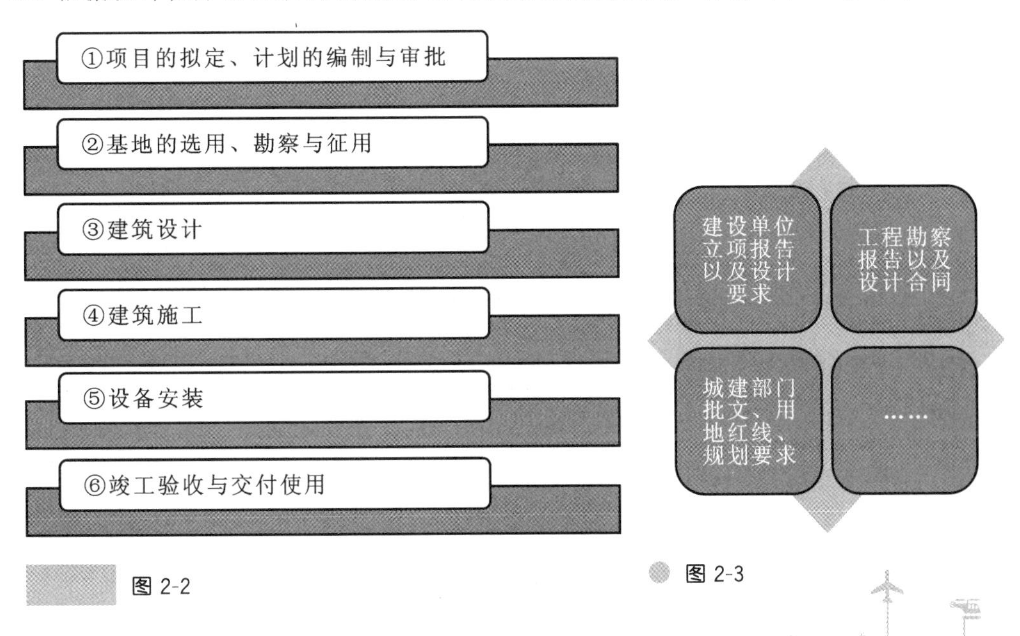

图 2-2

图 2-3

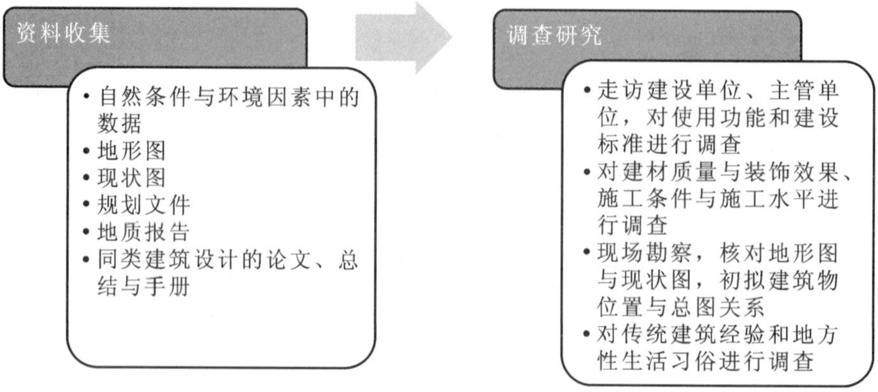

资料收集
- 自然条件与环境因素中的数据
- 地形图
- 现状图
- 规划文件
- 地质报告
- 同类建筑设计的论文、总结与手册

调查研究
- 走访建设单位、主管单位，对使用功能和建设标准进行调查
- 对建材质量与装饰效果、施工条件与施工水平进行调查
- 现场勘察，核对地形图与现状图，初拟建筑物位置与总图关系
- 对传统建筑经验和地方性生活习俗进行调查

图 2-4

2.4.3 建筑设计阶段的划分

为了保证设计质量，避免发生不必要的返工，建筑设计应循序渐进、逐步深入、分阶段进行。通常将设计过程划分为若干个阶段：国际上一般分为概念设计、基本设计和详细设计三个阶段；我国的建筑设计过程按工程复杂程度、规模大小及审批要求，一般划分为方案设计、初步设计、施工图设计三个阶段。各阶段的设计文件应符合国家规定的设计深度要求，并注明工程合理的使用年限。各阶段的主要内容及深度要求如图 2-5 所示。

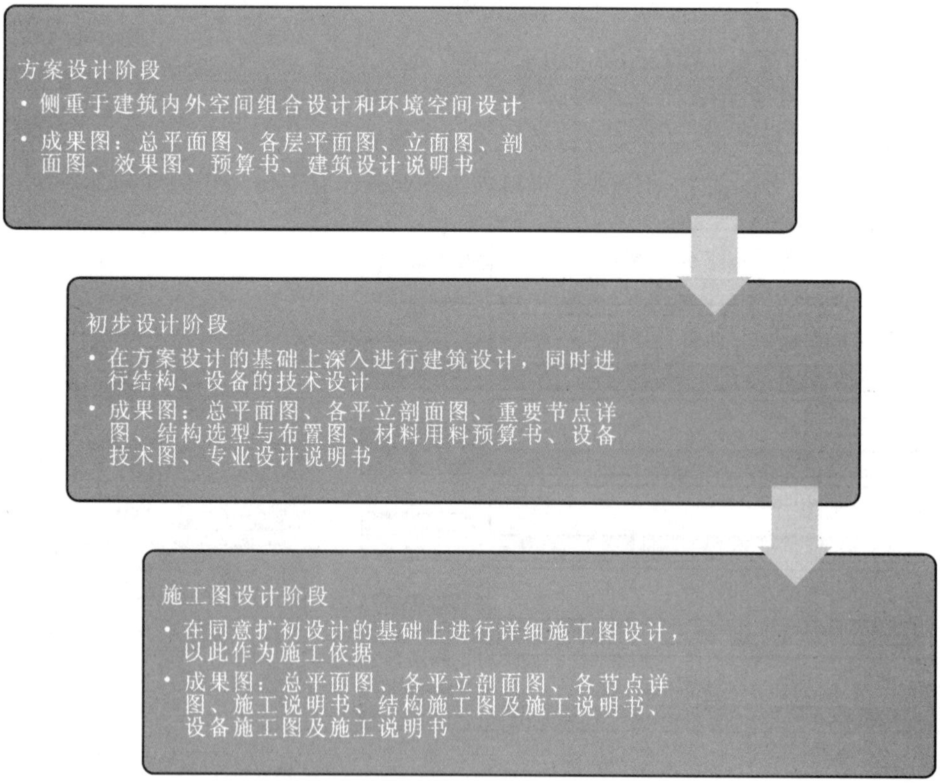

方案设计阶段
- 侧重于建筑内外空间组合设计和环境空间设计
- 成果图：总平面图、各层平面图、立面图、剖面图、效果图、预算书、建筑设计说明书

初步设计阶段
- 在方案设计的基础上深入进行建筑设计，同时进行结构、设备的技术设计
- 成果图：总平面图、各平立剖面图、重要节点详图、结构选型与布置图、材料用料预算书、设备技术图、专业设计说明书

施工图设计阶段
- 在同意扩初设计的基础上进行详细施工图设计，以此作为施工依据
- 成果图：总平面图、各平立剖面图、各节点详图、施工说明书、结构施工图及施工说明书、设备施工图及施工说明书

图 2-5

2.5 建筑设计的深度

2.5.1 方案设计文件的编制内容

依照中华人民共和国住房和城乡建设部文件《城市建筑方案设计文件编制深度规定》，方案设计文件根据设计任务书进行编制，应包括设计说明书、设计图样、投资估算、效果图四个部分。一些大型或重要的建筑根据需要可加做建筑模型。

2.5.2 初步设计文件的编制内容

1. 初步设计文件的内容

初步设计文件根据任务书或批准的可行性研究报告进行编制，由设计说明书（包括设计总说明书和各专业说明书）、设计图样、主要设备及材料表、工程概算书四部分组成，其编排顺序如图2-6所示。

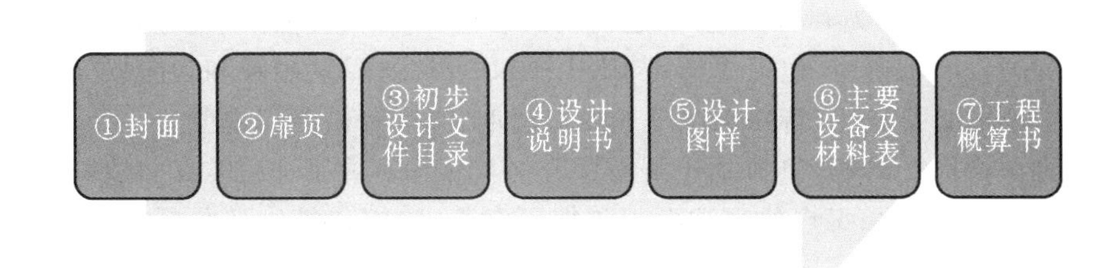

图 2-6

在初步设计阶段，各专业人员应对本专业内容的设计方案或重大技术问题的解决方案进行综合技术经济分析，论证技术上的实用性、可靠性和经济上的合理性，并将其主要内容写进本专业初步设计说明书中。同时，设计总负责人应在设计总说明书中对工程项目的总体设计进行论述。

2. 总平面设计说明书及图纸

总平面设计说明书应对整体方案的构思意图做出详尽的文字阐述，并列出技术经济指标表，包括总用地面积、总建筑面积、建筑占地面积、各主要建筑物的名称和高度、建筑容积率、建筑密度、道路及广场铺砌面积、绿地面积、绿地率等。总平面图纸应包括的内容如图2-7所示。

3. 建筑设计说明书

建筑设计说明书的内容包括以下几个方面。

（1）设计依据及设计要求：包括计划任务书或上级主管部门下达的立项批文、项目的可行性报告批文、合资协议书批文、红线图或土地使用批准文件、城市规划等部门对建筑设计的要求、建设单位签发的设计委托书及使用要求、可以作为设计依据的其他有关文件。

（2）建筑设计的内容和范围：简述建筑地点及其周围环境、交通条件以及建筑用地的有关情况，如用地大小和形状，水文地质，供水、供电、供气状况，绿化和朝向等情况。

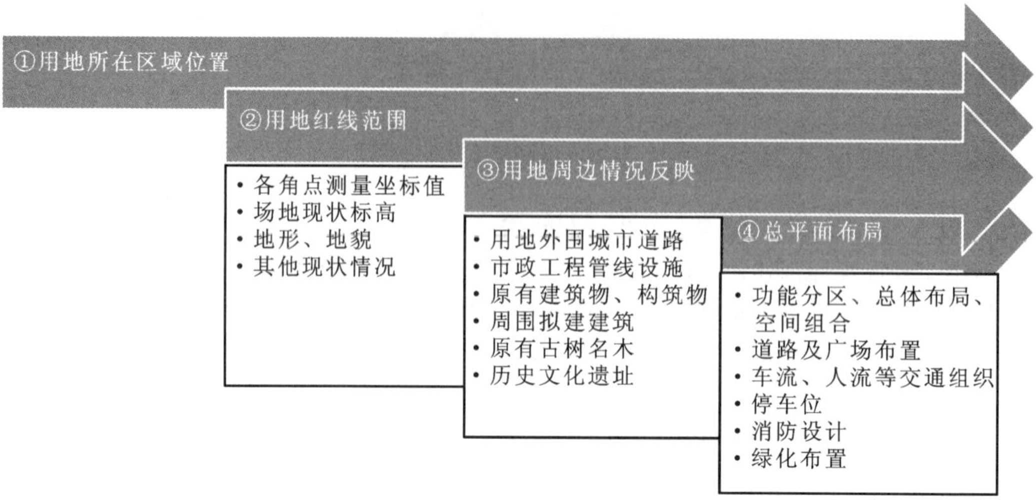

①用地所在区域位置

②用地红线范围
- 各角点测量坐标值
- 场地现状标高
- 地形、地貌
- 其他现状情况

③用地周边情况反映
- 用地外围城市道路
- 市政工程管线设施
- 原有建筑物、构筑物
- 周围拟建建筑
- 原有古树名木
- 历史文化遗址

④总平面布局
- 功能分区、总体布局、空间组合
- 道路及广场布置
- 车流、人流等交通组织
- 停车位
- 消防设计
- 绿化布置

图 2-7

(3) 方案设计所依据的技术准则:包括建筑类别、防火等级、抗震设防烈度、人防等级和建筑及装修标准等。

(4) 设计构思与方案的特点:包括功能分区、交通组织、防火设计与安全疏散、自然环境条件和周围环境的利用、日照采光和自然通风、建筑空间处理、立面造型、结构选型和柱网选择等。

(5) 垂直交通设施的说明:包括楼梯、自动扶梯和电梯的选型、数量和功能划分。

(6) 节能措施的必要说明:特殊情况下还要对温度、湿度等做专门说明。

(7) 技术经济指标及参数:包括总建筑面积和各功能分区的面积、层高和建筑总高度,住宅建筑中还包括户型、户室比、每户的建筑面积和使用面积,旅馆建筑中还包括不同标准的客房房间数、床位数等。

4. 建筑设计图纸

建筑设计图纸包括各层平面图、立面图、剖面图、效果图、建筑模型。

1) 各层平面图

各层平面图的具体内容包括以下几个方面。

(1) 注明底层平面及其他各层平面的总尺寸、柱网尺寸或开间、进深尺寸。

(2) 注明功能分区和主要房间的名称,卫生间、厨房等可以用室内布置代替房间名称。必要时要画出标准间或主要功能房间的放大图和室内布置图。

(3) 反映各个出、入口水平和垂直交通的关系。

(4) 室内车库应布置停车位和行车路线。

(5) 反映结构受力体中承重墙、柱网、剪力墙等的位置关系。

(6) 注明主要楼层、地面、屋面的标高关系。

(7) 注明剖面位置及编号。

2) 立面图

四个方向的立面均需要绘制立面图,注明立面的方位、主要标高以及与之有直接关系的其他建筑和部分立面。

3) 剖面图

剖切线应剖在高度和层数发生变化、空间关系比较复杂的主体建筑的纵向或横向的相应部位。一般应剖在楼梯,并注明各层的标高及各层的主要功能。

4) 效果图

效果图可为透视图或鸟瞰图,图纸数量和表现手法视需要而定。

5) 建筑模型

建筑模型根据建设单位的要求制作,或设计部门认为有必要时制作,一般用于大型或复杂工程的方案设计。

5. 初步设计文件的深度应满足的要求

初步设计文件的深度应满足以下要求。

(1) 应符合已审定的设计方案。

(2) 能据以确定土地征用范围。

(3) 能据以确定主要设备和材料。

(4) 应提供工程设计概算,作为审批确定投资的依据。

(5) 能据以进行施工图设计。

(6) 能据以进行施工准备。

2.5.3 施工图设计文件的编制内容

1. 施工图设计文件的内容

施工图设计应根据已批准的初步设计进行编制,内容以图样为主,应包括封面、图纸目录、设计说明、图样、工程预算书等。施工图设计文件一般以子项为编排单位,各专业的工程计算书应经校审签字后整理归档。

2. 施工图设计文件的深度应满足的要求

施工图设计文件的深度应满足以下要求。

(1) 能据以编制施工图预算。

(2) 能据以安排材料、设备订货和非标准设备的制作。

(3) 能据以进行施工和安装。

(4) 能据以进行工程验收。

关于施工图设计文件编制深度规定的细则,可查阅中华人民共和国住房和城乡建设部文件《建筑工程设计文件编制深度规定》。

实践单元——练习 2

● **单元主题**:探戈表演——间隙中的空间。

● **单元形式**:模型制作。

● **练习说明**:记录舞者舞动时由身体所构成的空间不断变换的过程,依照这些记录,运用建筑设计方法构造出舞者间的空间。

● **评判标准**:通过速绘理解空间、对间隙中的空间的转化、绘图清晰、石膏模型的准确度。

Chapter 3

第3章 人与建筑设计

建筑空间主要为人所使用，建筑活动的根本目的是为人类的生活、工作、生产等社会活动创造良好的空间环境。为此，建筑设计师需要对“人”有一个科学、全面的了解。

3.1 人体工程学与建筑设计

3.1.1 人体工程学简介

人类在生活中总是使用着某些物质设施，这些物质设施可以为人们的生活和工作提供便利。它们有些是生活和工作的工具，有些构成了人类生活的空间环境。人们的生活质量和工作效率的高低在很大程度上取决于这些设施是否符合人类的行为习惯和身体各方面的各种特征。实际上，自从有了人类和与之同时诞生的人类文明之后，人们就一直不断地改进自己的生活质量和生产效能，尽管上古时代不可能像今天这样采用科学研究的方法，但在人们的创造与劳动中已经潜在地存在着人体工程学的萌芽。旧石器时代的砍砸器使用起来就没有新石器时代的打磨器方便、顺手；秦代的青铜武器、车马器等，其构造、尺寸、形制都和人们实际的使用、操作状况紧密联系。这些都是人体工程学要研究的问题。

人体工程学概念的原意讲的就是工作和规律，这是1857年由波兰教授雅斯特莱鲍夫斯基提出来的。人体工程学的英文为“ergonomics”，它源于希腊文，其中“ergo”的意思是工作，“nomos”的意思是规律。一般来说，仅凭人体工程(human engineering)的字义是不足以表达其研究内容的。人体工程学在国内外由于研究方向的不同，产生了很多不同或意义相近的名称，如美国使用人因工程，而欧洲则使用生物力学、生命科学工程、人体状态学、人机系统等。

我国对于人与工具、人与空间环境之间的规律性研究有着悠久的历史。春秋时期的《考工记》记载了周朝的都城制度：匠人营国，方九里，旁三门，国中九经九纬，经涂九轨，左祖右社，面朝后市。这种中规中矩的造城理念，符合人们进进出出的习惯，并且方便人们在城中活动。明清时期南方的“天井院”为人的起居着想，三面或四面围以楼房，正房朝向天井并且完全敞开，以便采光和通风，各个屋顶向天井院中排水。正房一般为三开间，一层的中间开间称为堂屋，是家人聚会、待客、祭神拜祖的地方。

今天，人体工程学的宗旨正是以达到舒适、安全、高效为目的，通过对人的生理和心理的正确认识，为建筑设计提供大量的科学依据，使建筑空间环境设计能够精确化，从而进一步适应人类生活的需要。

3.1.2 人体工程学的发展历史

人体工程学的宗旨自有人类以来就存在，从某种意义上来说，人类技术发展的历史就是人体工程学发展的历史。但是，人体工程学作为一门独立的学科却只有很短的历史，它产生于20世纪50年代，正式建立的时间是在第二次世界大战期间。当时，美国军方为了取得战争的胜利，发展和投资了大量威力强大的高性能武器，期望以技术的优势来获得战争的胜利。然而，由于过分注重武器的性能和威力，忽略了使用者的能力和极限，出现了飞机战斗中操纵不灵活、命中率低等意外事故。第二次世界大战期间，美国飞机频繁发生事故。经过调查发现，飞机高度表的设计存在很大问题。高度表对飞机飞行十分重要，但当时的高度表将三个指针放在同一个刻度盘中，这样一来，人要迅速读出准确的数值非常困难，因为人脑不具备在瞬间同时读出三个数值并判断每个数值含义的能力。后来，美国军方把它改成一个指针，消除了因高度表发生事故的隐患。这个简单的事例告诉人们，设计任何东西都不能仅着眼于机械或设施本身，还要充分了解人使用时方便与否，以便人能安全、自由、正确地使用机械或设施。

自从英国工业革命以来，手工业的工业化发展促使生产性作业普遍发展。这与手工业时代使用个人惯用的工具和技术的生产方式有很大不同。生产线上的作业为单调、反复性的工作，那时的机械设计并没有考虑人的因素，如英国1840年生产的机床只考虑机器的功能，并不考虑人的高度与手臂的长度，煤矿开采设备和货物的吊装设备等都存在着极大的隐患。因此在设计机械时，有必要对人的因素进行深入的研究，并使这种研究渗透到机械设计本身，使机械具备人的特性以适应人的行为。工程师们感到人的因素在应用科学的研究中非常重要，于是有一些人开始研究人与复杂工作系统之间的协调问题。这些人包括行为学家、心理学家、生理学家、人类学家和医生，他们建立了人体工程研究机构，对有关人类的生理、心理、社会学、功效学、物理学及其他应用科学进行研究，使人的条件与物理原则结合起来，再应用到机器的设计上，使其成为一门新的学科。

1949年，查帕尼斯出版了《应用实验心理学——工程设计中人的因素》一书。该书总结了第二次世界大战时期的研究成果，系统地论述了人体工程学的基本理论和方法，为人体工程学发展成为一门独立的学科奠定了理论基础。第二次世界大战结束后，专家们将人体工程学的体制及各项研究成果广泛地应用到产业界，以追求人与机械间的合理化。工业生产向机械化和自动化发展，一连串流水线生产系统的发展、新式生产技术的使用，使工业生产量增加。但是由于机械化和自动化，人与机械间产生了高度的生理与心理摩擦，直接或间接地影响了工作效率与正确性，从而产生了许多严重的后果。

1957年，一位学者发表了著作《人体工程学》，这是世界上第一部关于人体工程学的权威著作，标志着人体工程学已进入成熟期。过去是先设计机械，后训练人去操作；现在是先了解人，然后根据对人的了解来进行设计。如果不能遵循这样的原则，那么机械文明的飞快发展对人并不一定是好事。由于人体工程学在此时主要是研究人与机器的关系，因此被称为人机工程学。1960年，国际人体工程协会成立了，并于1961年在斯德哥尔摩举行了第一次国际人体工程学会议。1975年成立了国际人体工程标准化技术委员会，颁布了《工作系统设计的人类功效学原则》，这标志着人体工程学进入了科学时期。

作为一门学科，我国的人体工程学是在20世纪60年代国防科学技术工业委员会结合飞机设计的一些实验项目而起步的。直到20世纪70年代末，人体工程学才逐渐在个别高等院校及研究机构建立起来。1981年，中国科学院心理研究所和中国标准化研究院共同建立了全国人类功效学标准化技术委员会,并与国际人体工程标准化技术委员会建立了联系。进入21世纪后,我国的人体工程学研究迅速与国际接轨,并在国民经济与国民生活中发挥着前所未有的作用。

由于在不同的时代,工业技术的主角不同,产生的问题不同,因此对人和机械的关系的研究也在不断发展。机械化时代研究的主要内容是人体尺寸、人对物理环境的适应能力等;进入电子时代以后,人体工程学所面临的新问题是人的技能与学习的能力;到了信息时代,对人的信息接收能力和处理能力的探索又成了新的挑战与课题。也就是说,人体工程学会随时代的发展而发展。

3.1.3 人体工程学的定义

事实上,人体工程学目前没有统一的定义。

著名的美国人体工程学专家伍德森认为:人体工程学研究的是人与机器之间的相互关系的合理方案,也就是对人的知觉显示、操纵控制、人机系统的设计和布置,以及作业系统的组合等进行有效的研究,其目的在于获得最高的效率和让人在作业时感到安全、舒适。

苏联学者将人体工程学定义为:人体工程学是研究人在生产过程中的可能性、劳动方式、劳动的组织安排,从而提高人的工作效率,同时创造舒适和安全的劳动环境,保障劳动人民的健康,使人从生理上和心理上得到全面发展的一门学科。

国际人体工程协会对人体工程学的定义为:人体工程学是研究人在某种工作环境中的解剖学、生理学和心理学等方面的因素,研究人和机器、环境的相互作用,研究在工作、生活时怎样统一考虑工作效率、健康、安全和舒适等问题的学科。

《中国企业管理百科全书》中对人体工程学的定义为:人体工程学是研究人和机器、环境的相互作用及其合理结合,使设计的机器和环境系统适合人的生理、心理特点,实现工作效率、安全、健康和舒适的最优化的一门学科。

综上所述,尽管各国学者对人体工程学所下的定义不同,但在两个方面却是一致的:一是人体工程学的研究对象是人、机、环境的相互关系;二是人体工程学研究的目的是实现安全、健康、舒适和工作效率的最优化。

任何一门学科都要针对一定范围内的问题展开研究,建立理论体系,这就是这门学科的科学性。同样,任何一门学科都要运用其理论体系提出解决某类问题的方法,这就是这门学科的技术性。人体工程学也是一门技术学科,是介于基础学科和工程技术之间的一门学科。人体工程学强调理论联系实际,重视科学与技术的全面发展。它从基础科学、技术科学、工程技术三个层次来进行纵向探讨。与人体工程学相关的基础科学知识包括心理学、生理学、解剖学、系统工程等。在工程技术方面,人体工程学已广泛运用于军事、工业、农业、交通运输、建筑、企业管理、安全管理、航天、潜水等行业。从各门学科之间的横向关系来看,人体工程学的最大特点是联系了关于人和物的两大类科学,试图解决人与机械、人与环境之间不和谐的矛盾。

既然人体工程学是研究"人-机-环境"系统中人、机、环境三大要素之间的关系,为解决该系统中人的效能、健康问题提供理论和方法的科学,那么,为了进一步说明其定义,我们可以对定义中提到的几个概念做进一步的解释。

1. 人的要素

在人、机、环境三要素中,人是指作业者或使用者,人的生理、心理特征,以及人适应机器和环境的能力都是重要的研究课题。机是指机器,包括人操作和使用的一切产品和工程系统,怎样才能设计出满足人的要求、符合人的特点的机器产品，是人体工程学探讨的重要问题。环境是指人们工作和生活的环境，噪声、照明、温度、湿度、设备设施等环境因素对人的工作和生活的影响是研究的主要对象。

人体工程学在解决任何系统中人的问题时主要有两条途径：一是机器、环境适合于人；二是通过最佳的训练方法使人适应机器和环境。任何系统按照人体工程学的原则进行设计和管理，都必须同时从这两个方面进行考虑。

2. 系统的要素

系统是人体工程学最重要的概念和思想。人体工程学不是孤立地研究人、机、环境这三个要素，而是从系统的总体高度将它们看成是一个相互作用、相互依赖的整体。系统既是由相互作用和相互依赖的若干组成部分结合成的具有特定功能的有机整体，其本身又是它所属的一个更大的系统的组成部分。由此看来，人体工程学不仅要从系统的角度研究人、机、环境三要素之间的关系，也要从系统的高度研究各个要素。

3. 人的效能

人的效能主要是指人的作业效能，即人按照一定要求完成某项作业时表现出来的效果和成绩。工人的作业效能通过其工作效率和产量来衡量。从管理的角度来看，现代管理体系的三要素（即人、物质、信息）中，人的管理问题主要是怎样获得最高的作业效能的问题。一个人的效能既取决于工作性质、人的能力、工具和工作方法，也取决于人、机、环境三个要素之间关系的处理情况。

4. 人的健康

人的健康包括安全和身心健康。近些年来，人的心理健康受到广泛重视。心理因素会直接影响生理健康和作业效能。因此，人体工程学不仅要研究对人心理的生理有损害的某些因素，例如强噪声对听觉系统的直接损害，而且要研究这些因素对人心理的损害程度，例如有的噪声虽不会直接损害人的听觉系统，却会造成心理干扰，引起人的应激反应。

3.1.4 人体工程学的主要内容

人体工程学的主要内容大致分为三个方面：工作系统中的人、工作系统中的机械、环境控制。

1. 工作系统中的人

工作系统中的人包括人体尺寸、信息的感受和处理能力、运动的能力、学习的能力、生理及心理需求、对物理环境的感受性、对社会环境的感受性、知觉和感觉的能力、环境对人的体能的影响、人的反射及反应形态、人的习惯与差异等。

2. 工作系统中的机械

工作系统中的机械分为以下三大类。

(1) 显示器：仪表、信号、显示屏。

(2) 操纵器：各种机具的操纵部分，如开关、旋钮、把手和键盘等。

(3) 机具：和人的生产生活息息相关的设备。

3. 环境控制

环境控制指如何使环境适应人。这里的环境分为以下两类。

(1) 普通环境：建筑室内外空间的照明、温度、湿度、噪声控制等物理环境。

（2）特殊环境：高温、高压的工作间，宇宙飞行器，具有辐射、电磁波的场所等。

3.1.5 人体工程学研究遵循的原则

从人体工程学研究的问题来看，其涵盖了技术科学和人体科学的许多交叉的问题。人体工程学研究涉及很多不同的学科，包括医学、生理学、心理学、工程技术、劳动养护、环境控制、仿生学、人工智能、控制论、信息论和生物技术等学科。在进行人体工程学研究时要遵循以下原则。

1. 物理的原则

杠杆原理、惯性定律、重心原理，在人体工程学中同样适用，但在处理问题时应以人为主。而在机械效率上又要遵从物理的原则，两者之间的调和法则是保持人道而又不违反自然规律。

2. 生理、心理兼顾的原则

人体工程学必须对人的结构进行研究，除了生理上的，还包括心理上的。人是具有心理活动的，人的心理在时间和空间上是自由、开放的，它会受到人的经历和社会传统、社会文化的影响。因此，人体工程学必须对这些影响心理的因素进行研究。

3. 考虑环境的原则

人-机关系并不是单独存在的，而是存在于具体的环境中。单独地研究人、机械或环境，再把它们简单地结合起来都无法研究人体工程学。它们是存在于人-机-环境相互依存的关系中的，绝不可分开讨论。

3.2 人体尺寸与建筑设计（人体测量学）

3.2.1 人体尺寸——人体静态测量

在建筑空间与环境的设计中，对“尺度”的把握是最根本、最重要的手段。尺度意味着人们感受到空间与物品的大小状况，意味着与人体大小相比较后的结果。因此，人体尺度成了建筑设计、环境设计、室内设计、家具设计等的一项基本参考数据。

从人-机关系的角度来看，“机”的含义已经不能仅仅理解为在生产中所使用的机械设备。相对于建筑学专业的要求，“机”应该指人类生活的空间环境所能够接触到并与人体产生关联的各种空间设施，其范围涵盖了建筑室内空间、室外空间中的一切人工制造的物品。在空间的宏观层面上，大到城市、乡镇，小到街区、街道；在空间的中观层面上，大到建筑、桥梁、道路等，小到环境设施、环境小品等；在空间的微观层面上，大到各类家具及与人关系密切的建筑设施，如门窗、楼梯、照明系统、供暖系统、空调和通风设施等，小到栏杆扶手、把手，甚至是开关旋钮、插座面板等，都属于“机”的范畴。而“人”的含义则不仅包括人体尺寸，还包括人体构造、生理特征、人的心理和行为等方面的问题。

1. 人体尺寸与人体测量学

人体测量学是一门新兴的学科，它是通过测量人体各个部分的尺寸来确定个人之间和群体之间在尺寸上的差别的学科。它既是一门新兴的学科，又有着悠久的历史。比利时数学家奎特里特于1870年发表了《人体测量学》一书，奎特里特被公认为人体工程学这一学科的创建者。

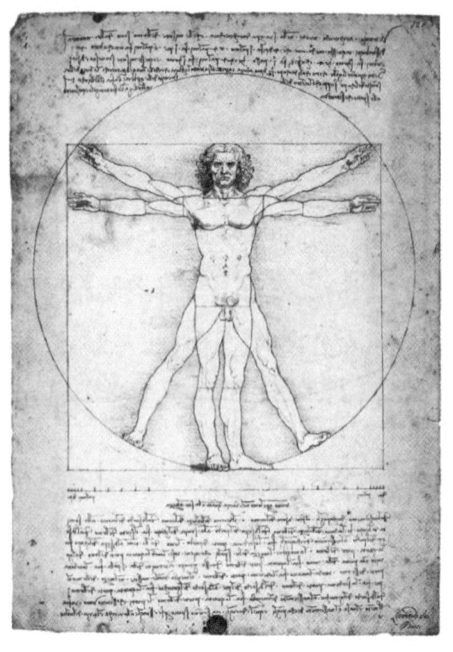

图 3-1

早在公元前 1 世纪，罗马工匠维特鲁威就从建筑学的角度对人体尺寸进行了比较完整的论述，并且发现了人体基本上是以肚脐为中心的：一个男人挺直身体、双手侧向平伸的长度恰好就是其高度，双手和双足的指尖正好在以肚脐为圆心的圆周上。按照维特鲁威的描述，文艺复兴时期的达·芬奇创作了著名的人体比例图，如图 3-1 所示。之后，又有许多哲学家、数学家、艺术家对人体尺寸从美学的角度进行了不断研究，在漫长的过程中积累了大量数据。在第一次世界大战期间，由于航空工业的发展，人们迫切地需要人体尺寸的数据作为工业产品设计的依据。到了第二次世界大战期间，航空和军事工业产品的生产对人体尺寸提出了更高的要求，进一步推动了人体测量方面的研究，如图 3-2 所示。

人体测量学的研究成果在军事和民用工业产品的设计中，以及在人们日常生活和工作的空间环境设计中得到了广泛的应用，并进一步拓宽了研究领域。建筑师、室内设计师也认识到了人体尺寸在设计中的重要性。他们发现，运用人体尺寸的研究成果既可以提高建筑室内外空间环境的质量，也便于人们合理地确定空间尺度，科学地进行家具和设备的设计，并有效地节约材料。

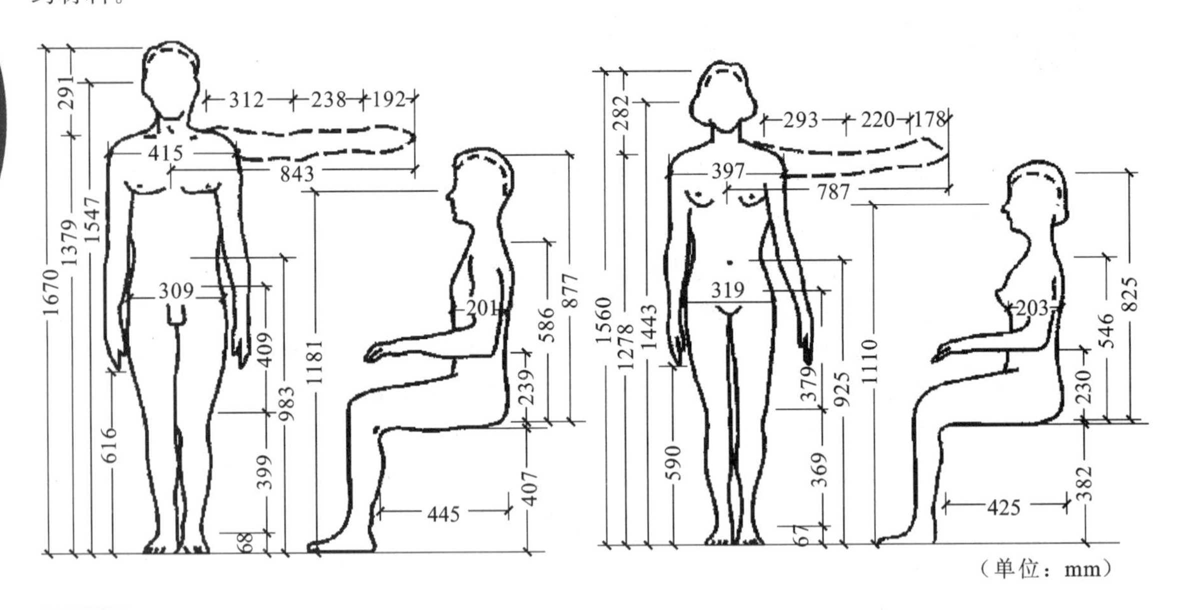

图 3-2

2. 人体尺寸数据的来源

设计需要的是具体的某个人或某个群体的准确数据，因此需要对不同背景的个人和群体进行细致的测量和分析，以得到他们的特征尺寸、人体差异和尺寸分布的规律，否则这些庞杂的数据就没有任何实际意义。我国幅员辽阔、人口众多、地区差异较大，人体的尺寸因年龄、性别、地区的不同而各不相同。同时，随着时代的发展和人们生活水平的提高，人体的尺寸也在不断地发生变化。因此，要得到全国范围内的人体各部位尺寸的平均测定值，是一项繁重而复杂的工作。1962 年，中国建筑科学研究院发表的《人体尺度的研究》中关于我国人体尺寸的测量值可作为设计时的参考，但由于距今已有 50 多年的历史，考虑到人体尺寸的时代差异特点，在实际应用中这些尺寸应适当加以调整（见图 3-3）。

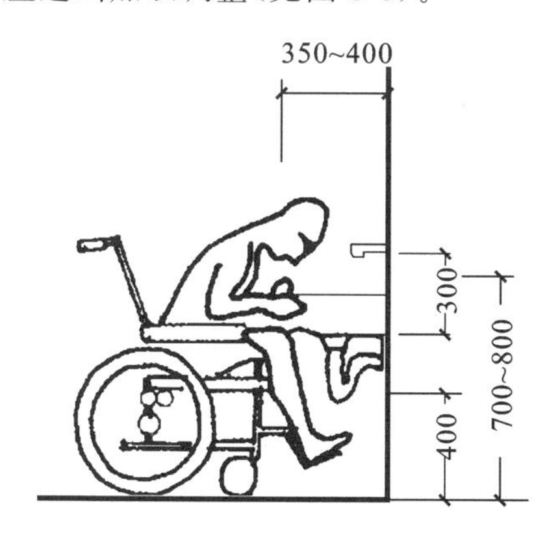

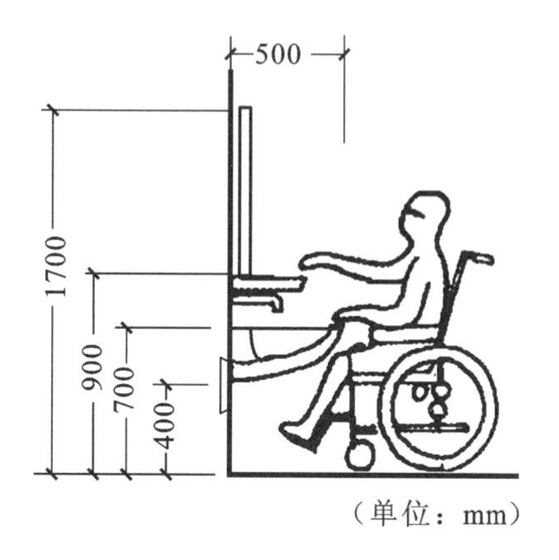

（单位：mm）

图 3-3

3. 人体尺寸的分类

1）构造尺寸

构造尺寸是指静态的人体尺寸，它是人体处于固定的标准状态下测量出来的。它对与人体有直接关系的空间与物体有较大的影响，主要为设计各种设备提供数据。在建筑内部空间环境的设计过程中，最有用的 12 项人体构造尺寸是：身高、视高、坐高、臀部至膝盖的长度、臀部宽度、膝弯高度、侧向手握距离、垂直手握高度、臀部至足尖的长度、肘间宽度、肩宽、眼睛高度，如图 3-4 所示。

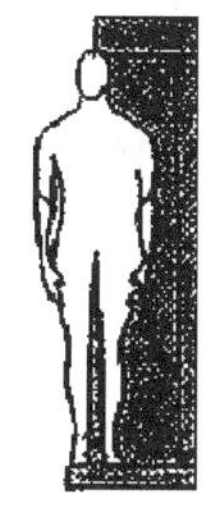

身高：确定通道和门的最小高度

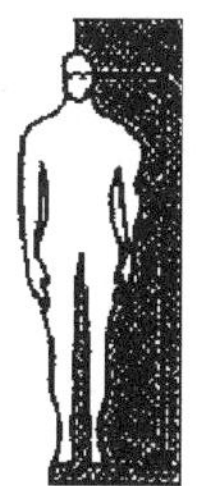

视高：决定视线对家具设计的影响

坐高：确定座椅上方的最小高度

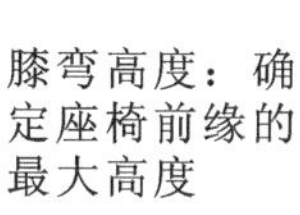

眼睛高度：确定最佳视野；确定剧院、礼堂、会议厅的视线

肩宽：确定座椅宽度、通道间距

肘间宽度：确定家具宽度、座椅宽度

臀部宽度：确定座椅内尺寸

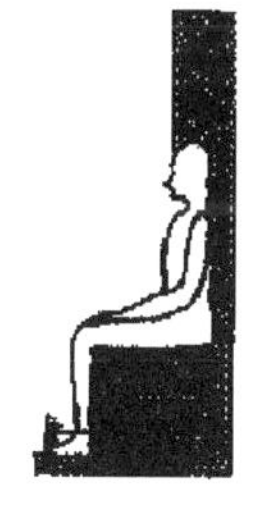

臀部至膝盖的长度、臀部至足尖的长度：确定座椅设置

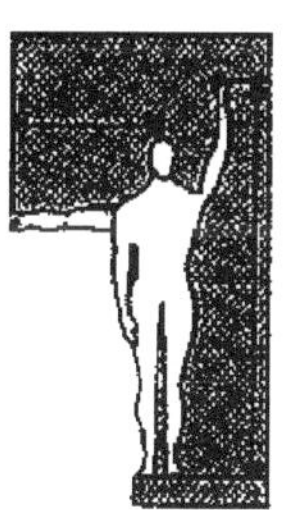

侧向手握距离、垂直手握高度：确定家具的宽度、高度

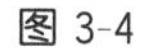

图 3-4

2）功能尺寸

功能尺寸是指动态的人体尺寸，是人在进行某种功能活动时肢体所能达到的空间范围。虽然构造尺寸对某些设计的影响很大，但是对于大多数的设计，功能尺寸可能有更广泛的用途。人们可以通过运动扩大自己的活动范围，企图根据人体构造尺寸解决一切有关空间和尺寸的问题是很困难的。

3.2.2 人体活动——人体动态测量

1. 肢体活动范围与作业域

肢体活动范围由肢体活动角度和肢体长度构成。

1）肢体活动角度

肢体活动角度分为轻松值、正常值和极限值。轻松值多用于使用频率高的场所，正常值则用于一般场所，极限值用于不经常使用但涉及安全的场所。

2）肢体活动范围

人的动作在某一限定范围内呈弧形，由此形成的包括左右水平和上下垂直动作范围内的一定领域，叫作人的作业域。由作业域扩展到人-机系统全体所需的最小空间就是作业空间。一般来说，作业域包括在作业空间中。作业域是二维的，作业空间是三维的。（见图 3-5）

3）手脚的作业域

人们在日常的工作和生活中，无论是在办公室还是在厨房，都是或站或坐，手脚在一定的空间范围内做各种活动。这个域的边界是在站立或坐着时手脚所能达到的范围。这个范围的尺寸一般用比较小的值，以满足多数人的需要。手脚的作业域包括水平作业域和垂直作业域。

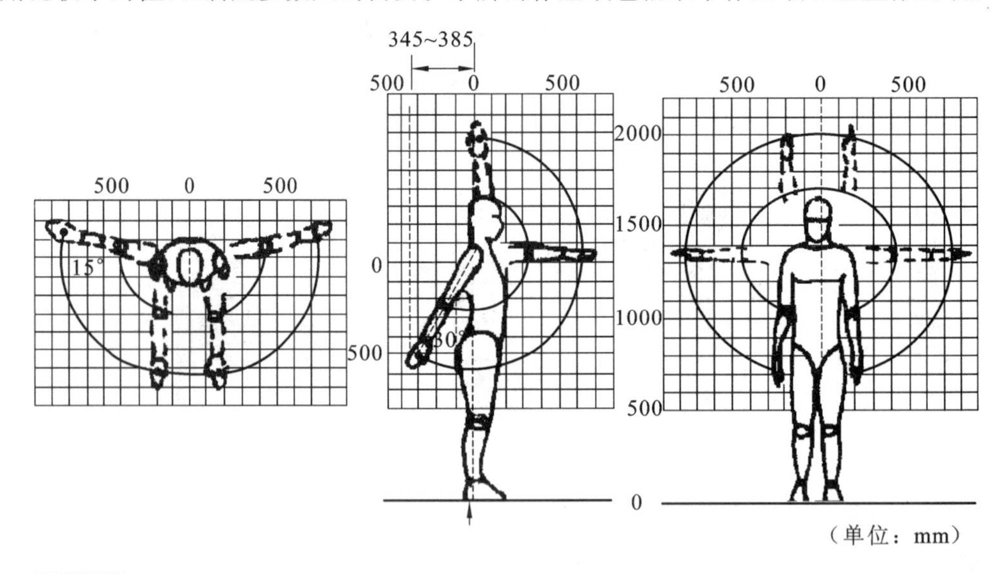

图 3-5

水平作业域是人在台面上左右运动手臂而形成的轨迹，手尽量外伸所形成的区域为最大作业域，而手臂自然放松运动所形成的区域为通常作业域。

垂直作业域指手臂伸直，以肩关节为轴做上下运动所形成的范围。垂直作业域与人采用某一种姿势时手臂触及的垂直范围有关，如搁板、挂件、门拉手等。垂直作业域与摸高是设计各种框架和扶手的依据。除此之外，用手拿东西和操作时需要眼睛的引导，因此架子的高度会受到视线高度的影响。受视线高度影响的还有抽屉的高度等。门拉手的位置与身高有关，一般办公室用门拉手的高度为 100 cm，家庭用门拉手的高度为 80～90 cm，幼儿园门拉手的位置相对较低。欧洲有些地区的门上会装有高、低两个门拉手，分别供成人和儿童使用。

4）影响作业域的因素

作业域会受到以下因素的影响。

（1）在活动空间内是否有工作用具。

（2）需要保持一定的活动行程。

（3）手的操作方式是持着荷载还是移动荷载。

（4）并非任何地方都是能触及目标的最佳位置。

2. 人体的活动空间

人体姿态的变换和人体移动所占用的空间构成了人体的活动空间。人体的活动空间大于作业空间。

1）静态的手足活动

静态的手足活动包括立位、坐位、跪位和卧位。每个姿态对应一个尺寸群。

2）姿态的变换

姿态的变换集中于正立姿态和其他可能姿态之间的变换。姿态的变换所占用的空间并不一定等于变换前的姿态和变换后的姿态占用空间的叠加。因为人体在进行姿态的变换时，由于重心的改变和力的平衡问题，会伴随有其他的肢体运动，因而占用的空间可能大于前述的空间的叠加。

3）人体移动

人体移动所占用的空间不应仅仅考虑人体本身占用的空间，还应考虑连续运动过程中由于运动所必需的肢体摆动或身体回旋所需的空间。

4）人与物的关系

人与物相互作用时所占用的空间范围可能大于或小于人与物各自所占空间之和。人与物相互作用时所占用的空间的大小要视其活动方式而定。

5）影响活动空间的因素

影响活动空间的因素包括以下几个方面。

（1）动作的方式。

（2）各种姿态下工作的时间。

（3）工作的过程与用具。

（4）服装。

（5）民族习惯。

3. 重心问题

重心是指全部重量集中作用的点。

一般来说，每个人的重心位置不同，主要受身高、体重的影响。但是从总体上来说，重心大约都在人的肚脐后，第四、五节腰椎之前。理论上，如果平均身高为 163 cm，则重心的平均高度为 92 cm。在进行栏杆设计的时候，原则上栏杆的高度应该高于人的重心。如果栏杆的高度低于重心，人体一旦失去平衡，就可能越过栏杆而坠落，所以站在栏杆附近，如果人们发现栏杆比自己的肚脐低就会产生恐惧感。92 cm 是人体平均的重心高度，考虑到栏杆还有抓握和倚靠等功能，所以最终高度一般取 110 cm 较好。台阶、踏步的高度也和人体的重心有关。当台阶高度大于 200 mm

时，人抬腿就会比较吃力，尤其是儿童和老年人，所以一般室内的台阶、踏步的高度都设计为 150 mm，而在室外环境中的台阶，由于通常不设栏杆、扶手，高度大多为 120 mm。如果台阶、踏步的距离较长，则要考虑设计平台以供人休息。

人体重心随着人体姿态、位置的变化而不同。换句话说，人体重心发生了变化，就意味着人体姿态发生了改变或者人体处于运动状态。从做功和耗能的角度来分析，人体重心由低到高时，做功多，耗能多，所以人会感到费力；而重心由高到低时，做功少，耗能少，所以人会感到比较省力。因此，上山远比下山累。重心越低的姿态，人体主观上感觉越舒适，所以站着工作没有坐着工作舒适，而坐着工作又没有躺着工作舒适。重心在水平和垂直方向上不断发生变化，就意味着人体处于运动状态中。此时的重心变化和人体的平衡及运动有密切的关系，这方面的研究成果，已经被广泛运用于各国的体育运动事业中。

3.2.3　人体测量学在建筑设计中的应用

1. 数据的选择

选择适用于设计对象的数据是很重要的。只有清楚使用者的年龄、性别、职业和民族，包括人体尺寸的差异中所涉及的老年人、残疾人等问题，才能使得所设计的建筑室内外空间环境与设施设备适合使用者的尺寸特征。

2. 百分位的运用

人体测量学中，百分位表示具有某一人体尺寸或其尺寸小于该尺寸的人占统计对象总人数的百分比。

在很多数据表中，一般只给出第 5 百分位、第 50 百分位、第 95 百分位，这是因为采用第 5 百分位和第 95 百分位能概括 90%的人的尺寸范围，能适应大多数人的需要。有这样一个原则，即“够得着的距离，容得下的空间”，可以从以下几个方面进行分析。

(1) 由人体总高度、宽度决定的空间与物体，如门、通道、床等，其尺寸应以第 95 百分位的数据为依据，能满足大个子的需要，小个子自然没有问题。

(2) 由人体某一部分的尺寸决定的空间与物体，如由臂长决定的平面高度和手所能触及的范围等，其尺寸应以第 5 百分位为依据，小个子够得着，大个子自然没有问题。

(3) 特殊情况下，如果以第 5 百分位或第 95 百分位为限值会造成界限以外的人使用时不仅不舒服，还会有损健康或者造成危险时，尺寸界限应扩大至第 1 百分位和第 99 百分位，例如，紧急出口的直径应以第 99 百分位为准，栏杆间距应以第 1 百分位为准。

(4) 当我们设计的目的不在于确定界限，而在于决定最佳范围时，应以第 50 百分位作为依据。这适用于门铃、插座、开关及柜台的高度等。

(5) 某些情况下，我们可以选择可调节的做法扩大使用范围，使大部分人使用起来更方便，如可升降的椅子和可调节的隔板。

(6) 在设计中应分别考虑各项人体尺寸。身高一样的人，其他尺寸并非一样，实际上，身高相当的人，其坐高的差别在 10 cm 以内。不同项目的人体尺寸之间的独立性很大，因此，在设计时要分别考虑每个项目的人体尺寸。

3. 尺寸的衡量标准

1) 舒适性

尺寸衡量标准的设定是为了满足不同的使用条件。火车卧铺按照功能尺寸来衡量肯定是合理的,但肯定没有五星级酒店的大床睡着舒服。这个例子告诉我们,舒适性也是选择尺寸的标准。火车卧铺 70～90 cm 的宽度是为了满足基本的功能需要,酒店单人床 120～150 cm 的宽度是为了达到舒服的要求。

2）安全性

在一些涉及安全问题的场所,往往会使用极限尺寸去限制或保护人们以避免发生危险。这些尺寸的使用是以安全性为标准的。

4. 形式对尺度的影响

在实际的设计过程中,尺寸并不会很精确,还会受到形式的影响。例如,公共场合中的大门把手的设计,就需要考虑到形式的问题,不同材质和色泽的物体在环境中的尺度要和人的感受相结合。

3.3 人的感知觉与建筑环境设计（环境生理学）

3.3.1 环境概述

“环境”一词从字面上理解,是指与中心事物有关的周围事物。因此,明确主体是正确把握环境概念及其实质的前提。

1. 环境概述

对于环境科学而言,环境是指以人类为主体的外部世界,即人类赖以生存和发展的物质条件的综合体,包括自然环境和社会环境。自然环境是指直接或间接影响人类一切自然形成的物质及其能量的总体,它包括大气、水、土壤、地质和生态环境等。社会环境是指人类在自然环境的基础上,通过长期的有意识的社会劳动所创造的人工环境,它包括聚落、生产、交通、文化等环境。

人与其他动物相比,最大的区别是人可以在变化及多样的环境中生存。人类在自然环境的基础上,通过认识、理解、适应、改造自然环境,逐步创造出了人类所需要的人工环境。但是与此同时,为了达到这一目的,人类也失去了很多自然环境。随着人工环境的扩大,各种环境问题逐渐显露出来。自 20 世纪 60 年代开始,人们发现,许多地方的建筑环境很难尽如人意,一系列建设性破坏,如对土地资源的侵蚀、对生态平衡的破坏、对文化遗产的破坏等,造成了各种各样的环境问题。到了 20 世纪 70 年代,人们开始有了环境意识,人们开始关注环境,并研究解决环境问题的办法。在这样的背景下,许多科学领域纷纷行动起来,做出相应的研究,伴随着环境观念的形成和发展,产生了一系列以环境为研究对象的新的学科概念和理论。

2. 环境的构成

按照构成空间的大小来分,环境可以分为微观环境、中观环境和宏观环境,详述如下。

（1）微观环境是指室内环境,包括家具、设备、陈设、绿化以及活动在其中的人们。

（2）中观环境是指一栋建筑乃至一个小区。它包括邻里建筑、交通系统、绿地、水体、公共活动场地、公共设施以及流动在此空间里的人群。

（3）宏观环境是指一个乡镇、一个城市、一个区域、一个国家,甚至整个地球。它包括在此范围内的人口和动植物体系,自然的山河、湖泊和土地植被,人工的建筑群落、交通网络,以及为人服务的一切环境设施。

微观环境设计是指室内设计与装修，中观环境设计是指建筑设计和小区规划，宏观环境设计是指乡镇规划、区域规划，以及在此范围内的生态环境的综合开发与治理等。

3. 人对环境的需要

规划与设计的终极目标不是创造一个有形的工艺品，而是创造一个满足人类需要的环境。我们对环境有各种要求：走在大街上，希望人行道宽敞而且上面没有机动车；进入电梯里，希望电梯不要太拥挤而且行驶平稳；走进自己的办公室，希望办公室里的空调运行正常，且自己工作时不会被别人打扰。另外，有一些人不愿意住在城市中而愿意住在市郊，因为他们希望生活得更安静一些，与大自然更亲近一些，住房更宽敞一些。而那些住在城市中的人们，他们希望生活更便捷一些，社交更广泛一些，离工作单位更近一些，与朋友的联络更方便一些，信息也更灵通一些。所以，对环境的选择是几种需要共同作用的结果，人们不得不在多种需要之间权衡各种利弊和代价。

人们对环境有什么需要呢？这些需要是否普遍，或者只是某一类人的需要？这些需要的性质是什么，它们是否超出了遮蔽、温暖和安全等最基本的需要呢？研究人对环境的需要是很重要的。人们对环境的需要是建筑师和规划师经常面临的一个问题。

当我们讨论人的基本需要的问题时，通常会提到马斯洛的需求层次理论。该理论将人的基本需要分为五个层次：①生理需要；②安全需要；③归属和爱的需要；④自尊的需要；⑤自我实现的需要。这是一套分等级的需要，较低级的需要比较高级的需要具有更大的紧迫性。此外，Galtung 列举了四种基本需要：①安全需要；②福利需要；③认同需要；④自由需要。除了这四种基本需要外，Galtung 还列出了更详细的人的需要的目录。麦克利兰认为，马斯洛的需求层次理论过于强调个人的自我意识和内在价值，忽视了来自社会的影响。他认为，人类的许多需求都不是生理性的，而是社会性的。他提出，人的动机来自于三种社会需要：①交往需要；②权利需要；③成就需要。

对于建筑师与规划师来说，他们最想了解的是人们对环境有什么样的需要，即环境需要。我们可以认为，环境需要是为自我保护和避免疾病状态而对实质环境提出的客观要求。这个定义的重点是实质环境与疾病状态。疾病状态既包括生理性疾病，如骨折、听力损害等，也包括心理上的疾病，如在环境中无法自我认同。

环境需要有时是非常强烈的，譬如在酒吧中，人们对通风有迫切的要求。环境需要有时是不自觉的、潜在的，但这并不表明环境需要不存在，而是因为这种需要还处在潜在的阶段。以城市开放空间的建设为例，十几年前，还没有多少人提出城市中心需要建设更多的广场和公共绿地，但是现在关于开放空间建设的需要已经非常迫切了。

1）人对环境信息的需要

在各种环境行为研究的实验中，让被试者感到最难受的并不一定是高温、高噪声的效能实验，而是知觉剥夺实验：实验中，让被试者处于一个黑暗、寂静、没有气味的房间里，有时还会让被试者穿着宽松的衣服，戴着手套，以避免任何接触。大多数被试者很快会要求离开这个环境。

实验说明，环境提供的信息对人的生存至关重要。人们会自发地收集关于环境的信息，例如所处的位置、空间的形状和结构，以及当时的时间和气候等，借以认知其所处的环境。人们的感觉器官不断地监视着环境变化的信号，一切感觉器官均在人体的“预警系统”中起着一定的作用。知觉主要是要求保持人与环境的接触，并调节其行为使之适应环境的变化。实际上，这是人类“求生存”的本能。

人认知环境所需要的最重要的信息包括以下八类。

(1) 水、热源、食物、阳光、疏散路线和目的地等的位置。

(2) 时间以及与我们的生物钟有关的环境条件。

(3) 气候、衣着、供暖、制冷、避风雨及对日光的有效利用。

(4) 围护结构和承重结构的安全性、环境控制的位置和性质、对于温度变化和雨雪的防护。

(5) 树木和动物的存在。

(6) 空间的边界,以及在一个给定的环境中供个人使用且不受干扰的空间,即空间的私密性。

(7) 精神、体力和感觉的放松,以及获得刺激的可能。

(8) 安全地带,即发生危险时可作为庇护所的地方。

2) 环境需要的内涵

环境需要不仅限于对环境信息的需要,还包括其他方面的需要。建筑师 Levy Leboyer 做过一项调查,她要求一个公寓街区的未来居民和其他多户住宅中的居民对他们的环境需要发表意见,绝大部分的老年人表示,喜欢在户外的某一个地方坐坐,但是要遮阳和避风。于是,该建筑师在设计过程中就采取了措施,为每一套公寓提供一个阳台,可以让住户坐坐,看看户外的风景。然而建成之后,住户们很不满意,他们不喜欢这种阳台,并抱怨这种阳台的设置减少了他们的公寓面积。事实上,他们需要的是一个公共的地方,他们可以坐在那里聊天、交流,而不是一个自己独坐在那里的专用空间。这本质上是一种社会需要。

如果我们能了解人们有哪些环境需要,并且知道环境能满足哪些需要,我们就能了解个人的行为,并预测个人的反应。Levy Leboyer 做过另外一项调查,这项调查是在 1 500 个 17～24 岁的法国青年中展开的。她用因子分析法分析了 100 多个问题,得到了几种可鉴别的独立的需要。其中,第一种需要涉及安全,包括人身安全和对家的需要。第二种需要与环境评价的方式有关,对某些人来说,宁静、完整、和谐等是最重要的,而对另一些人来说,功能方面更重要,如接近工作单位、交通便捷、容易开展业务等。另外两种需要是社会需要和参与活动的需要。

有人调查了 2 541 名 18 岁以上的各类人士,这些人尽管各不相同,但兴趣比较集中。数据分析揭示了 20 个因子,这些因子又被研究者重新组合成了 6 种基本需要:安静和无噪声、环境的美感、邻里关系、安全、流动性和防御性。比较这些调查之后可以发现,某些需要会随着年龄的增长而消失,有些需要则会持续存在。

3) 环境需要的三个层次

人们对环境的需要至少表现在三个层次上,即健康与舒适、活动机会、对社会和文化体系的认同。

(1) 健康与舒适。

人们在活动过程中,会面临一系列外部世界的刺激,如温度、湿度、照明、风雨、阳光等,其中的某些刺激无疑是个体应激和环境压力的来源。尽管不同的人对这些环境刺激的评价和认知存在差异,但是人们通过对这些环境刺激的认知、适应与控制,可以理解并适应环境、解释威胁及其原因。

对于这个层面的环境需要,经常提到的是健康、舒适、安全等。当然,这些要求是不言而喻、理所当然的。人们总是竭力避免危险的、高温高湿的、风雨交加的、冰天雪地的、丑陋的、不安定的、不可预见的环境,追求那些舒适的、温暖的、稳定的、可识别的、可预见的、健康的环境。

对健康和舒适环境的要求主要是基于个体的,主要与个体对环境的体验和环境舒适性有关,也与对环境的认知过程有关。任何人只有识别和理解周围的环境,才能了解在何处实现需求以及如何达到目的。这主要包括人们对空间的认知，以及对灾害、安全等的认知。健康和舒适的环境需要，基于人们为了生存和生活得更好的环境认知和适应过程。

(2) 活动机会。

环境不仅仅是被体验的对象，也是人们用来满足个人计划的工具。人们在环境中有各种活动的需要，环境设计就是为人们的这些活动提供空间和环境的。任何层面的环境设计，包括城市规划、城市设计、建筑设计、室内设计等，都是通过土地使用、空间配置、功能安排、设施布置等决定环境的时空结构，从而介入环境与人的交互作用。

活动机会层面的环境需要，指的是人们会积极地在环境中寻找环境能提供的活动机会。反过来说，环境通过所提供的各种物质性的功能，影响人们在环境中的各种行动(包括社会行动)的机会。在这个过程中，环境提供的活动的可选择性是关键。活动机会层面的环境需要，强调人们对环境和空间的利用过程，即人们在环境中是否通过对环境与空间的利用达到了自己的目标。

(3) 对社会和文化体系的认同。

环境不仅是认知的对象和满足个人计划的工具，个体通过对环境的认知和利用，也获得了所需要的社会交流，建构了自我认同，识别并确认了社会文化体系。

人们在环境中的活动，需要共同拥有若干对环境的假设，如果环境的参与者没有使用共同假设中的一个或多个假设，人们很快就会对环境产生迷惑、愤怒等情绪。换句话说，环境可以提供一系列的社会和文化准则，这些准则是一系列的“情境限定”，并为参与者所共享。于是，行为和环境共同构成了一个框架，这个框架既决定了行为在什么范围内产生，也限定和防止了可能产生的干扰行动。

有这样两个案例。第一个案例是法国建筑师在北非村庄引入自来水的故事，故事的结尾是完成的工程，引起了当地居民的不满与抵制。调查显示，深居闺中的妇女们到村中的井边取水，是她们接触社会的一个难得的机会，而提供自来水就把她们这一重要的社交机会剥夺了。妇女们为此感到抑郁，于是向她们的男人们抱怨，从而引起了抵制行动。

第二个案例是关于哥伦比亚和委内瑞拉交界处亚马逊丛林中的印第安人社会的。他们的居所也就是聚落，全都大同小异——一个大的公共居所能够容纳 10～30 个家庭，这种居所被称为“Bohio”。这类公共居所在亚马逊地区随处可见。Bohio 是圆形的茅草顶结构，茅草顶几乎着地，以使居所内光线昏暗，各家可以在 Bohio 的圆周的边缘以隔墙限定自己的空间，中间悬挂着吊床。各家还在自己空间前方的泥土地面上架设火炉，这样，所有的火炉都面向巨大的中央公共空间，同时能有效地阻挡他人窥视。当狩猎的父亲午后归来时，会轻摇吊床逗弄婴孩。一些建筑师试图将这种蛮荒时代的居住方式——终年暗无天日、烟熏火燎的茅草棚，代之以采光通风良好、金属屋顶、水泥砂浆地面、电灯照明的居所。这当然是一种进步，可是事情的发展并不如建筑师预想的那样。Bohio 的屋顶不仅比较凉爽，还能防止蚊虫侵袭，同时能抵御当地大量的野生小动物入侵。妇女们在家中编织、休憩、看护孩子。男女主人同处时，Bohio 的形状及公共空间边缘的炉火，构成了家的私密气氛。然而取代 Bohio 的现代矩形居所，被设计得透亮，中央的烹饪区也被取消，这严重影响了社会生活、责任分工和家中的亲昵行为。原有的昏暗环境，对获得私密性的作用很大。炉火的分布形成了序列，同时可以防止他人窥视，而在既无放松感又无亲昵可能的现代空间里，社会与家庭的关系难以维系。

4) 环境期望

人们的环境需要具有普遍性、长期性。环境期望可以分成基本期望和满足期望。基本期望是环境所必须达到的要求，否则当个体长期处于无法达到基本期望的环境中，环境会对个体有直接的伤害并造成疾病。满足期望就是高级要求，当环境能够满足人们的高级要求时，对人们来说就是非常理想的环境，也是福利的环境。基本期望和满足期望如表 3-1 所示。

表 3-1　基本期望和满足期望

	健康与舒适	活 动 机 会	对社会和文化体系的认同
环境的界定	由环境刺激的各种特征所界定	由土地使用、服务设施的时空结构所界定	由社会和文化所限定的场所与系统所界定
基本期望	避免危险的、难以识别的、丑陋的空间，寻找生存所必需的、可适应的、稳定的环境	寻找环境中的可用之处	避免给人带来社交压力的空间，避免在环境中产生自卑感和失败感
满足期望	获得直接的、舒适的空间，能理解环境，能解决空间问题，并寻找环境的新奇和变化	可以在环境中以自己所喜爱的、本能的方式满足自我	获得愉快的交往空间，能在环境中获得认同感和成就感

3.3.2　人的视觉特性与空间视觉特性

1. 人的视觉特性

严格来说，视觉是一种视觉知觉活动，即各种环境因子对视觉感官的刺激作用所表现出来的视觉知觉效应。人的视觉具有以下特性。

1）光知觉特性

光是人们认识世界上一切物体的媒介，是视觉的物质基础。光的本质是电磁波，可见光谱是波长为 400～760 nm 的光谱，眼睛可以感知此范围内的光谱。人对光的刺激反应表现为分辨能力、适应性、敏感程度、可见范围、变化反应和立体感等一系列光知觉特性。

2）颜色知觉特性

颜色是由不同频率的电磁波所产生的，各种颜色的光谱都在可见光的光谱范围内。人对颜色的反应表现为颜色的色调、明度和饱和度，以及人的心理表现等基本特性。

3）形状知觉特性

由于光对物体各部分的作用不同，所以产生了人对物体形状的图形知觉。形状知觉特性表现为人对图形和背景、形态和空间形象的认识。

4）质地知觉特性

由于光对物体表面作用的差异，物体表面的质地就呈现出来了。人对物体表面质地的感觉，即质感，表现为光滑程度、坚硬程度等。

5）空间知觉特性

人在视觉空间中依靠多种客观条件和机体内部条件来判断物体的空间位置，从而产生空间知觉。空间知觉特性表现为人对空间的开放性、封闭性等的认识。

6）时间知觉特性

由于光对物体和环境作用的强度和时间长短不同，所以人对环境的适应程度和辨别能力也不一样，这就是视觉的时间特性。

7）恒常特性

人对固定物体的形状、大小、质地、颜色、空间等特性的认识，不因时间和空间的变化而变化，这就是视觉的恒常特性。

综上所述，由于环境因子的刺激量和人的接受水平存在差异，故对于同一环境，每个人的反应是各不相同的。在众多因子中，光和颜色对环境氛围的影响最大。

2. 空间视觉特性

根据图形的视觉特征，物质空间具有大小、形态、方向、深度、质地、明暗、冷暖、立体感和旷奥度等视觉特性。这些特性主要是通过人的感觉系统，尤其是视觉系统来感知的。当然，人的听觉、嗅觉、触觉、运动觉和平衡觉等对空间知觉也有一定的作用。依靠这些感官的分析器能感觉空间的某些特性，如利用听觉和嗅觉能辨别空间的大小，利用触觉能辨别空间的质地，利用运动觉和平衡觉能辨别空间的方向。这些概念为残疾人的无障碍设计提供了理论依据。

1）空间大小

空间大小包括几何空间尺度的大小和视觉空间尺度的大小。前者不受环境因素的影响，几何尺寸大的空间显得大，反之则显得小。而视觉空间尺度，无论是室外空间还是室内空间，都是由比较而产生的视觉概念。

视觉空间大小包含以下两种观念。

(1) 与围合空间的界面的实际距离有关，距离大的空间显得大，距离小的空间显得小。实的界面多的空间显得小，虚的界面多的空间显得大。此外，视觉空间大小还受其他因素，如光线、颜色、界面质地等的影响。

(2) 人和空间的比较，尤其是在室内空间，人多了，空间就会显得小，人少了，空间就会显得大。大人的空间小孩使用就显得大，小孩的空间大人使用就显得小。

空间大小的确定，即对空间尺度的控制，是建筑设计和室内设计的关键。室内空间尺度取决于两个主要因素：一是行为空间尺度，二是知觉空间尺度。

多数情况下，为了节省投资、降低造价，室内空间都不会设计得很大，以满足使用功能的最低要求为准，尤其是室内净高往往较低。那么，如何利用视觉特性，使室内空间小中见大呢？以下方法可供参考和探讨。

(1) 以小比大。当室内空间较小时，可采用矮小的家具、设备和装饰配件，以造成视觉的对比，这种方法在住宅、办公室、旅馆、商场等的设计中经常使用。

(2) 以低衬高。当室内净高较低时，常采取局部吊顶的方法，以造成高低对比，以低衬高。

(3) 划大为小。室内空间不大时，地面的铺装常采用小尺度空间或界面分格，造成局部视觉的小尺度感，对比中整个空间的尺度就会显得较大。

(4) 界面的延伸。当室内空间较小时，可以将顶棚与墙面的交接处设计成圆弧形，也就是将墙面延伸至顶棚，使空间显得较高，也可以将相邻两墙的交接处设计成圆弧形，使空间显得较大。

此外，还可以通过对光线、色彩、界面质地的艺术处理，使室内空间显得宽敞。

2）空间形态

任何空间都有一定的形态，空间是由基本的几何形体，如立方体、球体、锥体等组合而成的。结合室内装修、灯光和色彩设计，就形成了空间丰富多彩的形状和艺术效果。常见的空间形态有以下几种。

(1) 结构空间。通过对空间结构的艺术处理，显示空间的力度和艺术感染力。图 3-6 所示为乔治·蓬皮杜国家艺术文化中心。

(2) 封闭空间。采用坚实的围护结构和很少的虚界面，在视觉、听觉等方面，均造成与外部空间的隔离状态，使空间具有很强的内向性、封闭性、私密性和神秘感。图 3-7 所示为朗香教堂。

图 3-6

图 3-7

(3) 开敞空间。室内空间尽可能采用通透的、虚的或弱的界面,使室内空间与外部空间贯通、渗透,使空间具有很强的开放感。图 3-8 所示为巴塞罗那博览会德国馆。

图 3-8

(4) 共享空间。共享空间是为了适应各种交往活动的需要,在一个大空间内组织各种公共活动而设计的空间。这种空间大小结合,小中有大,大中有小;也可以室内、室外景观结合,各种活动穿插进行;还可以山水、绿化结合,楼梯、自动扶梯或电梯结合等,使空间充满动感。

(5) 流动空间。流动空间就是通过各种楼梯或电梯使人群在同一空间里流动,通过各种变幻的灯光或色彩使人看到同一空间里的变化,或者是通过流动的人工“瀑布”等使人看到在同一空间里景观的流动,共同形成室内外空间状态的流动。

(6) 迷幻空间。迷幻空间就是通过各种奇特的空间造型、界面处理和室内装饰,造成室内空间的神秘感。新奇的艺术效果容易使人对空间产生迷幻的感觉。

(7) 子母空间。子母空间是指大空间中有小空间,是对空间的二次限定。这种空间既满足了使用要求,又丰富了空间层次。

3) 空间方向

通过对室内空间各个界面的处理、配件的设置和空间形态的变化,可以使室内空间产生很强的方向性,如走廊、各种楼梯等。

4) 空间深度

空间深度一般指与出入口相对应的空间距离,它的大小会直接影响室内景观的层次。

5) 空间质地

空间质地主要取决于室内空间各个界面的质地。空间质地是各个界面共同作用、互相影响的艺术结果,它对室内环境气氛有很大的影响。

6) 空间明暗

空间明暗主要取决于室内的光环境和色环境的艺术处理,以及各个界面的质地。

7）空间冷暖

空间冷暖在设备上取决于采暖和空气调节设备，在视觉上则取决于室内各个界面、室内家具和设备的各个表面的色彩。采用冷色调就会有冷的感觉，采用暖色调则会有暖的感觉。

8）空间旷奥度

空间旷奥度，即空间的开放性与封闭性，是空间视觉的重要特点，它是空间各种视觉特征的综合表现，涉及范围很广。归根结底，空间旷奥度就是指房间门窗、洞口的位置、大小和方向，这里包含侧窗、天窗和地面的洞口。

3.3.3　人的听觉特征与听觉环境设计

1. 人的听觉特征

根据声音的物理性能、人耳的生理机能、人的主观心理特征，与建筑环境声学设计关系密切的人的听觉特征主要表现在以下几个方面。

1）听觉适应

具有正常听力的健康青年能够觉察 16～20 000 Hz 的声音，25 岁之后，人对 15 000 Hz 以上的频率的声音的灵敏度会显著下降。随着年龄的增长，频率感受的上限逐年下降，这种现象叫老年性听力衰减。除了年龄之外，个人的生活习惯、营养状况及生活紧张程度，特别是环境噪声的积累对听力的影响也很大。

人对环境噪声的适应能力很强。对于健康人来讲，在安静的环境中住习惯了，搬到喧闹的环境中居住，开始时会不适应，但是居住一段时间后就会习惯。反过来，再搬回原来住的地方，一开始还是会不习惯，会感到寂寞。但是人对噪声积累的适应是不利于健康的，特别是噪声很大的时候，会造成永久性耳聋。因此，进行室内声环境设计时，首先要控制噪声，然后再进一步考虑室内音质。

2）听觉方向

物体的振动产生了声音，声音的传播具有一定的方向性，这是声源的重要特性。声源在自由空间中辐射出的声波的分布有很多变化，但大多数有下列特征。

(1) 当辐射声音的波长比声源尺度大得多时，辐射声能是从各个方向均匀发射的。

(2) 当辐射声音的波长比声源尺度小得多时，辐射声能大部分被限制在一个相当狭窄的射束中，频率越高，声音越尖锐。

(3) 音调与音色。音调是由主观听觉来辨别的，除了个体差异之外，它还与声音的频率有关。频率越高，音调越高；频率越低，音调越低。音调与音色对室内音质设计的影响很大。如何使室内音质丰满、悦耳，涉及室内吸声材料的布置和音响系统的配置。

(4) 响度级和响度。声音的声级是一个客观的物理量，它与发生在主观心理上的感觉并不完全一致。用来描述主观感受上的物理量，称为响度级。

(5) 听觉与时差。实验证明，人耳感觉到的声音的响度，除了与声压及频率有关外，还与声音的延续时间有关。

2. 听觉环境设计

1）噪声控制

噪声控制主要从三个方面着手，即控制声源、控制声音的传播过程和控制声音的接收。

(1) 控制声源。

控制声源是降低室内噪声最有效的方法。在建筑规划时就要考虑室外环境噪声对室内的影响。设计前要做好调查工作，根据环境噪声的强度和分布情况制定出“噪声地图”，力求使室内对音质要求高的房间远离声源。办公室、绘图室等进行脑力作业的房间应尽量安排在远离噪声的地方。设计时，应使噪声大的房间尽量远离要求人集中精力的房间，中间用其他房间隔开作为噪声的缓冲区。

对于室内声源的控制可以采用以下三种方法。

① 降低声源的发声强度。主要是改善设备性能，对于车间里的机器设备，要尽可能采用振动小、噪声小的机器；对于民用建筑的空调设备，特别是冷水机组的压缩机，要尽可能选用噪声小的机器；对于在道路、办公区、商业区及住宅区内的机动车，要限制其喇叭声。

② 改变声源的频率特性及方向性。设备的声源主要由制造厂家设计和改进，而使用单位要做的主要是合理安装设备，尽可能使设备的发声方向不要与声音的传播方向一致。

③ 避免声源与其他相邻的传播媒质耦合。这主要是要改进设备的基座，减少固体声的传播。最有效的方法是通过加固、加重、弯曲变形等手法处理产生噪声的振动体，也可以采用不共振材料来降噪。

(2) 控制声音的传播过程。

声音主要是通过空气和固体物质传播的。控制声音的传播过程的方法有以下几种。

① 增加传播距离。随着传播时间的增加或者传播距离的增加，声音的声强会逐渐减弱，故可以使声源远离使用者停留的地方。

② 吸收或限制传播途径上的声能。主要是采用吸声处理，在有声源的房间里，可在顶棚和墙面处布置吸声材料，其作用是吸收部分声能，减少声音的反射和回声的影响。在以下情况下，可以考虑安装吸音板：一是安装吸音板后可以使房间的回声时间缩短 1/4，使办公室的回声时间缩短 1/3；二是房间高度低于 3 m；三是房间高度高于 3 m，但体积小于 5 000 m^3。除此之外，还可以采取绿化等降噪措施。室内绿化能够阻挡声音的传播，起到一定程度的降噪作用。

③ 利用不连续媒介表面的反射和阻挡作用。

2) 隔声

隔声的方法主要有三种。

(1) 对声源的隔声，可采用隔声罩。

(2) 对接收者的隔声，可采用隔声间的结构形式，如空调机房、锅炉房等噪声大的地方，可为工作人员设置独立的控制室，使其与声源隔开。

(3) 对噪声传播途径，可采用隔声屏障与隔音墙的结构形式。隔声屏障的位置应靠近声源或接收者，并做有效的吸声处理。隔音墙的自重要大，为了便于电源引线和维修，可以在隔音墙上开口，但开口面积不能超过隔音墙面积的 10%。

3. 声景设计

声景是一个非常复杂的现象，对它的描述和评价也是一个非常复杂的过程。应对任何声音的物理和心理方面的特征，社会、文化、历史方面的意义，以及其与听者、环境之间的相互关系等进行全面考虑，从而为空间中的声景设计提供依据。以文献资料为基础，对在城市环境中进行声景设计的策略总结如下。

(1) 大多数人比较喜欢自然的声音，如鸟鸣声、水流声和乐声，较讨厌的是人工的声音，特别是机器所制造的声音，包括车辆声、喇叭声等，但后者恰恰是城市空间中所充斥着的声音，这种声音被称为噪声污染。空间环境设计需要降低噪声并引入有意义的前景声和标志声，使设计的声景成为声学意义上富有意义的信息系统。利用前景声和标志声对背景声的掩蔽，可区分设计空间的声景和城市的背景声。根据声源的特性，前景声和标志声包括动态声景元素和静态声景元素。动态声景元素是随时间的变化而变化的，包括鸟鸣声、昆虫声，以及跳舞、儿童游戏、露天音乐等所发出的声音等。静态声景元素与景观元素相呼应，如声音雕塑、水景、时钟等。

(2) 在前景声和标志声的设计中，除了要考虑声景元素本身的物理特征、心理特征和社会特征以外，还要考虑建筑空间界面的布局和细部设计对声音的混响时间的影响，如用凹凸不平的建筑表面可以显著缩短混响时间。通过计算机模拟可以精确地计算出开敞空间的声场。另外，在室内声学中通常被认为是缺陷的回声、聚焦等，在室外环境空间的设计中应予以重新考虑。若设计得当，则会增加空间的趣味性。

(3) 通过改善环境空间中的视觉景观来改善空间中的声景。研究发现，对大多数的环境声音而言，“好”或“中等”的景观可以提升人们对声音的喜好，但是“不好”的景观会恶化人们对声音的喜好。大多数情况下，通过改善当下的视觉景观，可以改善声景品质。

(4) 在环境空间中可以使用室内环境常常使用的背景音乐。在城市的开敞空间中，可以通过这种方法来获得较好的声环境品质，并降低包括车辆噪声等在内的基调噪声。音乐能提高环境质量，增强环境的舒适性。在音乐家和环境设计师的合作下，各具特色的音乐公园、音乐柱、音乐钟等都是开敞空间设计时可以考虑的手段。

(5) 植物和土丘对噪声有缓冲作用。研究发现，浓密的叶子可降低噪声，大约每 100 m 可使噪声降低 5～10 dB，同时，常青的植物还可作为城市环境空间中的景致。

3.4 人的心理、行为与建筑环境设计(环境心理学、环境行为学)

由于文化、社会、民族、地区和人的心情的原因，不同的人在空间中的行为截然不同，所以对行为特征和心理的研究对建筑空间环境的设计有很大的帮助。

3.4.1 环境心理学

从哲学上讲，人的心理是客观世界在人脑中的主观能动反映，即人的心理活动的内容来源于我们的客观现实和周围的环境。每一个具体的人的所想、所做、所为均有两个方面，即心理和行为。两者在范围上既有区别，又有不可分割的联系。心理和行为都是用来描述人的活动的，习惯上将“心理”的概念主要用来描述人的内部活动，而将“行为”的概念主要用来描述人的外部活动。所以，人的行为是心理活动的外在表现，是活动空间的状态推移。

在人与人之间的相互作用、人的行为方式中，空间环境的形态起着很大的作用。阿尔特曼认为，空间的使用既由人来决定，同时它又决定着人的行为。

心理学是研究人的心理现象及其活动规律的科学。心理是人的感觉、知觉、注意、记忆、思维、情感、意志、性格、意识倾向等心理现象的总称。

人的心理活动随着时间和空间的变化而不断变化。由于人的年龄、性别、职业、道德、伦理、文化、修养、气质、爱好不同，每个人的心理活动也千差万别，所以心理活动具有非常复杂的特点。心理学的研究在不断地深化，心理学的应用也在不断地扩大。

环境心理学作为一门新兴的、发展中的学科，在 20 世纪 60 年代末形成，并在 20 世纪 70 年代快速发展。环境心理学是研究环境和人的行为之间的交互关系的一门学科。它是心理学的一个分支，着重以心理学的概念、理论和方法来研究人与室内空间、人与建筑、人与城市环境之间的交互作用关系。

3.4.2 心理空间

人们并不仅仅以生理的尺度去衡量空间，对空间的满意程度及使用方式还取决于人的心理尺度，这就是心理空间。

1. 个人空间

美国人类学家霍尔在《隐藏的尺度》一书中提到，每个人都被一个看不见的“气泡”所包围，当我们的“气泡”与他人的“气泡”相遇重叠时，就会尽量避免由于这种重叠所产生的不适。“气泡”就是随人而动的个人空间，如同人理所当然的领地，当其受到侵犯时，人就会做出各种反应。

另外一位美国心理学家也提到，“气泡”不是人们的共享空间，而是个人在心理上所需要的最小的空间范围，因此，也被称为“身体缓冲区”。

每个人都有自己的个人空间，这个空间具有看不见的边界，如图 3-9 所示。在一般情况下，个人身体前面所需要的空间范围要大于后面，侧面的空间范围则相对较小。个人空间还具有灵活的伸缩性，人与人之间的密切程度就反映在个人空间的交叉与排斥上。但在一些特殊场合，对个人空间的要求不那么严格，如在拥挤的交通工具上或是在演唱会、足球场的观众席里。

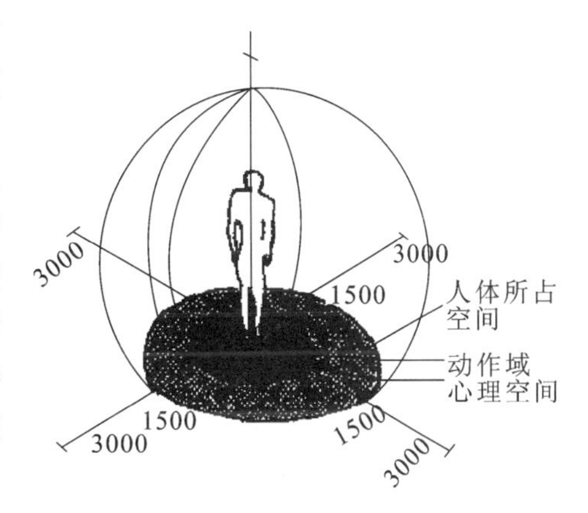

图 3-9

影响个人空间的因素有文化与种族、年龄与性别、归属关系、社会地位、个性、个人状况等。

2. 领域性

领域性是指个体或群体对一个地带的排外性控制，如图 3-10 所示。将领域性行为运用于人本身的分析和研究始于 20 世纪 70 年代。阿尔特曼将领域性定义为个人或群体为满足某种需要而拥有或占用一个场所或一个区域，并对其加以人格化和防卫的行为模式。纽曼将与人类有关的领域性定义为使人对实际环境中的某一部分产生具有领土感觉的作用。

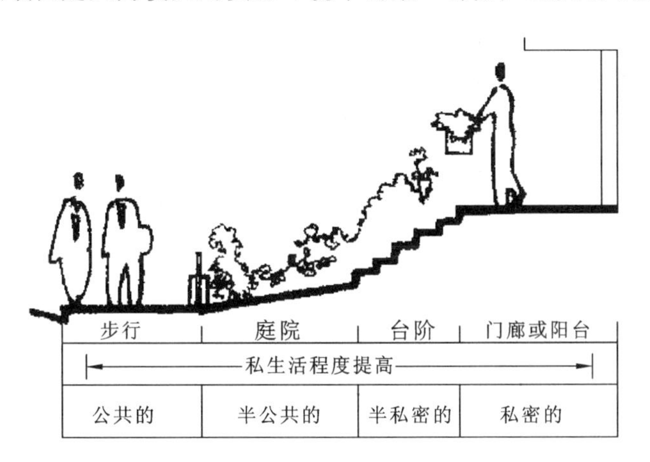

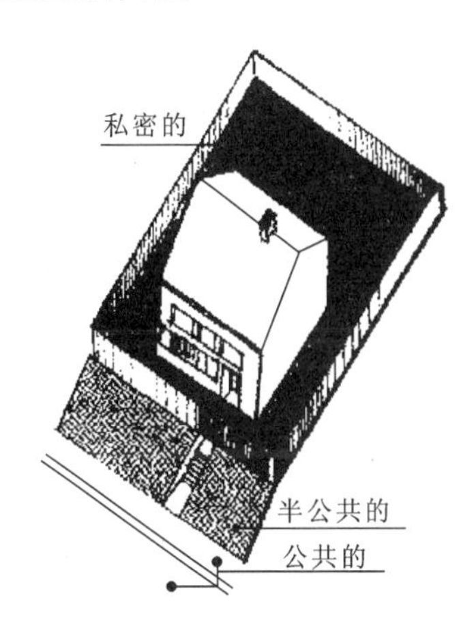

图 3-10

与个人空间不同的是，领域性并不会随人的移动而移动，它倾向于为一块个人可以提出某种要求的“不动产”，“闯入者”将遭到抵制。人与动物的领域性有着根本的区别。动物的领域性是一种生理上的需要，包含着生物性的一面；人的领域性在很大程度上受到社会的、文化的影响，因而它不仅包含着生物性的一面，也包含着社会性的一面。

1）领域的类型

领域分为以下三类。

（1）主要领域，指由个人或群体所拥有或占用的空间领域，可限制别人进入，如家、房间以及私人空间等。

（2）次要领域，与主要领域相比，显得不是那么专门占有，这类空间领域谁都可以进入，然而还是有些个人或群体是这里的常客，所以这类领域具有半私密、半公共的性质，如会所、俱乐部等。

（3）公共领域，指个人或群体对这类空间领域没有任何的拥有和占用，如果说有占用，那也是暂时性的，当使用完且离开后，这种暂时性的占用也就随之消失，如公共交通车站、公用电话亭、公园、图书馆等。

2）领域性的作用

领域性具有以下作用。

（1）安全。动物或者人为了满足安全的需要而占有领域，在领域中感到有安全感是显而易见的。从主要领域、次要领域到公共领域，安全感逐渐减弱，反之，不安全感逐渐增强。

（2）相互刺激。刺激是机体生存的基本要素。从领域来看，在领域的核心地带有安全感，领域的边界则是提供刺激的场所。动物之间常常为领域界线而发生竞争，事实上这种现象在人与人之间也同样存在，只是表现出来的形式不同罢了。

（3）自我认同。自我认同指领域与领域之间会维持各自所具有的特色，使彼此之间易于识别、易于区别。动物或人都有这种强烈的愿望和感情，一旦控制了某个领域后，便会使这种特色具体化。

（4）控制范围。控制领域的方法主要有两种：一是领域人格化，二是对领域的防卫。对于一个领域的控制范围来说，边界常常是引起刺激、竞争、矛盾的地方，因此，边界对于空间范围来说具有不可忽视的地位。

3. 人际距离

人际距离是指人们在相互交往的过程中，人与人之间所保持的空间距离。

人类学家霍尔在《隐藏的尺度》中按照人的不同感官所反映的不同空间距离，将人际距离分为嗅觉距离、听觉距离、视觉距离，详述如下。

（1）嗅觉距离。嗅觉只能在非常有限的范围内感受到不同的气味：只有在 1 m 以内才能闻到从别人头发、皮肤和衣服上散发出的较弱的气味；香水或者别的较浓的气味可以在 2～3 m 的远处闻到。

（2）听觉距离。听觉距离具有较大的知觉范围：在 7 m 以内，耳朵是非常灵敏的，在这一距离内交谈没有任何困难；大约在 30 m 的距离，可以听清演讲，但无法进行交谈；超过 35 m，则只能听见人的叫喊声，却很难听清楚具体的内容。

（3）视觉距离。视觉具有相当大的知觉范围：在 500～1 000 m 范围内，人们根据背景、光照，特别是人群移动等因素，可以看见和分辨人群；在大约 100 m 远处，能看见人影或具体的个人；在 70～100 m 远处，可以确定一个人的性别、大概年龄或在做什么；在大约 30 m 远处，可以看清人的面部特征、发型和年龄；当距离小于 20 m 时，则可看清人的表情；如果距离为 1～3 m，就可以进行一般性的交谈。

霍尔提出了被认为是美国社会中白人中产阶级习性标准的四种空间距离（见图 3-11 和图 3-12），详述如下。

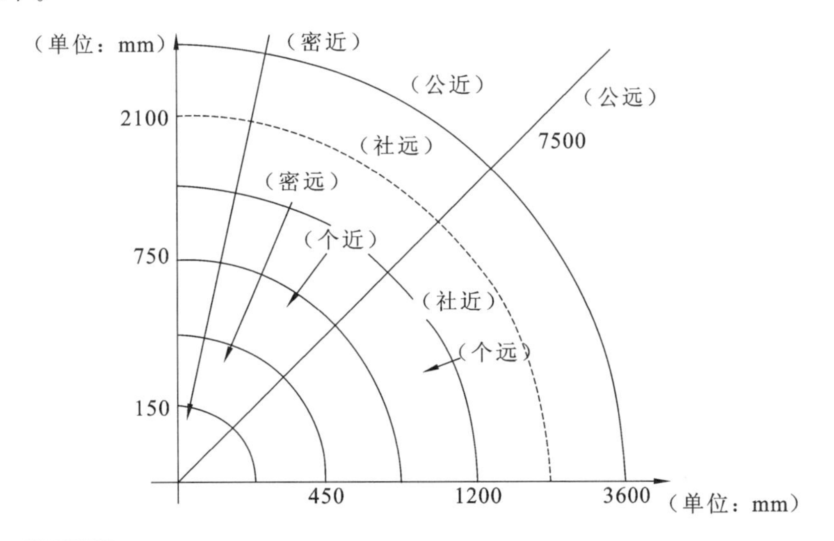

图 3-11

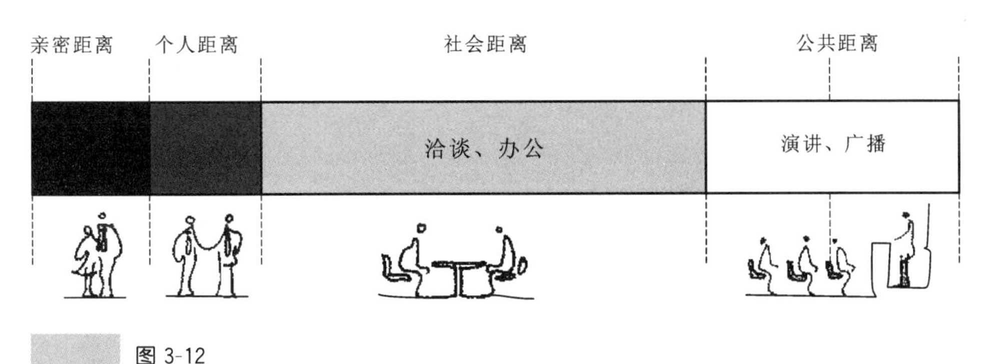

图 3-12

（1）亲密距离，指 0～45 cm。这种距离主要指关系极为亲密时所呈现出来的距离状态，在家庭居室和私密性很强的房间里会出现这样的人际距离。

（2）个人距离，指 46～122 cm。这种距离可分为两档，较近的为 46～76 cm，是能观察到对方面部细节和细微表情的距离；较远的为 77～122 cm，此距离与个人空间距离基本一致。个人距离一般是与好友交谈和握手的距离，家庭餐桌的人际距离也是这种尺度。

（3）社会距离，指 123～366 cm。这种距离可以分为两档，较近的为 123～214 cm，采用此距离不会干扰对方的个人空间，能够看到对方身体的大部分，这种距离一般是人们进行工作、社交时的距离；较远的为 215～366 cm，是正规社交场所采用的距离，双方的身体都能被看到，但面部细节会被忽略，在旅馆大堂、小型洽谈室、会客室等处，会表现出这样的人际距离。

（4）公共距离，指 367～762 cm。采用这种距离时，双方的身体细节看不清楚，声音较大且说话的语气较正规，属于陌生人之间的距离，也就是进行公共社会性活动的距离，这种距离主要表现在正规而严肃的接待厅、大型会议室等处。

4. 私密性

私密性是指对接近自己或自己所在群体的方式的选择性控制。这就是说，私密性不能简单地理解为个人独处的情况。独处是人的需要，而交往也是人的需要。私密性所强调的是个人或群体相互交往时，对交往方式的选择与控制。所以，私密性是个人或群体有选择性地与他人接近，并决定什么时候、以什么方式、在什么程度上与他人交换信息。与私密性相对的概念是公共性，公共性可以理解为人对公共生活和相互交往的需要，它同私密性一样都是人的社会需要。

1）私密的类型

私密包括以下几种类型。

（1）孤独，指一个人独处，不愿受到他人干扰的行为状态。

（2）亲密，指几个人亲密相处，不愿意受他人干扰的行为状态。

（3）匿名，反映个人在人群中不愿抛头露面、隐姓埋名的倾向。

（4）保留，表明个人对某些事实加以隐瞒或有所保留的倾向。

2）私密性的作用

私密性具有以下作用。

（1）个人自我感。私密性能使人具有个人自我感，并使人可以按照个人的想法来支配自己的环境。

（2）表达情感。在他人不在场的情况下，也就是在个人独处的情况下，人们可以充分表达自己的情感。

（3）自我评价。私密性不仅可以让人表达情感，还可以让人进行自我评价和自我批评。

（4）隔绝干扰。私密性能隔绝外界干扰，同时可以使人在需要的时候保持与他人的接触。

3.4.3 环境行为学

1. 环境行为学概述

环境行为学是一门研究人的行为规律及人与人之间、人与环境之间相互关系的学科。它的研究范围很广，涉及因素很多，它的产生是社会发展的结果。许多科学家、心理学家、人类学家、建筑师等经过几十年的研究和实践，才逐渐形成了环境行为学这一门独立的新兴学科。

20 世纪中叶，建筑决定论的观点在建筑设计领域中曾占有一定的地位。不少建筑师认为建筑决定人的行为，片面地认为使用者将按照设计者的意图去使用和感受建筑环境，这种观点没有考虑环境中的物理、化学、生物、文化、社会、人类心理等因素的交互作用。直到 20 世纪后期，人们才试图从人类的环境知觉（生理刺激和反应）和环境认知（心理与心智的意象）中探讨不同类型使用者的本能需求与活动模式、不同情况下的心理状况与喜好，并通过使用者的参与及评估，建立起适宜的、满足人们需要的生活和工作环境的参考准则，这就是环境行为学研究的由来和内容。

环境行为学的研究是环境心理学在建筑学领域中的应用，它的基本观点是人的行为与环境处在一个交互作用的生态系统与环境可持续发展的过程中。

环境与行为的交互作用可以归纳为以下三个过程。

（1）环境提供知觉刺激，这些刺激能在人们的生理和心理上产生某种含义，使新建成的环境能满足人的生理、心理及行为的需要。

（2）环境在一定程度上鼓励或限制个体之间的交互作用。

(3) 人们主动建造的新环境又是影响自己的物质环境，成为一个新的环境因素。

2. 人的行为与建筑设计

人的行为与建筑设计之间的关系主要表现在以下几个方面。

1) 确定行为空间的尺度

根据人在环境中的行为表现，建筑空间可分为大空间、中空间、小空间及局部空间等不同尺度的行为空间。

大空间主要指具有公共行为的空间，如体育馆、大礼堂、餐厅、大型商场等，其特点是要处理好人际行为的空间关系。在这个空间里，各人的空间基本是等距离的，空间感是开放的，空间尺度是大的。

中空间主要指具有事务行为的空间，如办公室、研究室、教室和实验室等。这类空间既不是单一的个人空间，也不是相互没有联系的公共空间，而是少数人由于某种事务的关联而聚合在一起的行为空间。这类空间既有开放性，又有私密性。

小空间一般指具有较强个人行为的空间，如卧室、客房、档案室、资料室等。这类空间的最大特点是具有较强的私密性，空间的尺度都不大，主要是满足个人的行为活动要求。

局部空间主要指人体功能尺寸空间。该空间尺度的大小主要取决于人的活动范围。当人在站、立、坐、卧、跪时，其空间大小主要是满足人的静态活动要求。当人在走、跑、跳、爬时，其空间大小主要是满足人的动态活动要求。

2) 确定行为空间的分布

根据人在环境中的行为状态，行为空间的分布表现为有规则和无规则两种情况。

(1) 有规则的行为空间。

有规则的行为空间主要表现为前后、左右、上下及指向性等分布状态。这类空间多数为公共空间。

前后状态的行为空间，一般是指演讲厅、观众厅、普通教室等具有公共行为的空间。在这类空间中，人群基本上分为前、后两个部分，每一部分的人群都有自己的行为特点，同时会相互影响。因此，对于这类空间的设计，首先要根据周围环境和各自的行为特点将空间分为两个形状、大小不同的空间，两个空间的距离则根据两种行为的相关程度及知觉要求来确定。各部分的人群分布要根据行为要求，特别是人际距离来确定。

左右状态的行为空间，多见于展览厅、商品陈列厅、画廊、室内步行街等具有公共行为的空间。在这类空间中，人群分布呈水平展开，且多数呈左右分布状态。这类空间的分布特点是具有连续性。设计时，首先要考虑人的行为流程，确定行为空间秩序，然后再确定空间距离和形态。

上下状态的行为空间，一般是指电梯厅、中庭、下沉式广场等具有上下交往行为的空间。在这类空间里，人的行为表现为聚合状态。故此类空间的设计，关键是要解决安全和疏散问题，通常按照消防分区的方法来分隔空间。

指向性状态的行为空间，多见于门厅、走廊、通道等具有显著方向感的空间。人在这类空间中的行为状态通常是往某个方向流动的，指向性很强。故进行这类空间的设计时，特别要注意人的行为习性，空间方向要明确，并具有指导性。

(2) 无规则的行为空间。

无规则的行为空间常见于个人行为较强的空间，如居室、办公室等。人在这类空间中的分布状态多数是比较随意的，故设计这类空间时，特别要注意灵活性，要能适应人的多种行为要求。

3) 确定行为空间的形态

人在空间中的行为表现具有很大的灵活性，即使是在行为很有秩序的空间，人的行为表现也具有较大的灵活性和机动性。行为和空间形态的关系就是我们常说的内容和形式的关系。实践证明,一种内容有多种形式,一种形式有多种内容。归根结底,空间的形态是多种多样的。以上课教学的行为为例,方形、长方形、马蹄形的教室均能用来上课,同样,方形的空间既可以用来上课,也可以用来开会、跳舞等。

常见的空间形态有圆形、方形、三角形及其变异图形,如长方形、椭圆形、钟形、马蹄形、梯形、菱形等,以长方形居多。究竟采用哪一种空间形态,要根据人在空间中的行为表现、活动范围、分布状况、知觉要求、环境可能性,以及物质技术条件等因素来研究确定。

3.4.4 人际行为与交往空间

人际行为是指有一定人际关系的各方表现出来的相互作用的行为。这是一种内容广泛、错综复杂的行为。人际行为是实现社交需要所表现出来的人际交往行为,这是一种感情交流、信息交换以及礼节的需要。

社交行为所需要的交往空间是多种多样的,可分为正规的社交活动空间、一般的社交活动空间和随机的交往场所。正规的社交活动空间是固定的,并有特定的环境氛围,如礼堂、会议厅、接待厅等,其环境氛围要求明亮、大方、端庄、豪华。一般的社交活动空间是不固定的,其对环境氛围及空间私密性的要求不高,有一个安静、祥和的交往场所即可。随机的交往场所的空间环境更加灵活,如亲朋好友间的交往,可以在家中,也可以在公共场所的一角,还可以借助于餐桌或者某个娱乐场所的一角,其对环境氛围的要求是安静、亲切,不受外界干扰。

1. 起居行为与交往空间

起居行为是家庭活动中很重要的内容。人的一生中 10%以上的时间是在起居室中度过的。起居室是会客、娱乐、学习、休息的主要场所,在这个场所里交往的人大多数是家庭成员和亲朋好友。这种环境中的人际距离不超过 4 m,它包括亲密距离(如抱孩子)、个人距离(如闲谈)、社会距离(如待客)。因此,这样的交往空间不宜太大,一般在 16 m^2 左右就可以了,太大了就成了公共场所,缺少亲近感。起居室中的人际交往是自由、开放的,接待和交往方式是轻松、随意的。家具布置强调的是舒适性、功能分区以及使用的便捷性。

2. 服务行为与交往空间

服务行为是顾客和服务员之间交互作用的一种行为。两者之间的关系一般情况下为主从关系,即顾客为主,服务员为从。而服务行为的外显表现往往是不确定的,有时是顾客为主,有时是服务员为主,故服务行为是一种复杂的人际行为。了解各种服务行为的特点和对空间的要求,目的就在于创造一种既满足顾客需要又方便服务员操作的空间环境,以便进一步提高服务质量。

按照交往方式的不同,服务行为有以下几种。

1) 间隔式服务行为

间隔式服务行为是指顾客与服务员之间有一个不大的间隔,如宾馆的总服务台、银行的柜台、酒吧的吧台、商店的柜台。这种服务行为中,服务员是固定的,顾客是流动的,这种服务行为所要求的交往空间是固定和有形的,其空间大小要满足两个个体之间的交互作用。两个个体之间的水平距离属于个人距离,一般为 0.45~1.3 m。

这种交往空间的环境氛围取决于服务性质。宾馆总服务台的空间要显得热情、端庄,银行柜台的空间要显得明亮、安全,酒吧吧台的空间要显得热烈、私密,商店柜台的空间要显得热忱、舒适。

2）接触式服务行为

接触式服务行为是指顾客与服务员之间没有隔离障碍，如美发店的理发行为、按摩室的按摩行为、医院的诊疗行为等。这种服务行为所要求的交往空间有的是固定的，有的是流动的。这种交往行为的空间大小需要满足两个个体之间的服务行为要求，而两个个体间的距离属于亲密距离，即在 0.45 m 左右。

这种行为的交往空间各不相同，其环境氛围主要取决于服务业的总体环境和档次，但都具备一定的私密性。

3）近前式服务行为

近前式服务行为是指服务员主动到顾客跟前的一种服务行为，如餐厅里的就餐行为、车船里的售票行为等。这种行为的特点是顾客相对是固定的，服务员是流动的，故这种行为的交往空间取决于顾客所占有的空间。服务员与顾客之间的距离属于个人距离，距离一般为 0.45～1.3 m。这种行为空间的环境氛围取决于顾客的行为表现及其心理需求。

3. 商业行为与交往空间

商业行为表现在两个方面，一是消费者的购物，二是营销者的商品出售。不同的行为表现对环境提出了不同的要求。从视觉信息的交互作用来看，商业行为所反映的人际交往空间有一定的科学性，具体表现为以下几个方面。

1）公共距离的交往

当顾客和业主之间的距离大于 4 m 时，他们之间的交往只是视线的交换。顾客此时可能在寻找所需的商品，也可能在闲逛。此时业主不必打招呼，过分热情会使顾客更快地离去，有修养的业主应该起立接待顾客，当顾客走过来的时候再主动接待。

公共距离的交往，应该加强休闲环境的设计，促使顾客逗留。

2）社会距离的交往

当顾客与业主的距离为 1.3～4 m 时，此时，顾客可能对某种商品产生了兴趣，业主应主动介绍。这是人与人之间应有的交往，也是业主促销的最好时机。

社会距离的交往，应该加强商品的展示，以便吸引更多的顾客。

3）个人距离的交往

当顾客与业主的距离在 1.3 m 以内时，此时的人际关系是一种服务行为，这是营销的关键时刻，若业主诚实、热情地对待顾客，往往能达成交易。

个人距离的交往，应该加强业主的服务手段与方法，除了方便顾客购物之外，还应具备各类商品的质量和价位的介绍，以及试用的样品，以供顾客了解商品，增强购物的体验感。

4. 洽谈行为与交往空间

洽谈行为所需要的交往空间，其场所位置是不定的，而交往空间的大小和环境氛围却有一定的规律性。这种交往空间的场所，可能是固定的洽谈室，也可能是社交场所的一角、宾馆大堂的一角、客房、餐桌。至于选择哪一种场所，则取决于双方所能提供的条件、洽谈的性质及其重要程度。重大的洽谈一般选择具备洽谈条件的正规场所，一般性的洽谈可随意选择双方便利的地方。无论哪一种场所，对于洽谈行为来说，其空间大小和环境氛围均有一定的要求。一般来说，洽谈空间不宜太大，能容纳洽谈双方代表即可。洽谈双方的距离应在社会距离之内，不宜超过 4 m，以 1.3～4 m 为宜。洽谈空间的环境氛围均有一定的私密性要求，即使借助公共场所的一角，也应该与他人保持一定的距离。

实践单元——练习 3

●**单元主题**:开放空间——解释性空间分析。

●**单元形式**:SketchUp 软件模型制作。

●**练习说明**:分析你拿到的平面图,并对其进行分析与解读,之后将其转变为建筑物模型。

●**评判标准**:分析和表达能力、对概念的把握、平面图的质量、从图到模型的转变。

Chapter 4

第 4 章 建筑外部环境及群体组合设计

美国建筑师查尔斯·莫尔在《度量·建筑的空间·形式和尺度》一书中指出：

建筑师的语言是经常捉弄人的。我们谈到建成一个空间，其他人则指出我们根本没有建成什么空间，它本来就存在于那里了。我们所做的，或者我们试图去做的只是从统一、延续的空间中切割出来一部分，使人们把它当成一个领域。

其实，不仅被切割出来的那一部分建筑空间被人们当成一个领域，从更大的范围来看，就连在它之外，并包围着它的统一、延续的空间——环境，也是一个领域。当然，这两种领域从性质上讲是不相同的，前者是按照人的意图被切割出来的，它理应属于人工创造的产品，后者则仍然属于自然形态的东西。这两者并不是天然和谐共处的。群体组合的任务之一就是要协调这两者的关系，只有使它们巧妙地相结合，才能在更大的范围内求得统一。

每一幢建筑或每一个建筑群，都存在于一个特定的建筑地段之上，存在于一个特定的建筑环境之中。房屋建筑的地段在城镇所处的位置、地段的宽窄、地段的起伏、当下的条件等，对建筑设计都是十分重要的。在建筑设计的各个阶段，都是不断研究个体建筑本身或个体建筑之间同地段及环境的关系，解决其中的矛盾，以创造协调的建筑空间。由于地段的不同、建筑环境的差异，类型与规模相同的单体建筑会有不同的平面与空间的组合，同一规模与类型的建筑群也会有不同的组合与布局。图 4-1 所示为雅典卫城，每逢宗教节日或国家庆典，公民就会列队上山进行祭神活动。建筑群布局自由灵活、高低错落、主次分明，无论是身处其中，还是从山下仰望，都可以

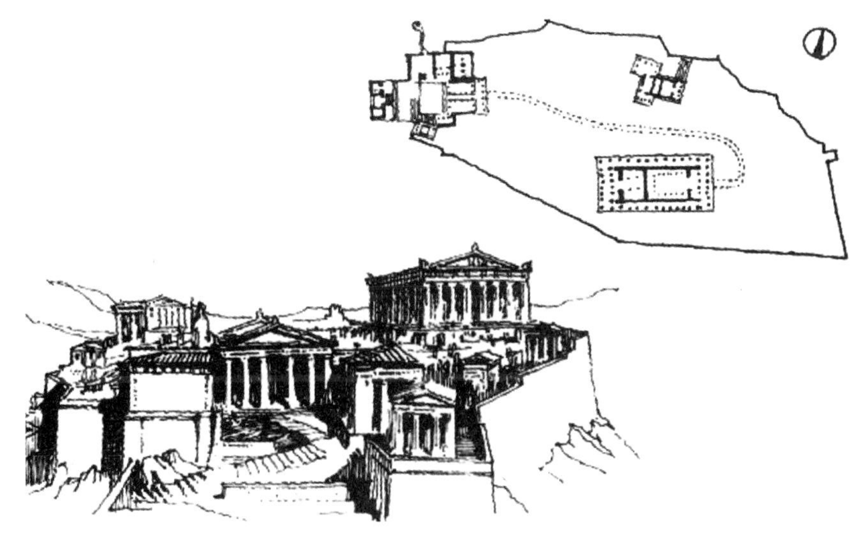

图 4-1

从它完整、丰富的建筑形象中获得极强烈的艺术感受。图4-2所示为故宫，其宏伟、庄严的气氛和强烈的艺术感染力，主要是通过它强烈的中轴线、纵深展开的空间序列、重叠交替的门阙等建筑布局体现出来的，即通过完整、统一的群体组合体现出来的。天安门广场（见图4-3）是我国革命胜利的象征，不仅可供群众集会或进行其他各种政治活动，还具有一定的艺术感染力。天安门广场通过群体组合使各建筑之间相互对应、吸引、陪衬，并通过对广场、道路、绿化等的处理，营造了一种既庄严雄伟又开朗的气氛。

图 4-2

图 4-3

4.1 建筑外部环境

建筑是不能孤立存在的，它必然处于一定的环境之中，不同的环境会对建筑产生不同的影响。建筑师在设计建筑的时候必须周密地考虑到建筑与环境之间的关系，力图使所设计的建筑能够与环境相协调，甚至与环境融合为一体。做到这一点就意味着已经把人工美与自然美巧妙地结合在一起，相得益彰，从而可以大大提高建筑艺术的感染力。反之，建筑与环境的关系处理得不好，甚至格格不入，不论建筑本身如何完美，都不可能取得良好的效果。

4.1.1 建筑与环境

既然任何建筑都必然要处在一定的环境之中，并和环境保持着某种联系，那么环境的好坏对于建筑就会有很大的影响。所以，在拟订建筑计划时，首先要选择合适的建筑地段。古今中外的建筑师都十分注意对于地形、环境的选择和利用，并力求使建筑能够与环境取得有机的联系。明代著名造园家计成在《园冶》中强调“相地”的重要性，并用大量篇幅分析各类地形、环境的特点，同时指出在什么样的地形条件下应当怎样加以利用，以及可能获得什么样的效果。

对于环境与自然，各个建筑师的看法很不相同。赖特作为现代建筑的巨匠，他极力主张建筑应该是自然的，要成为自然的一部分。“草原式”正是他用来象征其作品与美国西部一望无际的大草原相结合之意，这里流露出他对世俗的厌烦及对世外桃源的追求，他把对大自然的向往当作一种精神寄托。从“草原式”住宅开始，逐渐形成了“有机建筑论”，进一步为他狂热追求自然美和原始美奠定了理论基础。在他看来，人们建造房子应当和麻雀做窝或蜜蜂筑巢一样凭着本能行事，并极力强调建筑应当像天然生长在地面上的生物一样攀附在大地上，即建筑应当模仿自然界有机体的形式,从而和自然环境保持和谐一致的关系。马瑟·布劳亚的观点与此不同,他在谈论“风景中的建筑”时说:“建筑是人造的东西,是晶体般的构造物,它没有必要模仿自然,它应当和自然形成对比。一幢建筑具有直线式的或几何形式的线条,即使其中有自然曲线,它也应该明确地表现出它是人工建造的,而不是自然生长出来的。我找不出任何一个理由说明建筑应该模拟自然,模拟有机体或者自发生长出来的形式。”他的这种观点和柯布西耶的“住房是居住的机器”的观点基本上一致,即认为建筑是人工产品,不应当模仿有机体,而应与自然构成一种对比的关系。

两种截然对立的观点是不是可以并存呢?赖特主张建筑与自然协调一致,其最终目的是使建筑与环境相统一。马瑟·布劳亚虽然强调建筑是人工产品,但并不是说它可以脱离自然而孤立存在,他曾说过,“建筑就是建筑,它有权力按其本身存在,并与自然共存。我并不把它看成是孤立的组合,而是和自然相互联系的,它们构成一种对比的组合。”由此可以看出,尽管他们所强调的侧重点有所不同,但都不否定建筑应当与环境共存,并相互联系,这实质上就是建筑与环境相统一。所不同的是,一个是通过调和达到统一,另一个是通过对比达到统一。

在对待建筑与环境的关系方面,我国古典园林有其独到之处:一方面强调利用自然环境;一方面又以人工的方法来造景,即按照人的意图来创造自然环境,既强调效法自然,又不是简单地模仿自然,而是艺术地再现自然。我国传统的造园艺术,尽管手法独特,但最终目的无非是使建筑与环境相统一。中国传统的庭院建筑尽量顺应自然、随高就低、蜿蜒曲折,同时又不拘一格,从而使建筑与周围的山、水、石、木等自然物统一和谐,融为一体,达到了“虽由人作,宛自天开”的效果(见图 4-4)。

图 4-4

建筑与环境的统一主要是指两者联系的有机性,不仅体现在建筑的体形组合和立面处理上,还体现在内部空间的组织和安排上。对于自然环境的结合和利用,不仅限于建筑四周的地形、地貌,还可以扩大到相当远的范围。建筑与自然环境的内在有机联系,既体现在外部,又体现在内部,既涉及近处,又涉及远处。更有少数建筑,对于自然环境的利用不仅限于视觉,同时还扩大到听觉。流水别墅中,赖特就曾利用瀑布的流水声博得主人的欢心。

安藤忠雄曾指出,他的作品旨在探索是否对人们所处的广义上的环境有所刺激。这个环境包括物质环境、社会环境和精神环境。物质环境从住宅一直延伸到城市和自然,社会环境从个人延伸到家庭和社区,精神环境则从外部延伸到个体自身。建筑承受环境施加的压力,与环境保持相辅相成的紧致作用力图式,甚至也能对场地进行紧密、灵活的控制。

环境可以从场地(物质环境)、场所(社会环境)、场景(精神环境)三个纵向深度去理解。

4.1.2 场地因素

任何建筑设计之初都必须对建筑场地即基地进行分析,包括对地域、地点、朝向、季节、气候条件、温度等的解读。大自然的诸多因素,如重力、资源、阳光、风雨等,时刻作用于人类,同时它们有主次之分与微妙的层次变化。通过对场地中相对明显且恒定的因素的勘察与分析,抓住其综合传达出来的“场地的感觉”，并从建筑学的角度考虑与之相应的策略，这就是我们通常所说的“基地建筑化”的过程。

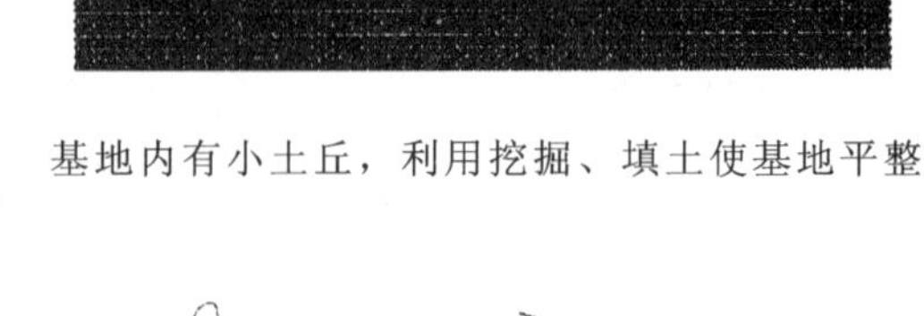

基地内有小土丘，利用挖掘、填土使基地平整

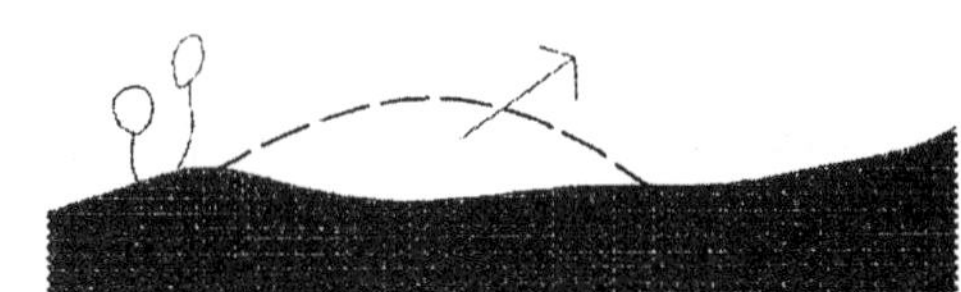

基地内有小土丘，利用挖掘使基地平整

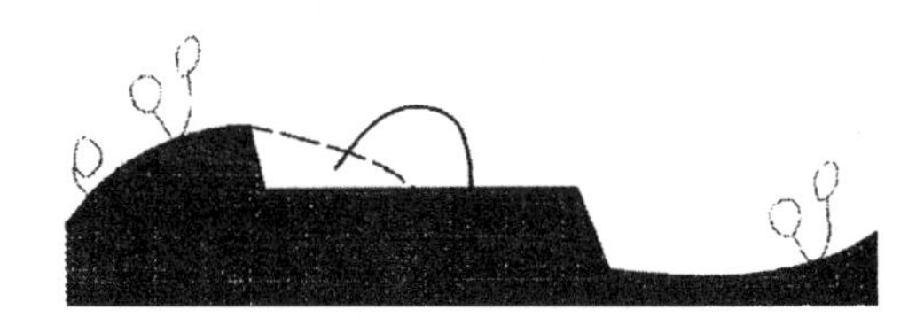

利用挖掘、堆积方式整地，产生台地

图 4-5

1. 地形地貌

1）地质条件

在识别地形图的基础上，需要对当地的地质条件——土壤特性与承载力、地震设计烈度等进行了解，避免不良地质现象多发地，如冲沟、滑坡、断层、采空区等，还要根据土地承载力的制约来考虑建造层数。同时，我们还应该思考分析以下问题。

（1）平坦地形和坡地地形各自暗示了怎样的建筑格局？

（2）基地是平整还是设计成高低不同的台地？（见图 4-5）

（3）坡地中建筑物布局与等高线垂直、斜交还是顺沿？（见图 4-6）

（4）地形材质特征会产生怎样的建筑肌理？

（5）有岩石或砾石的地区能否将其作为界定空间或者挡风隔噪的屏障？

（6）地形中是否具有景观优势？

（7）可否移除土壤承载力弱的地区或将其布置为停车场？

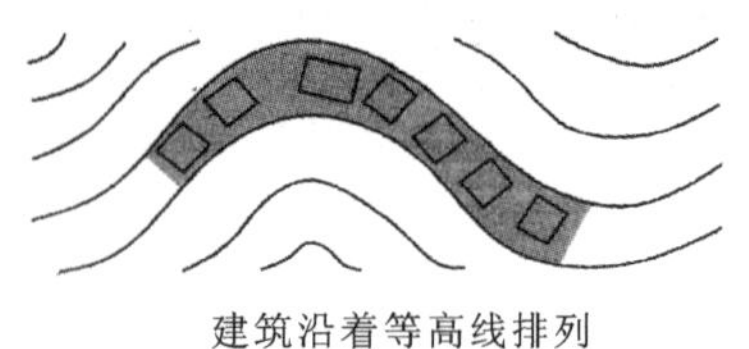

建筑沿着等高线排列

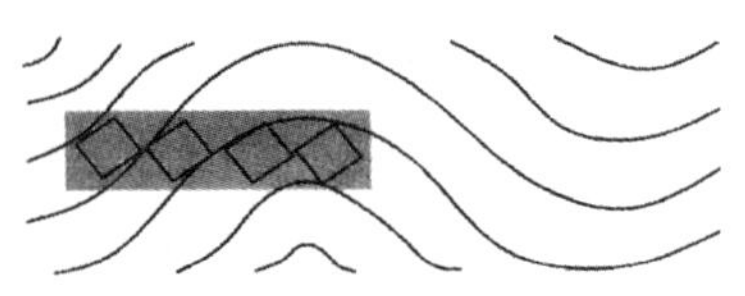

建筑排列与等高线斜交

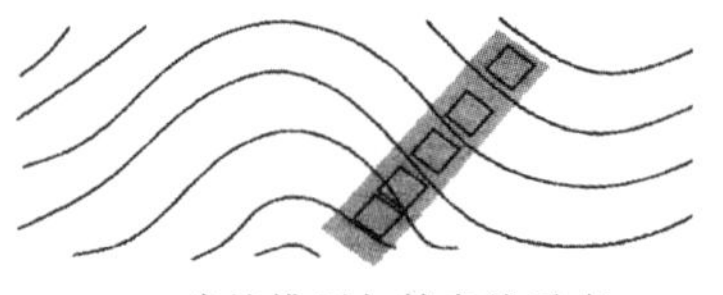

建筑排列与等高线垂直

图 4-6

诸如此类的问题，有的可以通过场地设计规范与原则来控制，有的则需要专业勘测依据。通常针对原有地形，建筑师应该做最优化的改造，避免大填大挖。当自然坡度小于 3%时，应选用坡度与标高无明显变化的平坡式布局；当自然坡度大于 8%时，选用标高陡然变化的台阶式较为经济、自然。

图 4-7

赖特设计的工作总部西塔里埃森（见图 4-7）位于亚利桑那州斯科茨代尔附近的荒漠中，纵横交错的木架与粗粝的石墙插入大地，其造型与选材都与场地保持着自内而外的统一。贝聿铭设计的美国国家大气研究中心（见图 4-8）被建造在岩石嶙峋、蔓草丛生的倾斜台地上。建筑师把在当

地开采的花岗岩研磨成骨料掺进混凝土中，建筑物仿佛从地表自然隆起，在形态、质感、肌理等各个方面都与周围的地形特征相协调。伦佐·皮亚诺设计的位于意大利的伦佐·皮亚诺工作室与联合国教科文组织实验室(见图 4-9)采用分散式布局，将各个相对独立的功能区域呈阶梯状安排在坡地上，层层跌落，顶部以一整块斜向的可调节搁栅玻璃顶覆盖，既顺应山势，又不失统一，同时还利用高科技手段改善了自然采光与通风条件。

图 4-8

图 4-9

2）水文条件

场地水文条件是设计前期要考虑的重要影响因素，这一阶段我们应该考虑以下问题。

(1) 周围是否有江河湖泊、水库、地下水等资源？

(2) 水体与交通、景观、生态气候调节、稀释和净化污水等有何关系？

(3) 濒临水域的建筑物应该如何处理建筑与水岸的关系？如何充分利用水景？(见图 4-10)

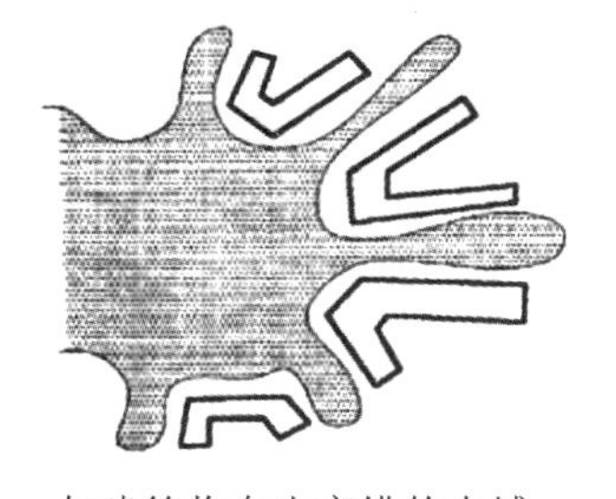

与建筑物自由交错的水域

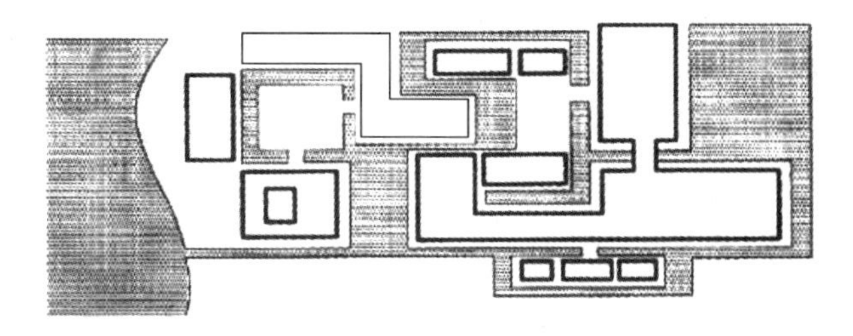

几何化分布于建筑群之间的水域

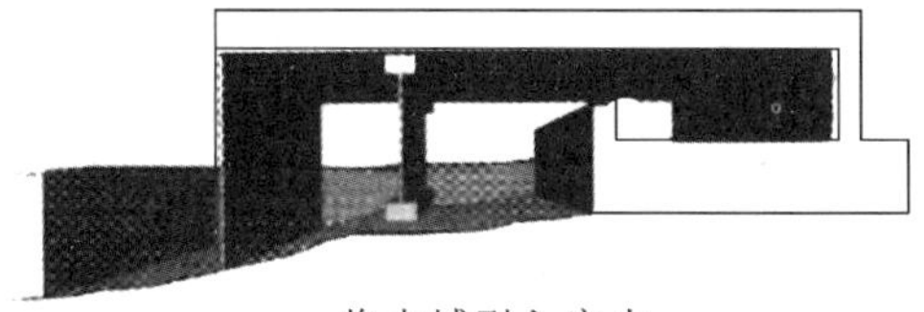

将水域引入室内

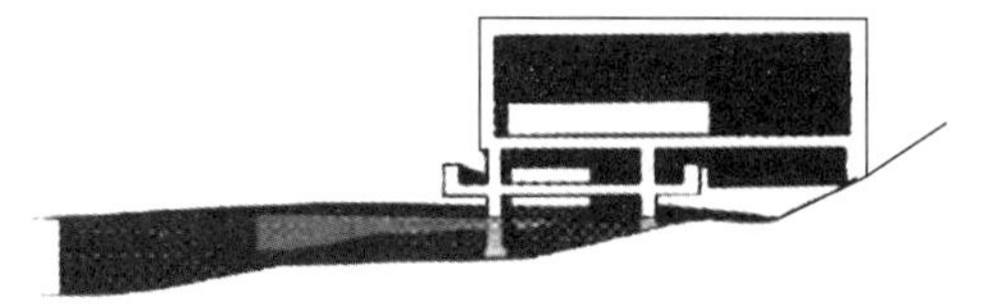

将建筑物延伸至水面上方

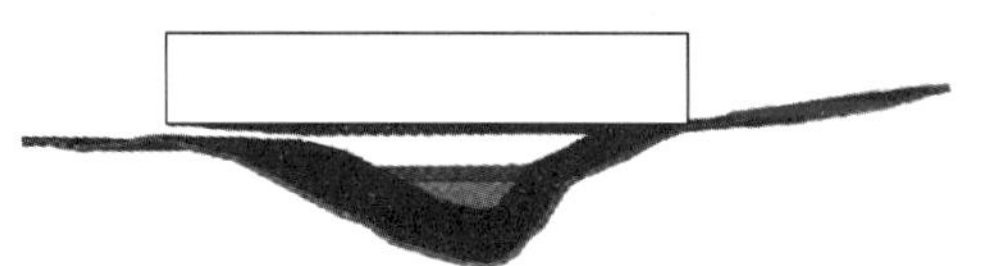

建筑物横跨于水面之上

借反射作用使建筑物有整体性

图 4-10

(4) 地下水位是否低至能够设计地下层?

(5) 场地排水条件如何?

通常建筑物应避免位于排水困难的低洼地区。场地排水组织一般有两种形式:一种是利用自然地形的高低或在建筑物四周铺筑有坡度的硬地来排水,即明沟排水;另一种是采取地下排水系统排水,即暗管排水。明沟排水适用于建筑物或构筑物比较分散的场地,暗管排水适用于建筑物或构筑物比较集中、交通路线与地下管线较多、面积较大、地势平坦的场地。

水系发达的徽州古村落(见图 4-11)将天然水源与人工引水完美结合,其初衷是出于对完善地形、祈求福祉的考虑。天长日久,村民们不断在"修修补补"中调整修正,形成了阴水、阳水水脉系统,建构出了"宅居天井地下水道-宅旁沟渠或暗水道-公共水井-村内水塘-溪流-河道"的分级网络模式,结构清晰,功能多元。大多数住宅单元"四水回堂"的厅堂院落的渗水、排水系统与宅旁傍街而行的水渠相连,继而通向池塘、河道。这种水网既解决了生产生活用水问题,也解决了消防用水问题。同时,村落内部因为水的参与而变得生动秀丽,柔化了砖石建筑群落所带来的坚毅个性的感受。

传统民居经历了满足世代居住需求的生活经验积累与自发随机而成的并置演变过程,而现代建筑却依靠严格的规划而建成。彼得·卒姆托设计的瑞士瓦尔斯温泉浴场(见图 4-12)位于阿尔卑斯狭窄山谷的偏远山庄中。这个山庄从 19 世纪末开始就以具有治疗功效的温泉而闻名,数个温泉旅店相继建立。1996 年建成的新的温泉浴场靠看不见的地下通道与原有旅馆相连,引入温泉资源,水体成为连接功能各异的沐浴池的纽带,也成了空间核心。

图 4-11

图 4-12

3) 植被与绿化

通过对场地植被和绿化条件的考察分析,分析场地中已有的利弊因素,确定取舍,同时也可产生构思图形的新契机。树木荫地既可作为景观要素或天然的活动场地,又可作为空间组成或过渡部分,其轮廓形态也能与建筑在造型、虚实以及方向上产生对比(见图 4-13 和图 4-14)。同时,绿化还可以调节气温和湿度,一般夏季树荫下的气温比裸照下的气温大约低 3 ℃。绿化覆盖的地面还能降低风速,隔音减噪;吸收有害气体,净化空气;溶解土壤中的有害物质,减少水土流失。

绿化布置有规则、自然和混合等式样,植物依据形态不同有灌木、乔木、藤、竹、花、草等多种类型,有常绿、落叶及阔叶、针叶之分。植物与建筑物、构筑物应该保持一定的间距,以免与地上边界以及地下管线相互干扰。植物与建筑物、构筑物的水平距离如表 4-1 所示。

建筑物分散于树林中

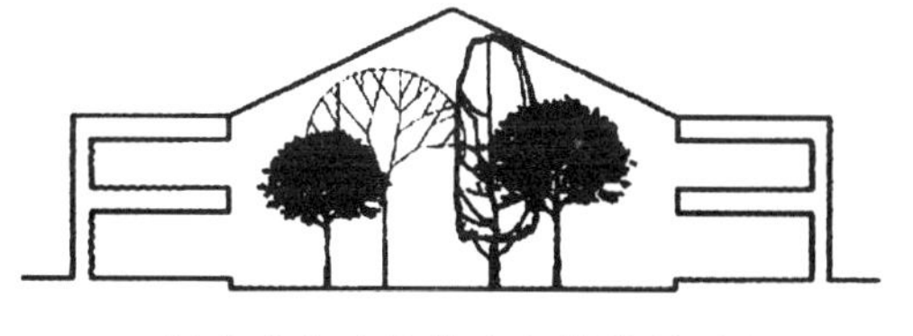

树木成为建筑物内部的造景要素

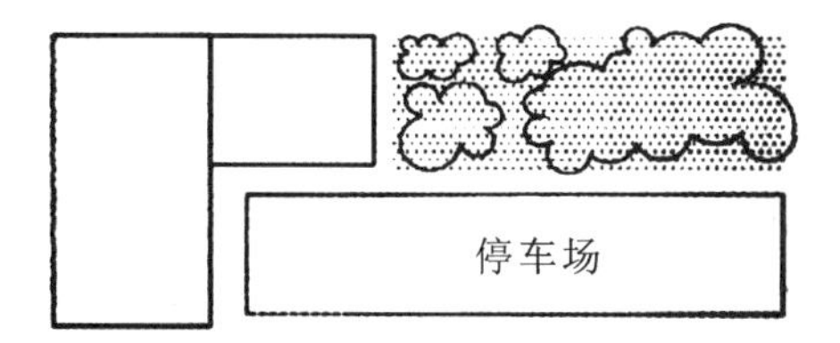

利用树木界定基地分区

穿越树林的入口，形成特殊感觉

利用树木界定基地分区

铲除树木作为入口通道

图 4-13

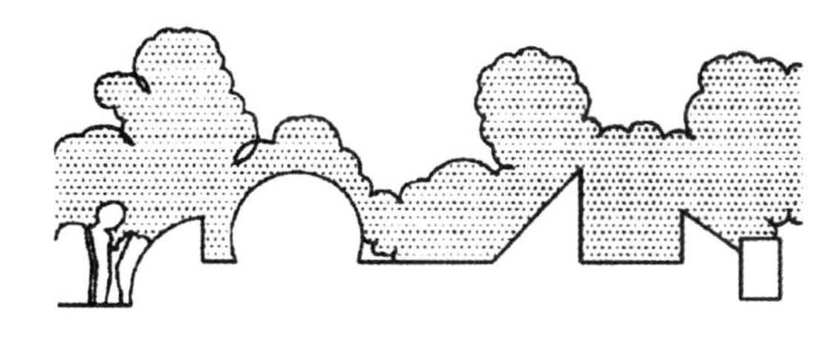

建筑物轮廓与树木轮廓类似

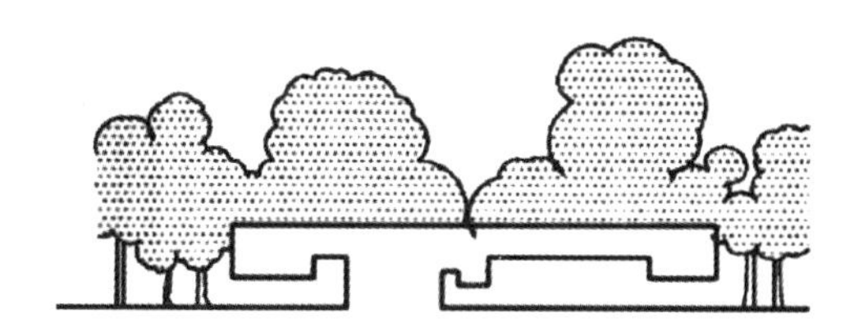

建筑物轮廓与树林轮廓形成对比

建筑物造型与树干在垂直方向上类似

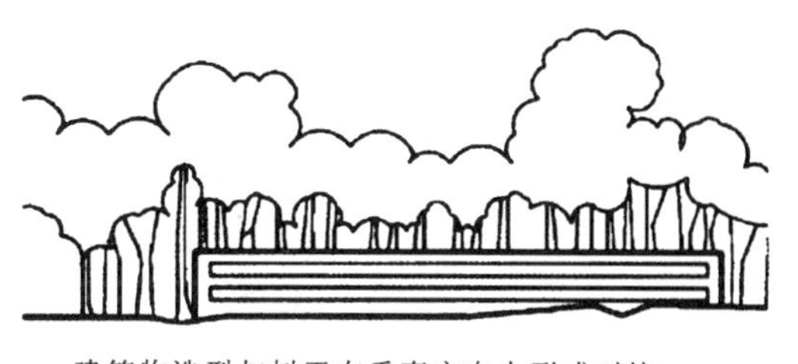

建筑物造型与树干在垂直方向上形成对比

图 4-14

表 4-1 植物与建筑物、构筑物的水平距离

建筑物、构筑物的名称	至植物的最小间距/m	
	至乔木中心	至灌木中心
有窗建筑物的外墙	3.0	1.5
无窗建筑物的外墙	2.0	1.5
挡土墙角	1.0	0.5
人行道边	0.75	0.75

在倡导生态智慧与生态调控的原则下，越来越多的“环境敏感型”建筑都将绿化作为功能本体的组成部分，不仅对建筑外围环境做有机辅助，甚至还以壁体绿化、构件绿化、屋顶绿化、立体绿化等方式使植物寄生于建筑物中，参与到造型控制与空间利用的过程中。在 2003 年荷兰鹿特丹国际园艺博览会德国馆(见图 4-15)的设计中，以种植于玻璃房中的常青藤作为厚重的钢框架体系的围护墙体，这种匀质半透明界面戏剧化地突出了严肃的长方体建筑中潜在的诗性。

始于周代的西北窑洞(见图 4-16)是穴居形式的延续。当地居民因地就势，在质地均匀的黏土上开挖拱顶式靠崖窑或地坑院，并在洞壁砌筑砖石加以巩固。窑洞屋顶与自然地表融为一体，既保温隔热，又能种植庄稼。现代覆土建筑同样关注这些优势，它们如同空腹的山脉一样蔓延于地下。建筑师彼得·维奇于 1993 年在瑞士设计的九幢半穴居住宅(见图 4-17)以舒展的流线形态起伏于 U 形山丘地表，其屋顶由混凝土喷在金属骨架上之后，覆以泡沫隔热层和羊皮过滤垫层，最后填上含腐殖质的回填土并种植草皮而成。建筑群以极具雕塑感的夸张造型出现，各连续界面上几乎完整地保留了原生态植被，浑然天成。BAAS 建筑事务所设计的西班牙雷昂殡仪馆(见图 4-18)地处规模较大的房产开发区。为了减少其对日常生活的干扰，该建筑仅以四个探出地面、逐渐辗转的混凝土方孔作为白桦林的入口标识，其主要功能区域及一个小型礼拜堂全部被安排在地下，并于上方覆以方形水池，为缅怀者提供了一处安静地冥想的场所。巧妙的构思既满足了必要的心理距离，创造了平和自省的氛围，又充分利用了植被与水面来提高周围环境的质量。

图 4-15

图 4-16

图 4-17

图 4-18

2. 气候条件与建筑群的物理要求

对某一场地的日照、风向、气温与降水等自然气候条件的尊重，既是千百年来先民营舍造屋所积累的朴素经验，也是现代建筑师对生物气候学的理性关注。它是解决建筑低成本有效运行问题的有效途径。

1）气候条件

（1）日照。

柯布西耶在《走向新建筑》一书中曾经说过，建筑是一些搭配起来的体块在光线下辉煌、正确和聪明的表演。日照是建筑不可回避的背景，建筑形式及技术都是以各种充满智慧的方式对外部生态因素做出反应，参与其中，避害趋利。太阳不仅提供光和热，而且提示昼夜复始、四季更迭，并控制着人体的生物钟，象征着活跃与振奋。

在选择建筑朝向时，要考虑主要功能区域采光、遮阳以及太阳能利用几个方面的因素。从总体上来说，一般北半球南向光照条件最有利，南半球北向光照条件最有利；白天使用的建筑东向有利，夜晚使用的建筑西向有利。我国广大温带与亚热带地区的建筑适合采用南北朝向。为了争取阳光，北纬 45°以上的亚寒带、寒带地区可采用东西朝向。不同使用功能的建筑空间有不同的日照标准，部分建筑类型冬季满窗日照标准如表 4-2 所示。

表 4-2 部分建筑类型冬季满窗日照标准

建 筑 类 型	冬季满窗日照标准/h
住宅至少有一个居室	1
宿舍每层有半数以上的居室	1
托儿所、老人住宅的主要居室	3
病房与疗养室	3

在建筑群体布局过程中，根据日照标准使用恰当的日照间距，才不会使建筑物出现前后光线遮挡的现象。我们利用建筑物高度和太阳高度角，就可以计算出日照间距（见图 4-19）。除此之外，日照间距还应该满足防火、防噪、卫生、通风、视线干扰等相关国家规范。

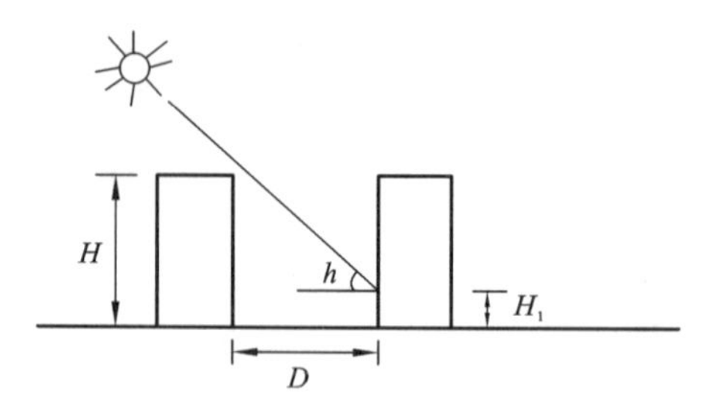

$\tan h=(H-H_1)/D$，由此可得，日照间距应为：$D=(H-H_1)/\tan h$。

式中：D——日照间距；h——太阳高度角；H——前幢房屋檐口至地面的高度；H_1——后幢房屋窗台至地面的高度。

图 4-19

（2）风向。

场地季节主导风向、强度与污染系数决定了我们所选取的气流组织方式（见图 4-20）。在强风地带，应利用建筑造型或外墙设施作为阻隔风力的屏障，同时避免两幢建筑之间形成狭长的风道（见图 4-21）。为了散热，建筑应面向当地夏季主导风向布置。建筑物之间应该保持一定的通风间距。为了节约用地，可以采用与夏季主导风向入射角成 45°的平面布置或前后排错开布置，这样可以不同程度地改善每幢建筑的通风效果。

人们开始反思空调技术所带来的人工温度调节与空气对流的利弊时，越来越倾向于“自然空调”——依靠建筑自身的形式而非机械动力来通风换气，以维持空气循环机能的自平衡。著名建筑师查尔斯·柯里亚从 20 世纪 60 年代早期就投身于印度城市规划与适应本土社会、文化特征的建筑设计生涯中。“管式住宅”（见图 4-22）是这位建筑师在当时经济不发达的时代背景下，为缓解干热的气候问题而提出来的低技术、空间最大限度优化利用的一个住宅概念。第一幢管式住宅平面狭长，面宽只有 3.7 m 左右，主要起居生活功能在首层平面，其中包括顶部半开敞的内院。二层的夹层是书房和休息空间。整个建筑覆盖双坡屋顶，为了避免太阳直射，屋脊部位侧面向下开出风口，与两侧墙进风口形成对流。位于孟买港口的干城章嘉公寓如图 4-23 所示，其外观是一个平面 21 m 见方、高 84 m 的长方体，由 4 种房型共 32 套组成。考虑到强烈的日照与自然风向因素，该建筑在角部设置了两层高的空中花园，既有效地避开了暴晒和风雨侵袭，又尽可能多地保证各户自然通风，并为高层住户提供了一个可以享受自然的奢侈空间。

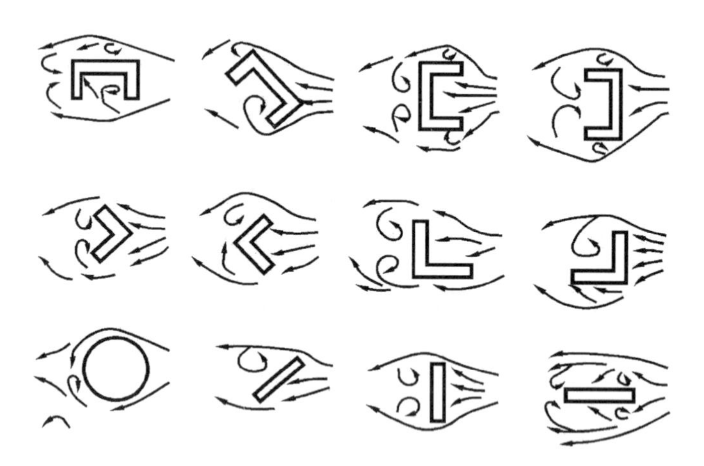

气流涡旋区产生的位置取决于建筑的外形和风向，涡流区大，正压亦大的部分，通风最有利。风向与建筑形成角度时比风向与建筑平行时通风效果好。

图 4-20

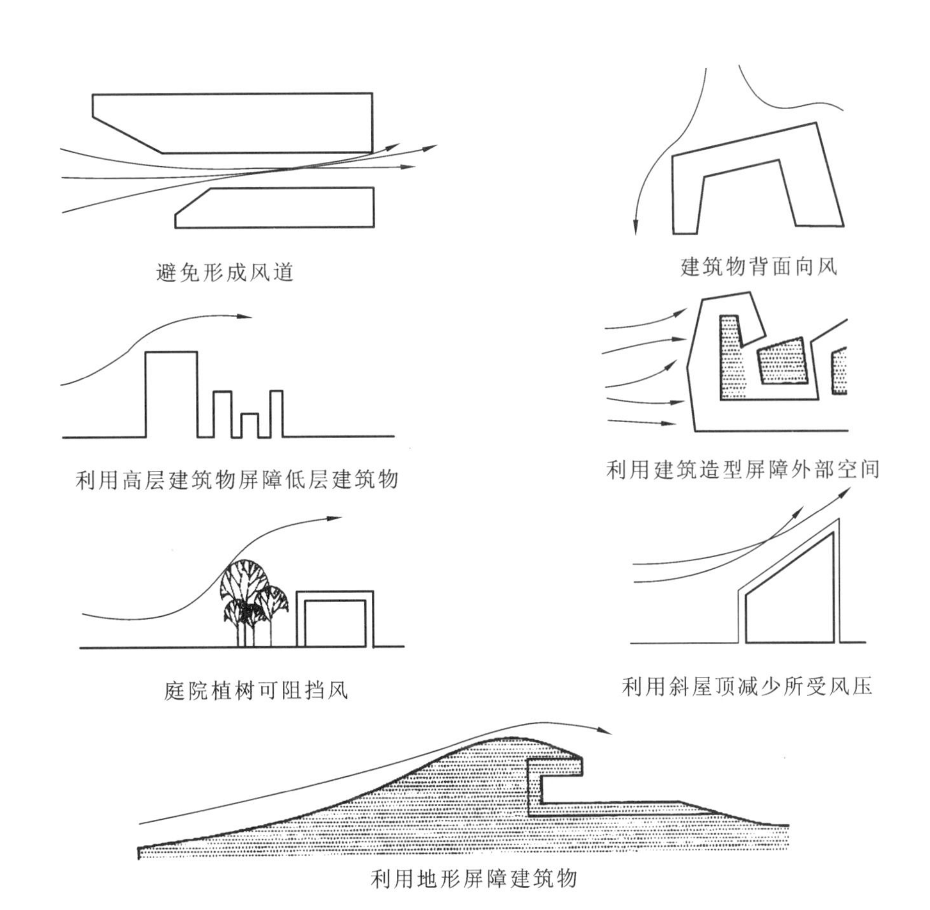

图 4-21

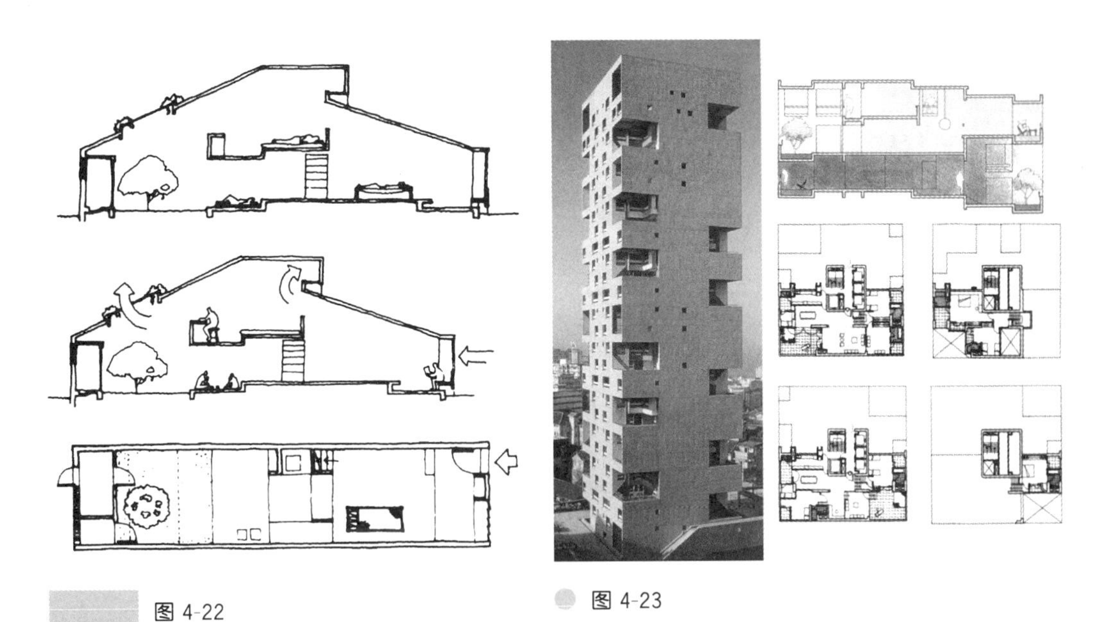

图 4-22

图 4-23

(3) 气温与降水。

气温与降水有时是直接影响建筑构思的主要因素。对于炎热地区,通常可以利用建筑方位和造型避免阳光直射，控制光照时间，也可以设置遮阳设施，还可以加厚墙壁与屋顶，减少日晒面开窗面积，以此来减少传热（见图 4-24）。对于降水多的地区，应该考虑建筑场地的排水能力，可以增大屋顶坡度，加快排水速度，也可以在入口处设置雨篷，同时还要考虑雨水收集和再利用的问题（见图 4-25）。

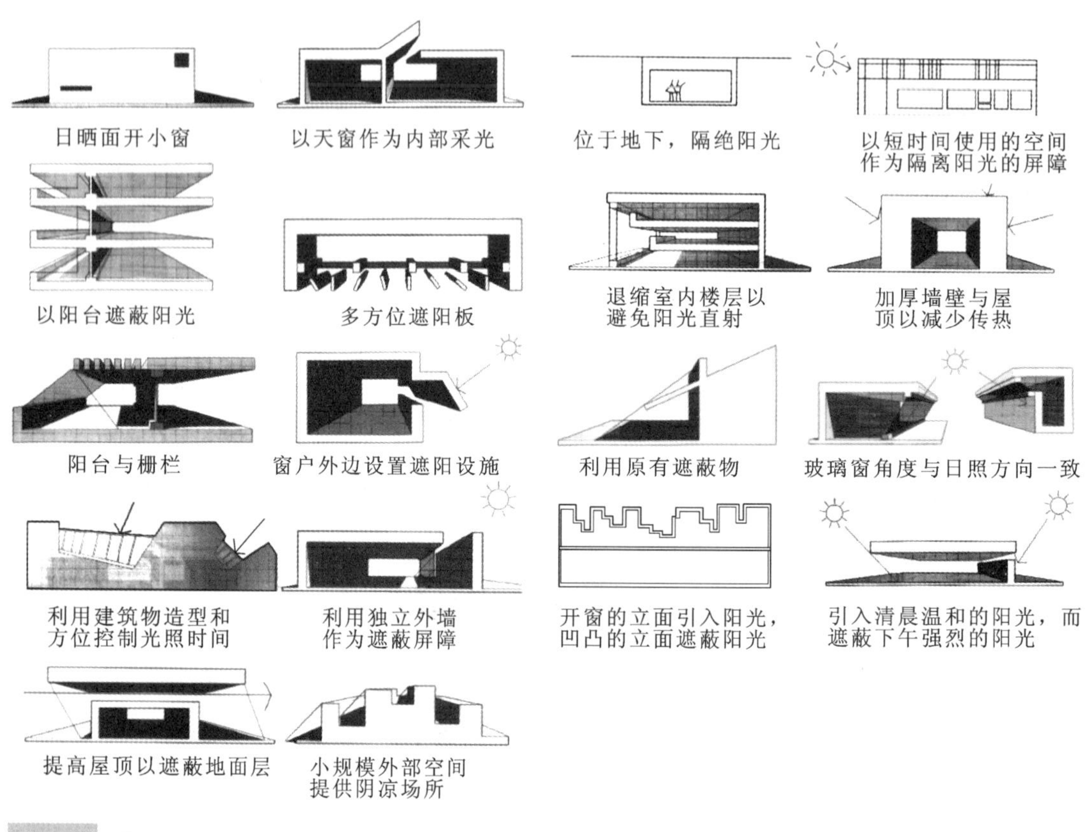

图 4-24

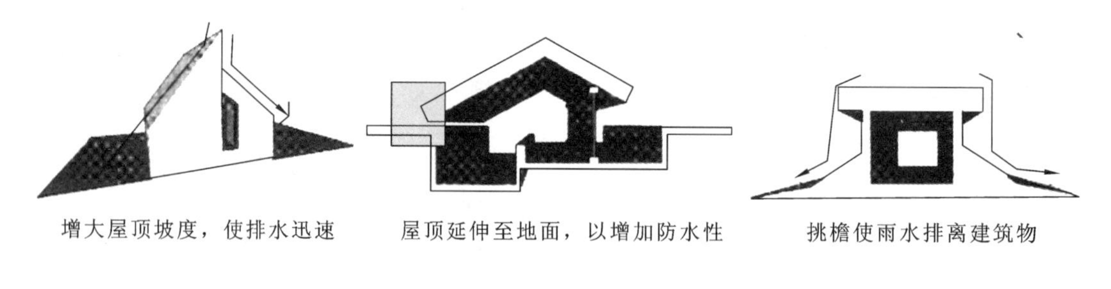

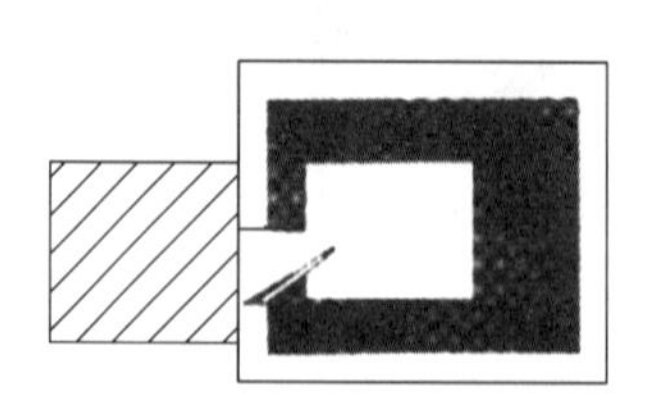

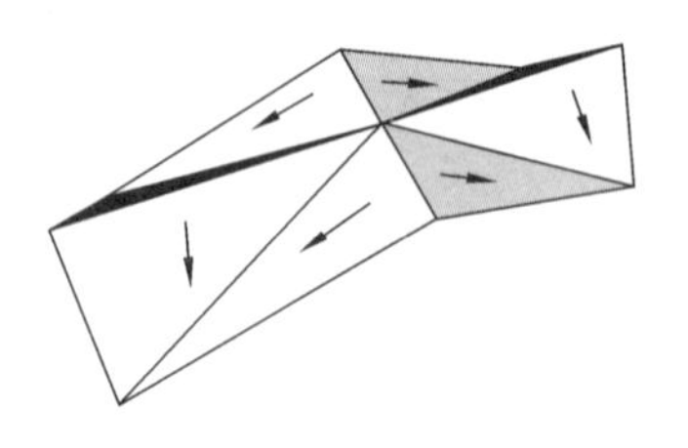

图 4-25

柯布西耶在建筑与自然的关系上，曾表现出矛盾和不稳定的倾向，但他却一直探求这一领域。在印度昌迪加尔行政中心（见图4-26）的设计中，他采用临近建筑的大片水池来降温增湿，巨大的混凝土顶棚上翻，达到了遮阳的效果，下方以梁支撑架空，利于气流穿顶而过，以此带走部分热量。

（4）基地噪声。

对于基地噪声，应该采用各种方式回避或降低。可以在总体布局中尽量让主体建筑远离噪声源，也可以利用绿化带、旧有建筑或次要空间、墙体来阻隔噪声，还可以利用道路来中断噪声传播的途径，这些都是有效降低噪声的方法（见图4-27）。

图 4-26

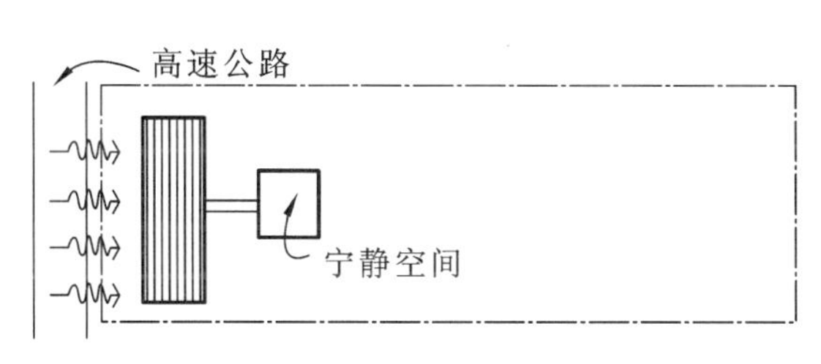

利用建筑物将噪声与宁静空间分开

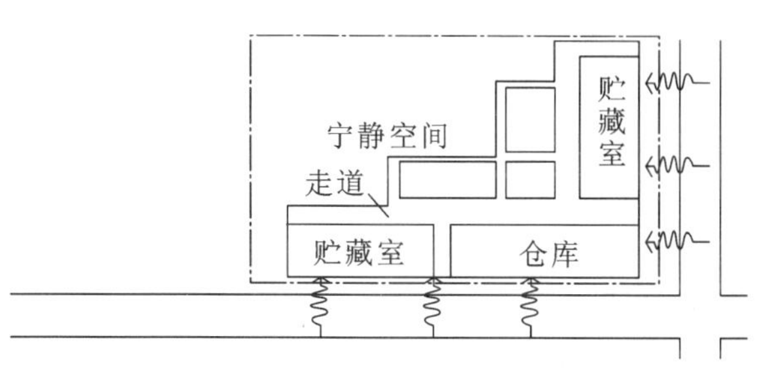

利用贮藏室或其他缓冲空间确保宁静

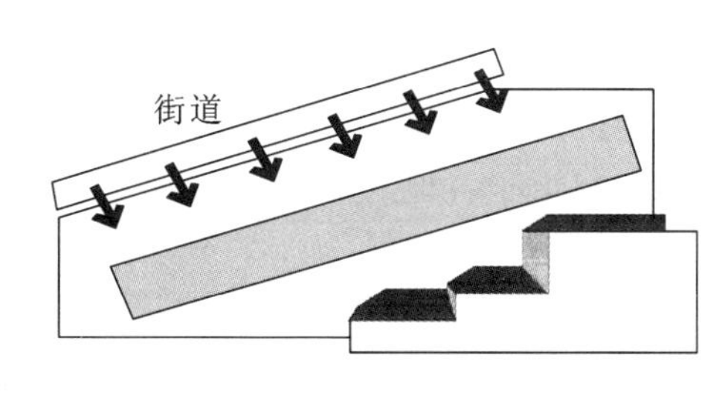

使建筑物远离噪声源

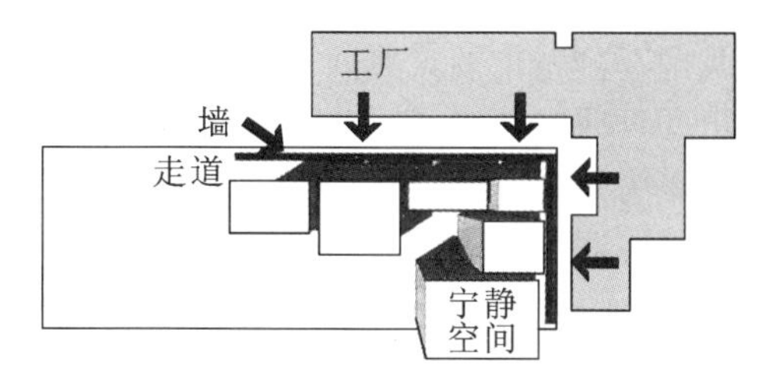

利用墙体来隔绝噪声以确保宁静

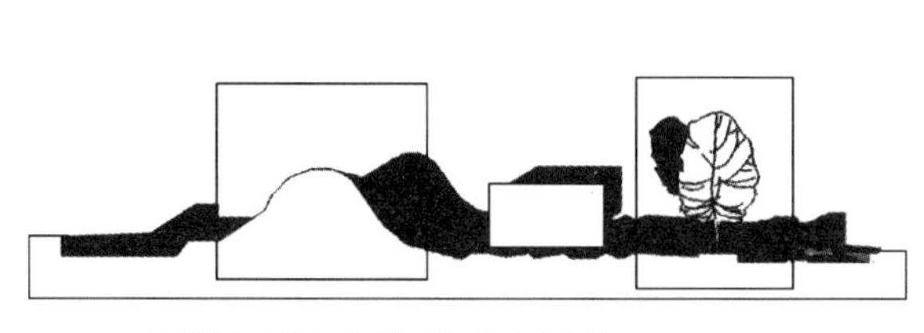

利用地形与树林将噪声隔绝

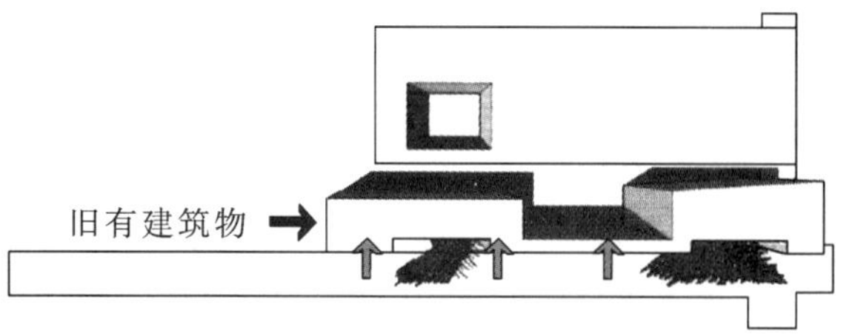

利用旧有建筑物来阻隔噪声

图 4-27

2）建筑群的物理要求与环境质量

衡量一个建筑群组合的好坏必须根据其物理要求，从技术角度予以评价，这些技术要求和标准又是进行群体组合的重要依据。只有达到一定的技术标准，才能完善建筑群的平面和空间组合。这些技术要求包括：①安全要求，如防火、疏散、防震、人防工程等；②卫生要求；③室外管线的铺设对建筑间距的要求等。群体组合时应对这些问题给予重视并进行恰当的处理。

(1) 朝向。

确定建筑的朝向时,应结合太阳辐射强度、日照时间、常年主导风向等因素综合考虑。通常人们要求建筑的布局能使室内冬暖夏凉。长期的生活实践证明,南向是最受人们欢迎的建筑朝向。南向在夏季受太阳照射的时间虽然比冬季长,但夏季太阳高度角大,从南向窗户照射到室内的深度和时间都较少,冬季太阳高度角小,从南向窗户照射到室内的深度和时间都比夏季多。这就有利于夏季避免日晒而冬季可以利用日照。但是设计时不可能把所有房间都安排在南向,因此每个地区可以根据当地的气候、地理条件选择合理的朝向。

建筑的主要房间布置在一侧时,分析最热月七月、最冷月一月的太阳辐射强度和风速、风向资料可知,南偏东和南偏西各30°的范围内,夏季太阳辐射强度最小,而冬季最大。综合考虑夏季每天最热时间的辐射强度和室外气温的变化可知,以南偏西15°到南偏东30°为宜。但当建筑两侧都设置主要房间时,则应从建筑正、背面两个方向同时加以综合考虑。

南方地区,建筑朝向要避免西晒问题,如果因地段条件限制,建筑布置必须朝西时,要适当设置遮阳设施。严寒地区,为了争取日照和保温,朝向以南、东、西为宜,避免北向。在无西晒的地区,例如昆明,建筑除南北向布置外,也可东西向布置。

(2) 间距。

确定建筑的间距应根据日照、通风、防火、室外工程需要,以及节约用地和投资等因素综合考虑。

① 日照间距。

为了保证卫生条件,应使房间内满足一定的日照时间,必须有合理的日照间距,使各建筑之间互不遮挡。日照间距的计算如图4-19所示。

我国部分城市的日照间距为H~$1.7H$,一般越往南的地方,日照间距越小,越往北则越大,如四川的日照间距为H~$1.3H$,福州的日照间距为$1.18H$,南京的日照间距为$1.46H$,济南的日照间距为$1.74H$。通常,建筑间距由日照间距计算确定,但由于各地的具体条件不同,各类建筑的要求不同,所以实际采用的间距与理论计算的间距有差别。

② 通风间距。

建筑自然通风的状况,与周围建筑尤其是前幢建筑的阻挡和风吹的方向有密切的关系。当前幢建筑正面迎风,后幢建筑迎风面窗口进风时,建筑的间距一般要求在H以上,从用地的经济性来讲,不可能选择这样的标准作为建筑的通风间距,因为这样大的建筑间距使建筑群非常松散,既增加了道路及管线长度,也浪费了土地面积。因此,为了使建筑既有合理的通风间距,又能获得较好的自然通风,通常采取夏季主导风向与建筑成角度的布局形式。

③ 防火间距。

确定建筑间距时,除了要满足日照、通风要求外,还必须满足防火要求。防火间距根据国家标准《建筑设计防火规范》(GB 50016—2014)的要求选定。民用建筑防火间距如表4-3所示。

表4-3 民用建筑防火间距

耐火等级 \ 防火间距/m \ 耐火等级	一、二级	三级	四级
一、二级	6	7	9
三级	7	8	10
四级	9	10	12

综上所述，由于各类建筑所处的环境不同，各类建筑的布置形式及要求不同，建筑间距也不同。例如：中小学校由于教学特点，教学用房的主要采光面距离相邻房屋的间距最少不小于相邻房屋高度的2.5倍，且不能小于12 m；医院建筑由于医疗的特殊要求，在总平面布局中阳光射入方向如有建筑时，其距离应为该建筑高度的2倍以上，1～2层的病房建筑，每两幢间的距离为25 m左右，3～4层的病房建筑，每两幢间的距离为30 m左右，传染病房的建筑间距为40 m左右。进行总平面设计时，要合理地选择建筑间距，既要满足建筑的功能要求，又要考虑节约用地，减少工程费用。

(3) 建筑群布局与自然通风。

在总平面布置中，单幢建筑的自然通风状况与建筑外形和风吹方向有很密切的关系。对于M形和N形建筑，为了获得良好的自然通风，其开口应朝向主导风向并成0～45°角(见图4-28)，如果不可能时，凹口内应有自然通风口，自然通风口面积应等于或大于15 m^2。

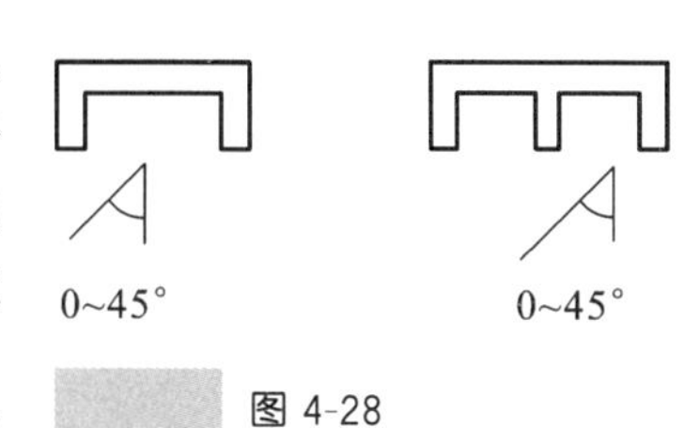

图4-28

在总平面布置中，建筑群体的布置方式对自然通风效果的影响较大(见图4-29)。采用行列式布置(见图4-29(a)～(c))时，前后错开，便于气流插入间距内，使气流路线比实际间距长，对高而长的建筑群通风是很有利的。若建筑群内的建筑均朝向夏季主导风向时，将其错开排列，相当于加大了房屋的间距，有利于自然通风。若建筑群内的建筑斜向布置(见图4-29(d))，可以使进风口小而出风口大，从而加大流速，如果建筑的窗口再组织好导流，对自然通风会更有利。当建筑群内的建筑平行于夏季主导风向时，房屋排列间距不同且相互错开(见图4-29(e))，可以使进风口小而出风口大，也可加大流速。当建筑群内的建筑采用封闭式布置时(见图4-29(f))，出风口小，流速减小，院内形成较大的涡流，从而使大量房屋通风不良。因此，封闭式的总平面布置只适合于冬季严寒地区，需要自然通风的炎热地区是不宜采用的。

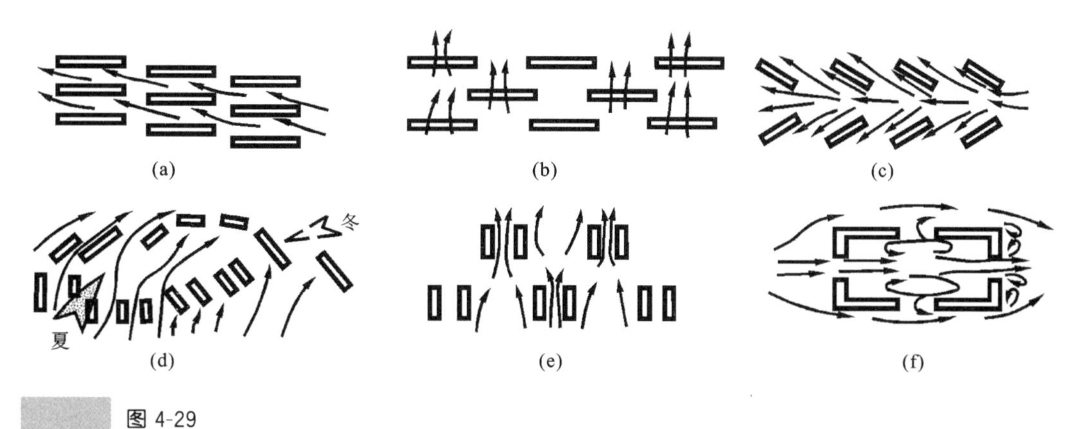

图4-29

3. 建设限制条件

1) 用地范围控制

建设项目的用地边界受到若干因素的限制(见图4-30)，主要包括以下几个方面。

(1) 征地范围。

征地范围是由城市规划管理部门根据城市规划要求而划定的，它包括建设用地、代征道路用地、代征绿化用地等。

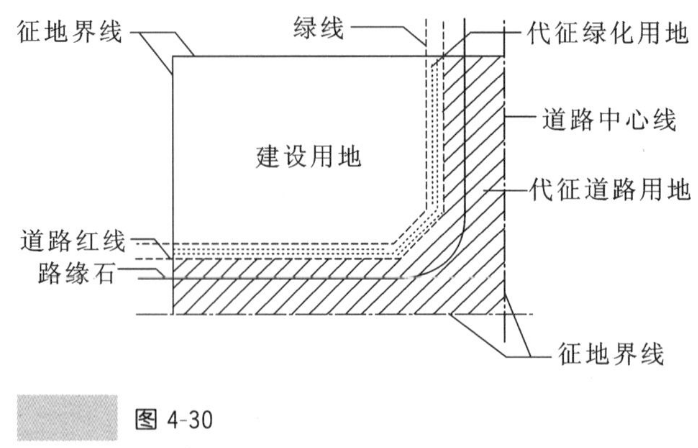

图 4-30

(2) 道路红线。

道路红线是城市道路(含居住区级道路)用地的规划控制线。道路红线总是成对出现的,其间的用地为城市道路用地,包括城市绿化带、人行道、非机动车道、隔离带、机动车道及道路岔路口等部分(见图 4-31)。

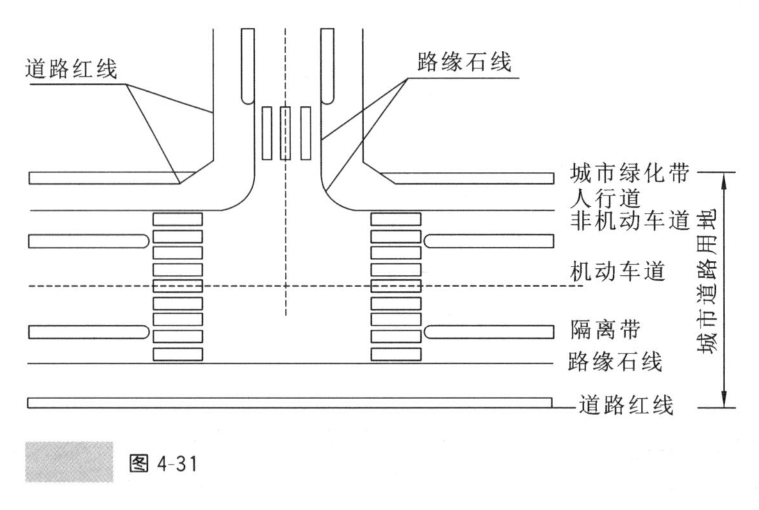

图 4-31

(3) 建筑红线。

建筑红线也称建筑控制线,是建筑物基底位置的控制线。一般来说,建筑红线会从道路红线后退一定距离,用来安排台阶、建筑基础、道路、广场、绿化、地下管线和临时性建筑物等设施。

2) 开发强度控制

对场地开发强度的控制用于约束场地内项目的开发,防止场地建设超出城市建设容量的限制,避免对周边地块产生不利影响。

(1) 建筑密度。

建筑密度是指场地内所有建筑的底层总建筑面积之和与场地总用地面积之比。

(2) 建筑限高。

建筑限高是指场地内的建筑高度不得超过一定的控制高度。建筑高度是指建筑物室外地坪至建筑物顶部女儿墙或檐口的高度,局部突出的楼梯间、电梯机房、水箱间等不计入建筑高度。

(3) 容积率。

容积率是指场地内总建筑面积与场地总用地面积之比。

(4) 绿地率。

绿地率是指场地内绿化用地总面积与场地总用地面积之比。

4.1.3 场所因素

建筑物除了要考虑自然气候因素之外，还需要考虑与整个城市形态以及周围既有建筑物之间的构成关系。这实际上是在寻找一些建筑“发生的线索”，然后再将这些具体或抽象的线索加以整理、编织、变异，成为新的视知觉中心与立意构思源泉，建构新的环境特质。

1. 建筑与城市的关系

城市中的场地往往受到“平面限度”和“剖面限度”的双重制约。

平面限度一般与建设用地边界线、道路红线、建筑红线有关。当场地与道路红线重合时，以道路红线为建筑控制线，有时按照城市规划主管部门的规定，从道路红线退后一段距离以确定建筑控制线。与此同时，还应考虑建筑与相邻建筑之间的日照间距、防火间距，才能最终确定建筑物基底区域。

剖面限度是指建筑位于保护区、建筑控制地带以及市中心临街位置等场地时，其高度与形态往往因为规划控制而受影响，这样才能保证整体形态以及道路不被建筑遮挡(见图 4-32)。另外，针对场地内的原有建筑物，新建筑在平面布局、轴线关系、体量、尺度、轮廓边缘、细部形式、沿街立面的连续性等方面都需要斟酌，要考虑诸多要素的协调与关联(见图 4-33)。

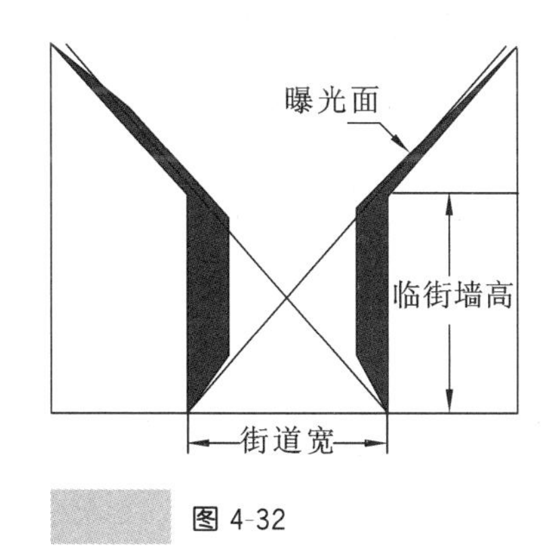

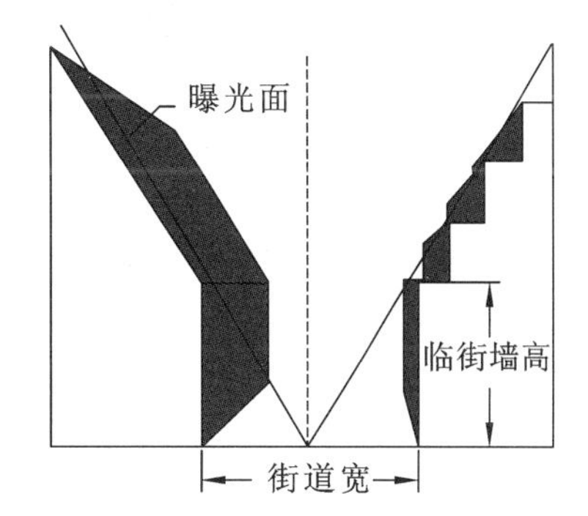

图 4-32

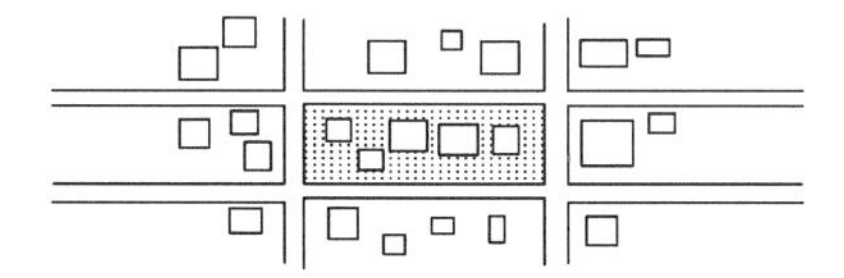
新建筑物体量与周围建筑物体量相协调

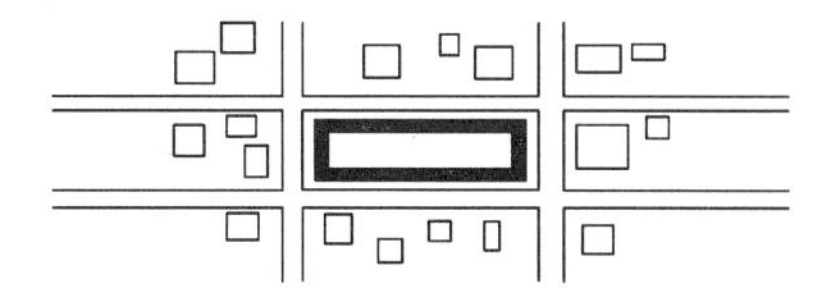
新建筑物体量与周围建筑物体量形成对比

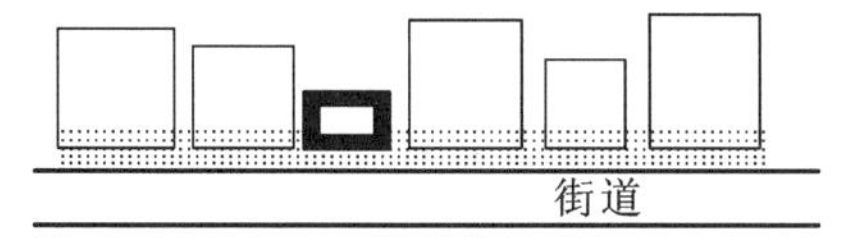

加强沿街立面的连续性

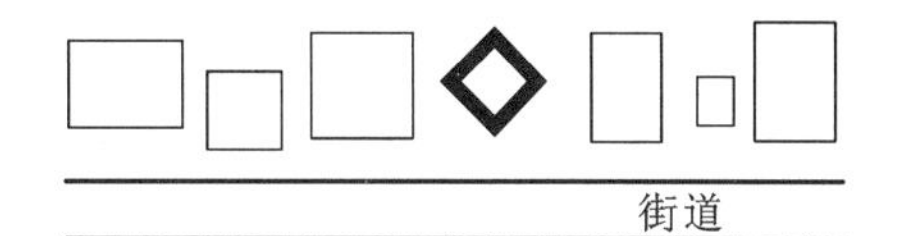

利用几何造型的对比使新建筑物显得独特

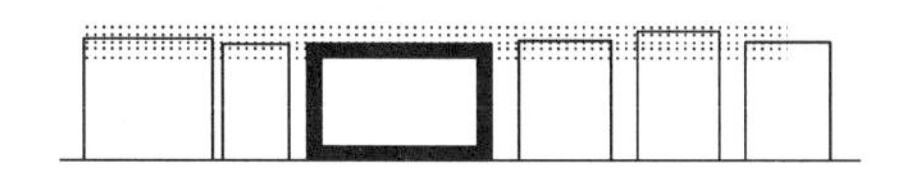
新建筑物尺度与周围建筑物尺度相协调

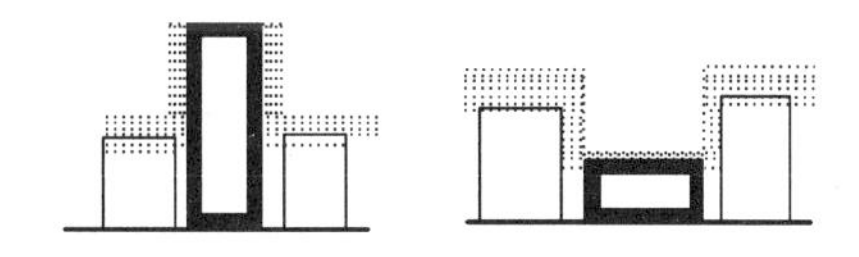
新建筑物尺度与周围建筑物尺度形成对比

图 4-33

理查德·迈耶设计的新协和村艺术馆(见图 4-34)选址于有历史的小镇边缘,面临河流,规整方格网布局的小镇与自然蜿蜒的河流使几何与有机两种力量并存于场地内。考虑到这样的基地状况,理查德·迈耶在基地标高较高的区域设置了一个基本的正方形盒子,其结构方向与毗邻小镇的结构网格一致,再根据功能需要将其划分为主体、次体和礼堂三个部分。主体面临河流,景观最佳;次体面朝道路,与人体尺度接近。理查德·迈耶还引入了5°倾斜交叉线,对原有网格产生压力,新网格的两条交线延伸后自然形成一边通向河流,另一边通向小镇的道路。在此基础上,另一个稍大的正方形以更大的角度旋转叠加在图形上,最终被与小镇方向一致的基础网格剪裁,形成入口上方的一堵斜墙,指向河流。在其另一侧则形成方形角部楼梯,与通向小镇的踏步形成转折,节奏在稍事停顿后自然顺延,最终转向小镇。

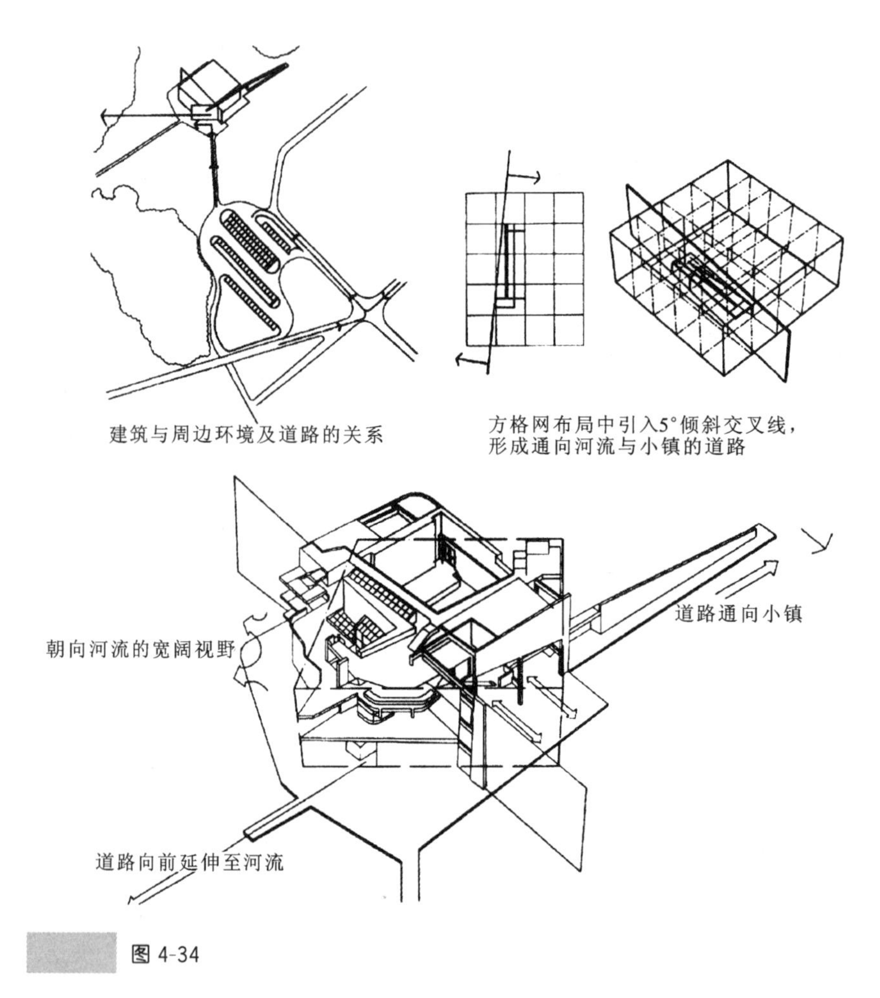

图 4-34

2. 建筑群体之间的关系

1) 场地内建筑物的功能分区

建筑物是场地功能的主角,建筑物的位置直接关系到道路、广场、绿化、环境设施、休闲活动用地等其他部分的安排。不同的使用性质直接影响主体的相对位置,如商店要求建筑有不少于两个面的出入口邻街,或基地有1/4周长的边沿与街道相邻,而影院则要求从街道适当退后,以保证足够的集散空地。

一般布局要求先将性质相近、联系密切、对环境要求一致的建筑物、构筑物与设施分成若干组，然后对组内的建筑单体进行功能分区，分析单体所承担的是主要功能还是次要功能，处于重点地位还是从属地位，再从场地标志性、便捷性等方面考虑其在基地内部的位置。如幼儿园设计中应考虑建筑物与室外游戏场地、绿化用地、杂物院几个区域的相对关系，其中室外用地与分班活动室应该优先考虑较好的朝向，以保证充足的光照，行政、衣物、厨房、杂务等用房则次之。

（1）单体建筑的总体设计与基地环境。

根据功能要求进行单体建筑的总体布置时，可以有多种组合形式，这些形式各有其优缺点，要想选择满足实际使用要求的方案，就必须根据建筑基地的地形、地貌、环境等条件，因地制宜地进行组合设计。

例如，某地修建具有 20 个班的学校，要求在基地中布置教学楼、活动室（在其中设置厨房兼供教师用餐）、运动场、传达室、室外厕所、自然科学实验用地。基地地形不规则，一侧临城市干道，地势北高南低。在这样一个特定的基地条件下，如何进行设计呢？

首先结合地段特点确定建筑区与运动场的位置，很显然，建筑区应布置在北面的地段上，运动场应布置在南端，因为北端与道路相连，出行方便，同时北高南低，建筑区选择在北端，对于建筑物的采光和通风有利，并能满足街景规划要求，然后在确定建筑区与运动场的基础上进行建筑平面组合。

方案一如图 4-35 所示。将教室、办公用房布置在同一跨度内，为了结构及使用合理，将活动室分开设置成单层建筑，内部设置厨房兼供教师用餐。优点是结构简单，施工方便，建筑面向城市道路，人流（学生、教师）、物流（厨房进货出渣）方便直接，教学楼与活动室分开，互不干扰。但建筑的朝向不佳，占地较长，用地紧张，建筑垂直于等高线布置，土石方工程量较大，建筑与运动场的联系不够直接。

方案二如图 4-36 所示。在方案一的基础上将活动室垂直于教学楼布置，虽然缩短了建筑占地长度，但建筑的朝向及土石方工程量等主要问题仍未解决，在现有地形条件下此方案仍不理想。

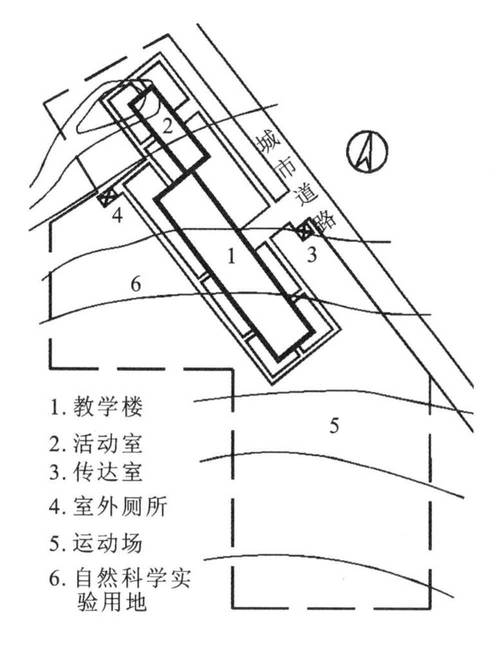

图 4-35

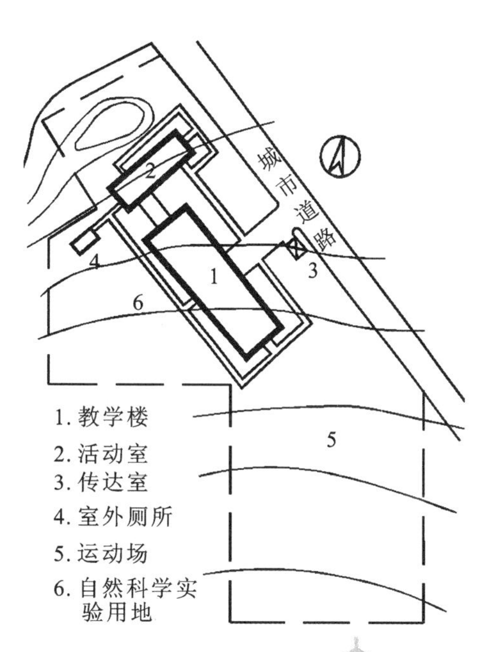

图 4-36

方案三如图 4-37 所示。为了解决建筑朝向和土石方工程量的问题，进行组合产生了口字形方案，使主要教学用房获得了良好的朝向，占地长度也缩短了，并使部分建筑与等高线平行，可以减少土石方工程量。但建筑距离道路较近，入口处没有疏散缓冲的余地，且面向道路的房间受干扰较大，厨房的进货出渣运输也极不方便。

通过对以上三个方案的比较，可以看到，在特定的地形条件下进行平面组合，房屋的使用要求与地形的限制之间往往存在矛盾，要妥善处理好这些矛盾必须进一步改进平面组合，使之既适合地形条件，又符合建筑的使用要求。平面组合中在结合地形及环境解决这些主要矛盾时，还需要处理好周围人行道路的组织。

总结以上方案的优缺点，可以得到较为合理的方案，如图 4-38 所示。其优点是：教学楼和活动室均为南北朝向，采光、通风好，虽然办公用房朝向较差，但采用单面走廊基本上可以满足使用要求，相互干扰少，有较安静的教学环境；结构简单，施工方便；学校主入口较宽敞，利于疏散；传达室位置较妥当；建筑平行于等高线布置，每幢建筑采取不同标高，密切结合地形，造型灵活，减少了土石方工程量，节约了建筑投资；教学楼与运动场联系紧密。

结合基地环境进行平面组合设计的过程中存在着很多矛盾，设计思考的过程就是不断解决和不断转化矛盾的过程。在这个过程中，需要反复比较和分析，尽量化不利为有利，变不合理为合理。

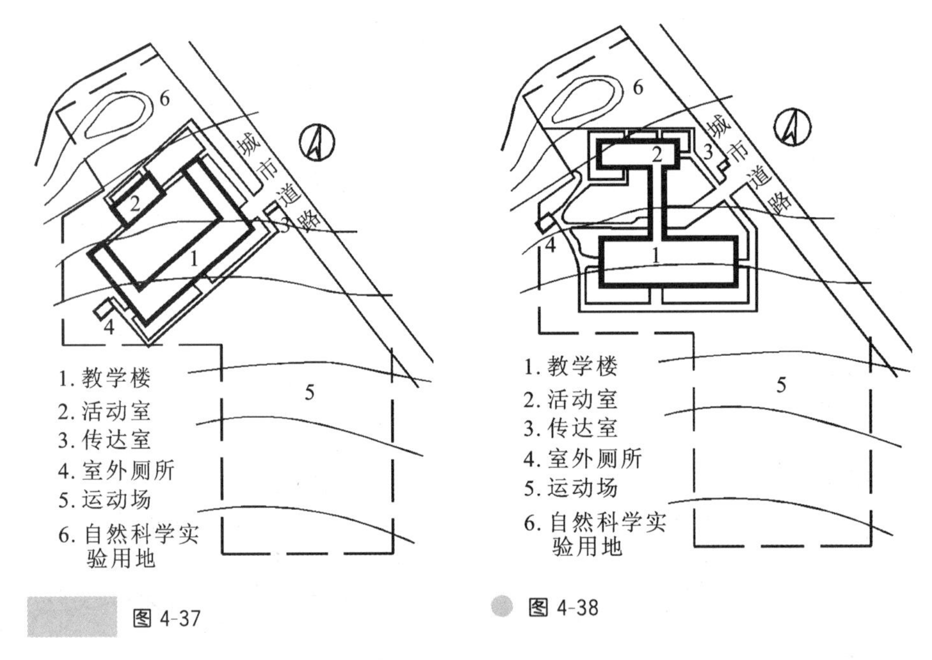

图 4-37

图 4-38

(2) 建筑群体的组合设计与基地环境。

结合建筑群体的功能分区和特定的基地环境进行组合设计，比单体建筑的总体设计更为复杂，必须综合各种条件进行全面的分析和比较。

在群体组合中，道路要满足各类建筑的功能要求，即要考虑各建筑之间的使用关系，联系比较密切的建筑应尽量靠近，地段允许时，也可以将这些建筑合并在一起。各建筑之间的距离必须满足日照、通风、人防、防火、工程管网等技术要求。根据人流和车流的流向、流量布置道路系统，选择道路的纵横断面，与城市干道有机连接，并在此基础上进行绿化布置，保护环境卫生。

例如，综合类医院建筑，是由各个使用要求不同的部分组成的(见图 4-39)。在进行总体布置与建筑设计时，应按各部分的功能要求进行合理布置。医院组合分为医务区与总务区两大部分。医务区又可分为门诊部、住院部和医技科室三个部分。这个区是为病人诊断和治疗疾病的，该区应保证良好的卫生条件，并方便与外界联系，同时，该区应与总务区有较严格的卫生隔离及必要的联系。住院部主要是病房，是医院的主要组成部分，其位置应在总平面中卫生条件最好的地方，尽可能避免外来干扰，以创造安静、卫生、适用的治疗和休养环境。医技科室主要由手术部、药房、X 光室、理疗室和化验室等部分组成。为了使用方便，常将医技科室设置在门诊部和病房之间，形成有机联系的整体，但又要避免两部分的病人穿行时相互感染。总务区主要分为供应和服务两部分，一般要求设在较僻静处，与医务区既要有联系又要有隔离。同时总务区的交通运输较频繁，因此，总务区应设置在靠近次要街道处，并设置单独的出入口，又因为有噪声、尘土及烟灰等污染，所以应设置在门诊部及病房常年主导风向的下风向。太平间的病理解剖室一般布置在单独的区域内，并与其他部分保持较大的距离，且靠近医院后门。

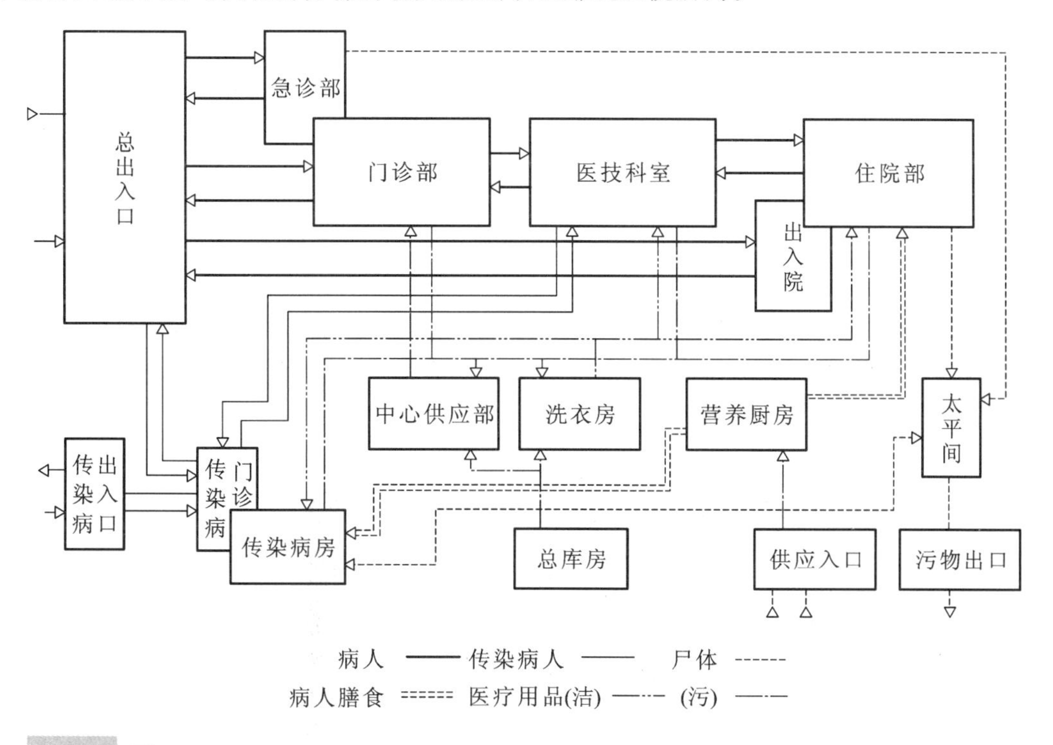

图 4-39

医院的总体布置是一项复杂的工作，合理地组织医疗程序，创造良好的卫生条件，是医院建筑设计极为重要的问题。同时要保证病人、医务人员、工作人员交通的便利，以及医疗和工作环境的安静，还要进行必要的卫生隔离，在此基础上结合特定的基地环境进行总平面布置。那么应该采取什么样的布局形式呢？

如某医院建筑设计，要求按 100 床、350 门诊人次进行设计。该医院的基地条件是东面及北面的地势较高，西南面的地势最低，南面有一个较大的池塘，基地中部有一个贯穿南北的陡坡，主要干道在基地东面通过。

方案一如图 4-40 所示。采用集中式布局，将医务部分即门诊部、住院部及医技科室集中布置在一幢工字形楼内，总务部分与主楼的联系放在北面和西南面。优点是医疗、辅助医疗部分设在门诊部与住院部中段，布置紧凑，联系方便，管理集中，主楼的朝向好。缺点是与基地地形不相适应，土石方工程量大，投资较高，施工较麻烦，住院部接近人流主要入口和救护车库，影响病人休息。

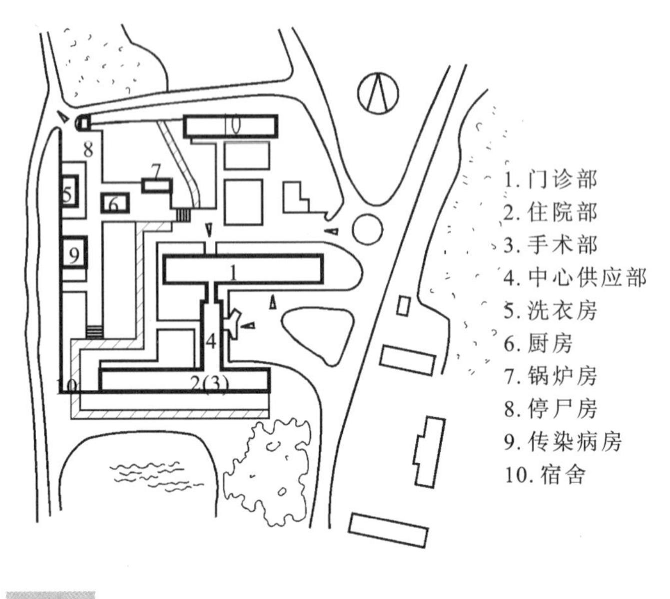

图 4-40

方案二如图 4-41 所示。采用分散式布局，各医疗用房独立设置，能较好地适应地形，土石方工程量较小，可分期建造使用，住院部有较好的卫生隔离条件，但工作路线较长，占地较多，门诊部有西晒，住院部视野不够开阔。

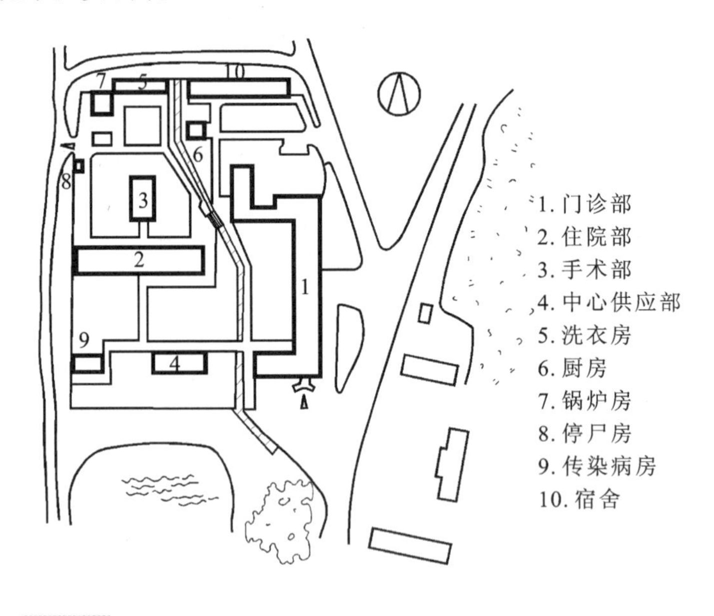

图 4-41

方案三如图 4-42 所示。将门诊部与住院部分别设立，用简易坡道相连，并按主要依从关系，使 X 光室、检验室、理疗室等归于门诊部，手术部和中心供应部合并于住院部之中，利用高差设置简易坡道，联系方便，管理也较集中，朝向也理想，住院部安静、视野开阔，土石方工程量和占地面积均有所减少，同时可分期建造。这种布置形式大体上综合了集中式和分散式布局的特点，为解决医疗联系、病房隔离、集中管理、节约用地、适应地形、分期建造等问题创造了有利条件。

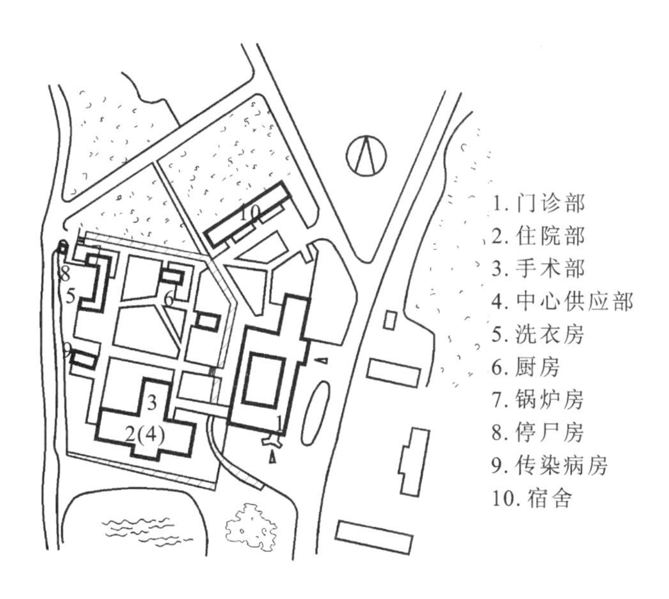

图 4-42

建设基地的环境对建筑总体布置有很大影响，建设地段的大小、形状、朝向、地势起伏、周围的环境和道路、原有建筑现状及城市规划对总体设计的要求等，都会直接影响总体布置的形式。总体布置时，由于结合地形特点，个体设计的体型可能有所变化，从而影响个体建筑内部的平面空间组合，因此在进行设计时，总体布置与个体设计必须紧密配合，反复研究，制定多种方案并进行比较，选定总平面方案后，再深入细致地进行个体设计。

2）场地内建筑物的交通组织

首先应该动静分开，道路与停车场、硬质铺地分开，人行道与车行道分开，客运道路与货运道路分开；其次，道路应满足宽度要求并分等级（见表 4-4），流量大的道路与流量小的道路分开，有的人流量大的场地还应分设出、入口，引导人流单向循序前进；再次，人流出入口应与道路、停车场联系便捷，但不应直接正对城市主要干道的交叉口。当使用者是盲人、肢体残障人士以及老人时，应该有针对性地考虑人性化无障碍设计与应变措施，避免步道无意义的高低变化。对于基地内已有的车行道路与人行步道系统，建筑物可以配合避让或架空跨越，形成过街楼，也可以将道路移至地下或抬高，甚至与建筑物形成相互穿插的立体系统（见图 4-43）。

表 4-4 基地内部道路宽度标准

道路类型	道路宽度/m
单车道	3.5
双车道	6～7
人行道	≥1.5
机动车道与自行车道混行	单车道≥4
	双车道≥7
消防车道	≥3.5

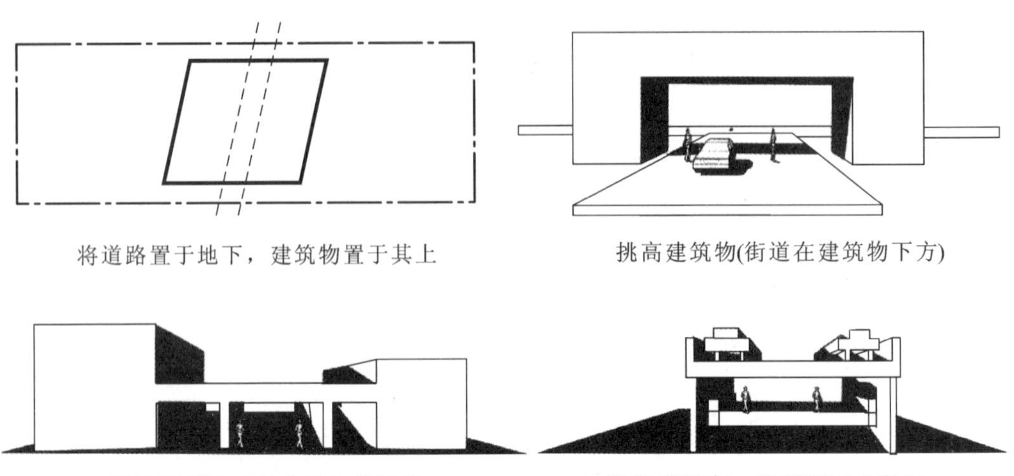

图 4-43

3）建筑体型与用地条件

建筑体型的产生除了与功能、性质、规模等自身要求有关之外，还涉及客观用地条件。一般来说，建筑体型外廓可与地形外廓相呼应。

图 4-44

另外，土地使用应尽量复合化，功能应尽量多元化。美国建筑师斯蒂文·霍尔设计的北京当代MOMA城市综合体项目（见图 4-44），其灵感来源于法国画家亨利·马蒂斯的名作《舞蹈》。建筑群体由多幢共包括 700 多套公寓的建筑主体以及穿插其间的透明空中走廊围合而成，暗示犹如手拉手舞蹈般欢快的情绪。建筑首层为画廊、商店、咖啡厅等公共设施，中心的一个大型电影院在播映电影时会不时地将画面投射到露天的超大屏幕上，游走于地面和空中走廊上的人们可以共享这一戏剧化的时空。建筑师通过多元功能布局将社区生活范畴扩大，土地利用效率也随之提高。它创造了一个全新的渗透性城市空间，项目的一侧向城市开敞，提供公共、开放的活动空间，力求促进公共交流。

4.1.4 场景体现

克里斯·亚伯认为，建筑是一个“半自治”的语言游戏，服从于自身的规则与准绳，但也受外界的影响。建筑有作为艺术形式的特殊本质，同时也与其他创造性活动一样，与文化背景开放互动，因此建筑的文化目的、价值评价、内部逻辑、发展准则、表达方式都具有因场所而异的相对性。

相对于“场地”的客观性而言，“场所”更注重的是“隐匿”其中的精神潜力，而“场景”则有机融合了场地要素和场所概念，是人们预设的建筑意象，它将设计者或使用者的主观感受与心灵触动包容进来，激发情绪，唤起想象。

1. 以再现历史因素及本土特征来诠释场所感

对于不同的创作背景和场地因素，建筑师对场所感诠释的手法是不一样的，最终希望表达的建筑场景也不相同。20 世纪五六十年代美国典雅主义代表爱德华·斯通设计的印度新德里美国大使馆（见图 4-45），受泰姬玛哈陵的启发，建筑平面方整对称，面向水池。主体由两层办公楼围合为内院，立面分为基座平台、柱廊和屋顶三段。镀金钢柱背后是由白色预制陶土砖拼合而成的漏窗幕墙，拼接处饰以金色圆钉。虽然其外观有建筑师个人标签一样的范式成分，但细部也结合了印度本土建筑元素的具象特征，暗示所处场所的脉络联系。马来西亚建筑师杨经文早期关于城市与建筑设计的思想在一定程度上受到亚洲城镇“店屋”居住模式的影响。在他设想的“热带走廊城市”中，将传统的有顶的店面走廊抽象出来。这种带拱廊的人行通道系统不仅可以节约街道用地，还可以遮阳防雨，成为连接建筑物并统一城市沿街立面的要素。

伦佐·皮亚诺设计的位于新喀里多尼亚的吉巴欧文化中心（见图 4-46）是 20 世纪反映场所感与形式关系最杰出的作品之一。这是法国总统为了对过去的殖民主义统治表示谴责与歉意而赠送，并以当年独立运动领袖命名的标志性建筑。伦佐·皮亚诺从当地的卡尔纳克村落的茅舍形式得到启发，以钢索加固抛物线形双层木肋骨外墙。其原理与传统的多层树叶搭建的棚屋相似，既能遮阳，又能减少风力，并能通过夹层空气对流带走热量。10 个相似的形体仿佛将人们又带回到村落聚集的场景之中，同时盾牌般的造型令人联想到抵御外敌入侵的勇气和力量。

图 4-45

图 4-46

苏州博物馆新馆（见图 4-47）是贝聿铭的杰作。它与拙政园、狮子林、忠王府等名胜相邻，特殊的地理位置赋予了它丰富的历史脉络。这位幼年曾经生活在狮子林的大师谙熟传统形态及符号，主体建筑群采用坐南朝北、中轴对称的院落围合体系，主轴上顺次安排入口、前院、大厅、水庭，西侧为主展区，东侧为辅展区及行政办公区。在庭院中，委婉萦绕的水面一侧黛瓦粉墙绵延，奇石假山矗立，辅以修竹灌木、亭台栈桥，形成一处韬光养晦、醒心养性的自由天地。庭院这个空间中最活跃的音符，既是建筑单体之间过渡联通的交汇空间，又是刻意营造的室外共享环境，它的存在为参观之余的其他休闲行为模式提供了可能。建筑单体采用灰色石材边饰，清晰地勾勒出转折的白墙面的几何边缘。由矩形、菱形、三角形为基本元素组合塑造出的大屋顶轻灵而舒展，采用金属网架支撑木格栅与透明玻璃相结合的双层构造方式，兼具自然采光和通风的功能，保温隔热的物理性能也得以改善。

图 4-47

2．以建筑对场所的动态控制创造新语境

值得一提的是，建筑应当注意所处场所的文化与气候、环境与文脉，但并不意味着对既有环境都必须小心翼翼地去应对，文脉本身也是不稳定和动态的。我们不能为了和谐融洽而丧失新建筑固有的美学品质。建筑的角色并不都是去配合，还可以引入新的元素以转化既有基地。建筑的语境含义也不是不假思索地模仿相邻的建筑物，而是需要具有抛开现有语言局限性的勇气。

图 4-48

安藤忠雄的很多作品，都以简洁的几何体量传达出建筑与环境争夺之后对场地的控制力度，用极度抽象的手法反映地方传统。建筑一定不要简单地去迎合已有的环境，建筑和环境之间一定要有以摩擦和冲突为特征的刺激性对话。这也正是有可能创造新价值的地方。他设计的位于塞纳河总部的塞甘岛的巴黎弗朗西斯·皮诺当代美术馆（见图 4-48），地理位置相当特殊，这里曾是法国现代工业的摇篮。而安藤忠雄将构成岛屿外廓的旧有工业厂房厚重的墙垣拆除，取而代之的是由现代、通透、轻质的材料构筑的更具有生命力的墙垣。建筑物活似一个有基座的漂浮的水上宇宙飞船，其基座外廓与岛屿外形完全呼应，倒映在塞纳河水中。历史的记忆被保留，但是没有原地封冻，而是流向了未知的未来。可见，建筑应具有与历史同步的对话精神，用以再造新的语境。

4.2 建筑外部空间设计

4.2.1 建筑外部空间设计的内容

1. 在规划修建地段上，确定各建筑的位置及形状

根据地形的宽窄、大小、起伏的变化，周围建筑的布局和外观，城市道路的布局，自然环境的保护等限定条件，并根据建筑的性质、规模、使用要求等进行功能分区，恰当、紧凑地选定建筑的位置及形状。这里涉及采用什么样的群体组合方式、采取哪些处理手法来达到设计的目的，这些都是建筑群外部空间组合的核心问题。

2. 布置道路网

根据建筑群的位置、城市道路的布局，布置建筑群的道路网，确定主、次干道及主、次入口，恰当地与城市干道进行衔接，保证车流、人流通畅安全。

3. 绿化、美化环境

绿化可以改善环境气候和环境质量，因此在群体组合中应根据建筑群的性质和要求进行绿化设计，选择合理的树种、树型，恰当地配置季节花卉和草坪。同时，还应有意识地利用建筑小品美化环境，利用亭、廊、花窗、景门、坐凳、庭园灯、小桥、流水、喷泉、雕塑等装饰建筑空间，这是建筑群体外部空间设计不可缺少的艺术加工的部分。

4. 竖向设计

根据地段的地形变化，确定各建筑的室内设计标高，不仅应满足各建筑物之间的功能联系，还要确定环境的土石方工程量，尽量少挖少填。另外，还要配合各个工种解决各种管道的竖向布置，如上下水道管、煤气管道、电力管线等的地下走向及其位置。

5. 保证建筑群的环境质量

确定合理的日照间距，选择良好的朝向，注意自然通风的效果和安全防护等，以此来保证建筑群体具有良好的环境质量。

完成上述任务需要进行大量的调研工作，并与各有关工种密切配合，设计出多种方案并比较，最后确定较完善、合理的建筑群体空间组合方式。

4.2.2 外部空间的组合形式

外部空间是由建筑或建筑小品等围合而成的封闭形式的空间，或一部分由建筑围合而成的半封闭半开敞形式的空间，后者多与自然空间连成一片而没有一条明确的界线。外部空间的组合形式如图 4-49 所示。

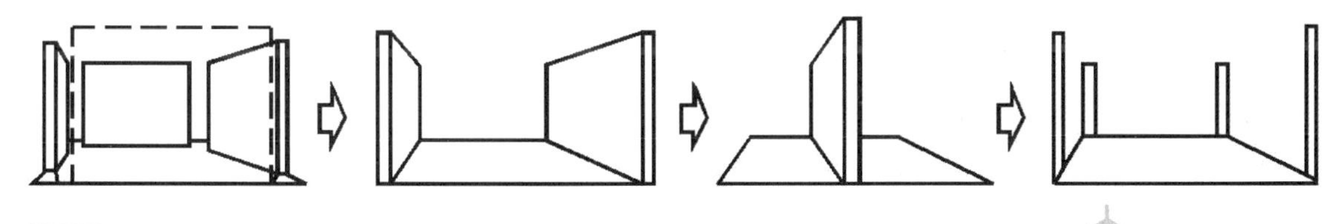

图 4-49

第一种，四周均以建筑围合而形成空间。这种空间具有明确的范围和形式，使人很容易感受到它的大小、宽窄和形状，与自然空间的界线比较明确。

第二种，两个面由建筑围合而形成空间。这种空间的封闭性减弱了一些。

第三种，剩下一个面，空间的封闭性消失了，这时应由建筑围合空间转变为空间包围建筑。这种外部空间与自然空间融为一体，但由于建筑的存在，不可避免地改变了空间和环境。

第四种，周围不以建筑来围合空间，仅对地面加以处理，也可以产生某种空间感，从而赋予空间以建筑的属性。

这几种形式在外部空间的组合中都是常用的手段。根据建筑群的性质、功能要求、环境空间的变化灵活运用外部空间组合形式，可获得千变万化的空间组合。

民用建筑的建筑群体空间组合，主要是依靠建筑或建筑群本身的围合，必须正确地反映各建筑之间的功能关系，同时必须和特定的地段环境相结合。在室外空间中的建筑，特别是主要的建筑，常常位于主要的部位。道路、绿化、建筑小品的布局，它们依赖于建筑所形成的格局，只是起到充实或点缀的作用，从而构成一个完整的室外空间。这种外部空间的组合，应使各建筑的形体彼此呼应、互相制约，并形成既完整统一又互相联系的室外空间，同时使建筑的内部空间和外部空间互相渗透穿插，恰当地融为一体，从而创造出具有特点的建筑群体空间组合。

设计之初，我们通常根据环境和项目特征，分析各要素的作用，并以力学为指导，兼顾心理与行为习性，对建筑进行总体布局。按照土地使用率，外部空间的组合形式可分为集中式布局和分散式布局。从能耗的角度来看，集中式布局比分散式布局在保温隔热上具有体型上的优势。同样是集中式布局，体积相同的长方形、正方形、圆形平面建筑物，哪种建筑物更利于节能呢？答案是圆形平面建筑物。因为体积相同时，圆形平面建筑物的表面积最小，必然能耗也最小。当下土地资源日渐珍贵，从节约建设用地的角度来看，在城市中能采用集中式布局的尽量不要采用分散式布局，以提高容积率和建筑密度。但分散式布局在顺应地形、空间节奏、形态对比以及景观视野等方面比集中式布局具有更显著的优势。

按照空间特性，外部空间组合形式可分为内向型布局和外向型布局。内向型布局的空间强调围合性、隐蔽性，有较明确的边界限定。而外向型布局的空间通常以场地为核心位置或以制高点处的建筑物、构筑物为中心，朝外围空间扩张发散，如我国皇家园林中，通常在山脊、堤岸等控制点处建造亭台楼阁以观看周围景色。

按照组织秩序特质，外部空间的组合形式可分为几何化布局与非几何化布局。几何化布局体现了建筑在关注体验功能以及建造逻辑等理性条件下的自我约束特征。非几何化布局反映出形态的多元性与自由性。

归纳起来，有以下一些常见的布局方式。

1. 轴线对称布局

轴线对称布局强调两侧体量的镜像等形，轴线可长可短，可以只安排一条，也可以主次多条并行。这种体系为很多古典以及纪念性建筑提供了等级秩序基础。直至现代，轴线系统也因其鲜明的体块分布及均衡稳定的图式等优势成为很多建筑师重要的设计策略。武昌辛亥革命博物馆（见图 4-50）的设计就采用

图 4-50

了这样的布局方式，结合传统建筑元素和现代建筑风格，营造了浓郁的革命历史氛围。

2. 线性长向布局

线性长向布局相对于“点”“面”的几何特性而言更强调方向感，它以长向布局形成节奏的重复与加强，可以沿某一方向呈直线或折线展开，具有明显的运动感。北京大学(青岛)国际会议中心(见图 4-51)就采用了线性长向布局。基地是临海陡坡，建筑垂直于等高线横向延伸，并联的建筑形成了从山至海、从上到下的明确的方向指示。人们在一系列由不同标高的室内功能区域到室外平台的转换游历过程中，强化了对线性空间的体验。西南生物工程产业化中间试验基地(见图 4-52)采用了类似的直线形态。

图 4-51

图 4-52

3. 核心内向布局

核心内向布局系统可被描述为一种各部分都按一定的主题组织起来的内向系统。它具有中心和外围之分。风车形、十字形、内院形、圆形等都具有明显的内聚向心力。福建的客家楼(见图 4-53)就是典型的核心内向布局系统。建筑采用单纯的绝对对称的型制——圆形，围合成内院，若干住户连续安排在圆圈外围，中心设置公共建筑，这样的布局显然有利于聚族而居。

4. 放射外向布局

放射外向布局系统是一种从中心向外辐射传递力量的外向系统。各方向在相互牵制中保持动态平衡。美国斯特拉顿山卡威尔度假别墅(见图 4-54)的设计就是顺应山林坡地采用不规则布局，圆柱形楼梯间成为各放射单元联系、交接与过渡的区域。这种不规则的放射布局，使人们在各个透视角度上，都具有异于单一线性体系的丰富的视觉层次。

图 4-53

图 4-54

5. "拓扑"式布局

"拓扑"式连续变化是一类特殊的变形。它指运动中的物体在产生形状、大小变化时仍然保持其固有特性,如圆形、方形、三角形,虽然其形状不同,但是都具有闭合的轮廓。相互穿插组合的几何形体经过拉伸、弯曲等变化后仍保持其原有性质,这说明事物在保持其基本属性的同时也具有灵活性。

中国传统的官式建筑群大多保持中轴对称关系,而在园林以及一些民间城镇村落的整体布局中,所受的线性约束则较少。园林在营造过程中试图"以小空间见大自然",将文学与绘画艺术中描写的诗情画意融于其中。其整体布局往往以水面为中心,分景区安排游览路线及景色。整个行进过程好像漫游在一幅逐步展开的画卷中,步移景异,动静相宜。这种对景观层次的组织无疑受到传统山水画中"散点透视"逻辑及方法的影响。在这里,建筑、道路、山水不是绝对几何统一的安排和定量数值的关系,而是采用灵活的形态与边缘。尽管如此,它们仍具备一些组织规律,如闭合、多边、虚实相生、正负互补、动态、向心、离心等。我们借数学概念来表达建筑学范畴中的这种非几何化的复杂秩序,我们称之为"拓扑"式布局。这种方式不失为现代建筑群体分散动态布局的一种借鉴。马耳他豪华度假胜地(见图 4-55)与赫尔辛基医院(见图 4-56)就采用了这种布局方式。

图 4-55

图 4-56

4.2.3 外部空间的处理手法

人的活动作为一个连续的过程,是不能仅仅限制在室内的,必然要贯穿于室外,基于这一点,人们逐渐认识到外部空间的重要性。外部空间与建筑体型的关系就好像铸造行业中砂模与铸件的关系:一方表现为实,另一方表现为虚,两者互为镶嵌,非此即彼,非彼即此,呈现出一种互补的关系。从这种意义上讲,外部空间和建筑体型一样,都具有明确的界面,只不过正好处于一种互逆的状态。但是从另外一方面来看,由于外部空间毕竟融合在漫无边际的自然空间之中,它与自然空间之间没有任何明确的界线,因而它的形状和范围是难以界定的。

外部空间具有两种典型的形式:以空间包围建筑,这种形式的外部空间称为开敞式的外部空间;以建筑实体围合而成的空间,这种空间具有较明确的形状和范围,称为封闭式的外部空间。但在实践中,外部空间与建筑体型的关系却不仅限于这两种形式,还有各种介于其间的半开敞、半封闭空间形式。图 4-57 所示的城市空间中,时而表现为建筑包围着空间,时而表现为空间包围着建筑，时而表现为建筑包围着空间而空间又包围着建筑，互相缠绕，分不清究竟谁包围着谁。

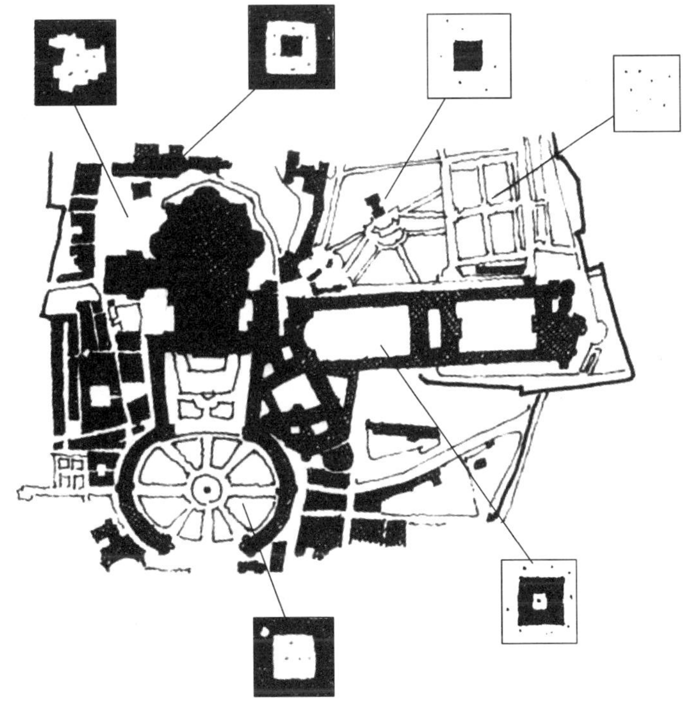
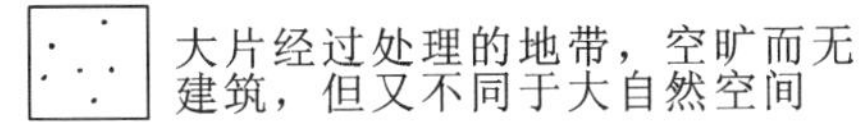

图 4-57

空间的封闭程度取决于它的界定情况：四面围合的空间的封闭性最强，三面的次之，只剩下一幢孤立的建筑时，空间的封闭性就完全消失了，由建筑围合空间转化为空间包围建筑。同时，四面围合的空间，因其围合条件不同而分别具有不同程度的封闭感：围合的界面愈近、愈高、愈密实，其封闭感愈强；围合的界面愈远、愈低、愈稀疏，其封闭感愈弱。

外部空间主要是借助于建筑体型形成的，要想获得某种形式的外部空间，就必须从建筑体型入手来研究它们之间的组合关系。把若干外部空间组合成一个空间群，利用它们之间的分割与联系，既可以借对比以求得变化，又可以借渗透来增强空间的层次感。如果把众多的外部空间按一定的程序连接在一起，还可以形成统一、完整的空间序列。

建筑外部空间的设计是比较复杂的问题。各建筑功能要求的差异、各类建筑群体组合的差异，以及地形条件和自然环境的变化，都会使建筑群组合具有明显的个性，从而使之千变万化，各有特色。

1. 群体组合中求得统一的处理手法

不论哪类建筑群，也不论其处于何种地形环境，更不论其组合形式，如果只有个性，没有共性，就不可能构成完美的群体组合。因此，衡量群体组合最重要的准则和尺度，就是看群体中的个体是否具有整体的统一性。

1）通过对称求得统一

无论是对于单体建筑，还是对于群体组合，对称都是求得统一的一种最有效的方法，在群体组合中表现得尤为明显。对称本身就是一种制约，而这种制约之中不仅表现出秩序，还表现出变化。历史上许多著名的建筑群都是采用对称形式的布局，这说明很早以前人们就已经认识到对称所具有的特点。例如，两幢建筑排列在一起，它们具有完全相同的体型，那么这两者必然因为既无主从之分，相互之间又没有任何联系，从而形成一种互不关联的局面，这样就不可能形成一个整体。如果改变它们的体型，把两者的入口移向内侧，就有助于削弱各自的独立性，在绿化处理上再做相应的处理，在两者之间修一条路，这样就可以使两者遥相呼应，从而改变原来互不关联的局面。如果在中间建一幢高大的建筑，原来的两幢建筑便立即退居于从属地位，不仅使中轴线得到有力加强，同时也形成了对称的格局，这样三幢建筑不仅主从分明，而且互相吸引，从而形成一种互相依存、互相制约的有机、完整、统一的整体。天津大学的图书馆和教学楼(见图 4-58)采用对称手法使其有机结合为统一的整体。日本市政厅建筑(见图 4-59)将一个相对高大的建筑布置在中部，以它的入口门廊及屋顶中央的塔楼形成一条强烈的主导中轴线，两幢相对低矮的建筑位于两侧，尽管它们内部的功能不尽相同，但外部空间被左右对称的格局所统一，营造了市政厅应有的庄重气氛。

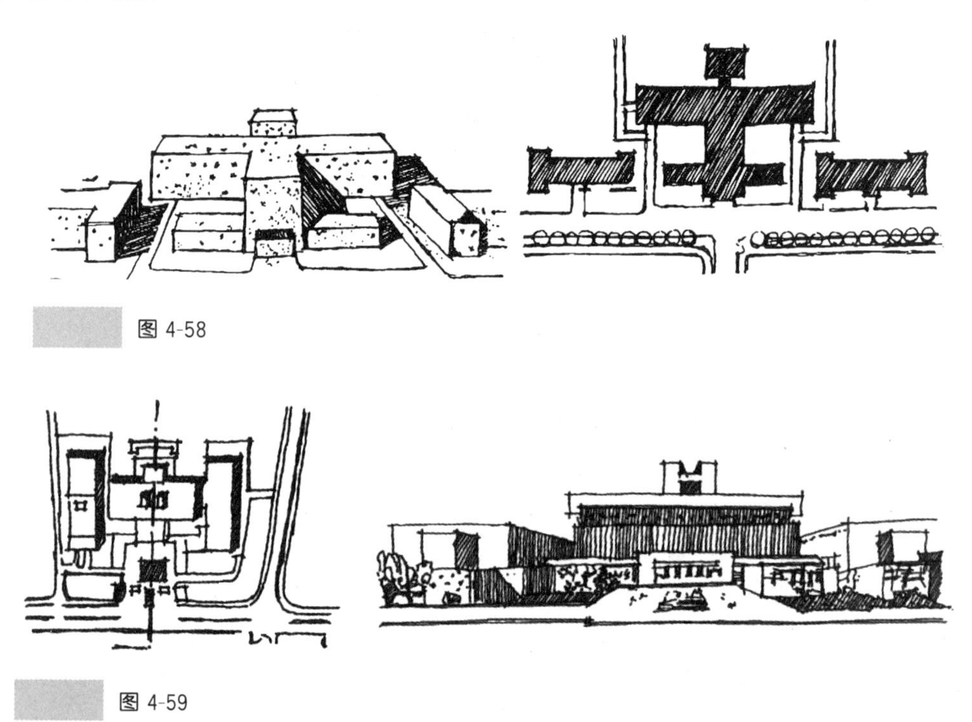
图 4-58

图 4-59

通过对称达到统一的手法简单、浅显、易于理解，因此不同历史时期、不同地区、不同国家的人，都借助这种方法来安排建筑，以获得完整、统一的效果。直到今天，尽管人们不免嫌它过于陈旧、机械、呆板，但仍乐于借对称的方法来组织建筑群。

对称本身就具有统一感，本身就是一种制约，在这种制约中不仅包含了秩序，而且包含了变化。因此，在群体组合中采用对称手法，可获得统一、和谐的整体效果，形成一个严谨的、统一的整体。我国古代建筑非常成功地利用对称求得了统一。建筑群不论规模大小，如果沿着中轴线对称排列，就会建立起一种秩序感，再突出位于中轴线上的主体建筑，这种秩序感就会更加强烈。群体组合中，相当多的公共建筑，特别是行政办公建筑为了显示它的庄重和权威，采取群体对称的形式以获得建筑群的统一是十分有效的。学校建筑等多采用对称的布局形式，通过对称达到统一。著名的巴黎明星广场(见图 4-60)，以凯旋门为中心，十二幢建筑围绕广场布置成圆形空间，这种布局不仅显而易见地构成了一幅完整、统一的图案，而且凯旋门犹如一块巨大的磁铁，把所有建筑紧紧地吸引在其周围，任何一幢建筑都不能游离于整体之外，只能作为整体的一部分，与其他建筑相互联系，共存于整体之中，不言而喻，这种组合形式已经达到了高度统一的境地。

2）通过向心求得统一

在儿童游戏中，几个孩子携手围成一个圆圈，他们之间就会由于互相吸引而产生向心、收敛、内聚的感觉，并由此形成一个整体。这和分散的、凌乱的、东奔西跑的、乱七八糟挤在一起的孩子给人的感觉是大不相同的。在群体组合中，将建筑围绕着某个中心来布置，并借助于建筑的体型形成一个空间，那么这几幢建筑会由此而显现出一种秩序感和互相吸引的关系，从而形成有机统一的整体。古今中外许多建筑群就是通过这种方法达到统一的，如新疆特克斯八卦城（见图 4-61）。我国传统的四合院，虽然只有三四幢建筑，但是却以内院为中心沿着周边布置，并且所有的建筑都面向内院，因而相互之间有一种向心的吸引力，这也是利用向心作用达到统一的一种组合形式。

图 4-60

图 4-61

在群体组合中将建筑围绕着某个中心来布置，并由这些周围建筑形成一个向心的空间，这时建筑群就会形成一个统一的整体。近现代建筑比较强调功能对于形式的影响和作用，在布局上力求活泼而富有变化。围绕着某个中心布置建筑，即使建筑不全部向心，也有助于达到整体上的统一。

3）通过轴线的引导、转折达到统一

由于功能要求不允许采用绝对对称的布局形式，或者因为地形条件的限制不适合采用完全对称的布局形式，或者因为建筑群规模过大仅沿着一条轴线排列建筑可能会显得单调时，可以运用轴线引导或转折的方法。从主轴线中引出副轴线，并使主要的建筑沿主轴线排列，而使次要的建筑沿副轴线排列。如果轴线引导得自然、巧妙，同样可以建立起一种秩序感。

运用轴线引导、转折的方法来组织建筑群时，首先面临的是如何根据地形特点合理地引出轴线，这是能否达到统一的关键。如果轴线构成本身就不合理，或者与地形缺乏良好的呼应关系，那么要想借助本身就有缺陷的轴线把众多的建筑结合成为一个有机的整体，是十分困难的。群体组合中的轴线，犹如人体中的骨骼，一个骨骼畸形的人是不可能具有匀称和比例适度的体形的。若干条轴线交织在一起，各条轴线的转折方向应当明确、肯定，并与特定的地形之间保持严格的制约关系，例如和地形周边保持平行或垂直的关系，只有这样，轴线的转折才是有根有据的，才能与地形发生有机的联系。各条轴线还必须互相连接，构成一个主副分明、转折适度、大体均

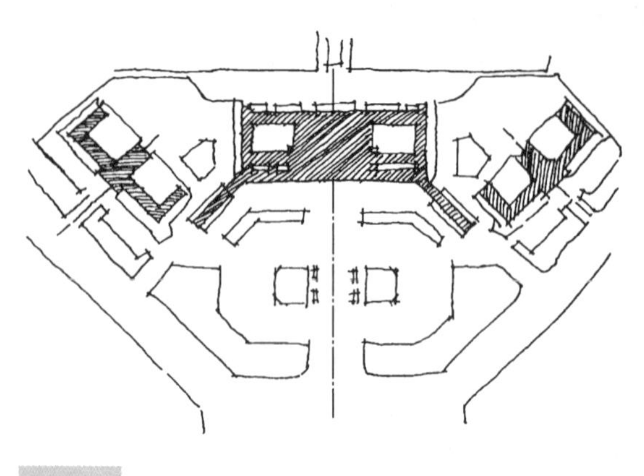

图 4-62

衡的完整体系，否则，就不可能通过轴线把众多的建筑结合成一个完整、统一的整体。图 4-62 所示为坦桑尼亚火车站，该火车站结合地形特点，运用轴线的转折把三幢建筑有机地结合为一个整体。

合理引出轴线后，下一步就是排列建筑。轴线只不过是一种抽象的假设，建筑则是具体的实物。工程竣工后，轴线将消失得无影无踪，而建筑则作为视觉的主要对象被摄入眼帘，所以最终体现效果的不是轴线而是建筑。排列建筑时应特别注意轴线交叉或转折部分的处理，这些节点不仅容易暴露矛盾，而且是气氛或空间序列转换的标志，若不精心地加以处理，则可能损坏整体的有机统一性。

最后需要强调的是，在这种类型的群体组合中，道路、绿化所起的作用十分显著。如果仅有建筑，没有道路、绿化作为陪衬，则各建筑之间的有机联系以及互相制约的关系可能会变得模糊不清。只有把道路、绿化及其他设施一起考虑，作为一个完整的体系来处理，才能有效地通过它们把孤立、分散的建筑联系成一个整体。

4）从与地形的结合中求得统一

与地形结合是达到统一的途径之一。从广义的角度来看，凡是互相制约的因素，都必然具有某种条理性和秩序感，而真正做到与地形的结合就是把若干幢建筑置于地形、环境的制约关系中，这样可以摆脱偶然性，呈现出某种条理性或秩序感，其中自然也就包含着统一的因素。图 4-63 所示为某山地住宅规划，顺应地形起伏排列建筑，通过建筑与地形的巧妙结合建立起一种秩序感，既可以节省大量土石方工程量，又可以获得统一的效果。

这种形式的统一从形式本身来看也许不是十分整齐，特别是在不规则或有起伏变化的地形条件下，有时甚至使人感到变化无常，但这正是地形本身的自然属性的一种反映。如果把方方正正、均衡对称等模式化的布局形式强加在充满变化的地形条件下，就破坏了统一的基础而使人感到格格不入，相反，如果能够顺应地形的变化布置建筑，就会使建筑与地形之间发生内在的联系，使建筑与环境融为一体。

5）以共同的体型求得统一

各单体建筑如果在体型上包含某种共同的特点，这种特点就会有助于在建筑群中建立起一种和谐的秩序。具有的特点愈明显、愈突出、愈奇特，各建筑单体相互之间的共同性就愈强烈，由这些建筑单体组成的建筑群的统一性就表现得愈充分。东京代代木体育馆（见图 4-64）主要由两幢建筑组成，尽管其大小、形状各不相同，但屋顶都采用了较为奇特的悬索结构，在外形、色彩、质感的处理上都明显具有共同的特点，以此向人们暗示它们属于同一个系列。

6）以形式与风格的一致求得统一

在群体组合中，布局和体型组合对于整体的统一性固然具有决定性的影响，但仅依靠这两个方面是不够的，除此之外，还必须使组成群体的各单体建筑具有统一的形式和风格。广州珠江帆影设计如图 4-65 所示，该建筑群采用相同的橄榄形平面，各幢建筑有大有小，前后参差，形成了一支整体性强，既统一又有变化的气势磅礴、豪放、形象优美的船队。

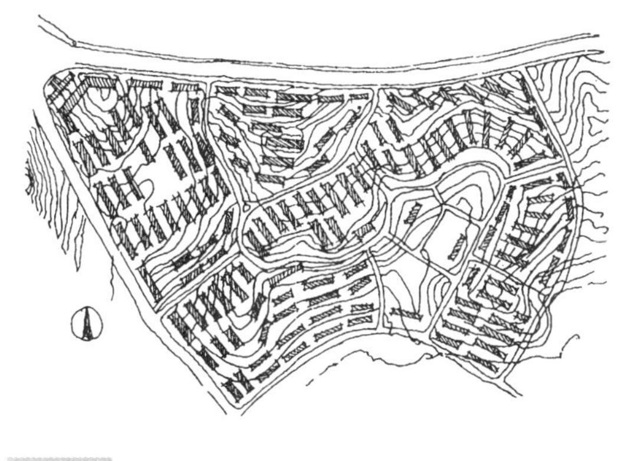

图 4-63

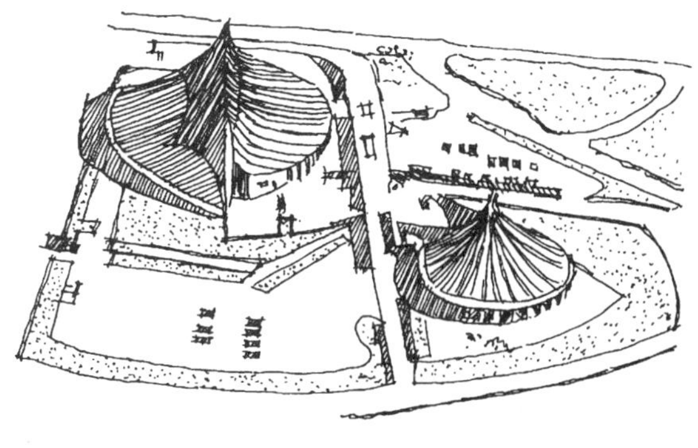

图 4-64

图 4-65

在一个统一的建筑群中，虽然各单体建筑的具体形式可以千变万化，但是它们之间必须具有一种统一、协调一致的风格，一种寓于个性之中的具有共性的东西。建筑群有了它就犹如有了共同的血缘关系，各单体建筑之间就有了某种内在的联系，产生了共鸣，从而能达到群体组合的统一。图 4-66 所示为上海外滩，五花八门的建筑形式聚集在一起，简直像一个建筑风格展览会，各建筑之间没有共同的联系，当然也不可能形成一个统一的整体。这种现象无疑是半殖民地社会城市建设的产物。

我国古典建筑在这方面是极好的范例，如明清故宫，其规模之大和建筑形式变化之多在世界建筑史上都是罕见的，但是由于采用程式化的营造手法、相同的建筑和装修材料、统一的结构构件、统一的色彩及质感处理，使得所有的建筑都严格保持着统一的风格特征，由这些建筑共同组成的建筑群必然是高度统一的。

就风格处理来讲，居住建筑群通常要比公共建筑群易于达到统一，因为居住建筑群的功能比较单一，构件标准化程度高，统一规划设计并一次建成，这些都有助于达到风格的统一。

对于一条街道来讲，也应力求使沿街的建筑具有统一、和谐的风格。然而街道却不同于一般的建筑群，一条街道可以连绵几千米甚至十几千米，建筑类型千差万别，加上建造的时间有早有晚，因此要像一般建筑群那样保持高度的统一性，事实上是难以办到的。但即使有很多困难，也应当争取大体上的统一。北京长安街上由中国美术馆、华侨饭店、民航办公楼三幢建筑组成的沿街建筑群如图 4-67 所示，三幢建筑不仅在平面布局和体型组合上互不关联，在风格处理上也格格不入，以致人们很难把它们看成是同一个时代的产物，尽管它们几乎是同一个时期建成的。

图 4-66

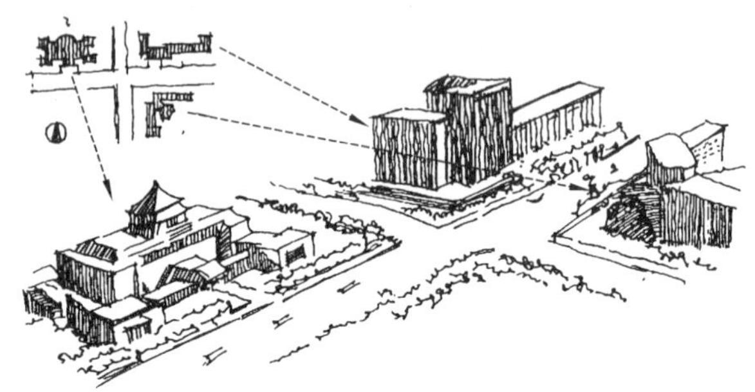

图 4-67

2. 外部空间的对比与变化

在建筑群外部空间的组合中，通常利用空间的大与小、高与低、开敞与封闭，以及不同体型之间的差异进行对比，以打破呆板、千篇一律的单调感，取得变化的效果。在利用这些对比手法时，应使群体组合既具有特色，又能构成一种统一、和谐的格调。我国古典庭院中，空间对比的手法的运用最为普遍，并取得了良好的效果。一般的宫殿、寺院、陵墓等建筑，虽不及园林建筑活泼多变，但也不排斥利用空间对比的手法来打破可能出现的单调感。

图 4-68

在现代外部空间的处理中，同样运用对比与变化这一手法。利用单体建筑的高低和体型的变化形成明显的对比，空间构图有主有次，形成多变的空间效果。贝聿铭设计的美秀美术馆建筑群（见图 4-68）掩藏在京都附近的信乐丘陵之中，仅仅显露出几处散落的亭阁和其他地面标志物。基地被周围的自然保护区孤立起来，因此需要从远处的一个入口引入一条穿过山坡的通道，这种需求同时成为建造一个能带给旅客独特经历的建筑群的契机。进入美秀美术馆的通道被设计成一个与自然风景紧密结合的空间序列。游客进入美秀美术馆的整个过程，就是一个与自然交流和体验的过程。在贝聿铭的设计中，一条蜿蜒的小道从停车场通向一个狭小的隧道入口，成列的不锈钢条装饰的隧道稍有弯曲，渐渐就可以看见隧道那边透过来的亮光。走出隧道，一座横跨陡峭深谷的步行桥赫然出现在眼前，桥的远端就是美秀美术馆。美秀美术馆由于与自然界完美无缺地有机结合，创造了一个理想中的人间仙境，给人们留下了一笔珍贵的建筑遗产。步行桥在这里起着承前启后的作用，它让参观美秀美术馆的过程变得更神奇，增加了参观者的审美享受。

3. 外部空间的渗透与层次

在建筑群的组合中，借助于空廊、门窗洞口、树木、山石、湖水等，把空间分隔成为若干部分，但不使被分隔的空间完全隔绝，而是有意识地通过处理使部分空间保持适当的连通，这样可以使建筑空间和自然环境互相联系，也可以使两个或两个以上的空间相互渗透，从而极大地丰富空间的层次感。苏州留园入口处的空间（见图 4-69），为了增加对比效果，使人们先经过曲折、狭长、幽暗的空间，再将开敞而明亮的空间展现在人们面前，从而利用空间的纵横收放、明与暗的对比，使人感到豁然开朗，达到了十分强烈的对比效果，这一段空间所形成的一幅幅画面明暗相间，彼此烘托、陪衬，别有一番情趣。

图 4-69

除此之外，还可以通过相邻两幢建筑之间的空隙从一个空间看另外一个空间，或者利用树丛从一个空间看另外一个空间，这些手法都可以获得极其丰富的外部空间的层次变化。如图 4-70(a)所示，通过门洞从一个空间看另外一个空间，借门洞把空间分为内、外两个层次，并通过门洞互相渗透。如图 4-70(b)所示，通过空廊从一个空间看另外一个空间，借空廊把空间分为内、外两个层次，并通过它互相渗透。如图 4-70(c)所示，通过两个或一列柱墩从一个空间看另外一个空间，借柱墩把空间划分为内、外两个层次，通过两者之间的空隙相互渗透。如图 4-70(d)所示，通过建筑透空的底层从一个空间看另外一个空间，借建筑把空间分隔为内、外两个层次，通过透空的底层互相渗透。如图 4-70(e)所示，通过相邻两幢建筑之间的空隙从一个空间看另外一个空间，借建筑把空间分隔为内、外两个层次，通过两者之间的空隙互相渗透。如图 4-70(f)所示，通过树丛从一个空间看另外一个空间。在外部空间的处理中，为了获得丰富的空间层次变化，既可以重复地使用某一种手段和方法，也可以综合地运用几种手段和方法，如图 4-71 所示，这样空间就不限于内、外两个层次，而可使三个、四个乃至更多个层次的空间互相渗透，从而造成无限深远的感觉。

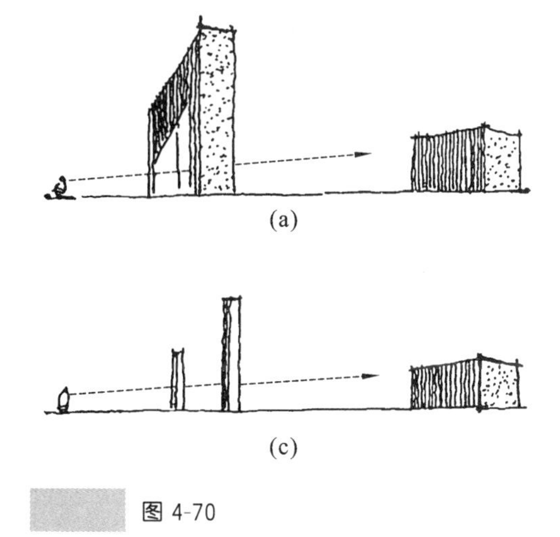

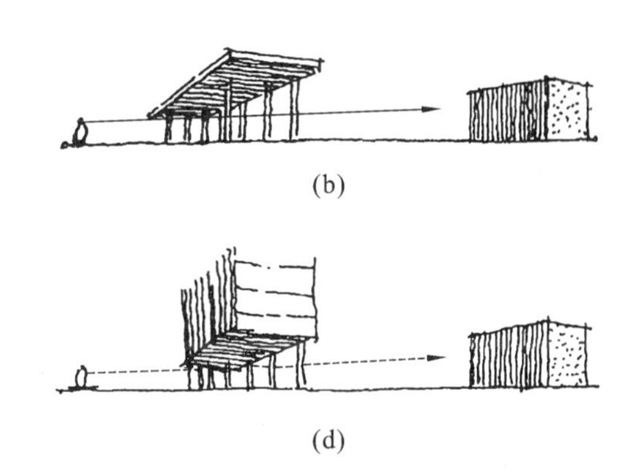

图 4-70

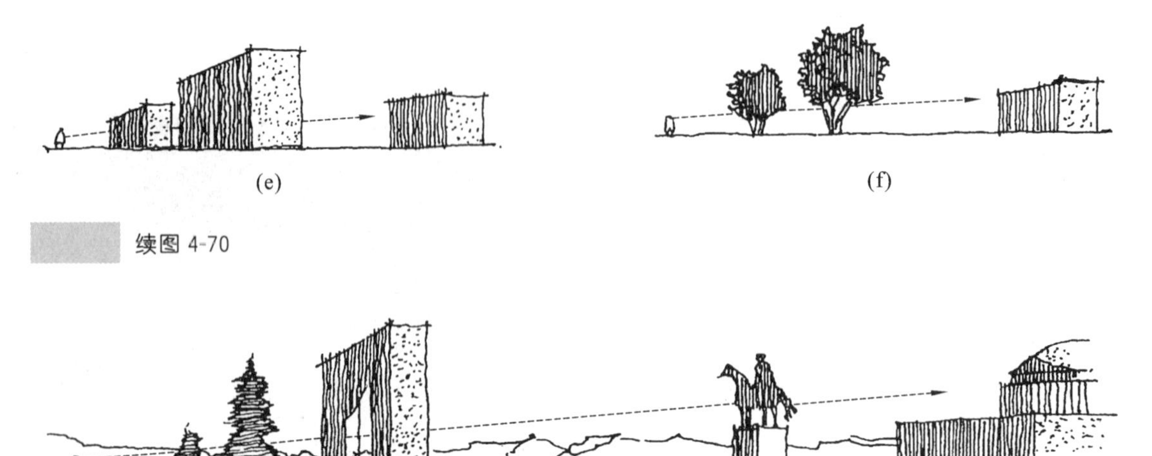

(e) (f)

续图 4-70

图 4-71

4. 外部空间的序列组织

在建筑群外部空间的构成中，多由两个或两个以上的空间进行组合，这里就出现了一个先后顺序安排的问题。这种空间顺序主要是根据空间的用途和功能要求来确定的，它的一个特点就是与人流活动的规律密切相关，即在整个序列中，人们视点运动形成的动态空间与外部空间是和谐、完美的，并使人们获得系统、连续、完整的画面，从而给人留下深刻的印象，并能充分发挥艺术的感染力。外部空间的序列组织是一个带有全局性的问题，它关系到群体组合的整个布局，通常采用的手法是先将空间收束，接着开敞，按照顺序前进，然后收束、开敞，引出高潮后再收束，最后到尾声，整个序列组织也宣告结束。这种沿着中轴线向纵深方向发展的空间序列，其外部空间的程序组织是一个带有全局性的问题，它关系到群体组合的整个布局，和人流活动的关系十分密切。外部空间的程序组织首先必须考虑主要人流必经的路线，其次还要兼顾其他各种人流活动的可能性。只有这样，才能保证无论沿着哪一条路线活动，都能看到一连串系统、连续的画画，从而给人们留下深刻的印象。结合功能、地形、人流活动的特点，外部空间的程序组织可以分为几种基本类型：沿着一条中轴线向纵深方向逐一展开；沿纵向主轴线和横向副轴线同时展开；沿纵向主轴线和斜向副轴线同时展开；采用迂回、循环的形式展开。

各主要空间沿着一条纵向轴线逐渐展开的空间序列，人流路线的方向比较明确，头绪比较单一。这种序列视建筑群的规模大小一般可以由开始段、引导过渡段、高潮前准备段、高潮段、结尾段等不同的区段组成。人们经过这些区段时，空间忽大忽小，忽宽忽窄，时而开敞，时而封闭，配合着建筑体型的变化，不仅可以形成强烈的节奏感，还能借助于这种节奏感使序列本身成为有机统一的、完整的过程。

许多古典建筑群均以这种形式来组织空间序列，并获得了良好的效果。例如宫殿、寺院建筑，其群体布局多按轴线对称的原则，沿一条中轴线把众多的建筑依次排列在这条中轴线之上或其左右两侧，由此而产生的空间序列就是沿中轴线的纵深方向逐一展开的。我国传统的建筑，由于单体建筑基本上呈单一空间的形式，大部分建筑可以穿行，所以在群体组合中可以把许多个空间串联在一条中轴线上。如明清故宫(见图 4-72),人们从金水桥进天安门(A),空间极度收束,经过天安门门洞后又变得开敞,紧接着经过端门(B)至午门(C),由一幢幢建筑围成深远、狭长的空间,经过午门后空间再度收束,过午门至太和门(D)前院,空间豁然开朗,意味着高潮即将到来,过太和门至太和殿前院达到高潮,再向前是由太和殿、中和殿、保和殿三殿组成的前三殿(E、F、G),相继而来的是后三殿(H、I、J),与前三殿保持着大同小异的重复,再往后是御花园(K),至此空间的气氛由庄严变为小巧、宁静,预示着空间序列即将结束。整个序列组织中,通过空间大小的对比、明暗的对比、高低的对比及纵横的对比使空间不断变化,富有完整的连续性。

除借轴线引导来组织空间序列外,还有一种形式的空间序列:迂回、循环形式的空间序列。它既不对称,也没有明确的轴线引导关系,然而单凭空间的巧妙组织和安排,就能诱导人们大体上沿着几个方向,经由不同的路线由一个空间走向另一个空间,直至走完整个空间序列。这种序列的特点是比较灵活,人们既可以沿着这条路线走,也可以沿着那条路线走,无论怎样走,都不会影响大局,甚至能在不经意中获得意想不到的效果。日本武藏野美术大学(见图 4-73),首先在校园的入口处设置了一个钢筋混凝土大门,通过这个大门可以看到远处的主楼,大门起着框景的作用,它不仅丰富了空间层次的变化,而且标志着空间序列的开始,通过大门后就进入了一个纵向狭长的空间,这个空间在地面上设置了低矮的踏步、绿篱,在中央设置了一排灯柱,这些设置起到了指引的作用,把人们引至主楼,进入主楼后空间转入室内并极度收束,但走出主楼至中央广场,空间豁然开朗,至此人们进入了外部空间序列的高潮。

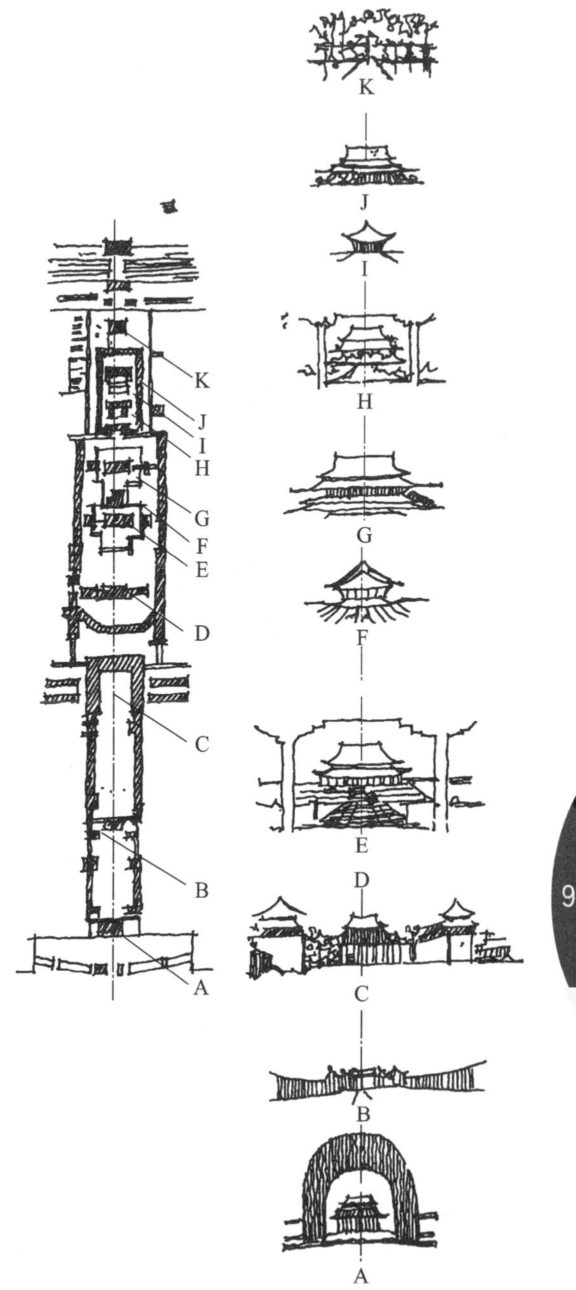

图 4-72

4.2.4 各类建筑群体组合的特点

群体组合是指把若干幢单体建筑组织成一个完整、统一的建筑群。若干幢建筑摆在一起,只有摆脱偶然性,表现出一种内在的有机联系,才能真正形成群体。这种有机联系主要受两个方面因素的制约,一是必须正确地反映各建筑之间的功能联系,二是必须和特定的地形条件相结合。群体组合应做到各建筑的体型之间彼此呼应、互相制约,各外部空间既完整统一,又互相联系,从

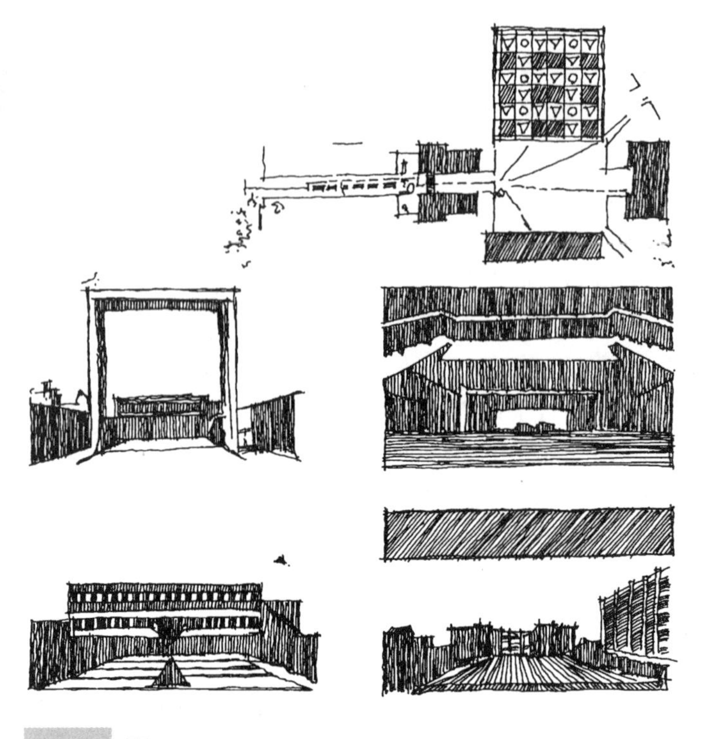

图 4-73

而构成完整的体系，内部空间和外部空间互相交织穿插，和谐共存。

我国古代单体建筑的形式一般比较简单，主要通过群体组合来获得变化。在群体组合的手法上大体可以分为两种基本类型：①对称式布局，多见于宫殿、寺院、陵墓，比较程式化；②不对称式布局，多用于庭园建筑，比较自由、灵活，富于变化。对称式布局（见图 4-74）通常以一主两辅、四合院的形式为原型形成一种基本单元，这种单元无论是在建筑的组合上，还是在空间的形成上，都有相对的完整性。不对称式布局（见图 4-75）可用原型的概念去理解，但这种原型比较自由、灵活，主要是由建筑、廊子、围墙等要素形成的空间院落。另外，原型的组合不受任何约束，可以任意穿插。

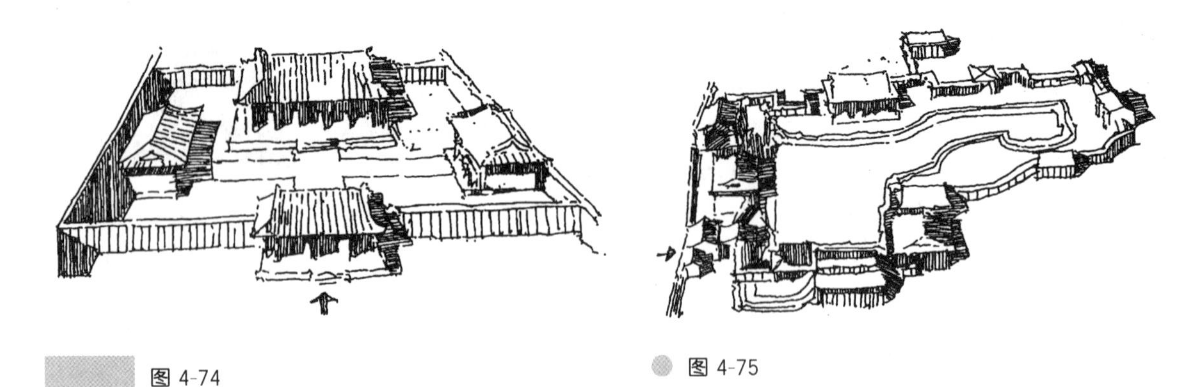

图 4-74

图 4-75

西方古典建筑的群体组合与我国古代建筑有不少相似之处，特别是一些采用对称形式布局的建筑群，往往也采用一主两辅的形式围成空间院落。到了近代，为了适应日益复杂的功能要求，同时考虑到与地形的结合，群体组合形式愈来愈灵活多样，但就遵循有机统一的基本原则来讲却依然不变。

古代建筑的群体组合受功能制约较少，对形式考虑较多，而近现代建筑的群体组合受功能制约较多，建筑形式往往随着功能的要求而变化。不同类型的建筑由于功能不同，其群体组合形式必然会各有特点。

1. 公共建筑群体组合的特点

公共建筑的类型很多，功能特点很不相同，群体组合也千变万化，似乎很难从中找出规律。但是组合手法大致可以分为两大类：对称形式，较易取得庄严的气氛；不对称形式，较易取得亲切、轻松、活泼的气氛。对称形式的布局，对于一些功能要求不是很严格而又希望获得庄严气氛的政治纪念性建筑群来说，可以取得良好的效果。然而，由于功能的限制，要组成绝对对称的形式往往是比较困难的，在这种情况下可以考虑采用大体上对称或基本对称的布局形式。1893 年芝加哥世界博览会（见图 4-76），中心部分沿互相垂直的主、副轴线布置建筑，右侧沿湖四周布置建筑，布局灵活，以适应功能要求。

公共建筑群也可以采用对称和非对称两种形式结合的布局方法。从我国的建筑实践来看，一般在建筑群的入口部分采用对称式格局，以造成一种庄严的气氛，而其他部分则结合功能要求、地形特点采用非对称式布局形式，这样不仅可以分别适应各自的功能特点，也可以借两种布局形式的对比实现气氛上的变化。某高校总体规划如图 4-77 所示，入口部分采用对称式布局，其他部分则采用非对称式布局，两种处理手法相结合。

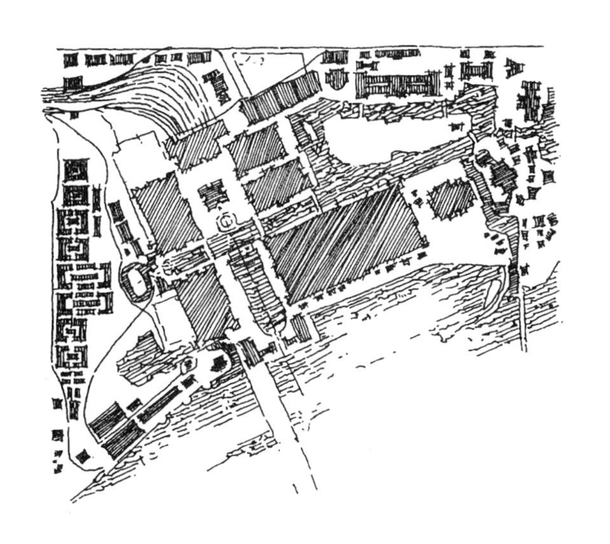

图 4-76

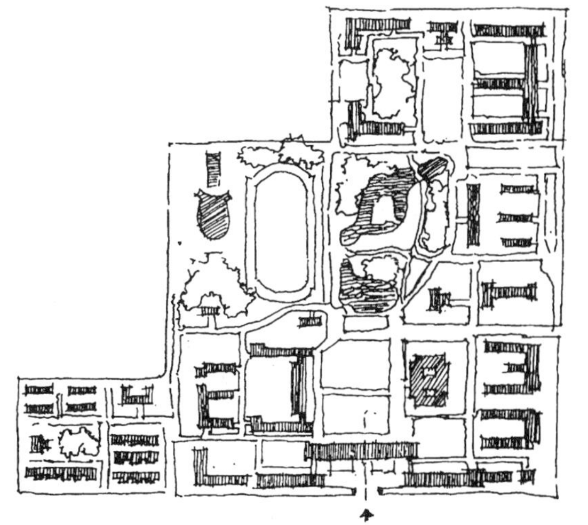

图 4-77

从国内外建筑的发展趋势来看，绝大多数的公共建筑群以采用非对称式布局形式为宜。因为非对称式布局形式对功能的适应性以及对地形的适应性，都比对称式布局形式优越。特别是某些功能限制比较严格的公共建筑群，采用非对称式布局形式更有利于充分按照建筑的功能特点以及相互之间的联系来考虑建筑的布局。非对称式布局形式也可以更紧密地与变化多样的地形环境取得有机联系，在不规则或有起伏变化的地形条件下，更有利于充分利用地形的特点来安排建筑，使建筑与地形环境融为一体。

2. 居住建筑群体组合的特点

居住建筑群中的住宅与住宅之间一般没有功能上的联系，所以在群体组合中不存在彼此之间的关系处理。但是，往往以街坊或小区中的一些公共设施，如中小学校、商店、会所等为中心，把若干幢住宅建筑组成团、块或街坊，从而形成完整的居住建筑群。

居住建筑要给住户创造舒适的居住条件，因此居住建筑对于日照和通风的要求比一般建筑要高，为了保持居住环境的安静，在群体组合中应尽量避免来自外界的干扰。居住建筑属于大量性建筑，不仅要求建筑简单朴素、造价低，还要求在保证日照、通风要求的前提下，尽量提高建筑密度以节省用地。

居住建筑的功能要求基本上是相同的，但是会因为地区气候条件、地形条件以及建筑规模、标准、层高等条件的不同在组织群体时呈现出多样性。

1）周边式布局

周边式布局是指住宅沿地段周边排列形成一系列空间院落，公共设施置于街坊的中心。这种布局形式可以保证街坊内部环境的安静，同时，沿街一面的建筑排列较整齐，有助于形成完整、统一的街景立面。但是由于建筑纵横交替地排列，常常只能保证一部分建筑具有较好的朝向。由于建筑互相遮挡，不仅会造成一些日照死角，也不利于自然通风。这种布局形式适用于寒冷地区，以及地形规整、平坦的地段。图 4-78 所示为东北地区某住宅街坊，采用周边式布局，以建筑围成一系列的空间院落，公共设施置于街坊的中心。优点是可以保证街坊内部环境的安静，缺点是有相当一部分住宅的朝向不理想。

2）行列式布局

行列式布局是指建筑互相平行地排列，公共设施穿插地安排在住宅建筑之间。采用这种布局形式时，绝大部分建筑都可以具有良好的朝向，从而有利于争取有利的日照、采光、通风条件，但是不利于形成完整、安静的空间，建筑群体组合也较单调。这种布局形式对于地形的适应性较强，既适合于整齐、平坦的城市，又适合于地形起伏的山区。某工矿企业职工住宅区规划如图 4-79 所示，结合地形采用行列式布局，绝大部分住宅都有良好的朝向和通风、采光、日照条件，公共设施的分布也比较合理、均匀。

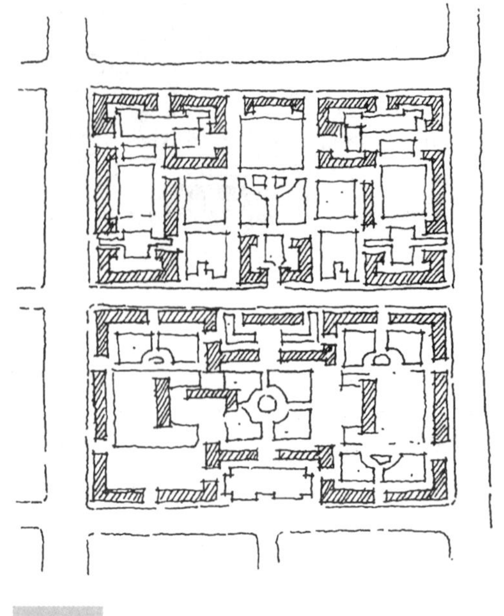

图 4-78

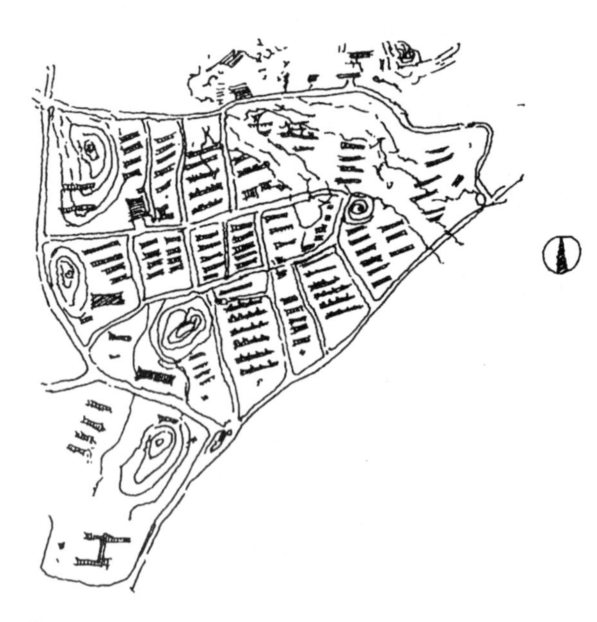

图 4-79

3）独立式布局

独立式布局是指建筑独立地分布，四面临空。这种布局形式有利于争取良好的日照、采光、通风条件，适合于不同的地形环境，但是用地不够经济。广州华侨住宅（见图 4-80）采用独立式布局形式排列建筑，保证了良好的通风、采光、日照条件，但用地不够经济。

以上三种布局形式分别适合于不同的地形条件，在进行建筑群体组合时可以综合运用，以取得良好的效果。

4.2.5 结合地形

建筑地段的选择并不总是完全理想的，特别是在城市中盖房子，往往只能在周围环境已经形成的现实条件下来考虑问题，这样就必然会受到各种因素的限制与影响。功能对于空间组合和平面布局具有限制性。除此之外，建筑地段的大小、形状、道路交通状况、相邻建筑的情况、日照、常年风向等各种因素，也都会对建筑的布局和形式产生十分重要的影响。如果说功能是从内部来制约形式的话，那么地形环境因素则是从外部来影响形式。一幢建筑设计成某种形式，和内、外两个方面因素的影响有着不可分割的联系。尤其是在特殊的地形条件下，来自外部的影响表现得更为明显。有许多建筑平面呈三角形、梯形、扇形或其他不规则的形状，往往是受到特殊地形条件的影响所造成的。如果能够巧妙地利用这些制约条件，通常可以赋予方案以鲜明的特点。

法国巴黎联合国教育、科学及文化组织总部（见图 4-81），在功能上主要包括两大部分：办公楼与会议大厅。办公楼平面呈 Y 形，朝北的一面临近广场，设有入口。Y 形平面朝南的一翼把地段分为两个部分：朝西南的部分较宽敞，不仅会议厅的出入口设在这里，而且步行进入办公楼的工作人员也在这里集散；朝东北的部分面积较小，主要供内部使用，并设有一个日本式的小庭园。整个建筑布局较灵活，与地段的结合很巧妙，对于地段的利用也很合理、充分。

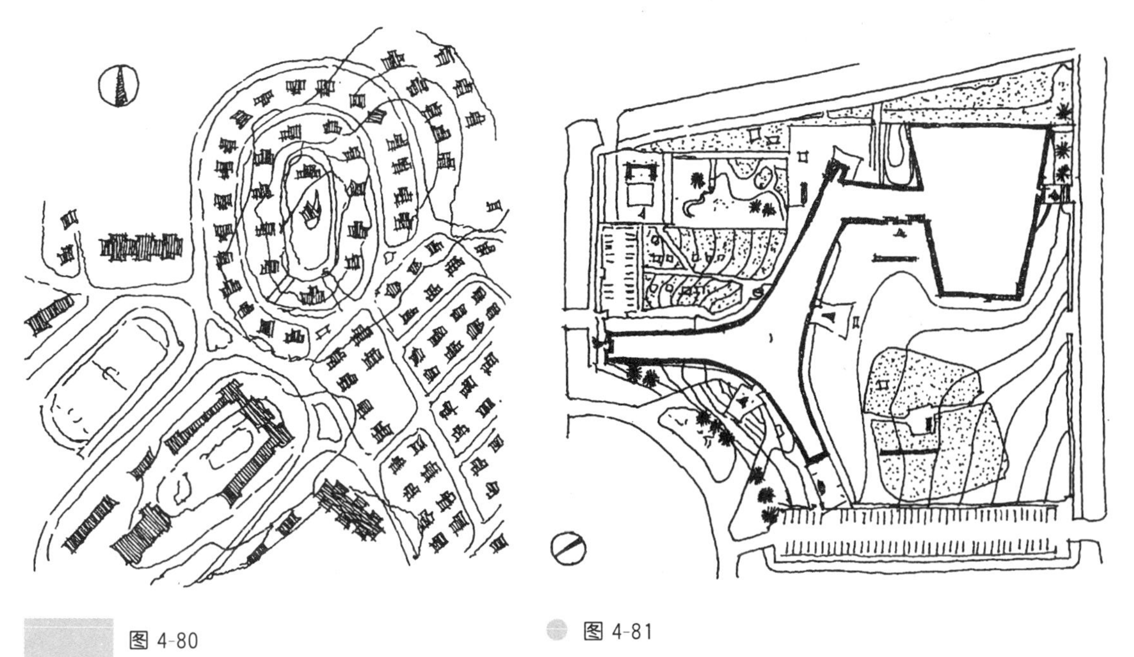

图 4-80

图 4-81

美国国家艺术博物馆东馆（见图 4-82），包括陈列馆和艺术研究中心两部分，位于美国国会大厦与白宫之间，位置很重要。地段的形状为楔形，由于东馆是整体的一部分，所以它的大门必须面向旧馆。结合地形特点把陈列馆和艺术研究中心分别处理成一个较大的等腰三角形和一个较小的直角三角形。进陈列馆的大门设在等腰三角形的底边,进艺术研究中心的门设在两个三角形的夹缝之间。总图布局采用三角形构图的建筑平面,不仅可以使内部空间的组织富有变化,而且与地形的结合也极为巧妙。

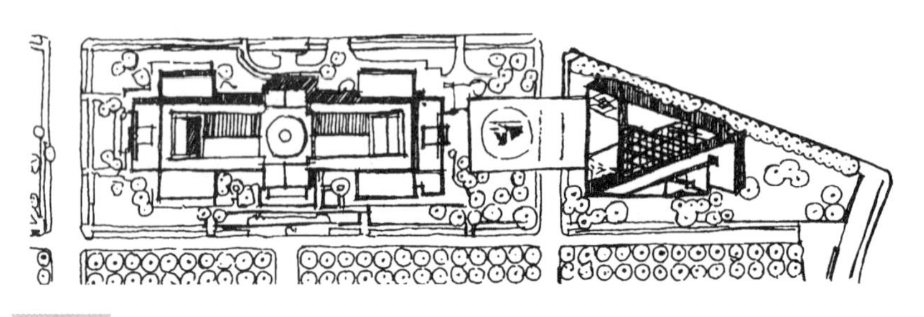

图 4-82

图 4-83

在山区或坡地上盖房子,应顺应地势的起伏变化来考虑建筑的布局和形式。如果安排得巧妙,不仅可以节省大量的土石方工程量,还可以取得高低错落的变化。有些建筑师十分注重并善于利用地形的起伏来构思方案,建筑的剖面设计与地形配合得很巧妙,标高也极富变化,这种效果的取得往往和地形的变化有密切的联系。安藤忠雄的六甲山集合住宅如图 4-83 所示,基地位于神户六甲山山脚下一个 60°朝南的斜坡上,从这儿可以观赏到大阪湾到神户港的全景。为了与周边乡村的环境相呼应,建筑物为低层并顺应山势而建。其中,一部分建筑物还掩埋在山里面。建筑物由一系列单元构成,每个单元长 5.8 米、宽 4.8 米,其剖面顺着山势设计,平面对称,建筑物之间的空隙则设计了阶梯,这些阶梯使整个建筑物统一起来,同时,它们也可作为小广场。各单元在斜坡上组合在一起形成阶梯状,于是每个单元都有开阔的视野,设计的意图就是想让生活在单元里的人们走到屋顶上去与自然交流。

当然,在利用地形的同时也不排除适当地予以加工、整理或改造,但这只限于更有利于发挥自然环境对建筑的烘托和陪衬作用。如果超出了这个限度,特别是破坏了自然环境中所蕴含的自然美,那么这种改造就只能起到消极的作用。

4.2.6 山地建筑外部空间设计的要点

我国幅员辽阔,又是一个丘陵、盆地、高原、高山较多的国家,在山地建筑设计中充分利用山地、丘陵地区的特点,不占用或少占用良田好土,尽量减少土石方工程量,节约建筑投资,具有重要的意义。

1. 山地的特征

1) 地质

山地的地形起伏多变,地质情况一般都比较复杂,特别应对不良自然地质现象,如断层、滑坡、崩塌、溶洞和地基不均匀沉陷等加以重视。如果疏忽大意，任意布置建筑，会使建筑极易发生不同程度的裂缝、沉陷或滑动，危害建筑的安全使用，甚至会使全部建筑遭到破坏，造成严重的伤亡事故和经济损失。因此，需要对建筑场地的地质特点认真地进行勘察，进行总平面布置时，需要根据不同的地形和地质条件决定建筑、绿化、道路的分布，并且在不同的地基上分别布置不同性质、不同层数的建筑。在总平面布置中，如果利用山沟和山脚一边的坡地布置建筑时，要做好山洪的调查工作和防洪的处理工作，以防止山洪的冲刷和袭击。在选择基地时必须慎重，并取得可用的水文资料。

2）气候

山区风向和地区风玫瑰图的出入很大。在山区中，由于地形及温差的影响会产生局部地方性风，这种地方小气候对建筑的通风有显著的影响。在总平面布置中，应认真分析地方小气候的特点，合理布置各类建筑的朝向和位置（见表 4-5）。

表 4-5　地方小气候与建筑布置

风向区名称	气 流 特 点	建 筑 布 置
迎风区	风向垂直于等高线	宜平行或斜交于等高线布置
顺风区	气流沿着等高线	宜斜交于等高线布置
背风区	可能产生绕风或涡风	宜布置不需要通风的建筑
涡风区	在水平面上产生涡风	不宜布置产生有害气体或含有易燃易爆物品的建筑
高压风区	在风压较大的区域	不宜布置高层建筑
越山风区	风从山顶越过	夏季凉风较多，冬季要注意防风

3）坡度

山地地形复杂，坡度有缓有急。在总平面布置中，不仅建筑的开间、进深、通风、朝向、交通组织等各方面要结合地形，而且要注意尽量减少由于平整场地、修建道路及布置各种管网形成的土石方工程量，并避免过多增加房屋基础工程量。因此，要根据坡度合理选择布置建筑的方法。

按照坡度，坡地可分为 3%以下的平坡、3%～10%的缓坡、11%～25%的中坡、26%～50%的陡坡、50%以上的急陡坡。一般，坡度在 3%以下时，基本上是平地，建筑和道路的布置都比较自由；在 3%～10%的缓坡地上布置建筑仍不受地形限制，采用筑台或提高勒脚的方法来处理是较经济的；当坡度再提高时，采用错层的方法是较恰当的，错层高度一般应根据地形条件、使用要求及经济效果等因素综合考虑。

平行于等高线布置建筑，适用于 35°以下的坡地，其优点是道路及阶梯容易处理。但当地形与日照要求、通风要求、建筑朝向不符合时，日照、通风较差；双朝向建筑的背面房间的采光、通风较差，排水需做处理。垂直于等高线布置建筑，适用于 25°以下的均匀坡地。当建筑朝向、通风要求与地形之间有矛盾，或因地形条件受到限制时，常采用这种方法布置建筑，其优点是土石方工程量比较少，通风、采光以及排水的处理比平行于等高线布置容易。斜交于等高线布置建筑，排水较好，道路及阶梯容易处理，土石方工程量较小，可以根据日照、通风的要求调整建筑方位，但不适合于复杂多变的地形，房屋基础工程量较大，建筑用地面积也较大。

2. 山地建筑的总体布置

1）单幢建筑利用地形的手法

单幢建筑在设计中如何利用地形特点，灵活组织建筑内部空间的竖向关系呢？建筑实践中创造了很多宝贵的经验和空间处理手法，如筑台、提高勒脚、掉层、错层、悬挑、架空等。综合利用这些手法能使建筑与地形有机地结合起来，既能节约土石方工程量，缩小基地面积，又能扩大使用面积，满足采光、通风、交通组织及便利生产、生活等功能要求，妥善解决建筑与地形之间的各种矛盾。

（1）不影响建筑平面及上部结构的处理。

如图 4-84 所示，在坡度不大的条件下，可以采用提高勒脚、筑台等手段，创造一个平整的基座。这种处理方法施工比较简单，不会牵动建筑的上部结构。提高勒脚法的土石方量最省，在相同的地形坡度条件下，进深愈大，勒脚也愈高；同样，在进深不变时，坡度愈大，勒脚也愈高，勒脚太高是不经济的。所以坡度在 10%以上时，应该采用筑台法。筑台法在条件允许时应以挖方为主，筑台的适应坡度随填挖的比例和建筑进深的大小而变化。如果建筑进深不变，填挖各半，其坡度可达到 25%；如果填 1/3 挖 2/3，其坡度可达到 33%。

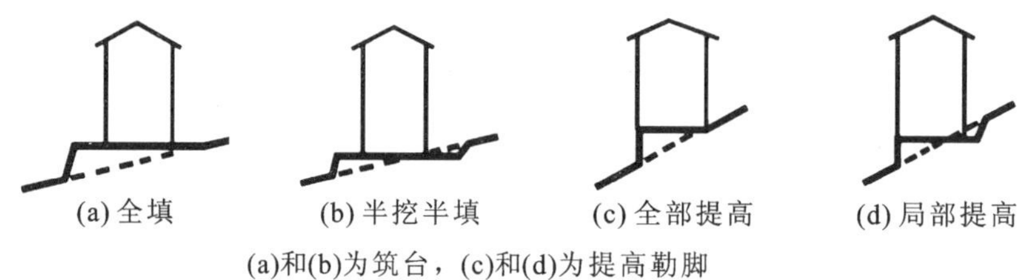

图 4-84

（2）灵活组织建筑的内部空间。

如图 4-85 所示，当修建地段的坡度为陡坡时，为了使建筑与地表更为有机地结合，并使山地建筑取得经济、合理的效果，常采用错层的方法来解决。错层可以在建筑的同一楼层做成不同标高，以适应地形的变化，错层高度一般应根据地形条件、坡度缓急、使用要求以及经济效果等因素综合考虑。最常见的是利用双跑楼梯的两个平台分别入口来联系错半层的上、下两部分，也可根据坡度的不同，采用三跑、四跑或不等跑楼梯，做出不同高度的错层处理，以适应山地地形、坡向、坡度起伏等复杂条件，同时可以丰富空间效果，体现山地建筑的特有风格。

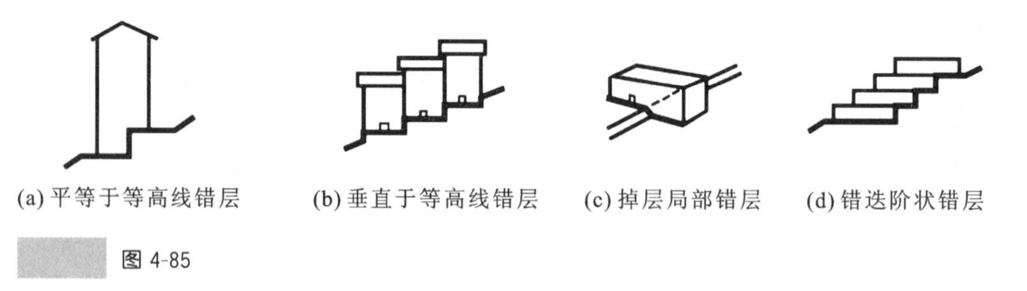

图 4-85

当建筑的朝向、通风条件与地形之间有矛盾，建筑必须垂直于等高线布置时，以建筑开间或单元为单位顺坡错层，使建筑呈现由上而下跌落的外貌，这也是错层处理的一种手法。

错层中每段跌落的高差和每段跌落的长度可以随坡度的大小、地段的条件进行调整。在住宅建筑中，以一个组合单元为单位进行各种错层，通常适用于 10%以下的缓坡地，如果不仅单元之间错层，在单元内部也进行错层，即以几个开间来错层的话，其适应坡度可达到 25%。

如果错层高度达到一个层高，且岩层整体性较好，无地下水渗出时，可以把岩层作为房间或走道的一边的侧墙，以减少土石方工程量和堡坎工程量。采用这种处理方法时，必须特别注意靠岩层墙身的防潮和排水的处理，以免影响房间的正常使用。

（3）利用和争取建筑空间。

如图 4-86 所示，由于地形复杂，山地建筑的基础工程量比平地建筑的基础工程量大，为了节约基础工程费用，尽量缩小建筑的基底面积，上部建筑可以向四周扩展以争取更多的使用空间，最常用的方法有悬挑、架空、吊脚等。悬挑是指利用挑楼、挑廊等处理手法来争取建筑空间，扩大使用面积，在地形复杂、坡度较大的地区可采用。吊脚是指将建筑基底部分放在柱上，使底部凌空。架空是指将建筑全部放在柱上，使建筑底部完全透空。由于吊脚和架空的基础是点式基础，所以可以保持原来的自然地貌和良好的绿化环境，还可以避免因破坏地层结构的稳定性而产生滑坡、塌方等工程事故，同时柱的高度可以根据地形变化调整。吊脚和架空手法适应的地形坡度范围较广，特别是在湿热地区，采用这种手法对通风、防湿处理很有利。我国南方地区和亚非国家常用这种方式使建筑与自然环境紧密配合。

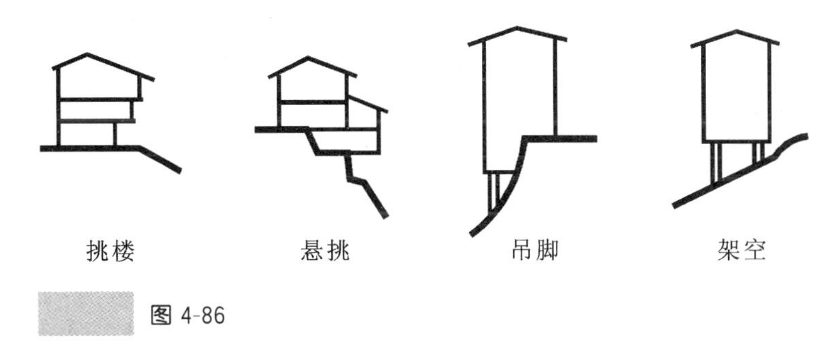

图 4-86

在利用地形时，还要有机地结合地形和道路，组织好建筑的入口，如图 4-87 所示。山地建筑的入口处理非常灵活，可以在底层，可以在上层，也可以在中间任何一层，还可以从几层分层入口，少做或不做楼梯，从而节约建筑面积和造价。

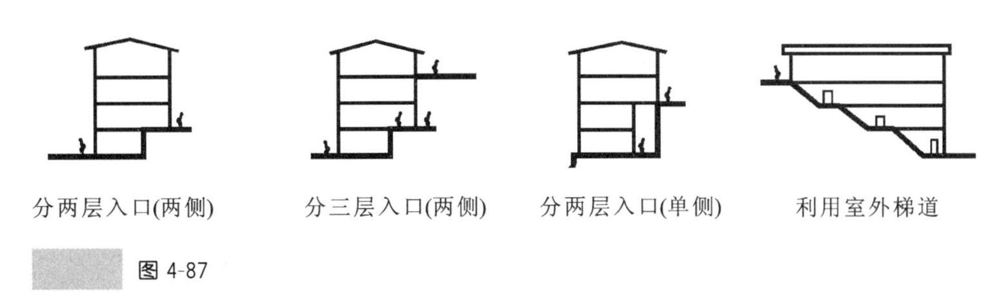

图 4-87

2）山地建筑群体布置中利用地形的手法

在丘陵和山地进行建设时，不仅要研究单幢建筑如何适应地形，还要从建筑群体布置上解决合理利用地形、节省土石方工程量、节约用地和基建投资的问题，同时满足各类建筑总体设计的功能使用要求，考虑日照、通风、防火间距及路网的布置，满足绿化、环境等技术要求，达到利用山地、坡地、荒地，少占用或不占用良田好土的目的。因此要根据不同情况，采取多种多样的布置方式，从而创造经济、合理地利用土地的手法。

（1）灵活利用地形起伏变化，采用既集中又分散的布置方式。

山地的地形复杂多变，进行建筑布局的方法也多种多样。一般认为，集中式的布局可以少占用土地，管理方便，经济效益也较好。但是遇到复杂多变的地形时，其中不可避免地会出现不可建设用地，或不可建设用地与可建设用地不均匀间隔分布，即可建房屋的用地实际上不可能连成一片，再加上地形高差悬殊，如果仍采用集中的方式布置建筑，反而会多占用良田好土，增加土石方工程量。因此在设计实践中，尽可能利用坏地、荒地，采用既集中又分散的布置方式能够取得良好的效果。

(2) 结合地形特点，按不同使用要求合理分区。

结合地形特点，因地制宜，根据建筑总体布局的设计要求，进行合理分区，使各区建筑分处于不同的地带，用道路将各建筑有机地联系起来，这也是山地建筑总体布局的方法之一。在山地中按不同的使用要求合理分区，恰当地结合地形进行总体布置，不仅能满足使用要求，还能创造具有特点的建筑群。

(3) 合理利用台地，组合不同的建筑空间。

对于既要求适当展开又要求联系紧密的建筑群，分散布置或大分散小集中布置不能满足功能和建筑艺术的要求，为了解决建筑群要求的特殊性与地形变化之间的矛盾，采取内外空间相融合的层层院落布置方式是比较成功的。若干院落可以保证建筑群内部各部分之间的相对独立性，而院落层层相连，又可以使建筑群内部紧密联系。院落可大可小，基底位置可高可低，层叠的院落可左可右，从而可以充分利用各种台地，使建筑的基底同变化的地形充分地吻合。这种布置形式能够满足功能要求和工程技术经济要求，变化的空间艺术构图也可以增加建筑艺术的感染力。合理利用台地组合成大小不同的开敞空间同样也可以创造出既有分隔又有联系的建筑空间效果。

山地建筑总体布置是一项比较复杂的技术设计工作。在实践中应根据具体条件，采取灵活多变的手法，因地制宜，有效地组织建筑空间和丰富建筑造型，创造一种高低错落、重点突出、与山势起伏和绿化相配合的生动、独特的建筑风格。

(4) 改造和利用山地特殊的地形。

在山地中进行建设时要善于利用各种特殊地形，充分发挥每一个地段的效能。

对于一些较大的冲沟可以用作废土、垃圾的处理场地，有计划地逐步填平，填平后可以布置成绿化用地或与周围邻近地段统一安排，布置成较大建筑的庭院或绿地。对于一些坡度较小、深度较浅的冲沟可以略加整理后充分利用，或者完全保留原有地形，适当地组织建筑和路网，例如，住宅区道路可以沿冲沟边缘修筑，建筑则建于路边的较高地段，冲沟底部进行绿化，形成住宅群中的庭院。

自然形成的或由于采石取土而形成的大片洼地或坡地，由于高差较大，可以根据具体情况，采取少量的工程措施，利用自然坡度或高差，修建体育场或露天剧场。这样可以减少大量的土石方工程量，提高土地的利用率。

此外，在山地中布置建筑群时，还应考虑地质情况和地基承载力，重荷载的建筑宜布置在土质均匀、土壤承载力较大的挖方地区内，应避免放在填方或半挖半填的地段，以防不均匀下沉。

3. 山地建筑总体设计的其他问题

1) 山地建筑的日照间距

山地建筑在总平面群体布置时，由于地形坡度、坡向、建筑布置形式、朝向的不同，对日照间距有一定的影响。

如图 4-88 所示，在向阳坡，当建筑平行于等高线布置时，坡度越大，日照间距越小。而在背阳坡，坡度越大，日照间距越大。因此，坡度过大时，建筑宜斜交或垂直于等高线布置，也可以采用斜列式、交错式、长短结合、高低层结合等处理手法。当建筑方位与等高线的关系一定时，向阳坡以建筑为东南或西南向时日照间距最小，南向次之，东西向最大，背阳坡则以建筑为南北向时日照间距最大。当房间的朝向一定时，日照间距以朝向与坡向相一致时为最小，如南向的房间在南向坡上的日照间距最小，在北向坡上的日照间距最大，但实际地形坡度的变化是不规则的，因此不论是向阳坡还是背阳坡，都应按坡度的变化来确定不同的建筑间距，这样不但符合日照要求，而且可以节约用地。

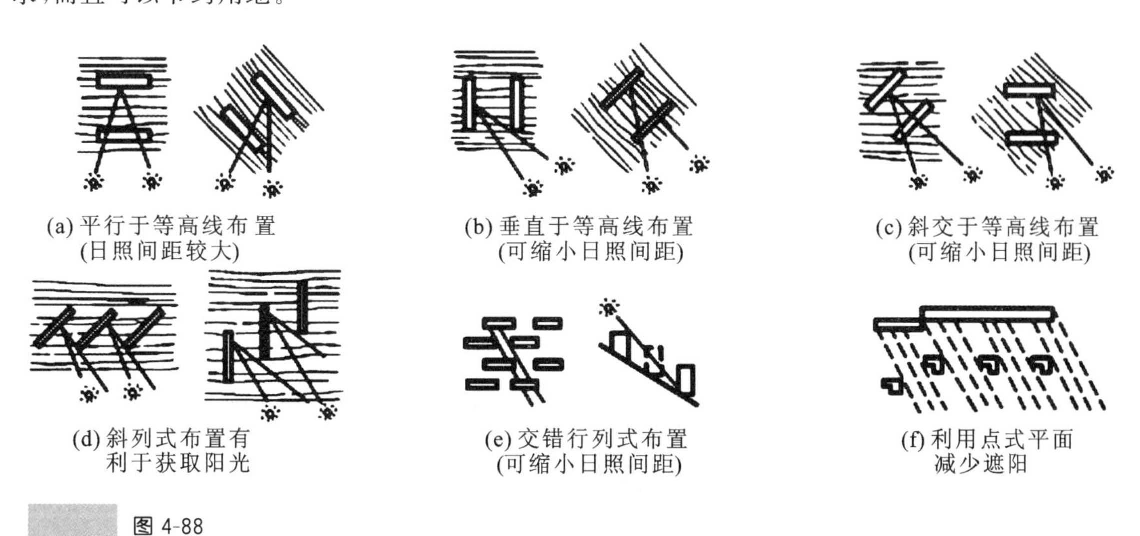

(a) 平行于等高线布置（日照间距较大）
(b) 垂直于等高线布置（可缩小日照间距）
(c) 斜交于等高线布置（可缩小日照间距）
(d) 斜列式布置有利于获取阳光
(e) 交错行列式布置（可缩小日照间距）
(f) 利用点式平面减少遮阳

图 4-88

2）道路选择

在山地中规划道路时，应全面考虑在纵横断面上合理结合自然地形的可能性。一般，平行于等高线的道路最平坦；垂直于等高线的道路最陡；所规划的路线与等高线斜交时，则路线应沿着较平缓的坡度延伸。

如图 4-89 所示，当自然地面坡度为 5%～6%时，道路最好与等高线接近于平行，使道路有较平缓的坡度。当自然地面坡度为 7%～9%时，主要道路最好与等高线相交成一个不大的角度，以便使其他与主要道路相交的道路不会有过大的纵坡。在坡度为 12%的山坡上规划道路时，可将道路规划成迂回道路，这样道路可以较小的坡度上升。为了缩短行人的步行距离，可以在道路间铺设阶梯人行道。人行道的坡度也不宜过大，以 5%为宜；坡度在 15%以上时宜采用梯道；坡度达到 50%时，要求在一定的路段插入平缓的道路作为缓冲，以减轻行人的疲劳。主要梯道最好在台阶中间加坡道以利于自行车推行。

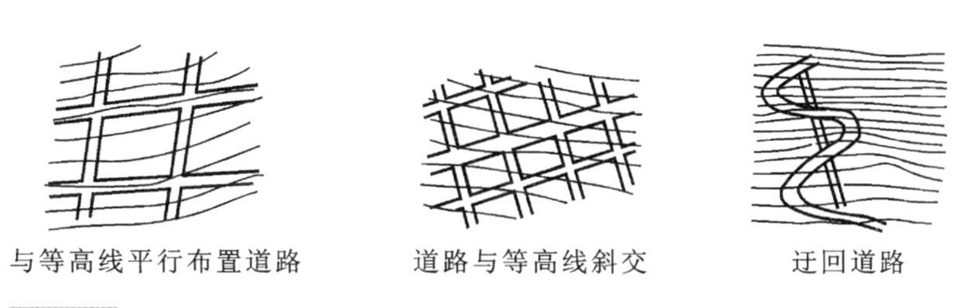

与等高线平行布置道路　道路与等高线斜交　迂回道路

图 4-89

道路横断面的选择（见图 4-90），因地制宜，灵活处理，应避免土石方工程量过大，影响道路造价。为了节约土石方工程量，可以根据不同地形采取不同标高的横断面，将两个不同行车方向的车行道设置在不同的高度上，其间分别用斜坡与挡土墙隔开，在半山腰修建道路时，人行道也可以单侧布置。在规划道路时，还要注意解决不同高差道路的衔接问题以及道路的排水问题。

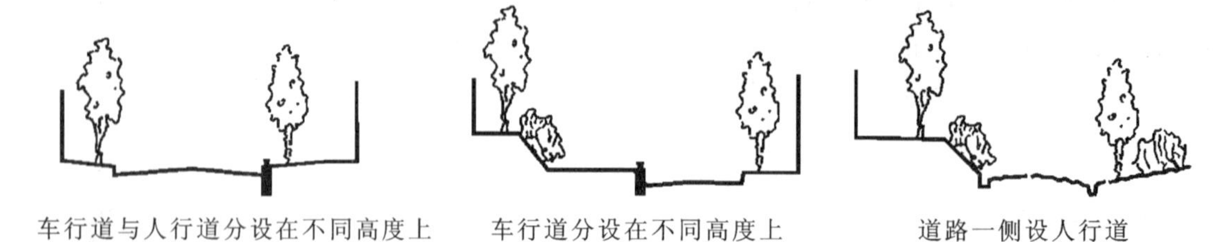

图 4-90

4.2.7 场地设计的要点

1. 场地设计的概念

场地设计是指按照国家法律法规、技术规范及当地规划部门的要求和指标，根据建设项目的组成内容及使用功能要求，结合场地的自然条件和建设条件，综合确定建筑物、构筑物及其他各项设施之间的平面和空间关系，正确处理建筑布局、交通组织、绿化布置、管线综合等问题，使建设项目的各项内容或设施有机地组合成功能协调统一的整体，并与自然地形及周围环境相协调，做出合理、经济、美观的场地总体布局设计方案。

场地设计具有很强的综合性，与设计对象的性质和规模、场地的自然条件和地理特征，以及城市规划要求等因素紧密相关，它密切联系着建筑、工程、风景园林及城市规划等学科，既是配置建筑物并完善其外部空间的艺术，又包括其间必不可少的道路交通、绿化布置等专业技术和竖向设计、管线综合等工程手段。

2. 场地设计的内容

场地设计主要涉及场地内主要建筑物及附属建筑物的布置、室外场地与道路的设计、场地的竖向设计、场地的绿化景观设计以及场地的工程管线设计。不同的场地，会有不同的设计要求与要点，针对不同的场地，必须全面调研，逐项分析，合理布局，使其适用、经济、美观，达到社会效益、经济效益和环境效益的统一。

1）主要建筑物及附属建筑物的布置

建筑物布置是场地设计中的基本要素，建筑物的布置形式直接决定了场地上其他各项要素的布置形式，主要建筑物的布置方式也决定了附属建筑物的布置方式。不同类型的建筑会有不同的个性与功能，即使是同一类型的建筑，其内部空间的组合方式不同，所呈现出来的基底平面形状也就不同，从而出现不同的总平面布局。

不同类型、不同造型的建筑是千变万化的，但在总图布置中必须始终考虑到主要建筑物的内部功能与流线、朝向和通风、内外人流的集散与交通、环境与景观，以及消防与疏散等各种因素。附属建筑物在总图布置中必须处理好主与次的关系，不与主要建筑物争朝向和位置，不妨碍主要建筑物的正常使用和美观造型等。

2）室外场地与道路的设计

(1) 室外场地。

建筑群外部环境的设计中，由于各群体建筑的使用性质不同，对外部场地的要求也不相同，因此形成了各式各样的室外场地，例如：公共活动场地主要是供人们交往、聚会、休息；人流大而集中的公共建筑的室外场地主要是承担人流的集散；居住小区的室外场地主要是供人们散步、休息或进行户外活动。

① 集散场地。

对于铁路客运站、汽车客运站等交通性建筑，以及影剧院、体育馆等公共建筑，因为人流量和车流量大而集中，交通组织比较复杂，所以在建筑前面常常需要设置较大的场地，以疏散连续不断的进站购票、赶乘火车的进站人流，同时也要使较集中的大量出站人流快速疏散，并要求两种人流互不交叉。此外，还应组织进、出站的各种车辆有秩序地行驶。因此，在这种场地中恰当地组织交通路线是首要的任务，因而需要根据各种路线的通行能力和空间构图的需要来确定其规模和布局形式。这种场地往往在艺术处理上要求较高，需要深入研究广场的空间尺度，为人们观赏主体建筑提供良好的位置与角度。在设计中常结合室外空间构图的需要，安排一定的绿化与建筑小品来丰富室外空间的艺术效果。

② 活动场地。

无论是公共建筑、文化建筑，还是居住建筑，都应为人们提供休息、公共社交的场所，这样也可以给外部空间组合增添多变的色彩。繁华的商业街，为了解决人流和车流的矛盾，可以采用多功能步行广场的布局形式，将各类商店、饭店、小吃店环绕一个设有水池、绿化小品、座椅、售货棚的步行广场布置，人们在这个空间里可以购物、品尝各类小吃、选择丰富的娱乐活动，也可以散步和小憩，这种广场既富有生活气息，也具有一定的功能。

在每个居住小区中都应布置儿童活动场地和居民休息场地，儿童活动场地和居民休息场地也可以与居住小区的公共绿地相结合，不仅可以为人们提供户外活动的场所，而且可以改善住宅群的空间组合，增加生活气息。这些室外场地往往与道路绿化、建筑小品等组成有机的整体，以创造出适用、格局新颖的外部环境。

③ 停车场地。

停车场地主要包括汽车和自行车停车场。在大型公共建筑中，停车场应结合总体布局进行合理的安排。停车场的位置，一般要求靠近出入口，但要防止影响建筑前的区域的交通与美观，因此，停车场常设在主体建筑的一侧或后面。停车场的大小视停车的数量、种类而定，并应考虑车辆的日晒雨淋及司机休息的问题。停车场的尺寸设计可以参考表 4-6。

表 4-6 停车场的尺寸设计

所需尺寸 \ 停车方式	平行于道路	垂直于道路	与道路成 45°～60°角
单行停车道的宽度/米	2～2.5	7～9	6～8
双行停车道的宽度/米	4～5	14～18	12～16
单向行车时两行停车道间通行道的宽度	3.5～4	5～6.5	4.5～6
100 辆汽车停车场的平均面积/公顷 (1 公顷＝10 000 平方米)	0.3～0.4	0.2～0.3	0.3～0.4(小轿车) 0.7～1.0(大型车)
100 辆自行车停车场的平均面积/公顷	—	0.14～0.18	—

根据我国的实际情况，在各类建筑布置中应考虑自行车停放场，主要应考虑使用方便，避免与其他车辆的交叉与干扰，因此多选择顺应人流来向而又靠近建筑附近的部位。

(2) 道路的设计。

道路设计在建筑群体布置中是建筑与建筑地段、建筑地段与城镇整体之间联系的纽带。道路是人们在建筑环境中活动所不可缺少的重要部分。

道路设计首先要满足交通运输的基本功能要求，要为人流、货流提供方便的线路，而且要有合理的宽度，使人流及货流获得足够的通行能力。运动场、车站、码头等建筑的道路设计，要特别重视人流的集散。商场、百货商店及旅馆等建筑的道路设计不仅要考虑人流，而且要重视货物的运输。有许多建筑群时，要特别做好内部人流、货流的道路安排，例如医院建筑的总体布置就要为病人、工作人员、污染物等提供分工明确的道路系统。

其次，道路设计要满足安全防火的要求，要有符合防火要求的消防车道，使所有的建筑在必要时都有消防车可以到达。消防车道的道路宽度不小于 3.5 米，穿过建筑时不小于 4 米，净空高度不小于 4 米。建筑群内部道路的间距不宜大于 160 米；L 形建筑的总长度超过 220 米时，应设置穿过建筑的车行道供消防车通过。连通街道与建筑内部院落的人行道，其间距不宜超过 80 米。

然后，道路设计还应满足建筑地段地面水的排除要求及市政设施管线的安排要求。道路必须有不小于 0.3%的纵向坡度。

最后，道路设计要与城镇道路网有合理的衔接，要注意减少建筑地段车行道出口通向城市干道的数量，以免增加干道上的交叉点，影响城市的行车速度和交通安全。必要的车行道出口，要注意交叉角度与连接坡度，交叉角度以 60°～120°为宜。

车行道的宽度应保证来往车辆安全、顺利地通行。车行道的宽度是以车道为单位的，决定车道宽度时要考虑车辆间的安全间隔，以及车辆与人行道间的安全间隔。一般，一条小汽车车道的宽度为 3～3.2 米，一条载重汽车和公共汽车车道的宽度为 3.5～3.7 米。为了便于提高行车速度和保证交通安全，车道常采用偶数。转弯半径是指在道路转弯或交叉口，道路内边缘的平曲线半径。小汽车和三轮车的转弯半径为 6 米，载重汽车的转弯半径为 9 米，而公共汽车和重型载重汽车的转弯半径为 12 米。采用尽端式道路布置时，为了满足车辆调头的要求，需要在道路的尽头或适当的地方设置回车场(见图 4-91)。

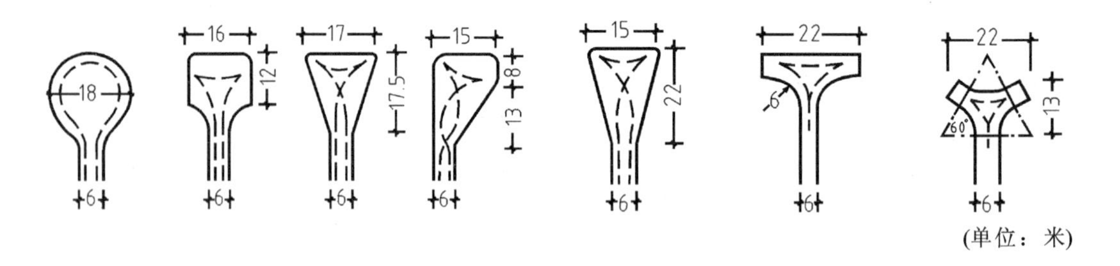

图 4-91

人行道一般布置在道路的两侧，个别布置在道路的一侧，人行道最好布置在绿化带与建筑红线之间，以减少灰尘对行人的影响，也可以保证行人的安全。人行道宽度是以通过的步行人数的多少为根据的，以步行带为单位，步行带宽度是指一个人朝一个方向行走时所需要的宽度，通常采用 0.75 米作为一条步行带的宽度。根据若干城市建设的经验，人行道宽度(指一侧)和道路总宽度之比为 1:5～1:7比较合适。人行道宽度参考数据如表 4-7 所示。

表 4-7　人行道宽度参考数据

项　　目	最小宽度/米	铺砌的最小宽度/米
设置电线杆与电灯杆的地带	0.5～1.0	—
种植行道树的地带	1.25～2.0	—
火车站、公园、城市交通终点站等行人集聚的地段	7.0～10.0	—
处于主干道上的大型商店及公共文化机构的地段	6.5～8.5	6.0
处于次干道上的大型商店及公共文化机构的地段	4.5～6.5	4.5
一般街道	1.5～4.0	1.5

沿道路停车常有三种形态，如图 4-92 所示。图 4-92(a)中，停车方向与道路平行，这种方式所占的道路宽度最小，但在一定长度的停车道上所能停放车辆的数量比采用其他方式要少 1/2～2/3。图 4-92(b)中，停车方向与道路垂直，这种方式在一定长度的停车道上，所能停放的车辆最多，但所占地带的宽度需达到 9 米。图 4-92(c)中，停车方向与道路成一定的角度，采用这种方式停车，车辆停放、驶出最为方便，且所占道路宽度适中。

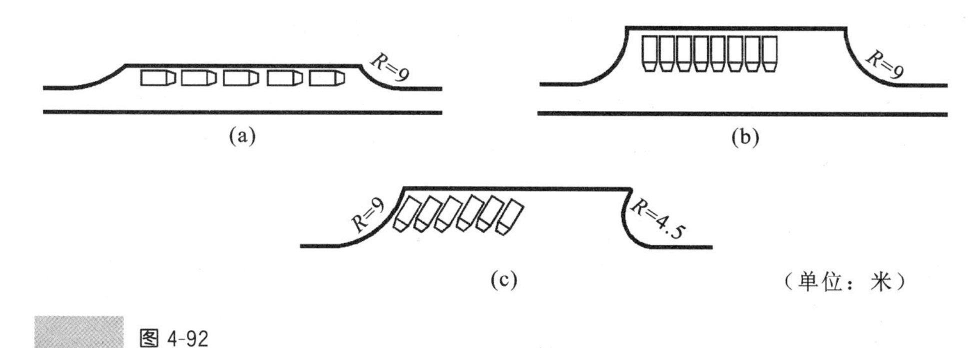

图 4-92

3）场地的竖向设计

场地的竖向设计主要有以下几项任务。

（1）确定场地的整平方式和设计地面的连接方式。

建筑场地的情况会有各种各样的变化，有的场地地形较平缓，有的是坡地地形，有的是高低不平的丘陵地形。对于不同的场地，会有不同的竖向设计。首先应该根据工程土方量的平衡关系、挖填方式，确定场地的整平方式，同时还应考虑场地范围内所有设计地面的连接形式：是坡地连接还是台阶连接。

（2）确定各建筑物、构筑物、广场、停车场等设施地坪的设计标高。

根据场地地形，以及场地的整平方式和设计地面的连接形式，综合考虑场地内各建筑物、构筑物、广场、停车场等设施地坪的设计标高。

（3）确定道路的标高和坡度。

根据场地范围内各建筑物、构筑物、停车场等设施地坪的设计标高来确定道路的标高和坡度，保证道路的衔接与通畅。

（4）确定工程管线的走向。

场地设计中还有一个不可缺少的项目，即工程管线系统，它包括各种设备工程的管线，如给排水管线、燃气管线、热力管线以及强电、弱电电缆等。在场地设计阶段，应确定其铺设位置与走向，确保工程的安全性与合理性。

4）场地的环境绿化与建筑小品

（1）环境绿化。

良好的建筑群外部空间组合，必定具有优美的环境绿化，不仅可以改变城市面貌，美化生活，而且在改善气候等方面具有极其重要的作用。

① 小游园绿化。

小游园绿地是城市绿化布置不可缺少的部分，它一方面可以弥补城市绿地的不足，另一方面可作为行人短时间的休息场所。绿地内还可以设置一定的铺装路面和少量的建筑小品，以提高艺术性。小游园的布局形式应和环境相协调，一般来说有三种形式：规则式，园地中道路、绿地的布置较规整，基本上呈直线式分布；自由式，园地中道路曲折，绿地有各种形状；混合式，园地中绿地布置采取规则式和自由式相结合的方式。

② 庭园绿化。

一些设置庭园的建筑因为庭园的绿化获益匪浅，绿化不仅可以起到分隔空间、减少噪声的作用，还可以给环境增添大自然的美感，为人们创造一个安静、舒适的休息场所。庭园绿化的布置应根据庭园的性质、规模以及在建筑环境中所处的地位等因素来考虑。

室内小园，与室内空间一般大小。为了创造独特的意境，往往在通天的室内空间进行绿化植物的布置，一般适宜布置半阴生植物，并且要注意透气与排水，以适宜植物生长。

小园，借古典民居的传统手法，利用天井或小院空间进行绿化，既可以解决采光和通风的问题，又能美化环境。小院或天井可以设在厅堂的前后左右，也可设在走廊的端点或转折处。小园绿化视天井大小而定，但一般规模不大，组景应简单，布置绿化时要注意对采光和通风的影响，处理手法以框景为多。

庭园，一般规模比小园大。在较大的庭园内也可以设置小园，形成园中有园的格局，但应注意有主有次。庭园的轮廓不一定由建筑轮廓形成，也可以由石山、院墙、林木等作为内庭的空间界限，组成开阔的景象。

庭院的规模比庭园大，且范围较广，院内可成组布置绿化，每组的树种、树形、花种等各异，并可分别配置建筑小品，形成各有特色的景象。

③ 屋顶绿化。

随着建筑形式的发展，平屋顶形式在各类民用建筑中被广泛采用，平屋顶不仅可以用来作为地面进行绿化，配以建筑小品形成屋顶花园，而且有利于建筑屋面隔热和调节气候。当然，屋顶绿化也不可避免地给建筑结构带来不利的影响。

整片式绿化，是指在平屋顶上几乎种满绿化植物。这种绿化方式不仅可以美化城市、保护环境、调节气候，还可以使屋面具有良好的隔热效果。周边式绿化，是指沿平屋顶四周修筑绿化花坛，中间的大部分场地供室外活动与休息用。自由式绿化，是指在平屋顶上自由地布置一些绿地或花坛，形式多种多样，可高可低，形成既有绿色植被又有活动场所的灵活多变的屋顶花园。

在高层建筑的屋顶布置屋顶绿化，可以增加在高层建筑中工作和生活的人们与大自然接触的机会，也可以弥补室外活动场所的不足。屋顶绿化分布在高低结合的建筑群低层部分的屋顶上，可利用台阶式建筑的平台来美化和绿化环境。屋顶绿化布置在地下或半地下建筑的屋顶上，可使建筑与周围原有的环境保持一定的协调。

（2）建筑小品。

建筑小品是建筑环境中构成内部空间与外部空间的建筑要素。它是一种功能简明、体量小巧、造型别致，且富有特色的建筑部件。通过对建筑小品的艺术处理、形式美的加工以及同建筑环境的合理配置，可构成一幅颇具欣赏价值的画面。

建筑小品虽体量小巧，但在室外建筑空间组合中却有重要的地位。在建筑布局中，经常结合建筑的性质及室外空间的构思意境，借助各种建筑小品来突出表现室外空间构图中的某些重点，起到强调主体建筑的作用。

建筑小品在室外建筑空间组合中还能起到分隔空间的作用，在室外环境中用一面墙就可以将空间分成两个部分。在廊的一侧设置景窗，不仅可以使各空间的景色互相渗透，而且增加了空间的层次感。

生机盎然的室外环境，必定有各种建筑小品相伴随，而在各类性质不同的室外空间中所选用的建筑小品，在风格上、形式上应有所呼应和协调，所选用的建筑小品的种类要符合设计意境，取其特色，顺其自然。

4.2.8 总平面布置

在总平面布置中，我们将场地作为一个有组织的结构，通过分析其构成元素的形态及元素之间的组织关系来确定场地的布局，使之更具有可操作性。总平面布置需要解决两个问题，一是确定各组成元素的形态，二是确定元素之间的组织关系。这也是场地设计的核心工作之一。

1. 场地分区

1）基地的利用

集中分区有两种方式（见图 4-93）：按照性质分区，即性质类似的用地相对集中；按照基地形状分区，即保持基地轮廓尽量完整。

均衡分区也有两种方式（见图 4-94）：直接分区，即根据不同性质将基地划分为大致相当的区域，这样的场地分区非常明确；间接分区，即将基地直接划分为若干个小区域，在内部自行分解，保证各个区域各自发挥作用。

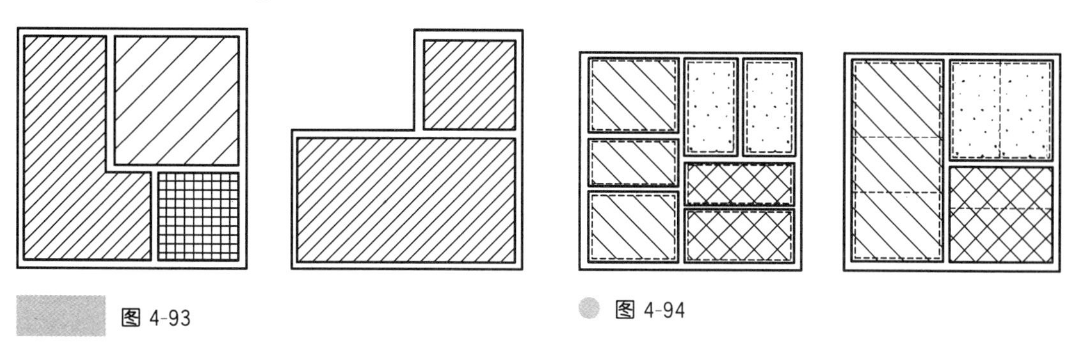

图 4-93

图 4-94

例如日本小幡图书馆（见图 4-95），其基地位于十字交叉街道的转角上，用地分为三个区域：建筑用地、停车用地、庭院用地。各区域都满足了使用要求，并消除了难以利用的边角，在有限的基地范围内形成了一个比较完整的集中式庭院。

2）内容组织

内容组织是指在分区的时候根据不同空间的功能需求，将功能相同或者有关联的部分分区组合在一起，如图 4-96 所示。

2. 建筑布局

建筑布局是总平面布置中最主要的部分。从一定意义上讲，场地就是为建筑物的存在而存在的。在进行建筑布局时，既要遵循各种不同类型建筑的功能关系的要求，又要尽量表述场地设计的意义与场所精神。

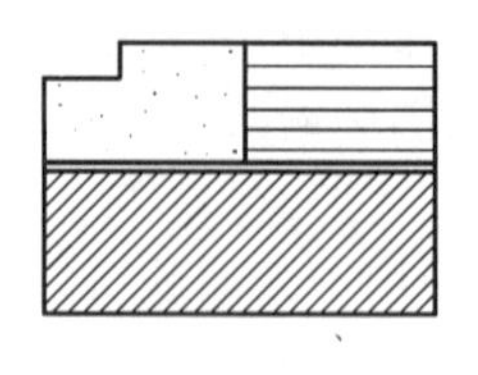

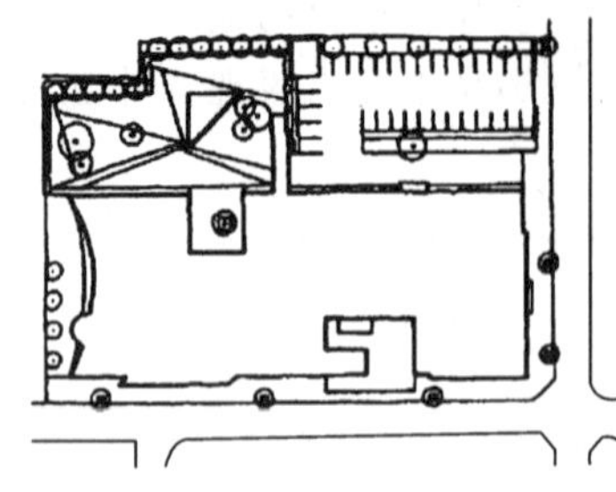

图 4-95

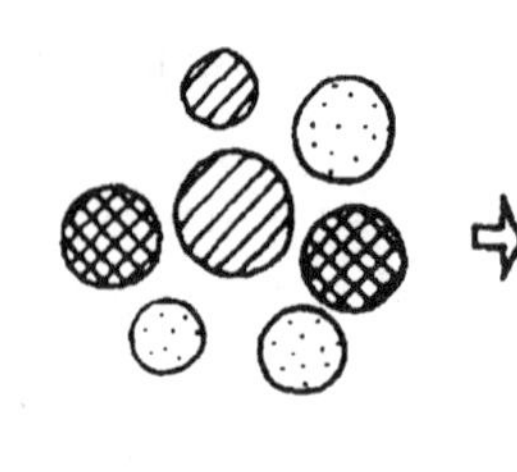

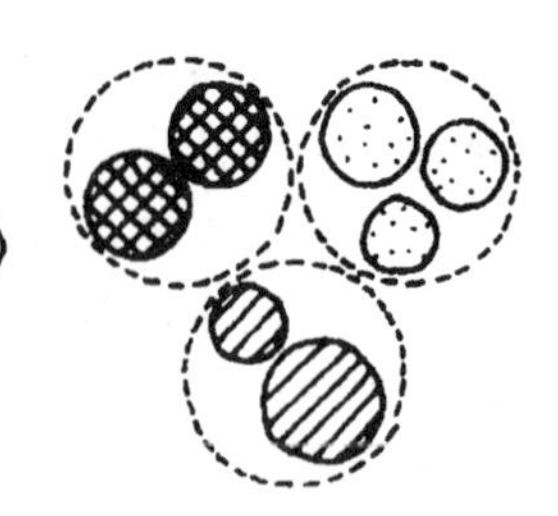

图 4-96

用地规模与建筑物占地的比例关系表现为悬殊、适中、相近三种，建筑物在基地上的位置可以采取中央、一侧、边角三种方式，如图 4-97 所示。当用地规模与建筑物占地的比例悬殊时（见图 4-98），场地布局条件宽松，容易形成大而空的局面，所以建筑物宜尽量选择适中的位置，这样有利于建筑物与基地内各部分产生关联，使其四周呈现出较为有序的状态。美国休斯敦四叶公寓（见图 4-99）的基地基本上为正方形，设计时将公寓分成两幢塔楼，均匀地布置在对角线上，以另一条对角线为轴构成对称关系。入口处为前广场、车道、地面停车场等，内侧主要是绿化庭院和活动场地。整个场地舒展、匀称、简洁、明确，建筑居中布置，有效地将基地组织调动起来，大而不空，舒展有序。当用地规模与建筑物占地的比例适中时，建筑物布局的灵活性较强，建筑物可以布置在基地中央，形成一定的均衡关系，也可以布置在基地一侧，形成明显的主次关系，还可以布置在边角位置，形成最大限度的集中、完整的地块，给其他内容带来更大的自由度，如图 4-100 所示。当用地规模与建筑物占地的比例相近时（见图 4-101），建筑物在基地中应尽量靠近某一侧边缘布置，尽可能使剩余的用地能够集中起来形成一定的规模，做到有效利用。如图 4-102 所示，某北方小学的主体建筑物呈 L 形布置在基地的边角位置，为学校的活动场地提供了尽可能大而集中的室外用地。

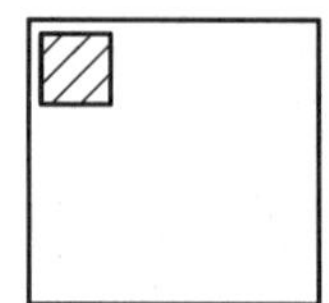

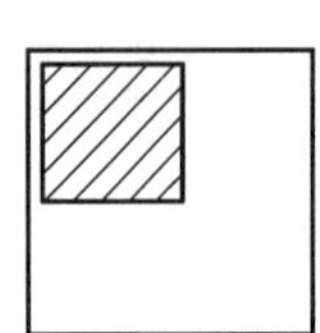

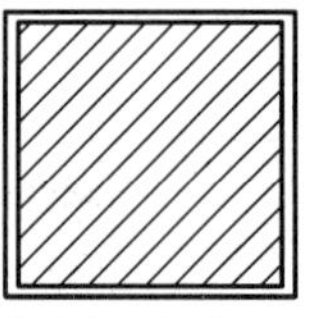

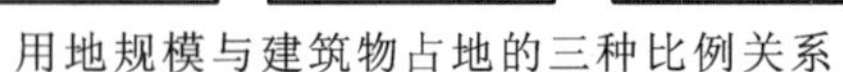

用地规模与建筑物占地的三种比例关系

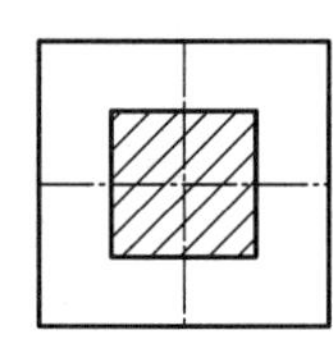

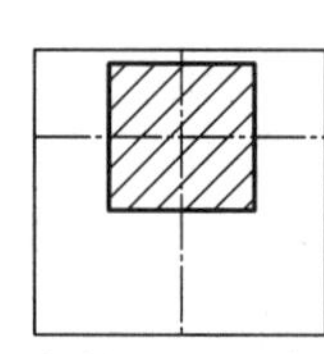

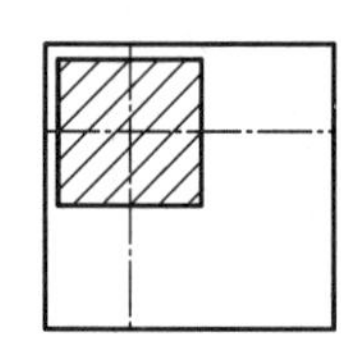

建筑物在基地上的位置：中央、一侧和边角

图 4-97

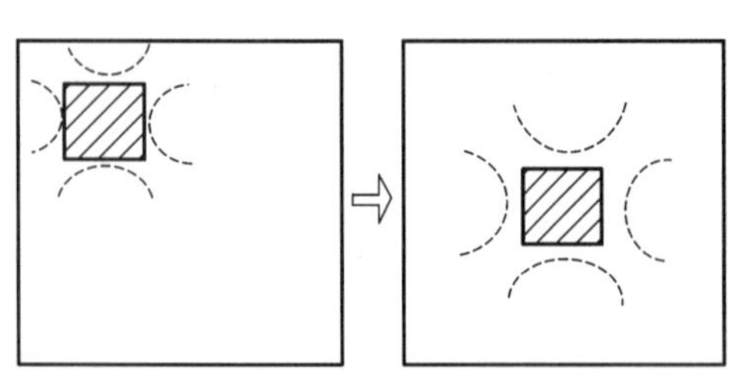

比例悬殊时的建筑布置方式

图 4-98

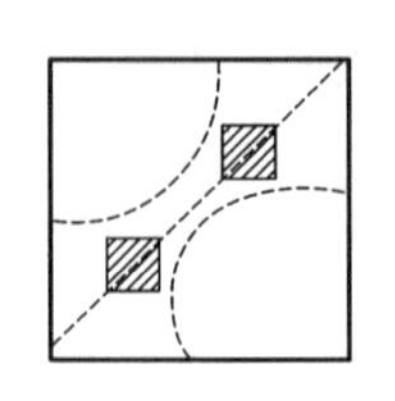

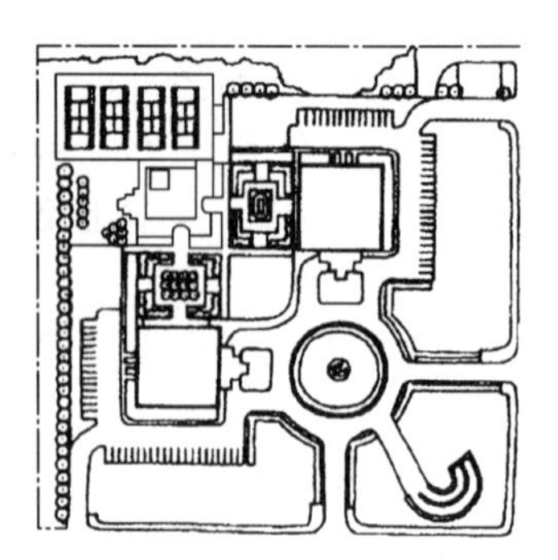

美国休斯敦四叶公寓

图 4-99

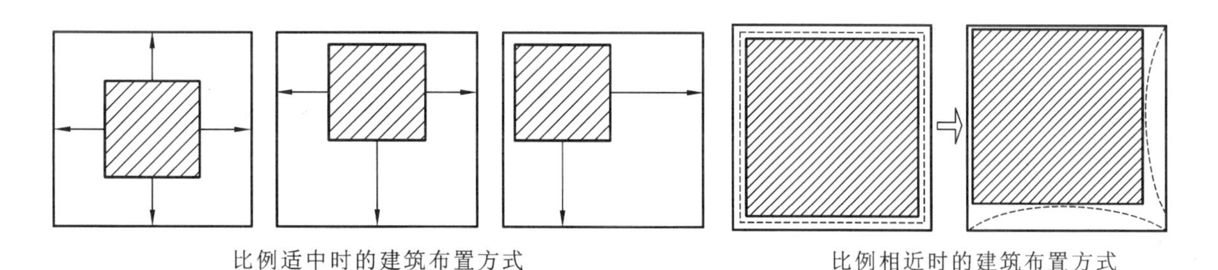

图 4-100

图 4-101

3. 交通安排

交通安排的主要任务是安排人、车运动的基本模式和轨迹。在结构上,交通系统是场地的一个基本骨架。所以,交通具有功能使用和空间结构的双重意义。

场地的基本流线组织方式有三种,第一种是尽端式,第二种是环通式,第三种是更为复杂的流线组织方式,即前两种方式的结合体(见图 4-103)。流线可分为使用人流、使用车流、服务流线三种类型。虽然在不同的场地中,具体的流线类型有所不同,但总的关系可以概括为两种:合流式和分流式(见图 4-104)。

停车系统与流线系统密切相关,在考虑流线组织的同时还要考虑停车的问题。停车涉及停车方式和停车位置选择两方面的问题,这些在前面已经详细讲述。

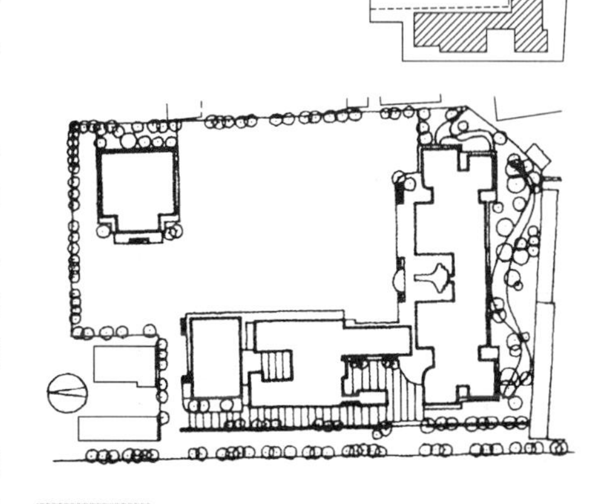

图 4-102

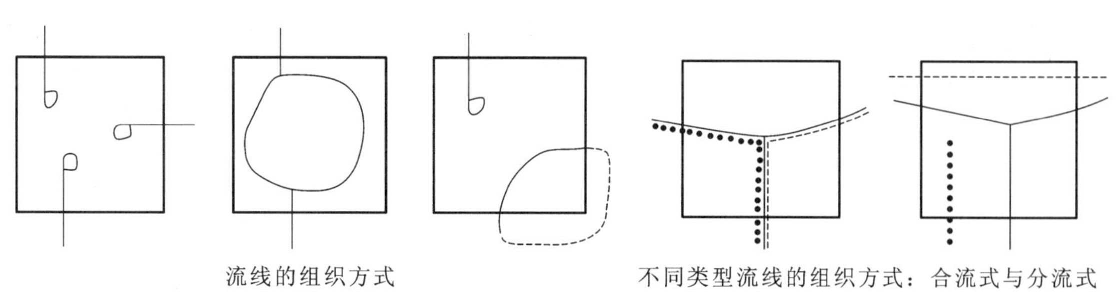

图 4-103

图 4-104

4. 绿化布置

1) 用地配置

在大多数场地中,绿化与景区设施都是不可缺少的重要内容。如果建筑与交通系统的功能要求更趋于“硬性”要求的话,绿地的功能制约则更具有“弹性”,配置方式也更为灵活,这也是它最突出的特点,它主要起平衡、丰富和完善的作用。

在场地的用地划分中,绿化用地的配置的基本原则是尽量扩大其规模,优化场地的整体环境(见图 4-105)。在

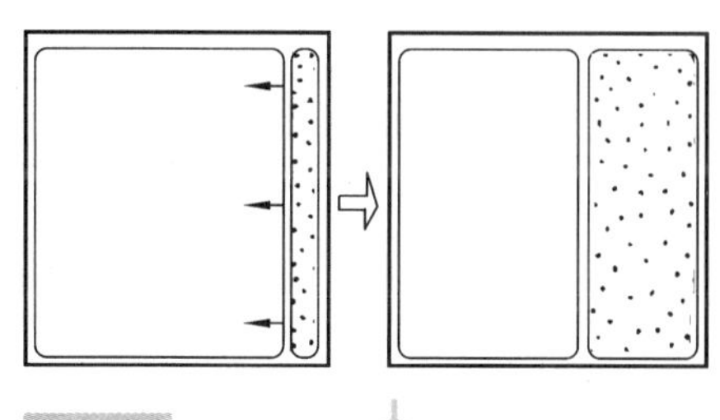

图 4-105

绿地总体规模一定的前提下，其分布状态基本上有集中、分散两种，如图4-106所示。而在场地规划中，应尽量将绿化用地集中到一起，形成比较完整的地块，这样成片的绿地易形成较强的整体效果（见图 4-107）。在绿地区域的选择中，其位置也应尽量居中，对其与场地中的其他内容应统筹考虑。如果绿地区域能与场地中的其他内容发生较强的联系，则绿地可以发挥出更有效的完善与美化作用。

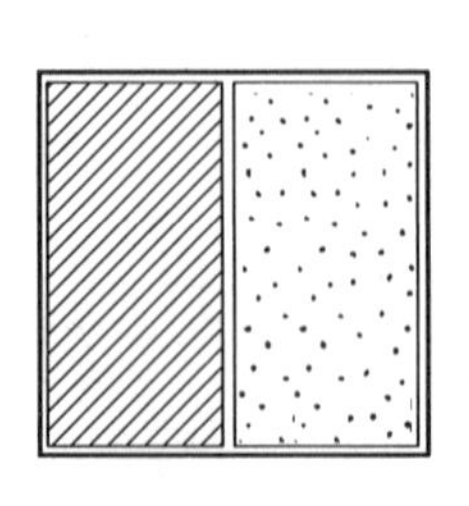

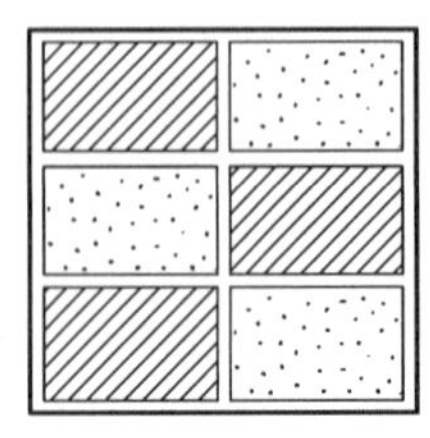

图 4-106

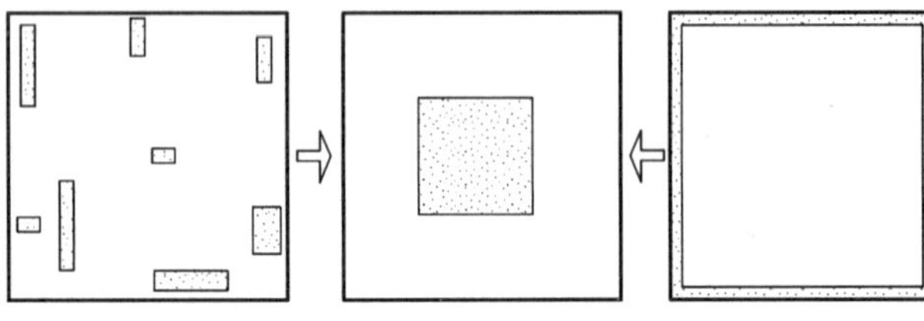

图 4-107

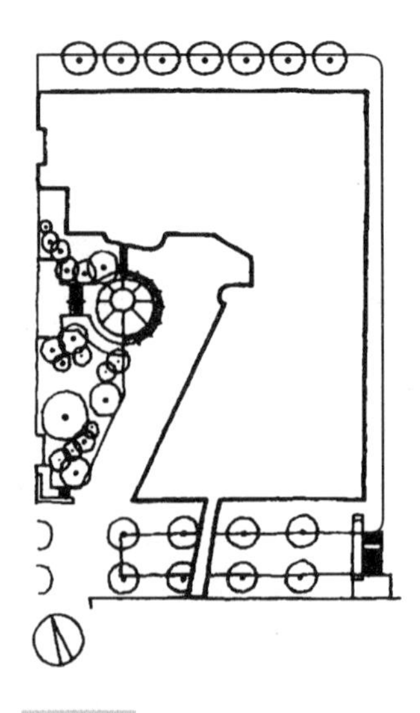

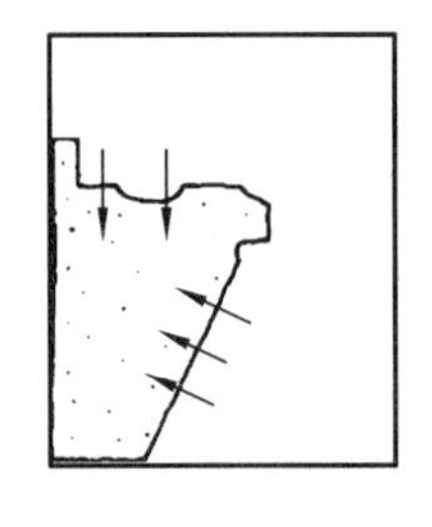

图 4-108

如图 4-108 所示，在美国费城德莱赛大学勒布工程中心的场地设计中，建筑物紧压场地两侧，呈 L 形布置，将另外两侧的场地空了出来，用于布置步行道和集中的绿地。这样使得有限的绿化完全集中于一处，形成了具有一定规模的小庭院，充分发挥了场地的效益。

2）绿化形式

确定绿化形式是绿地配置的中心任务。绿地配置从表现形式上可归纳为三种：边缘绿地、小面积独立绿地和集中绿地（见图 4-109）。在这三种形式中，第一种是绿地配置的基础形式，其适应性最强；第二种次之；第三种对用地条件的要求最高。

小面积独立绿地，如花园、雕塑、小块草地、孤树等，具有较强的景观性。这种绿地常出现在建筑物的入口前、基地入口附近或建筑物围合的天井、院落中。有时它也与交通广场联系在一起，在解决交通问题的同时又具有景观功能，变相地扩大了绿地规模（见图 4-110）。

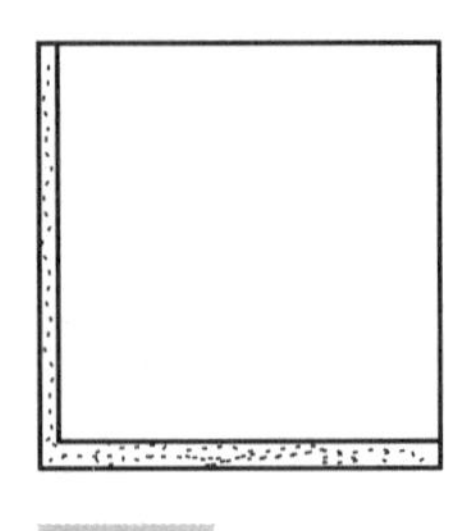

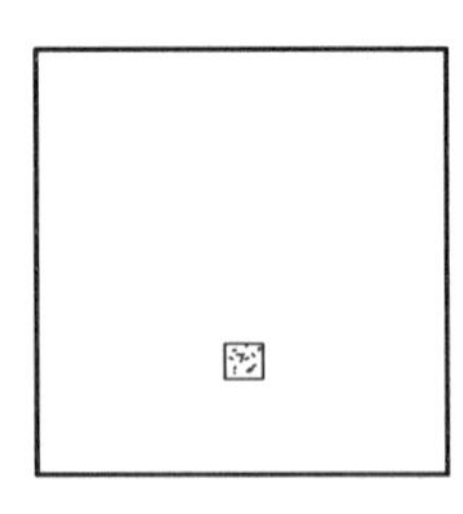

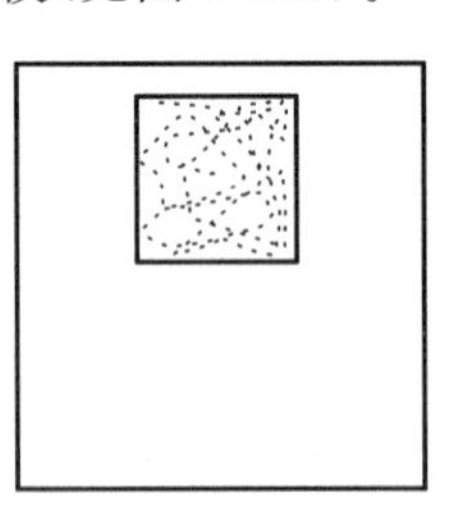

图 4-109

集中绿地的功能性较强，多为公共性、开放性的，或靠近基地边界，或临近场地中的主要人流，以吸引更多的人（见图 4-111）。住宅类场地中，集中绿地多为供内部使用的场所，所以多强调私密和安静，注重围合感、封闭性和内向性。

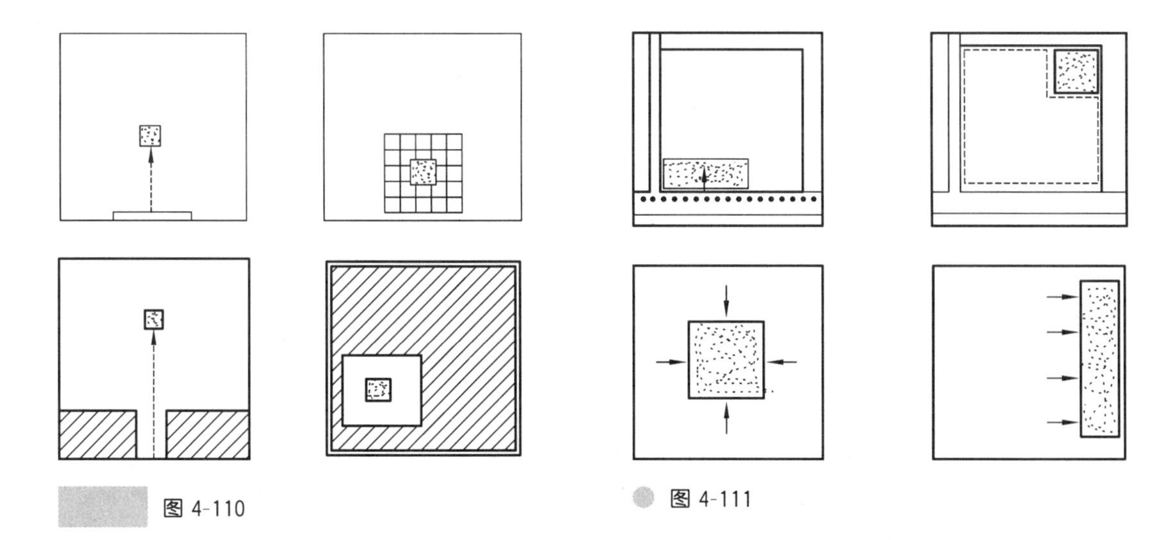

图 4-110

图 4-111

5. 实例与分析

对于建筑师来说，对一个总平面图设计的思索过程包括两个部分：创作灵感和构思成型。创作灵感是对基地问题的发现和对设计的独特见解，构思成型则是将见解转化为图纸和文字说明。同一块基地在不同的逻辑思维分析下会有不同的解题方式，在总平面图的设计中则会表现出不同的平面布局方式。

以某高校图书馆的总平面设计为例进行说明。方案一（见图 4-112）采用传统的空间组合方式，通过不同层的阅览空间的叠加创造出类似象牙塔的建筑意象，整体布局较为规整、紧凑，使得西侧能留出较大的空地进行入口广场和景观绿化的布置，南侧为书库入口，东侧为工作人员入口，解决了不同人流分流的需要。中间围合规则的庭院空间，既可以满足采光、通风和交通、疏散的功能需求，又可以形成有序的空间效果。

方案二（见图 4-113）中，建筑布局注重几何关系构图，结合地形，以中间的下沉式庭院为中心，结合东西两侧的走廊，以东侧的自然湖景为对景的结束，形成了良好的空间序列。建筑主体自然分成南北两块阅览区，用地北侧为河岸绿化，为北向的阅览区提供了良好的视觉景观。书库位于东南侧，整体功能分区清晰、明确。

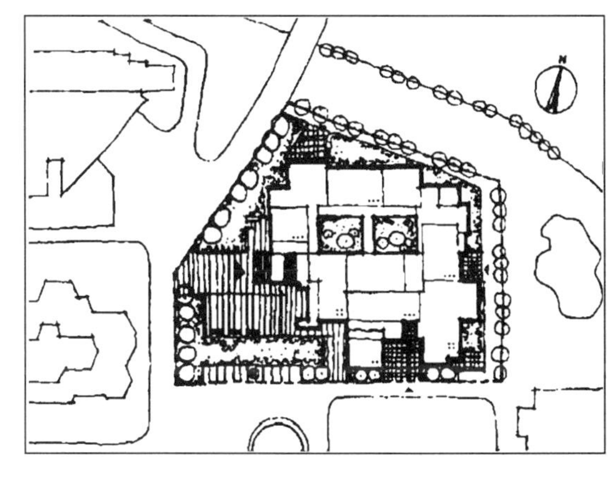

高校图书馆方案一

图 4-112

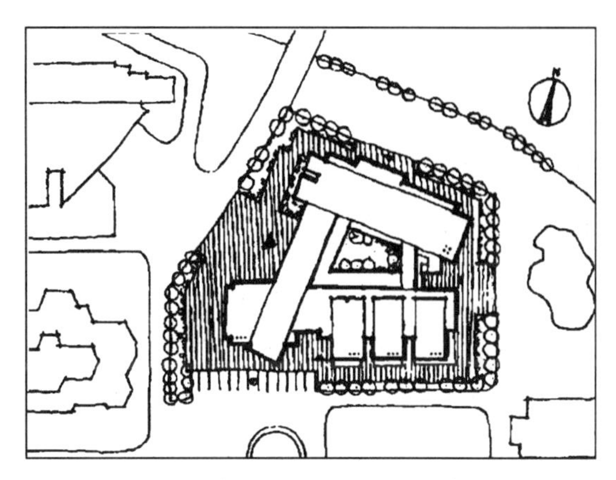

高校图书馆方案二

图 4-113

再以某山地旅馆的总平面设计为例进行说明。方案一(见图 4-114)结合山地地势形成跌落的大面积前区广场,主入口位于中间标高的平台处。建筑分为左、右两块区域,左边为餐饮娱乐区,右边为主要客房区,右侧布置大片竹林,创造宜人的休憩空间。整体方案开朗外向,内容丰富且有层次。

方案二(见图 4-115),以沿地势不断向上的踏步为轴,沿轴线两侧依次布置餐饮娱乐空间,形成左侧的纵向院落。右侧的横向院落为客房区,沿地势线性错落延伸,并结合部分小型庭院,形成移步易景的空间效果。整体布局分区合理,层次分明,且具有传统院落式中国建筑的场景。

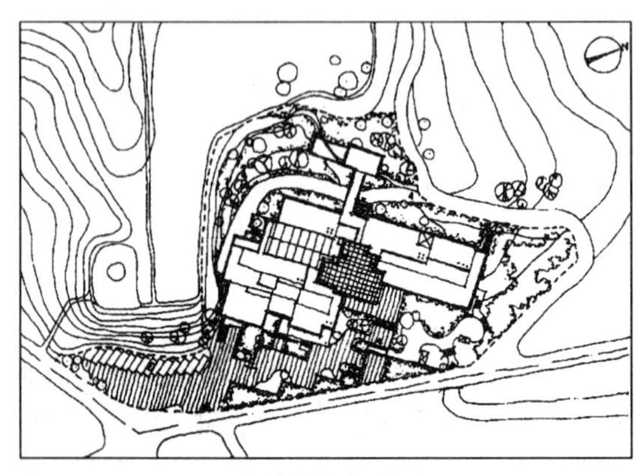

山地旅馆方案一

图 4-114

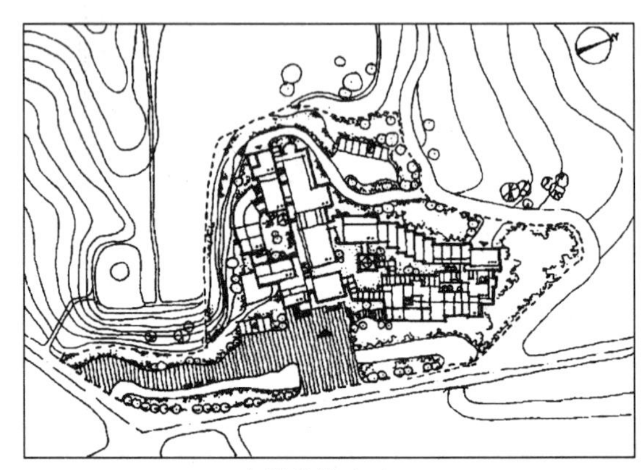

山地旅馆方案二

图 4-115

实践单元——练习 4

- **单元主题**:城市层次——城市的时间流逝。
- **单元形式**:实地调研。
- **练习说明**:选择一个城市的边缘地带,对其地形、景观、基础设施、建筑、社会网络进行调研,并绘制地形图。
- **评判标准**:分析方法与解释类型、论证的清晰性、方法的独创性、图纸质量。

实践单元——练习 5

- **单元主题**:图解规划——多元联合。
- **单元形式**:案例抄绘与图解思考。
- **练习说明**:自选一个单体建筑或一个建筑群的总平面图进行抄绘,对空间关系与空间组合方式进行解析。
- **评判标准**:案例的选择、图解的方式、逻辑性、图纸的质量。

Chapter 5

第5章 功能与空间

两千多年以前，建筑大师维特鲁威在论述建筑时，把适用列为建筑三要素之一。之后的各个历史时期，尽管所强调的侧重点有所不同，但是谁都不能抹杀功能在建筑中所处的地位。到了近代，随着科学技术的发展和进步，新建筑运动应运而生，为了适应新的社会需要，再一次强调功能对建筑形式的影响和作用。美国建筑师沙利文提出的“形式由功能而来”，正是这种观点的一种集中体现。从那时起到现在，尽管有人不时地批评、指责现代建筑在理论和实践方面存在的片面性，甚至公然宣布现代建筑已经死亡，但不可否认的事实是，“形式由功能而来”这句名言对近现代建筑发展造成的影响是巨大而深刻的。

马克思主义哲学把内容和形式看成是辩证法的基本范畴，认为事物的形式是由它的内容决定的。功能既然是人们建造建筑的首要目的，那么功能也是构成建筑内容的重要组成部分，它必然要左右建筑的形式。

与功能有直接联系的形式要素是空间，人们对它的认识似乎越来越明确、越深刻。近年来，国内外许多建筑师都引用老子的话——“埏埴以为器，当其无，有器之用。凿户牖以为室，当其无，有室之用。故有之以为利，无之以为用。”这句话表明，建筑，人们要用的，不是别的，而是它的空间。有的人进一步把建筑比作容器，一种容纳人的容器。内容决定形式表现在建筑中是指建筑功能要求与之相适应的空间形式。建筑的空间形式也不是由建筑功能单方面决定的。建筑的空间形式首先必须满足功能要求，除此之外，它还要满足人们审美方面的要求，另外，工程结构、技术、材料等，也会或多或少地影响建筑的空间形式。

5.1 功能与形式

建筑既与很多审美因素相关，如形式感、象征性、诗性等，同时也与很多非审美的因素相关，如科技、经济、政治等。建筑集艺术美学和功利技术为一身，我们不能将使用于纯艺术的美学理论套用到建筑领域。德国表现主义建筑师布鲁诺·陶特曾说，建筑的目标在于创造完美，也就是创造最美的效益。这实际上暗示了建筑是将功能与形式“化合”的实用艺术，建筑物应该满足功能要求，造型伴随功能而生。我们的美学判断常常左右对功能的安排及控制方法。一个建筑师在做设计时，很可能是在殚精竭虑地做到功能对形式的完美配合，这是因为建筑的秉性是超越功用的艺术。

5.1.1 建筑中形式与功能对立统一的辩证关系

建筑的发展表现为一种复杂的矛盾运动，贯穿于建筑发展中的各种矛盾因素错综复杂地交织在一起。只有抓住本质的联系，才能最终揭示建筑发展的规律，从而确立科学的建筑观。

建筑的发展遵循由量变到质变和否定之否定的一般规律。建筑的发展主要是由于它的内部矛盾运动，即功能、技术和形式这三者之间既互相对立又互相制约而造成的。这种矛盾运动是有规律可循的。从对历史的回顾中可以发现，建筑形式，由封闭发展到开敞，再由开敞回复到封闭；空间组合，由简单发展到复杂，再由复杂回复到简单；建筑格局，由整齐一律、严谨对称发展到自由灵活、不拘一格，再由自由灵活、不拘一格回复到整齐一律、严谨对称；装饰的运用，由简洁发展到烦琐，再由烦琐回复到简洁；风格，从粗犷发展到纤细，再由纤细回复到粗犷等。这种具有明显的周期性特点的现象是偶然的巧合还是必然的规律？

在建筑中，功能表现为内容，空间表现为形式，这两者之间对立统一的辩证发展过程，就是按否定之否定规律呈现周期性特点的。古代的建筑为了适应简单的功能要求，所具有的空间形式也是极其简单的。随着功能要求的日益复杂和多样化，这种简单的空间形式也相应复杂起来，但这种变化基本上仍然属于量的增长。直到近代，随着社会生产力的巨大发展和科学文化水平的突飞猛进，功能要求的复杂程度似乎发生了质的飞跃，于是再不能把它纳入到传统建筑的空间形式中，这样就导致了对传统空间形式的否定，从而出现了像近代建筑那样高度复杂多变的空间形式。继近现代建筑出现之后，又经历了半个多世纪的发展，功能要求不仅愈来愈复杂，而且由于变化无常，简直成为一种捉摸不定的因素，致使建筑师无所适从。有些建筑师曾提出“多功能大厅”“灵活适应”等新的空间概念，这种空间实质上就是一个不加分隔的大空间，单纯地从形式上看，它似乎又一反新建筑运动的初衷，而回复到古代单一空间的概念中去了。

当人类处于蒙昧状态时期时，由于对自然界缺乏认识，因而对于雷、电、风、雨等自然现象总是抱有恐惧的心理状态，这表现在建筑中就是消极地躲避自然现象的侵袭，把墙砌得厚厚的，把窗开得小小的，使得建筑形式异常封闭。随后，由于对自然现象的认识逐渐提高，人类开始积极利用自然条件来改善自己的生活环境，如打开窗户以接纳空气、阳光，从而增进自身的健康，这反映在建筑形式上就是由封闭转变为开敞。然而，对于自然条件的利用总是有限度的，因此，又进一步发展到以人工方法来创造更为舒适的空间环境以适应生活或近代功能的新要求。于是，在建筑领域中出现了一些以人工照明和空调设施代替采光、自然通风的新建筑，从而又使建筑形式由开敞回复到封闭。

除了功能与形式之间对立统一的辩证发展关系外，在建筑发展过程中还贯穿着艺术形式与思想内容之间对立统一的辩证关系，主要是通过建筑风格的演变来表现的，它也具有周期性的特点。黑格尔在谈到各门艺术的发展过程时指出：每一门艺术都有它在艺术上达到完美的繁荣期，此前有一个准备期，此后有一个衰落期，因为艺术作品全部是精神产品，像自然界中的产品那样不可能一步就达到完美，而是要经过开始、发展、完成和终结的过程。在建筑中，除了功能、形式之间对立统一的矛盾运动外，还有艺术形式和思想内容之间对立统一的矛盾运动。历史上，一种建筑风格的形成，实际上就是这种矛盾运动的产物，它必然要经历开始、发展、完成和终结的过程。

辩证法认为否定是发展的环节，经过否定之否定，虽然从形式上又回复到原点，但并不是简单的重复，而是螺旋式的上升。例如由封闭到开敞，再由开敞到封闭，后一种封闭是不同于前一种封闭的，而是一种更高级的封闭。以否定之否定、螺旋式发展过程的一般规律为指导来研究建筑发展的历史，特别是建筑风格的演变，可以达到总结过去、指导现在和预见未来的目的。以希腊、罗马建筑为代表的西方古代建筑（公元前 11 世纪至公元 1 世纪），崇尚整齐一律、严谨对称，从而形成了古典建筑所独具的形式与风格特征（见图 5-1）。公元 13—15 世纪，在欧洲盛行一时的高直建筑，完全摆脱了古罗马建筑的影响，以尖拱结构、飞扶壁、花棂窗为特点，布局自由灵活，外形轻巧空灵，这种建筑风格实际上是对古罗马建筑风格的否定（见图 5-2）。公元 15—18 世纪兴起的文艺复兴建筑，是在新兴的资产阶级提出要求以人文主义思想来反对封建制度的束缚和宗教神权的统治的政治主张下应运而生的，文艺复兴运动反对封建、神权，提倡复兴古罗马文化，反映在建筑领域中，则是对中世纪建筑风格的否定，于是学习、模仿古典建筑的形式与风格蔚然成风（见图 5-3）。20 世纪初出现的新建筑运动，主张建筑应当符合工业化时代的特征，这实际上是对古典建筑形式的又一次否定（见图 5-4）。近年来比较活跃的后现代建筑学派，尽管众说纷纭，没有一个统一的、明确的见解和纲领，但比较占上风的一种观点是，新建筑运动中某些代表人物的作品和主张过于崇拜功能和技术，缺乏人情味，并强调建筑应当为了人的主张（见图 5-5）。突出强调建筑应当为了人的主张，这实际上是对西方现代建筑的否定，这不能不使人联想到文艺复兴运动所提倡的人文主义的思想。西方近现代建筑是在否定复古主义、折中主义的基础上成长起来的，对于西方现代建筑的否定，将意味着历史上某些建筑风格会重新得到肯定。建筑应当为了人的主张和文艺复兴时期为反对宗教神权的统治而提出的人文主义口号，从尊重人的方面来讲，有一些共同的地方。当代建筑师进行了大量的建筑创作，建筑的形式有各种各样的发展与变化，这也正是对传统建筑形式的再次否定。

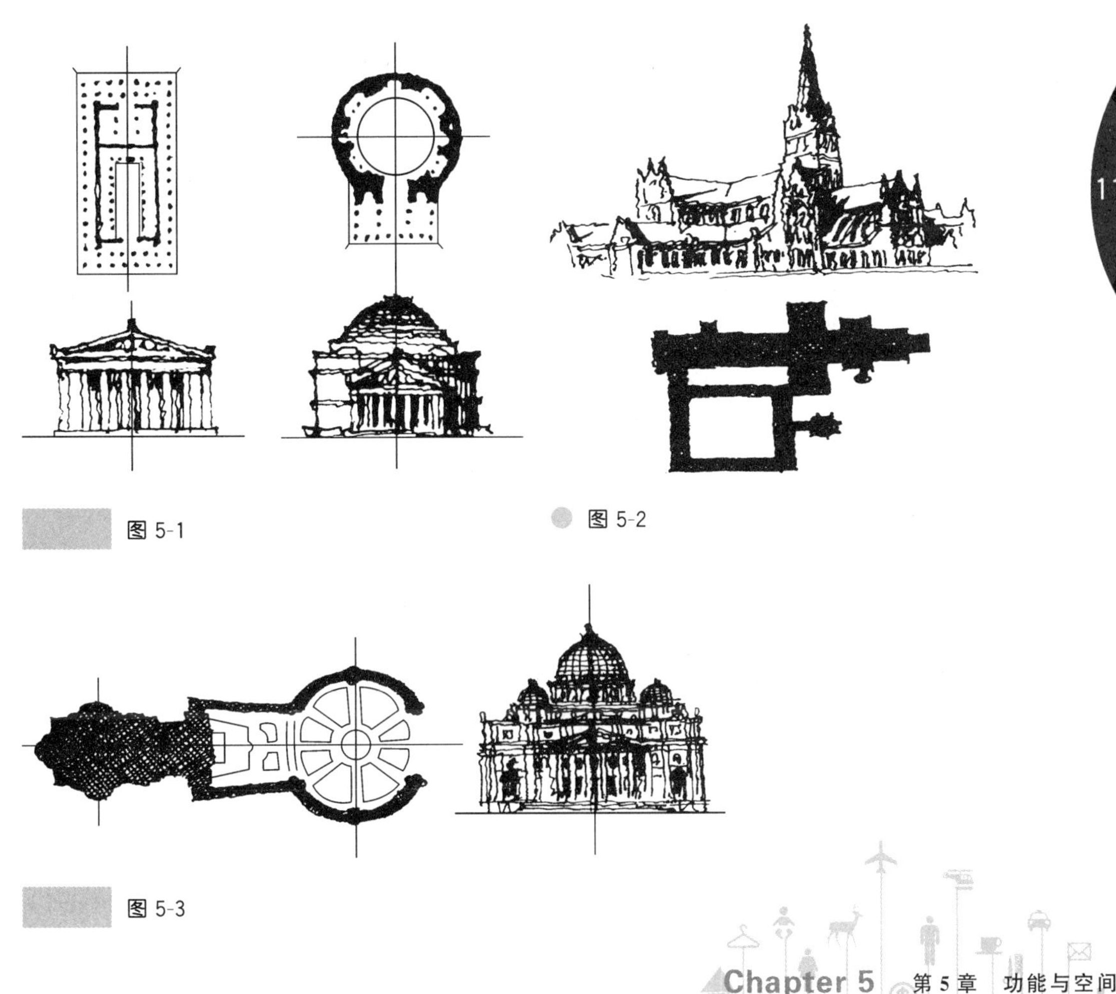

图 5-1

图 5-2

图 5-3

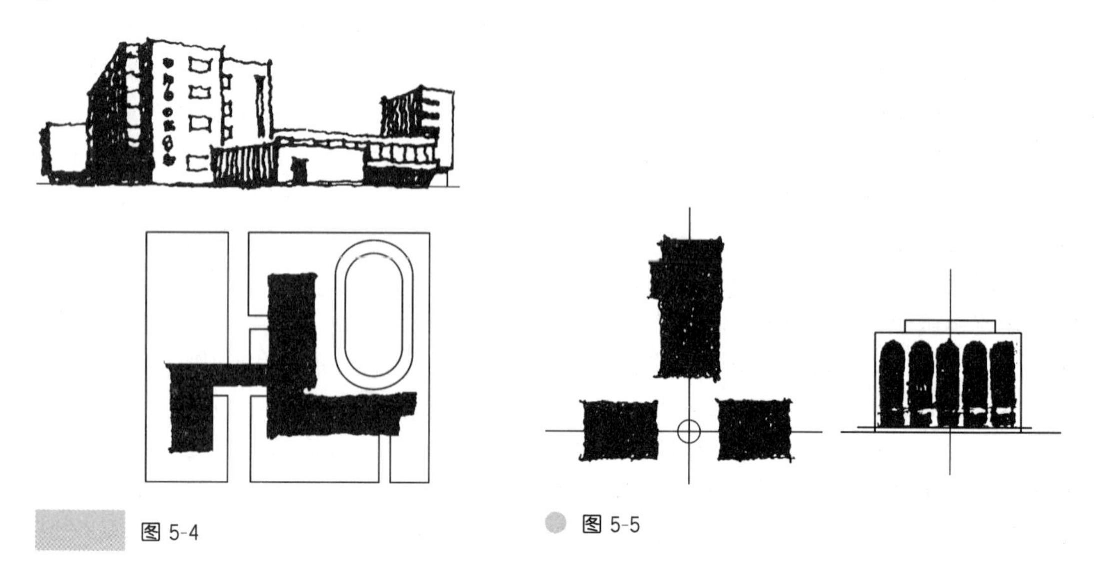

图 5-4

图 5-5

由此可以看出，一条由低级到高级，按否定之否定规律螺旋式发展的线索隐约地贯穿于西方建筑的整个历史发展过程之中。作为互相对立的两方，一方以整齐一律和严谨对称为特点，另一方则以自由活泼和不拘一格为特点，尽管随着历史的推移，每一次周期性的重现都有质的飞跃，但就体现两方对立的特点来看，则是十分鲜明的。

我国的传统建筑，有几千年的悠久历史，尽管从某些方面来看，也体现出了周期性的特点：装饰由繁到简，再由简到繁；风格由纤细到粗犷，再由粗犷到纤细，但从总体来看，却不像西方建筑那样明显地呈现出螺旋式发展的特点。这主要是因为我国封建社会延续的时间过长，作为推动建筑发展的主要因素的功能与技术长期处于停滞不前的状态。到了近代，由于帝国主义的侵略，虽然打破了一潭死水的局面，但五花八门的建筑形式却随着西方文化一拥而入，使得传统建筑失去了正常发展的条件。中华人民共和国成立后，虽然取得了政治上的独立自主，但是由于政治、经济、社会结构发生了巨大变化，所以无论是从功能上讲，还是从科学技术上讲，都不得不冲破传统建筑形式的禁锢而大量地借鉴西方先进的建筑技术和经验。面对这一客观实际，势必会出现一种以中西合璧为特点的折中主义的建筑风格。例如，一般所谓的复古主义，主要指用了大屋顶，同时也夹杂了西方古典建筑形式的影响。这个阶段从风格上讲可以算作一个过渡时期。对一个具有东方文化传统的民族，在走向现代的过程中，这几乎是一个不可超越的历史阶段。日本在明治维新以后到第二次世界大战以前建筑发展所走的道路，大体上就是这种新旧过渡的时期，在第二次世界大战之后，才逐渐形成了一种带有日本特点的新的现代化的建筑风格。

不论是日本还是西方，其经济和科学技术的发展水平都比我国高得多，因此，我国的建筑发展不可能与它们同步、合拍。假如我国所处的发展阶段比它们差半个周期，那么它们当前所要否定的东西则可能正是我们所要提倡的东西。例如，后现代建筑学派建筑师所非议的资本主义近现代建筑重功能、重技术、重经济的设计观点，在我国仍大行其道，这也是我国当前的基本国情所决定的。中国有光辉、灿烂的文化传统，我们相信，中国建筑师一定可以创造出带有中国特色的现代化的建筑新风格。

5.1.2 当代不同流派关于功能与形式关系的美学支持与设计手法

关于功能与形式的关系，从传统建筑和现代建筑到当代建筑，不同流派的建筑师有以下不同的言论。

(1) 沙利文认为,形式由功能而来。

(2) 密斯认为,功能追随形式。

(3) 路易斯·康认为,形式唤起功能。

(4) 菲利普·约翰逊认为,形式追随形式。

(5) 伯纳德·屈米认为,形式追随幻想。

(6) 相田武文认为,形式追随虚构。

从上述言论可看到,形式与功能的关系一直是建筑师们直接交锋的地带,是一个核心的论题。很多人在方案设计过程中,对于处理二者关系既感到兴奋,又感到茫然。在形式和功能二元对立的西方传统美学框架中,一直是以功能决定形式为基本评价标准的。苏格拉底曾说,如果实用,粪篮也是美的;如果不实用,金盾也是丑的。在他看来,美显然与实用相关。历史上高举功能主义与实用美学的大旗反对形式美学的建筑流派比比皆是,他们甚至极端地认为形式主义是当代建筑最大的阴谋。但是与之相反的理论则认为,建筑的创造性价值正蕴含于丰富的形式当中,没有必要消解它们。

当代建筑经历了一个纷繁复杂的演变过程,现代与后现代、结构与解构、未来与表现、高技与生态……众声哗然,各种思想共存。事实上,关于功能与形式的不同地位,我们没有必要去编排先后顺序;无论哪种建筑要素,都是建筑师必须慎重拿捏的专业语言;不同建筑有不同的功利性侧重,无须以此之矛,攻彼之盾。

1. 功能和经济上的功利性侧重

早在工业革命之前,功能主义就已在新建筑形式中埋下了种子。现代派建筑让"形式服从功能"的思想广为传播,深入人心。这一时期的建筑师将建筑功能与机器运转类比,大量"功能至上"的作品开始为第一次世界大战后西方建筑具有强烈震撼力的转变过程摇旗呐喊。他们以实用、方便、经济为原则,注重发挥新材料、新结构的特性,认为建筑美的基础在于建筑处理的合理性和逻辑性,主张废弃装饰,自由、灵活地处理建筑造型。

格罗皮乌斯设计的包豪斯校舍(见图 5-6),由教学楼、办公楼、学生宿舍、餐厅、礼堂等建筑以及另一所职业学校的校舍共同组成。其整体采用多体量、多轴线的不规整布局,建筑结构、材料和构造都遵循真实反映功能需求的原则,同时大大节约了造价,印证了他所提出的"艺术的作品永远是一个技术上的成功"的原则。

图 5-6

从柯布西耶的言论与作品中,我们可以认识到,相对于古典建筑烦琐的装饰,现代派建筑更注重将功能融入简化的形式语言中。他在 20 世纪 20 年代采用钢筋混凝土框架结构设计了一些与古典式样完全决裂的、体现"机器美学"审美观念的小住宅,并于 1926 年提出了由底层架空、屋顶花园、自由平面、横向长窗、自由立面组成的"新建筑的五个特点"。此后,其建筑构思异常活跃,其作品如巴黎瑞士学生宿舍、马赛公寓等,都在空间的灵活性以及结构的先进性等方面做了大胆尝试。

然而物极必反，当现代派建筑在后期像工业产品一样被制造和再生产时，就注定其要走上“国际式”的不归之路，从而直接葬送其自身发展的前途。

2. 审美与意识形态上的功利性侧重

随着20世纪五六十年代西方社会思想的蜕变，伴随着政治波普、偶发艺术、装置艺术等通俗文化现象的艺术转型，现代派建筑以其几何套路禁锢了自身的发展。作为现代派阵营中最后一位大师的路易斯·康率先预见到现代派的穷途末路，并向这种局限的功能主义以及不灵活的专门化发难，将形式提升到建筑创作中的重要位置。这无疑是对现代派功能主义美学的一种颠覆。在此之后，形形色色的建筑流派陆续登场，后现代主义、新理性主义、新现代主义、解构主义等流派共同出席形式主义的“饕餮盛宴”，这些流派大多数至今仍然很活跃。

1）后现代主义

后现代主义流派的美学家指出，现代主义最大的失误就是建筑师自甘沦落为工程师。后现代建筑试图用折中的手法唤起历史的记忆以及有活力的“奇趣”，用设计实践对现代主义长期忽略的美学问题，如通俗趣味、隐喻、装饰、文脉等进行重新探索。

图5-7

罗伯特·文丘里在其所著的《建筑的复杂性与矛盾性》一书中指出，要承认并发展视觉中的不定性与多样性，对功能不断增长的复杂性持欢迎态度。这与《走向新建筑》中所提倡的“纯粹主义”互为补充。罗伯特·文丘里曾说过：“我认为意义简明不如意义丰富，功能既要含蓄也要明确。我喜欢‘两者兼顾’超过‘非此即彼’，我喜欢黑白的或者灰的而不喜欢非黑即白的。一幢出色的建筑应该有多重含义和组合焦点：它的空间及其建筑要素会一箭双雕地既实用又有趣。”他设计的美国费城栗子山母亲住宅（见图5-7），平面以楼梯和壁炉烟囱为核心，放射出两道斜墙，在古典对称的结构体系中掺入功能非对称布局。该建筑虽为小住宅，却在门窗及内部采用形式与位置显著的大尺度构件。外部立面上形状不同的孔洞以及偏离中心的烟囱与对称的坡屋顶相互牵制。建筑处处充满历史隐喻与现代手法的矛盾。

后现代主义以其冲破教条的勇气和温情脉脉的形象使建筑体现出更多的对人性关怀的一面，然而其对现代派技术理性特征和功能主义美学核心的反对，却依然停留在功能与形式的二元对峙与双向循环中。二者如同矛盾的两端，必须分出孰先孰后的主从关系。另外，后现代建筑中充斥着视野的“符号游戏”，也注定它难以摆脱形式主义的束缚。

2）新理性主义

同样提倡抛开功能主义的还有新理性主义。阿尔多·罗西是这场建筑实践运动中的重要人物。他在《城市建筑学》一书中明确指出，应该使功能适配于形式。受类型学影响，他强调应该从历史和人类“原型”世界中选择、引用、类推进而找寻自主的建筑形式。在其设计的作品中，看似纯粹的几何形体却富有隐喻意义，每种元素形式经由转换都变为某种可以理解的思想意义的载体。这位建筑师的作品更像是富有想象力的戏剧。在他设计的意大利巴里集合住宅（见图5-8）中，作为轴线与立面控制要素的平顶圆锥体嵌入并部分突破了宅基地边界围墙，其中空的形式既暗合了普利亚的乡土农庄风格，又使人联想到青铜器时代的撒丁岛石砌平顶圆锥体建筑以及迈锡尼墓地的穹窿。

而在意大利芳多托克高科技研究和发展机构(见图 5-9)的设计中,阿尔多·罗西遵循了罗马时期城市规划的轴线与方格网法则,以许多的直线和冰冷体块创造出仪式建筑般的神圣感。各个实验室单体对称地分布在主干道中轴两侧,其间由塔楼与黄色钢桁架联系,如同中世纪或文艺复兴时期城墙围合的城市。中轴尽端是公共行政、会议与多媒体演示中心,其方正封闭的外廓、高耸的尖塔都直接指向城堡式格局。在这里,建筑的内容被掏空了,功能被置换了,形式才因此彰显出来了。

图 5-8

图 5-9

3) 新现代主义

与此同时,由彼得·艾森曼、迈克尔·格雷夫斯、约翰·海杜克、理查德·迈耶、查尔斯·格瓦斯梅组成的“纽约五人组”,声称他们从现代主义建筑中找到了同感:现代派建筑的抽象和纯粹都是最富有活力的遗产。作为白色派中坚力量的理查德·迈耶曾说,“现代主义的诗意、技术的美和实用仍吸引着我。”他们试图以完美的形态批判地延续现代主义的教义,以几何组织原则将形式要素从内容中抽取出来加以概括、拼贴、删减、切割、排列,并重新编排空间与形体,这一流派被称作“新现代主义”。在他们的建筑中,很少有残破与怪诞,而是沿着优雅、简化的道路发展。用彼得·艾森曼的话来说就是,建筑必须有功能,但不要看起来好像有功能;建筑必须直立,但不必看起来像是直立着。这句话体现出功能与形式之间自觉调和的态度。

黑川纪章设计的日本名古屋市美术馆,以精巧的细部结构温暖与缓和了过于抽象的外观的严肃与冰冷。安藤忠雄设计的光之教堂,通过简单的几何原型创造出空间的聚合,通过神秘的明暗对比展示了光线震撼人心的力量。而理查德·迈耶设计的意大利罗马千禧教堂(见图 5-10),则用抽象的手法表现出浪漫的巴洛克情怀。

图 5-10

4) 解构主义

如果说后现代主义是对现代主义的反叛,解构主义则是对结构主义的反叛。解构主义是极端的新现代主义,是新现代主义的畸变。

随着雅克·德里达对费迪南·德·索绪尔在语

言学及哲学领域内结构主义的宣战，20 世纪 70 年代后期，一些先锋派建筑师开始将解构主义理论用于建筑探索与实践，并在其中找到了逆向解决建筑问题的思路。他们开始大张旗鼓地对建筑整体与秩序进行批判、反讽和颠覆，对建筑形式与意义的对立结构和不平等关系进行消解。建筑，以“非建筑”的状态被重新定义。

首先是对建筑形式的系统消解。一切传统的美学原则不复存在，取而代之的是非美学或零度美学。解构主义关注的是意识和观念层面，最先研究的是“道”而非“器”。他们通过错置消解秩序，以残破代替完整，其间的过程比结果更重要。我们捕捉到的是突变、偶发的形态，观察到的是“正在进行”的面貌，获取的是分解的信息。建筑师开始进行任性而为的非线性“游戏”，企图在游戏的多样性中找到恰当的建筑表意方法。

图 5-11

伯纳德·屈米用蒙太奇的手法创造了支离破碎的“世界上最庞大的间断建筑”——法国巴黎拉·维莱特公园（见图 5-11）。形式构成手法由确定走向拓扑，点、线、面三个系统相互重合、叠加，最终制造出令人震惊的视觉效果。与此不同的是，弗兰克·盖里采用分解雕塑的手法冒犯着常规审美。他设计的美国洛杉矶沃特·迪斯尼音乐厅，在一组曲线各异的体块的堆置中表现着冲突与张力。蓝天组建筑设计事务所设计的广州博物馆方案有意模糊内外以及界面间的关系。雷姆·库哈斯设计的中央电视台新大楼以扭动跨越的连续“Z”字形来塑造高达 235 米的高层建筑，压倒性的体量充满着乌托邦式的未来面貌。

其次，解构建筑对建筑惯常意义上的功能价值、中心论与图示模式进行了全面颠覆。传统的城市规划或建筑设计都会安排一个聚集空间作为中心，犹如城市中的广场或者住宅中的起居室，但是伴随着各种复杂学科对建筑观的影响，一些建筑师开始反思建筑空间等级划分的合理性。他们认为，这样一锤定音地对待空间层级并未真正考虑日后的可变因素，取而代之的应该是中心与边缘的模糊，即“无中心”或“多中心”。

彼得·艾森曼设计的美国俄亥俄州立大学的卫克斯那艺术中心（见图 5-12）极好地证明了这一点。建筑师在此向传统的展览建筑的功能发难，艺术展品与建筑之间的主从关系遭到了建筑师的质疑。他将基地原有的一个弹药库作为中心，使其在新的系统中转换为“非弹药库”的角色，类似的还有“非入口”“非窗”“非砖”等角色。入口处的脚手架，也并非传统意义上的临时构筑物，而转换为“非脚手架”，以使建筑构件具有新用途。然而这种后功能主义倾向的脚手架式展廊却因日后的使用不便而遭到非议。

在彼得·艾森曼设计的西班牙加利西亚文化城（见图 5-13）中，笛卡尔方格网与自然地形叠加产生了新的结构图式。一组离散的单体建筑随地形扭曲，空间没有确切的聚集中心。建筑与地形之间传统的“图”与“地”的关系被混淆，建筑如同地形般蔓延生长。

从总体上来说，解构设计手法之所以从 20 世纪八九十年代开始受到青睐，至今仍有不衰之势，是因为它确实为建筑策略和表达方式提供了延展的余地，使功能、形式、结构、空间由分类独立走向多向混合、替换。但在连建筑本质都遭到怀疑的过程中，解构设计手法不能保证都是积极、正面的表意途径，甚至极具将建筑带入“丑学”品格境界的诱惑性。

图 5-12

图 5-13

3. 结构与技术上的功利性侧重

在多种建筑观念并存的情况下，基于技术美学的流派始终关注结构理性，在利用高技术手段挑战造型和满足机能的过程中获得快乐。建筑评论家查尔斯·詹克斯在《高技之战：伴随着重大谬误的伟大建筑》中列出了高技术的六大特征及主张。

(1) 展示内在结构及设备。

(2) 展示象征功能及生产流程。

(3) 透明性、层次及运动感。

(4) 明亮的色彩。

(5) 质量轻、小巧的张拉构件。

(6) 对科学技术及文化的信仰。

一生致力于钢结构和玻璃结合的密斯可谓是技术美学的先导。他主张建造方法工业化，强调结构的美学表现性，认为绝大多数建筑物的机能一直在发生变化，因此通常从外形着手，然后填入功能，以"绝对形式"与"全面空间"应对功能。评论界称其作品是对"三无"形式主义理想的回应——即无业主、无地段、无功能，结构技术以及派生出的形式美感控制了空间。

当代高技派可以说是与科技发展结合最紧密的时代歌者，他们用最物化的手段与极简的形象体现出对纯粹主义及技术文明的赞赏，其作品的审美取向源自工业造型学、金属工艺学等多种学科。当代一系列的大跨度建筑和高层建筑都验证了高技派坚实的技术砥柱。从诺曼·福斯特设计的香港汇丰银行，到伦佐·皮亚诺设计的日本大阪关西国际机场，无不体现出结构技术对形态的控制。

为了补偿金属、玻璃带来的冰冷与情境性缺乏，高技派建筑师一方面积极探索光这种动态美学元素为空间带来的灵动，另一方面也参与到大量生态建筑实践中。诺曼·福斯特在德国国会大厦的改造设计(见图 5-14)中，以玻璃穹窿内盘旋而上的坡道来体现透明的民主进程和亲和大众的价值取向。中央由 360 多块镜面玻璃组合而成，倒圆锥体既能将投射的阳光均匀地漫反射到内部空间，提高室内的自然亮度，增强空间的亲和力和温暖感，又能实现烟囱效应，将滞留在高处的暖空气排出。而附设在倒圆锥体内部的

图 5-14

轴流风机及热交换器则从排出的空气中回收热量。穹顶上方设有太阳能发电装置,夏季余热则储存在地下蓄水层中,供大厦循环使用。这座大厦既充满了技术的智慧,又表现出在创新中传承人文的态度。

4. 对自然与有机共生的侧重

1) 功能上的有机生态

当绿色环保科学和信息智能化越来越成为实现高效可持续发展要求的硬性支撑时,一些具有创见的建筑以典型范式告知广大受众保护和恢复生态环境的必要性,并逐步成为建筑设计的主流价值观及发展趋势。这类建筑将自身置于生态大系统中,提倡建筑与自然共生,从其建造、运行到终结都和任何生态子系统一样是开放系统,也像有机物一样与外界进行物质循环与能量交换,能自动平衡,并对环境气候做出自主反应。如果将建筑物与有机生命体的各个组织系统相类比,则会呈现出有趣的一一对应的关系:界面构造好比表皮和皮下组织;结构系统如同骨骼,围护着内部的脏器;通风系统完成空气交换的过程;给排水系统则好比身体的物质运输与新陈代谢系统;同时建筑还有信息智能化系统,犹如神经智能系统,可感知外部刺激,传导信息,做出反应。所有这些系统、组织、器官的分化都是为了相互配合,最终满足机能的需求,让建筑物的生存得以延续。

图 5-15

除了以高技术实现生态节能的目的之外,还有一类生态建筑从选址到造型都采用低技术手法或传统经验,结合地域优势,利用气候的固有属性以及相关自然元素进行静态或动态配置,充分利用可再生能源,尽量减少对机械系统的依赖,采用自然中的持久性材料,如砖石、木材、生土等,甚至全部采用回收材料建造,避免环境质量退化和生态失衡。这些设计立足于本地的气候条件和经济状况,借鉴当地的历史建筑技术和材料,突破表现的限制,用新的视野开发本土技术更多的潜能。西班牙伟大的建筑师高迪处于现代主义盛行的 20 世纪,在他活跃的 1900 年前后,欧洲先进的国家已进入一个钢铁、混凝土等近代工业材料迅速普及的时代,但高迪主要的创作地——巴塞罗那在当时的欧洲属于边陲地带,并没有跟上时代潮流。高迪的建筑多采用当地传统的技术和材料(见图 5-15),如波浪形屋顶和碎瓷的拼贴,这些传统做法在当地非常成熟。“即便是被时代舍弃的技术,借由钻研贯彻技术本身的极限,也能开拓新的可能性。”——这是高迪无可比拟的建筑底下真正的本质。

德国女建筑师 Anna Heringer,以建造“低技建筑”而闻名世界。位于孟加拉国卢德拉普尔的 METI 手工学校(见图 5-16)是她最著名的作品。这所学校不是做手工的学校,而是完全手工建造的学校。“手工”两个字不仅局限于造价的低廉,还涵盖了取材的便捷(可建造性)、构造的简单易行(便于没有经过专业训练的人员施工)以及施工技术的选择(决定了施工所需的设备和需求)。该项目主要的策略是对当地居民进行技术传递和开发,以便他们能够很好地利用当地的现有资源和历史建筑技术，并在这个过程中改变地方建筑技工的技能形象。该学校建筑的底层是厚厚的土墙，共有三间教室，每间教室都有各自的通道，并有一个位于教室后部的有机的“洞穴”系统，以实现相互连接。

2）形态上的仿生与象征

与功能上的有机生态相比，形态上的仿生与象征在表意方面更加直白。建筑师使用诗性的语言和生动的建筑修辞手法，将建筑明喻或隐喻为相似的物象或机体。这是一种建立在生态审美基础上的设计理念。徽州传统村落的先民将其居住环境与自然形态类比，如宏村似牛、西递似船等，无不喻示着理想和憧憬。这些古老的村落直至现在仍然完好地运作着，时间验证了其功能的部分合理性。

图 5-16

抽象纪实的审美意趣和象征手法在西方建筑实践中也不乏其人。高迪设计的西班牙巴塞罗那圣家族大教堂，让我们不仅体验到激情，也被他雕塑般的手法带入到加泰罗尼亚式的梦幻与怪诞中。柯布西耶在第二次世界大战后由于其实践的社会环境以及经济条件的转变，一改工业化时代的理性精神，转而强调感性因素。这一时期他的作品多采用暴露混凝土表面的粗野主义可塑形体。这位混凝土诗人在 20 世纪 50 年代设计建造的朗香教堂（见图 5-17），被称为象征主义建筑。弯曲的墙面顶着翻卷朝天的混凝土本色屋顶，既蕴含着对挪亚方舟的神秘解释，又能抽象成传教士的帽子、修女的头巾、祷告的手势等图形。

沙里宁设计的美国纽约肯尼迪国际机场环球航空公司候机楼（见图 5-18），以展翅欲飞的大鸟与机场的功能意义类比，巧妙地寓形式于可实施的结构中，俘虏了观者的视线，感动心灵。这种对自然界或有机体的类比，突破了理性思考和几何造型的局限，以柔韧的姿态使建筑充满了生长的热情，如同自然造化的差异性，使建筑生动鲜活，绝不雷同。

图 5-17

图 5-18

5. 各流派的发展趋势与自我优化

从以上的论述中我们不难看出，当代建筑发展史中，功能与形式从二元对立逐步走向相对自主、互为激励的状态。形式不仅与功能相关，还以哲学概念为佐证，与情感共生。同时，我们也应

该意识到，作为艺术实践的建筑学与作为社会实践的建筑学有所不同，建筑争论的焦点也不再是功能与形式孰先孰后那么简单，更多的焦点指向建筑的核心——空间体验与建构过程。虽然用于表达建筑意义的手法越来越多，越来越自由，但建筑各流派依然在各种基本的制约条件下不断优化自身的质量。

5.1.3　功能的合理配置与编译

人们在特定的情境下会采取特定的典型性行为方式，这种典型性行为方式因为在生活中频频发生而成为模式。比如一个家庭的特征是由发生在家里的特殊事件决定的：生活共聚以及独居、情感交流与私密性保留、和睦与冲突……这些活动赋予发生这些事件的地方一个特殊的称谓——住宅。不难理解，不同场所都因人这个使用主体的不同而具有不同的意义和内容。设计建筑就是为了将这些活动组织起来，通过对活动的性质、类型、时序、所需环境、可能产生的影响、速度、发生的频率、形势与紧急程度等关联要素的分析，将其编译到建筑中，成为合理的功能布局。这种编译或转换包括空间和时间两个方面，即功能分区与流线组织两个方面。

1. 功能分区

功能分区是脚踏实地地着手于建筑设计的第一步。人类活动模式的复杂性与功能特点决定了建筑形式的多样性。从功能类型出发是获得基本图式的设计起点之一。

1）相关或相似功能

根据相关或相似功能进行功能分区，是一个逻辑性很强、条理化程度很高的过程（见表 5-1）。通常我们将相互关联的建筑、部门、区域、空间做比较，依照其联系的紧密程度将其安排为毗邻或疏远关系。对于多层和高层建筑，竖向分区应优先于水平分区考虑。

表 5-1　根据相关或相似功能进行功能分区

分区形式	相关或相似的功能	
内外分区	公共使用区	内部工作区
动静分区	动态区	静态区
闹静分区	噪声容许区	静音区
洁污分区	清洁区、无菌区	易污染区
主辅分区	主要使用区	辅助使用区
作息分区	运作区	休闲区

区别大类实际上已经可以得到功能分区的雏形图式，即设计前期常见的功能气泡图。比如在住宅中，我们首先可以对主人、客人以及佣人的活动场所进行内外分区。佣人房应与厨房、操作后院、生活阳台、洗衣房毗邻，以免其经常活动的区域对主人起居影响太大。客房也可以相对独立地规划在主人卧室区域之外。然后再根据主人活动事件的不同，在起居、餐饮、睡眠和养生休闲空间几大块中进行动静、主辅分区。餐饮空间中，厨房、餐厅关系紧密；起居空间中，书房、会客室应归为一组；而睡眠空间则可以按照夫妻、子女、父母等进行单元化设置，每组除卧室外还应包括盥洗室、更衣室、储藏室等附属空间。

2）所需环境及产生的影响

针对活动所需的环境及可能产生的影响，也可进行功能分区。例如：银行受安全性要求的影响，应该呈现“客户交通—柜台出纳—金库”这种层层包裹、逐级加密的布局；在艺术教学楼中，由于绘画、书法、雕塑、陶艺需要经常维护管理，所以适合于集中安排；对于研究室、报告厅及会议室等相对洁净的房间，应该与其他功能房间相隔离；针对采光要求的不同，用于模特摄影的房间应该有直射阳光，用于底片冲印的房间则应设暗房。

在多层和高层建筑中，较重的蓄水池以及容易产生震动和噪声的设备房应安排在底层，活荷载不大的区域应放在上层，而盥洗室、焚化室、厨房等需要通风的房间则应集中安排在通风竖井附近。在工业厂房中，容易产生辐射、化学物质、烟雾、气味、垃圾的建筑应该远离主要区域，并应对其进行隔离处理。

3）活动性质

活动发生的频率、持续时间以及紧急程度的不同也会直接影响功能分区。在图书馆中，管理中心是借阅活动最频繁的地方，杂志或参考书目阅览室是活动时间持续较长的空间，书库则很少有人进出。在医院中，急诊室、加护病房、心脏科、外科、妇产科等紧急程度较高，药房、供应中心、行政部、后勤部的紧急程度相对较低。这势必会影响进行功能配置时的布局。这些都是进行功能分区的依据。

4）空间的使用容量

在综合功能的建筑中，还应根据各个空间的使用容量进行分组。例如，电影院有可容纳不同数量观众的放映厅，商场中有数个档次、规模、面积相当的专卖区域集中布局在一起，学校图书馆根据教师与学生的人数分别设置大小不同的研究室、教师阅览室、学生阅览室等。根据容量划分区域也易于对进入建筑内部空间的人群进行自然分流和疏导。

5）“人”的要素

在功能分区的过程中，针对不同使用对象所做出的细致配合更能够体现出建筑温情的一面。库哈斯曾经在法国波尔多附近为一位残疾人设计了一幢三层高的别墅（见图 5-19）。离散的单体以当中开放式的升降平台为中心，这个升降平台与一般意义上的电梯不一样。首先，它在尺度上扩大到 3.5 m×3 m；其次，它是由可移动和滑动的玻璃栏杆围合而成的，当其升降到任何一层的时候，都可以完全融入该层，成为空间中的一部分。这个活动平台的介入，打破了层与层之间僵硬的界线，使空间具有与残疾人特殊生活方式相适应的灵敏性，各个楼层开合流转的变化也调动了活动受限的使用者的感官积极性。

图 5-19

6）功能因素配置的模式化与多样化共存

同一类型的建筑功能布局存在相似的规律，但即使满足同一功能模式，设计方案也可能完全不同，即使是同一位设计师在其不同的思考状况下也会有不同的结果。这也正是共性演绎为个性过程中的乐趣所在。第一，建筑功能不可能孤立作用，而是与形态、空间伴生，共同组成建筑；第二，功能分区并不意味着特定或唯一的推理，它本身也具有灵活性和多样性；第三，个人对建筑的理解以及表达的潜力也是无限的。这些特点在妹岛和世设计的李子林住宅（见图 5-20）中得到了自主发挥。在业主原来的家中，每个成员的物件都是零乱散布在不同房间中，建筑师从他们的这种习惯出发，构思可聚可散的随性生活空间。在功能上打破了按楼层分区的常规，每层平面都设有卧室。房间的比例尺度也与传统住宅相去甚远。大厅只有一层高，餐厅、卧室、书房却有两层高。有的房间小到只有长桌或只有床。业主年幼的女儿幻想着在隔墙处安装一个窗子，这样，她和弟弟就可以在窗口对话了。于是，建筑师在内墙上跳跃式地布置了如外墙门窗般的洞口，使室内空间产生了内外置换、异乎寻常的错觉。这种功能划分在打破常规、制造惊奇的同时，也时刻关注着使用者的生活。

空间并非住人的机器，而是要为居住者提供一个能够激发想象、热爱生活的空间，能够诱发日后生活中所期望发生的功能，提供潜在的自由度。从功能分区到平面布局之间还存在一段距离，这个过程实际上就是设计者在确定与模糊之间寻求平衡的多次反复的经历。

2. 流线组织

流线组织就是从活动或事件展开的时间顺序出发，在各个功能活动区域之间建立积极而合理的联系，空间感受也根据人的行走进程同步变换，因连贯的交通而产生一定的秩序。同功能分析图一样，我们可以根据人的行为习性，确定其在使用或体验空间的过程中可能性最大、最为便捷的程序，并以箭头指示，这样形成的图就是流线图。

通常，三种流线要素最值得分析。首先是普遍存在的一般流线。无论何种建筑类型，我们都应该考虑人、车、货分流，对外客流和内部服务供应流线应分开。其次是专业流线。例如：车站、机场分为出发和到达流线；医院分为门诊、急诊、儿童门诊、隔离门诊等不同流线；图书馆分为读者和图书等流线。再次，紧急疏散流线是很多人流集中的建筑需要考虑的重要因素，应设置防火专用出入口以及通道。

从总的路径来看，流线有可逆和不可逆之分。可逆流线是指采用双向、放射、交叉等多种方式组织交通，为空间体验带来多重趣味。单向不可逆的流线的方向性相对明确、肯定。比如大多数展览馆和博物馆，参观人流被单向组织，从入口到展厅再到出口，整个过程是不可逆向颠倒的。在赖特设计的纽约古根海姆博物馆(见图 5-21)中，大多数参观者选择先搭乘电梯到顶层，然后再顺延坡道一路下行，途中参观各个展示区域。虽然地面、墙面同时倾斜，不利于展品陈列和欣赏，但是我们不得不承认在这座漫步式建筑中，螺旋形提供了一种在最小视距内产生最大视角的可能。

图 5-20

图 5-21

交通空间并非功能分区后的剩余图形，而是可以被抽象为功能之上的完整图形，是一个由“线”和“节点”构成的网络（见图 5-22）。

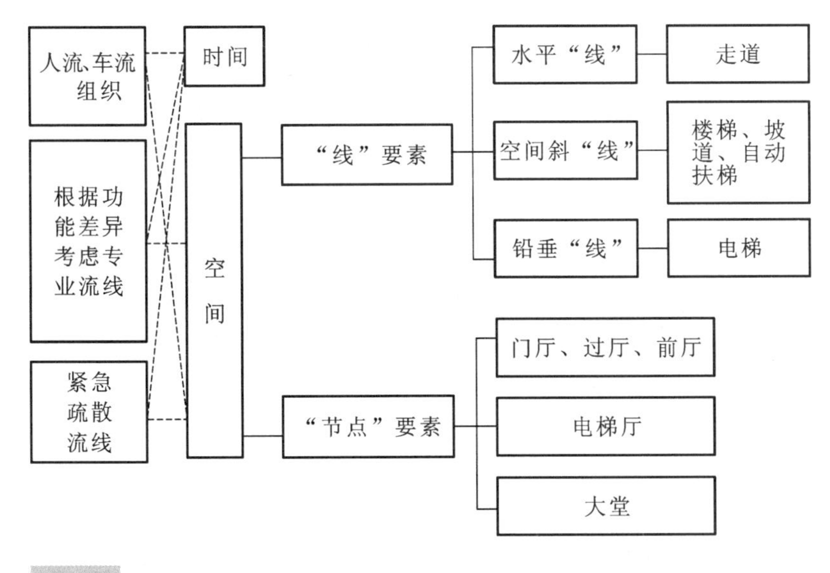

图 5-22

1）交通空间中的“线”要素

“线”要素涵盖了水平、垂直、倾斜各个方向上的廊道，包括走道、楼梯、电梯及自动扶梯等。它们中绝大部分起联系和导向作用，应该简单、明确，避免不必要的迂回曲折，有时也同时担负着观景、展示、休息等功能，甚至可以将其作为空间中的视觉焦点来处理。

2）交通空间中的“节点”要素

人们走到通道的交叉口时，往往需要决定继续前行还是转向，因而在此要留出充足的空间，供人回旋。这种衔接交通空间“线”要素的空间有前厅、过厅、电梯厅等。除此之外，还有另外一些扩大的节点，如门厅、大堂、中庭、内院等，它们不仅是活动枢纽，同时也具有接待、休息、等候、会客、洽谈等功能。

交通厅是空间句法中的顿号，使空间不至于因廊道过长而变得单调乏味。另外，垂直交通大都安排在水平交通的端点、角落、中心点等特殊位置，交通厅的设置也解决了从水平交通到垂直交通的方向上的转换，为人们停留等候提供缓冲余地。

门厅或大堂是人们最先进入的调整情绪的区域，其形态、尺度、导向性等都会影响其给人的第一印象。首先，不同类型的建筑，应该采取不同的造型手法暗示其性格。如写字楼和酒店的定位不同，其大堂也应区别设计。其次，门厅空间应该与建筑的整体尺度相适宜，一般可以根据人流量，以及不同的建筑类别、等级对人均占有面积的规定值，估算出门厅面积，由此控制满足功能的基本尺度。再次，门厅导向不能只借用平面标识设计或语音设备等非建筑手段，还应通过隔断位置、出入口醒目与隐蔽的对比，以及通道的大小等来控制穿行方向，同时调动造型、界面、光影、色彩、装饰等要素的暗示作用，使人流自然顺应设计预想前行，并分配至不同区域。

3）复合交通网络

除了水平交通和垂直交通外，空间中还存在一些斜向和螺旋形的非正交系统、厅堂中起交通联系作用的错层和夹层，它们同时具备交流、观看等多重功能。这些“线”要素和“面”要素通过多种方式，从不同方向积极组织为立体网络，构成四通八达的内部交通体系（见图 5-23）。

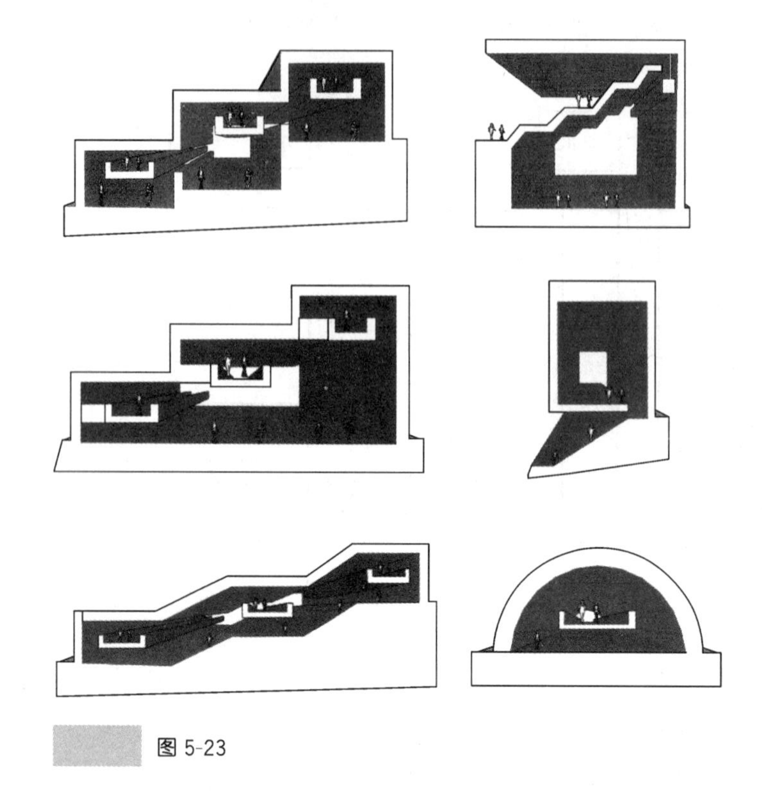

图 5-23

5.2 建筑平面设计

三维的建筑空间可以通过建筑的平面、立面、剖面表达出来。其中,建筑平面比较集中地反映了建筑内部的功能与流线关系。因此,建筑设计往往从建筑平面设计入手。

5.2.1 单一房间的平面设计

1. 房间的分类

按照使用性质的不同,建筑的房间可以分为主要房间和辅助用房。

1) 主要房间

主要房间是指建筑内与主要使用功能息息相关的房间,例如住宅中的起居室和卧室、博物馆内的陈列厅、电影院的放映厅等。根据使用性质的不同,主要房间平面设计的要求也不一样。

根据功能要求,主要房间可以分为以下三类:生活用房,如住宅中的起居室和卧室、旅馆中的客房等;工作和学习用房,如各类建筑中的办公室、教室、实验室等;公共活动用房,如商场内的营业厅、观演建筑中的观众厅等。

2) 辅助用房

辅助用房是指在建筑内提供辅助服务功能的房间,例如住宅中的厨房和卫生间、博物馆内的库房,以及一些设备用房等。辅助用房平面设计的原理、原则和方法与主要房间基本一致。不同类型的主要房间会配以不同的具有相应服务功能的辅助用房。

2. 房间的设计要求

1）满足房间使用特点的要求

不同功能的房间对设计提出了不同的要求，随之表现出来的空间也不同。卧室，是为了满足人们休息、睡眠的要求；教室，是为了满足教学的要求；观众厅是为了满足演出、集会的要求。因此，在进行空间设计时，需要采取相应的措施，满足各自的使用要求。

同类使用性质的房间，由于使用对象、使用方式和使用人数的差异，对房间的形状、大小、内部布置的要求也不一样。例如同样为卧室，在城市型住宅中和农村型住宅中，其考虑的内容就有所不同，集体宿舍房间和旅馆客房的差异就更大了（见图 5-24），主要是因为使用对象不同，使用方式发生了改变，从而影响着房间的设计。再如演出性建筑的观众厅，由于容纳的人数不同，其平面形式和空间体积也不同。

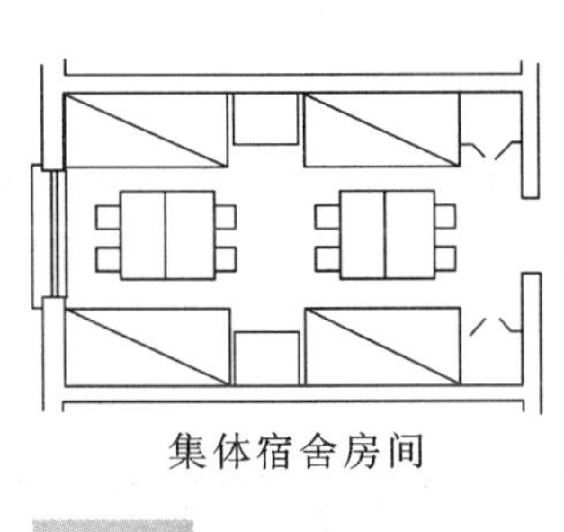

集体宿舍房间

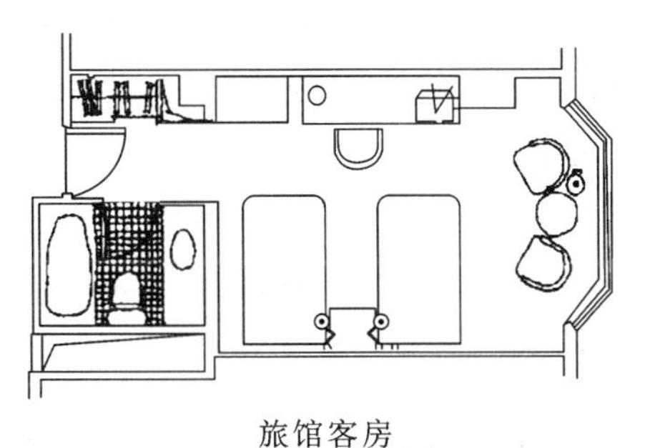

旅馆客房

图 5-24

2）满足室内家具、设备数量的要求

各类房间为了满足其使用要求，需要有家具、设备，并对其进行合理的布置。例如：卧室中有床、桌子、柜子等；教室中有课桌椅、黑板、讲台等；陈列室中有展板、陈列台、陈列柜等。由于这些家具、设备是供人使用的，所以它们的尺寸大小就与人体尺度密切相关。家具、设备的基本尺寸是以人体尺度作为基本因素来决定的。

在建筑设计中确定人们活动所需要的空间尺寸时，应照顾到不同性别、不同身材的人的要求。具体来说，有以下三种情况。

(1) 应按较高人体考虑的空间尺度，采用男子的身高幅度的上限 1.74 m，如楼梯顶高、阁楼及地下室的净高、个别门洞的高度、沐浴喷头的高度、床的长度等。

(2) 应按较低人体考虑的空间尺度，采用女子的平均身高 1.56 m，如吊柜、挂衣钩、操作台的高度等。

(3) 一般建筑使用空间的尺度，采用我国成年人的平均身高：1.67 m（男）和 1.56 m（女），如普通桌椅的高度等。

对于托幼建筑及中小学建筑，由于其主要使用对象为儿童，所以应根据不同年龄的儿童的身高确定此类建筑内部空间尺寸的大小、窗台和栏杆的尺度，以及家具和设备的尺寸等。

人体活动所需要的尺度是确定建筑内部各种空间尺度的主要依据。根据房间内设备、家具所需的具体尺寸，以及人体活动和交通所需的空间面积，就可以基本确定空间大小，但同样面积的房间，由于房间平面比例及尺寸的不同，也会直接影响家具的布置和使用效果。一般房间良好的长宽比例应为 1∶1～1.5∶1（见图 5-25）。同时，房间内部设备、家具布置得恰当与否也会对空间的组织和利用产生很大的影响。

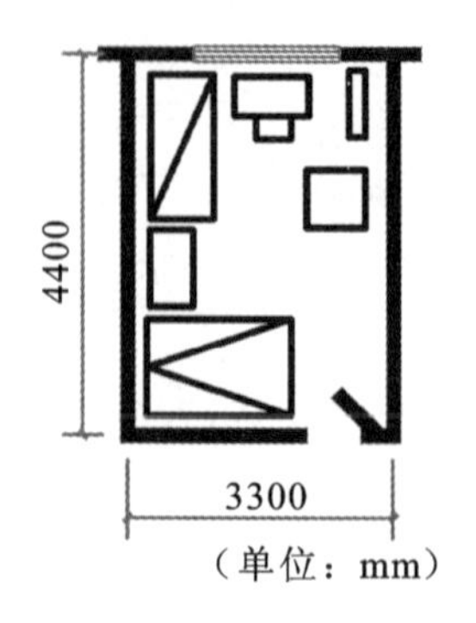

图 5-25

3）满足采光、通风的要求

不同性质的房间会有不同的采光要求。房间从窗子获得天然光线称为自然采光。窗子的大小、位置、形式直接决定了房间内的采光效果。窗子的位置决定了房间光线的来源方向。自然采光的形式通常可分为侧面采光、顶部采光和综合采光。一般的房间均为侧面采光。竖向长方形窗子在房间深度方向上的照度较均匀，横向长方形窗子在宽度方向上的照度较均匀。为了保证房间最深处有足够的照度，必须使房间的进深小于或等于采光口上缘高度的两倍。

为了满足采光要求，采光口的大小应根据采光标准来确定。各地区在选用标准时还应根据本地区的具体情况综合考虑，如重庆地区，天阴多雾，窗地比应适当提高，而天气晴朗、阳光强烈的地区，窗地比可适当降低。当房间的跨度较大，仅靠侧窗采光不能很好地解决室内的照度问题时，在条件允许的情况下可在照度不足的区域设置天窗。

在满足采光要求的前提下，还要考虑到通风的要求。一般的自然通风指完全靠门窗来组织的通风，因而在房间设计中，门窗的位置、高低和大小都需要充分地考虑到。在进行门窗设置时，要尽量减少涡流区（空气不流通地带）的面积，可增设高侧窗以减小涡流区（见图 5-26）。

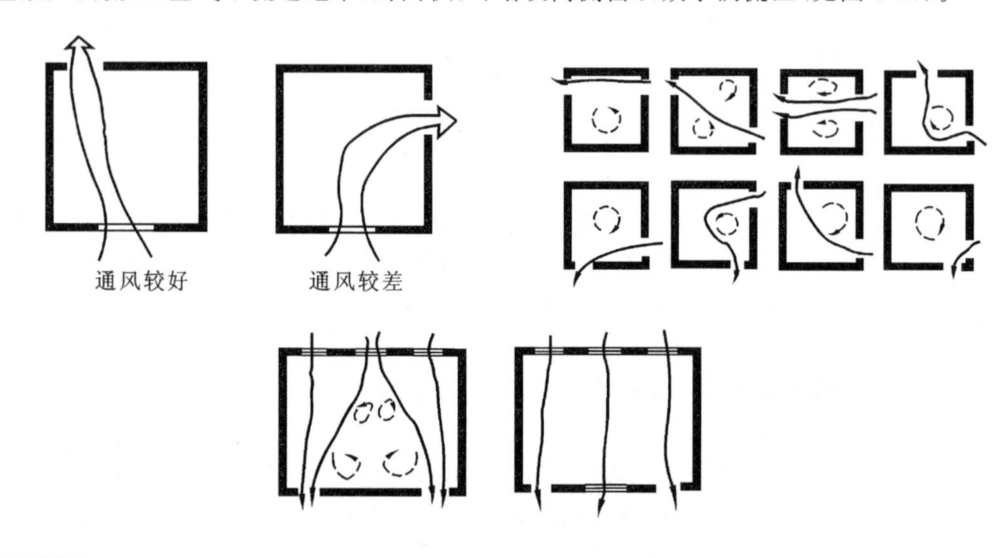

图 5-26

在北方寒冷地区，为了满足冬季换气的要求，应保证一定的通气窗面积，在布置进气口与排气口时，应尽可能拉大两者的高差，使室内获得更加良好的换气效果。

较特殊的自然通风是指利用排气天窗或抽气罩等设施以改善室内的通风换气效果。如浴室、厨房等使用空间，可设置排气天窗及时排除室内大量的蒸汽和油烟，以创造良好的卫生条件和工作条件。

容纳大量人流且要求密闭使用的空间，如观众厅等，自然通风很难满足通风换气的要求，应设置机械通风设备，并由专业人员配合建筑设计人员进行专门的通风设计。机械通风设备在房间内分布，必定会影响内部空间的尺度和视觉效果，需要建筑设计人员进行巧妙的安排。

4）满足室内交通活动的要求

人流活动路线联系着内部空间和外部空间，房间内部的人流活动路线主要与设备和家具的布置，以及附属设施的配置有关，应保证路线明确，尽量避免和减少交叉。例如：陈列厅内展板的布置就决定了观众的参观路线；候车室中旅客的活动路线与候车室座位的排列、入口及检票口的位置、厕所等附属设施的布置紧密相关(见图5-27)。

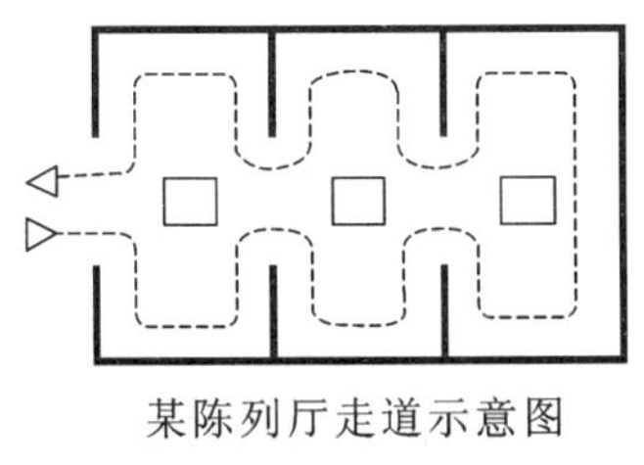

某陈列厅走道示意图

图 5-27

房间对外的交通疏散与走道的布置、疏散口的位置和数量有关，例如，观众厅的走道布置、疏散口的位置和数量就决定了人流方向和疏散时间的长短。进行疏散设计时，必须遵照防火规范的有关规定进行计算。

5）满足结构布置的要求

进行房间设计时应根据功能要求选用经济、合理的材料和结构形式。不同的结构形式对建筑空间有一定的影响。同时，随着社会科学技术的发展，新材料、新结构不断出现，对房间设计亦起着积极的作用，例如，框架轻板体系的出现，打破了单个房间的设计受承重墙结构布置影响的局限性，而有可能在一个较大的建筑空间中，采用轻质隔断，如石膏板、加气混凝土板等，将大空间分隔成所需要的大小不同的小空间，并且随着功能的变化，可重新进行分隔，以符合新的功能要求。

6）满足人们的审美要求

进行房间设计时，在考虑使用要求和技术经济条件的同时，还必须考虑内部空间的构图观感等精神功能要求。室内空间要大小适宜，比例恰当，色彩协调，使人产生舒适、愉快的感受与体验。例如：教室、卧室要求朴实、安静；幼儿园活动室要求轻松、活泼；纪念馆、陈列馆则要求清静、严肃。

3. 房间平面形状的确定

房间的平面形状首先必须符合使用功能的要求，其次还要考虑室内空间观感、建筑整体形状、建筑周围环境等要素。通常，使用中如果没有特殊要求，多采用矩形平面，便于人的活动和家具、设备的布置，结构施工也较为便捷。

1）功能使用决定房间形状

通常，房间的平面形状以矩形为主，便于人的活动和家具的布置。例如，住宅中的各种房间、办公室、教室、旅馆客房等的平面形状都是矩形。观众厅、体育馆等大型空间，在使用中为了让观众听得更清楚、看得更清楚，在矩形之外，还可以选用钟形、扇形、六边形等平面形状(见图5-28)。

2）地形和朝向对房间形状的影响

为了争取更好的朝向，或者为了适应不规则的地形，可以采用灵活的平面形状(见图5-29)。

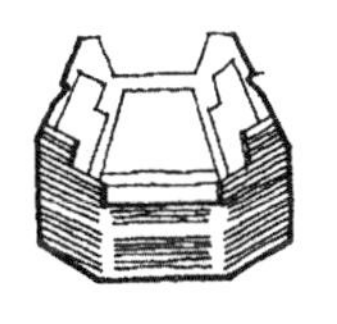

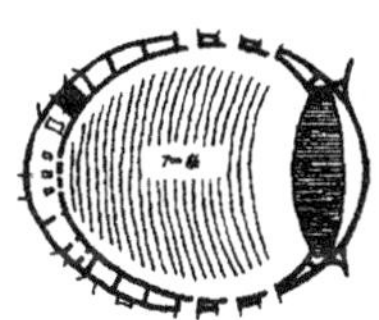

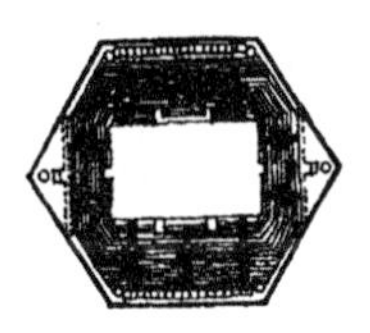

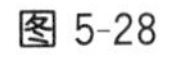

图 5-28

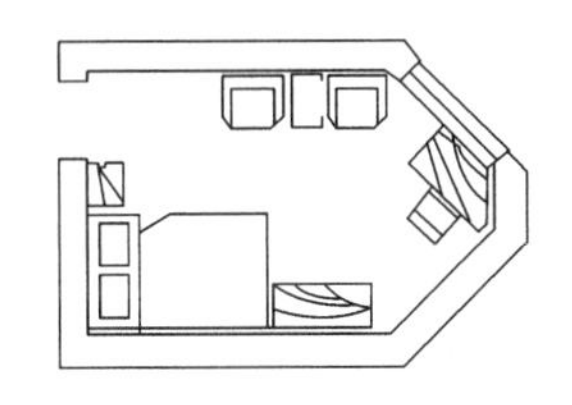

图 5-29

3）立面造型对房间形状的影响

为了满足立面造型的特殊要求，可以调整建筑平面的外轮廓线，对内部房间的平面形状进行适当的变形，使用非矩形的平面形状(见图 5-30)。

4) 房间长宽比例的确定

对于矩形房间来说，同样的面积，长宽比例的不同会直接影响房间的使用。出于节能、节地的需要，通常矩形房间的进深要大于开间，进深和开间常常采用接近于 3∶2 的比例。由于特殊情况而采用的狭长形房间，可以通过改变门的位置来改善使用中的不便(见图 5-31)。

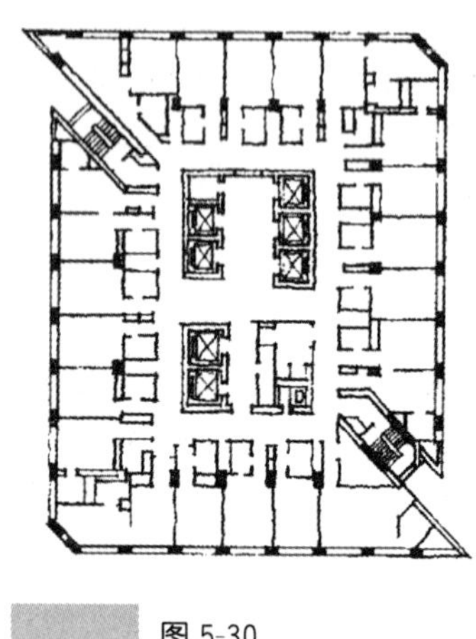

图 5-30

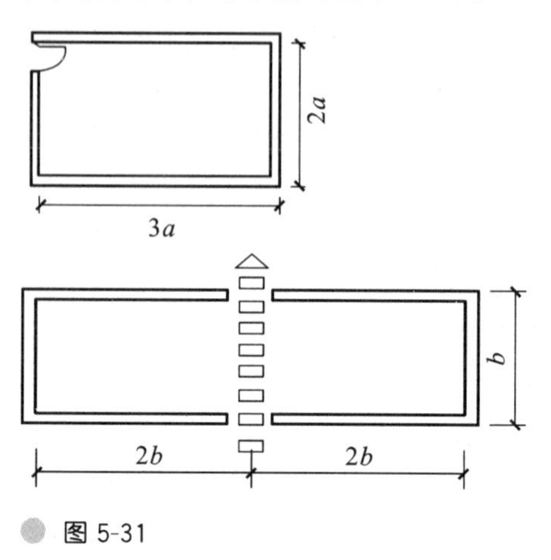

图 5-31

4. 房间平面尺寸的确定

影响房间平面尺寸的主要因素包括房间内设备、家具的尺寸，使用者的人体尺寸、人体活动尺寸，一定的交通面积。在满足使用功能的前提下，要尽量减少交通面积。房间平面尺寸的确定方法有很多种，详述如下。

1) 排列计算法

排列计算法适用于使用人数较为确定的房间。综合考虑人体活动、交通面积等因素，对房间内的家具进行排列和布置，以此来确定房间的平面尺寸。

(1) 面积小、使用人数少的房间。

居室、客房、办公室等房间的平面尺寸主要根据家具的布置来确定，并且要考虑结构的经济性。以一间卧室的平面尺寸的确定为例来说明，如图 5-32 所示。

(2) 家具和使用人数成正比关系的房间。

中小学教室通常一人一椅或两人一椅，影剧院通常一人一座，可以通过排列计算确定房间的平面尺寸。以一间中学教室的平面尺寸的确定为例来说明，如图 5-33 所示。

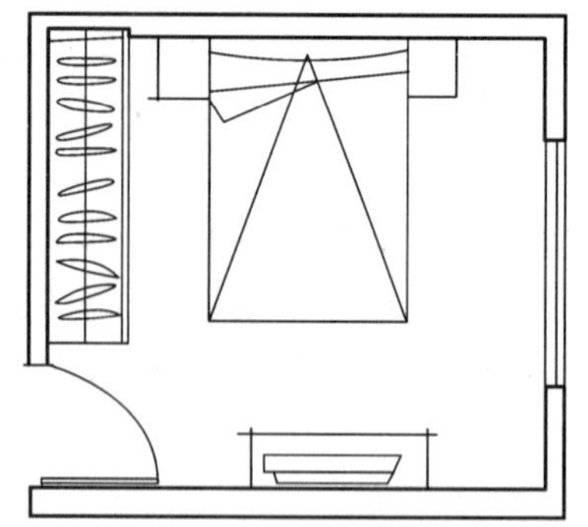

卧室的平面尺寸的确定(单位：mm)
双人床：2000×1500；
卧室门宽：900；
墙厚：240；
开间：2000＋900＋240＝3140，取整凑模数：3300；
进深/开间一般为(1.2～1.5)/1，故进深约为 4500。

图 5-32

2) 分析计算法

对于使用人数与家具没有固定比例关系的房间，如营业厅、休息厅等，相关规范中往往会给出面积定额指标。设计中需要结合实际调研来确定人数，再根据面积定额指标进行计算，从而得出房间的平面尺寸。

常见的面积定额指标有：公路客运站候车厅，1.10 m^2/人(按照最高聚集人数计算)；超市自选厅，1.35～1.70 m^2/人；电影院休息厅，0.1～0.7 m^2/人。

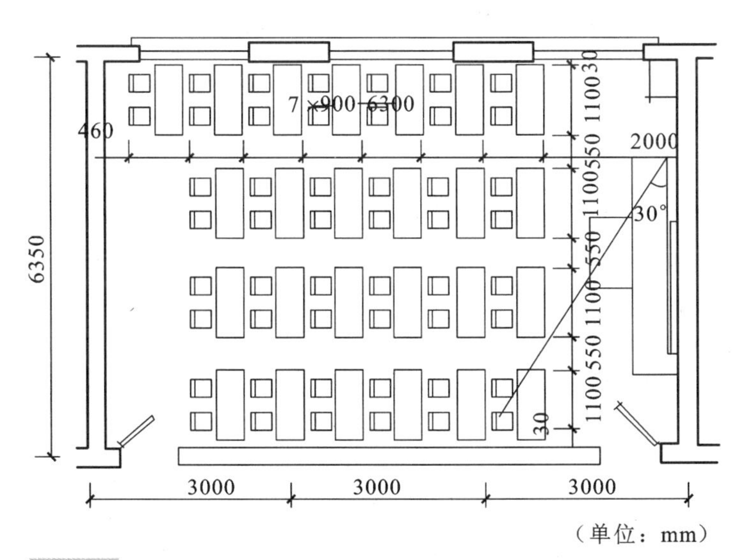

中学教室的基本使用要求如下。

（1）第一排座位距黑板的距离大于 2 m。

（2）第一排边上的学生看黑板远端的视线与黑板的水平夹角不宜小于 30°。

（3）最后一排学生距黑板的距离不宜大于 8.5 m。

（4）学生的桌椅排距为 900 mm，桌椅纵向通道的宽度为 550～650 mm。

图 5-33

5. 门的设置

1）数量与宽度

房间门的数量与宽度根据房间的用途、房间的大小、容纳人数的多少以及搬运家具或设备的需求来决定。当房间面积≥60 m^2 时，按照防火规范要求，必须设置 2 个或者 2 个以上的门。在消防安全上，对疏散时间有要求的建筑，其门的数量要求较多，具体的数量及宽度要求需要查阅相关设计资料，按照相关规定进行设计。常用的房间门洞尺寸如表 5-2 所示。

表 5-2 常用的房间门洞尺寸

建筑类别	门的位置	洞口宽度/mm	洞口高度/mm
居住建筑	入户门	1000、1200	2000
	起居室、卧室	900	2000
	厨房	800	2000
	卫生间、储藏室、阳台	700	2000
公共建筑	教室、会议室等	1000～1200	2000

2）位置与开启方向

门的位置与开启方向应便于室内家具的布置，并尽可能缩短交通路线。开门位置还会影响室内有效面积，如图 5-34 所示。

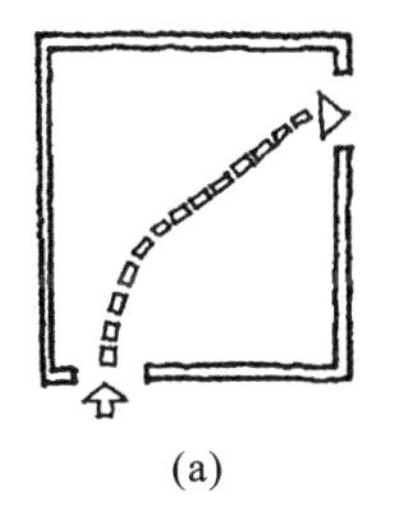

(a)

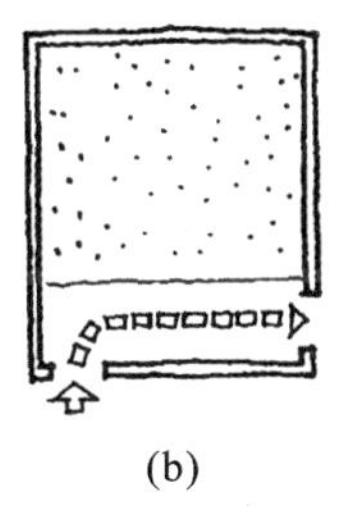

(b)

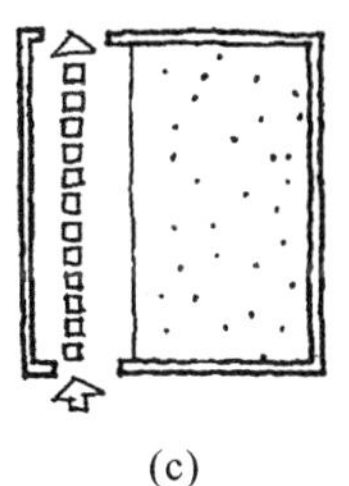

(c)

开门位置影响室内有效面积，(a)不当，(b)和(c)较为合理。

图 5-34

6. 窗的设置

确定窗的大小和位置，要考虑室内采光、通风、立面美观、建筑节能以及经济性等方面的要求。

1）民用建筑的采光等级

根据使用者工作要求的精密程度的不同，从极精密到极粗糙，民用建筑的采光等级可以分为Ⅰ、Ⅱ、Ⅲ、Ⅳ、Ⅴ五级。例如，绘图室的采光等级属于要求极精密的Ⅰ级。要求越精密的房间，其窗地比越大。

按照要求，常用房间的最低窗地比分别为：设计室、绘图室等（采光等级Ⅰ），1/4；阅览室、实验室等（采光等级Ⅱ），1/5；办公室、教室等（采光等级Ⅲ），1/6；起居室、卧室等（采光等级Ⅳ），1/7；走廊、储藏室等（采光等级Ⅴ），1/10。

2）窗的大小

窗的大小取决于建筑的采光等级、建筑的节能要求、建筑的造型需要以及建造成本。通常，建筑的采光等级越高，开窗面积越大。在寒冷地区，建筑节能要求越高，开窗面积越小。

3）窗的位置

窗的位置的选择直接关系到建筑通风的好坏，可以将窗户和门、窗户和窗户分别布置在相对的墙面上，位置也尽可能相对，以利于形成穿堂风（见图 5-35）。在选择窗的位置的时候，还应该考虑到避免西晒、避免视线干扰、争取最佳景观朝向等影响因素。

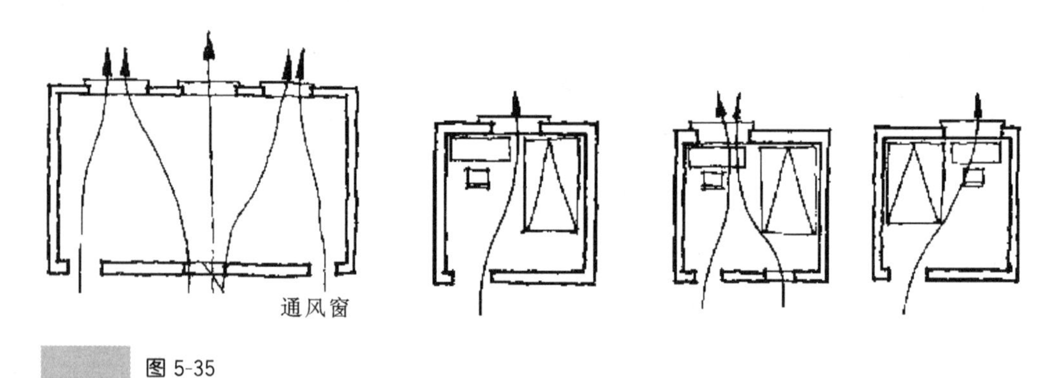

图 5-35

门窗的位置应有利于保留较多的完整墙面，便于布置家具和充分利用空间。图 5-36(a)中，门窗的位置分散，室内墙面不完整，家具不易布置；图 5-36(b)中，适当调整了门窗的位置，保留了几个完整的内角，室内布置得到改善。此外，门的设置，应尽量集中在一侧或一角，使交通面积与活动面积结合利用。图 5-36(d)中，贮藏室的开口设于卧室门的背后，节省了面积，而图 5-36(c)中，贮藏室的开口位置就不利于家具的布置，增加了交通面积。

7. 不同类型房间的设计

进行房间设计时，必须综合考虑各种因素，但对于不同类型的房间，各种因素的主从是不相同的，而且它们之间有时还存在矛盾。因此在设计时应抓住各类房间的特性，分析主次矛盾，全面考虑。

1）生活用房

这类房间主要是为了满足人们睡眠、学习、起居（包括就餐、会客、家庭团聚及日常事务活动等）的要求。根据房间内的活动内容，生活用房可分为卧室、起居室、餐厅、学习室等。

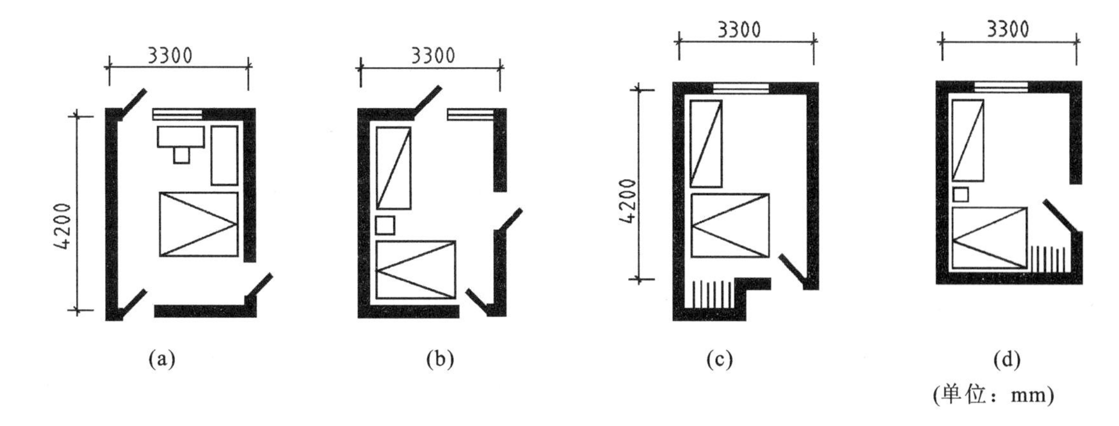

图 5-36

(1) 卧室。

卧室主要是人们睡眠、休息的空间，是住宅建筑中的主要组成部分。卧室要求安静，朝向良好，保证冬季有足够的阳光射入，夏季又能避免大量的直射阳光。北方寒冷地区应注意卧室的保温要求，南方炎热地区要使卧室能获得良好的通风。在进行平面设计时，应使室内活动空间尽可能完整、集中。卧室的开间和进深尺寸，应考虑其与床位尺寸的相互关系，以提高床位布置的灵活性。图 5-37(a)中，开间尺寸除掉门宽后剩下的墙段不够一床宽；图 5-37(b)中，床位布置有灵活性，布置紧凑，活动空间集中、宽敞。

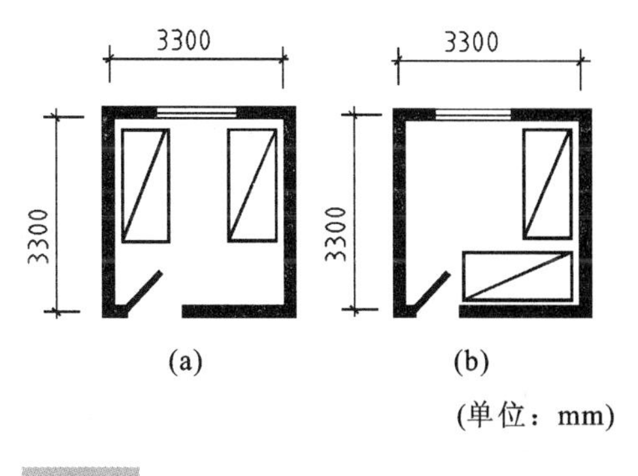

图 5-37

(2) 起居室。

起居室是供会客和家庭团聚用的空间。由于起居室的使用功能较多，故其位置应在住宅的活动中心，最好与住宅的出入口有直接的联系，与餐厅、厨房、卧室等也应有方便的联系，并尽可能争取良好的景观，例如朝向绿化庭院设置较大面积的门窗，使室内敞亮。若有生活阳台与起居室相连，则更为理想。其室内布置应按活动内容分区，形成几个活动范围。

(3) 餐厅。

餐厅是供就餐用的空间，其位置应靠近起居室，可为独立的房间，也可与起居室合用一个空间。餐厅还应与厨房有方便的联系，但又需防止厨房的油烟窜入餐厅内。

(4) 学习室。

学习室亦称书房，供学习、研究之用，要求光线均匀，环境安静。室内除了布置书桌椅外，还应有足够的藏书面积，同时要考虑休息的需要。

2) 工作、学习用房

这类房间主要供人们进行日常工作或学习之用，包括办公室、教室、阅览室、实验室、会议室等，要求有充足而均匀的光线。

(1) 办公室。

办公室是办公楼建筑的主要房间。办公室的设计与使用方式、标准高低、设备尺寸、布置形式等因素有关。随着生产力的发展、科技水平的提高和各种信息的大量增长，管理机构不断扩大，集中大量职员的办公室亦逐步发展起来。其布局由单间式办公室到开敞式办公室，再到景观办公室，不断演变。

① 单间式办公室。

单间式办公室是指将一般职员安排在多人房间内，将高级职员安排在单人房间里。国内目前大多采用这种办公室布局。单间式办公室的开间通常为3.0～6.0 m，进深为4.8～6.6 m，层高为3.0～3.6 m。一般的办公室以每人4 m^2 左右的面积计算，而较高级的办公室则需要附设秘书室、接待室、专用盥洗室等。

② 开敞式办公室。

开敞式办公室是指把普通职员和高级职员统一安排在一个开敞的、环境质量相同的办公室中，根据工作流线安排工作位置，以适应各部门之间联系的需要，在银行建筑中常见到此类办公室。

③ 景观办公室。

景观办公室强调办公室中人与人之间复杂的交往和所有其他办公因素间的相互关系，如工作场所及各种环境条件等。在景观办公室的设计和布置中，首先应确定平面中工作点的位置，并借助隔断、家具、绿化等进行空间分隔和联系，形成一个宜人的具有自然特色的工作环境；然后采用便于安装和拆卸的模数制家具和模数制平面，以最大限度地满足办公程序变更的需要。景观办公室的开敞式布局应符合高层建筑结构体系的布置原则。

这种办公室目前已风靡世界。景观办公室的平面面积不宜小于400 m^2，宽度不宜小于20 m，净高为3 m左右，随平面面积的变化适当增减。人类工程学研究证实，当温度为20～26 ℃，相对湿度为35%～65%，最大空气流速为0.15 m/s时，职员处于最佳工作状态，产生的错误最少。办公室内工作位置旁安装隔断，是为了减少视觉和噪声干扰，以形成个人领域。隔断的高度通常为1.5～1.6 m。景观办公室必须采用人工环境设施，如墙、地面和天棚的吸音处理，以及人工照明和空气调节等。

(2) 普通教室。

普通教室是学校教学楼中最主要的教学活动用房，在学校用房中所占的比重大，且要求高。进行普通教室的设计时，应保证有足够的活动面积，有较好的朝向和通风条件，并尽量减少噪声的干扰。

① 课桌椅等家具的尺寸和设备的要求。

课桌椅的尺寸应随着学生年龄的不同而改变，以保护学生的视力和学生身体的健康成长。教室前面的黑板一般长3～4 m，高1.0～1.1 m；黑板下边距讲台台面的高度为0.8～1.0 m；教室后墙可设水泥黑板；讲台高约0.2 m，宽约1.0～1.5 m，两端较黑板长出0.2～0.3 m。教室中最好设置布告板、课程表、寒暑表、电插座、挂衣钩、清洁柜、雨具架等设备。

② 教室的平面形状。

根据国内的一般情况，中小学每个班的人数为50～64人，普通教室的平面形状有长方形、正方形、五角形和六角形等多种。在进行教室设计时，在满足教室使用要求的条件下，为了便于教学楼的空间组合，使结构简单、施工方便，一般采用矩形平面。

(3) 阅览室。

阅览室是图书馆建筑中的重要组成部分之一。阅览室的室外环境应安静，室内宜采取适当的吸声、隔声措施，以减少噪声的干扰，并要求光线充足，照度及亮度均匀，避免眩光。阅览桌的布置应考虑光线的投射方向。

① 规模和尺寸。

一个图书馆内的阅览室，宜有大、中、小不同的类型，且应能分能合，以便灵活安排，便于管理。阅览室不宜太大，否则会不便于管理。大型阅览室的面积最好为 300～400 m^2，中型阅览室的面积可为 100～200 m^2，小型阅览室的面积可为 30～50 m^2，供一个专题小组使用。

② 开架阅览室和半开架阅览室的布置。

这两种阅览室都有固定的工作人员，因此，必须考虑管理工作的要求。工作台宜设在出入口处，这样路线通畅，便于工作人员管理。开放书架宜布置在阅览室的一侧或一端，以使工作人员的视线不被遮挡。

③ 开间与跨度。

阅览室的开间应是阅览桌排列中心距的倍数。目前，阅览室使用的阅览桌多为双面阅览桌，其排列中心距为 2.5 m 左右较合适。阅览室的跨度，单面采光时一般为 7～9 m，双面采光时一般为 14～18 m。在结构允许的条件下，室内应少设或不设柱子，如果不可避免，柱子的位置应以不影响阅览桌的布置和不妨碍交通为原则。

3）医疗用房

这类房间是医院建筑中医生为病人诊断和治疗时用的，包括诊察室、病室、手术室、放射室、药房等。

(1) 诊察室。

诊察室是医生对病人进行病情诊察的房间，层高一般为 3.0～3.6 m。由于各科诊察情况不同，诊察室的平面要求也略有差异。

① 内科诊察室。

内科诊察室有两种布置方式，如图 5-38 所示。一种是两个医师合用的诊察室，其优点是面积利用比较经济，主治医师指导实习医师也比较方便，有利于学生参观学习，缺点是医师问诊时会互相干扰，有时病人诉说病情时会受拘束，病人脱衣检查时也不方便。另一种是只有一个医师的诊察室，其优点是安静无干扰，缺点是主治医师指导实习医师不方便，且各诊察室合用的一些诊断治疗器械取用也不方便，最好能在诊察室内部设门连通，亦可在大诊察室内部设置不到顶的隔断墙，有利于通风、采光，使用也方便，还可灵活更改间隔。内科诊察室的家具设备有诊察床、诊察桌、医师座椅、病人座椅、洗手盆、X 光片读片灯等。为了节省诊察室面积，家具宜小巧。诊察桌的尺寸一般为 50 cm×80 cm，诊察床的尺寸一般为 50 cm×180 cm。

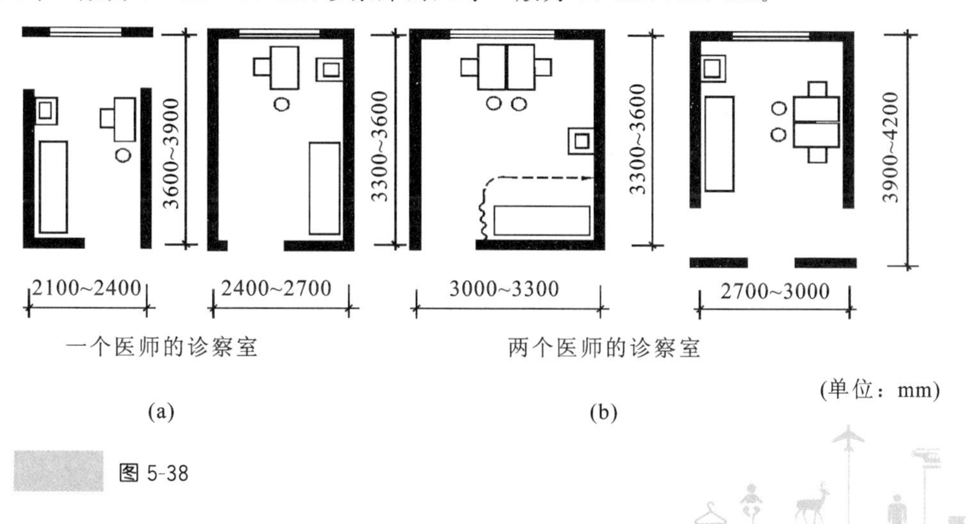

图 5-38

② 外科诊察室。

外科病人较多,检查治疗的工具器械也较多,诊察室内需要布置器械桌柜等,使用的器械也可放置在面积较大的会诊室内。外科诊察室内的家具设备除包括内科诊察室内的家具设备外,还应有器械小桌和消毒泡手盆架。外科病人多数需要换药,所以应设换药室,换药室应与诊察室相邻,并接近出入口,便于病人换药后离开。换药室的基本要求是无菌、安静、光线充足、空气良好,有菌与无菌的换药区域要求隔开,以免感染,最好分为两室。

③ 儿科诊察室。

儿童对疾病的抵抗力较弱,为了避免感染,儿科应与其他科室隔离,特别应和内科隔离,并应有直接对外的独立出入口。儿科入口处设有预诊室,病儿需先经诊断是否患有传染性疾病,以便及时隔离。儿科诊察室之间最好适当隔音,以免儿童检查时哭闹而相互影响。

(2) 病室。

病室是病人疗养、住宿的房间,要求有安静、清洁的环境,良好的朝向,充足的光线,柔和的室内色调,以及简单、大方、容易清洗的家具,并最好在病室外设有阳台,供能活动的病人使用。目前,在一般的综合医院中,病室内病床的布置皆采用病床与有窗的外墙平行排列的方式,使病人不受直接光线刺激。病室大小不同,平面布置亦略有差异(见图 5-39)。

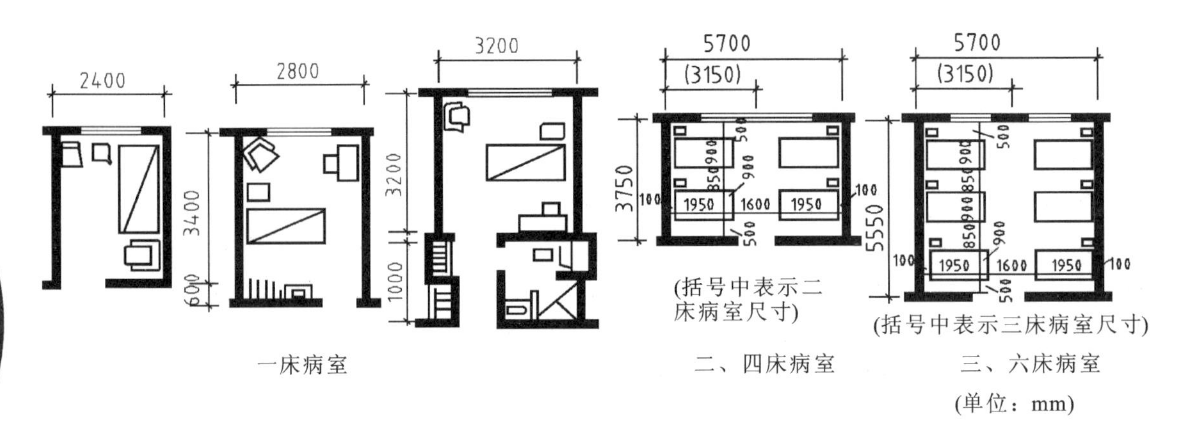

图 5-39

① 一床病室。

一床病室除了普通病室外,还有分离室和隔离室两种。分离室用以分离重病或危重病人,或供睡眠之用,亦可作为有奇臭、怪声大叫及其他妨碍别人的病人的单人病室,根据不同标准有不同的布置方式。隔离室用于必须完全隔离的病人。病室内应附设卫生间,病室与走道间的墙或门上可开小窗,以便工作人员在走道内观察病人的情况,除此之外,还应设传递窗,用于传递病人的食物。

② 二床病室及三床病室。

这类病室供一般病人用。病床之间最好设有帷幕,挂在吊装于天花板的金属管上,供治疗或擦澡时临时分隔空间之用。二床病室较安静,适宜容纳同科的病人。三床病室比二床病室面积利用更经济,也便于开展护理工作,缺点是靠内墙的床位,采光、通风条件稍差。

③ 四床病室及六床病室。

四床病室内每一个病人均有自己的一角,若设有帷幕,护理工作比较方便。这类病室有利于病人彼此照顾,病人也有自由选择说话伴侣的机会。六床病室面积利用更经济。

(3) 手术室。

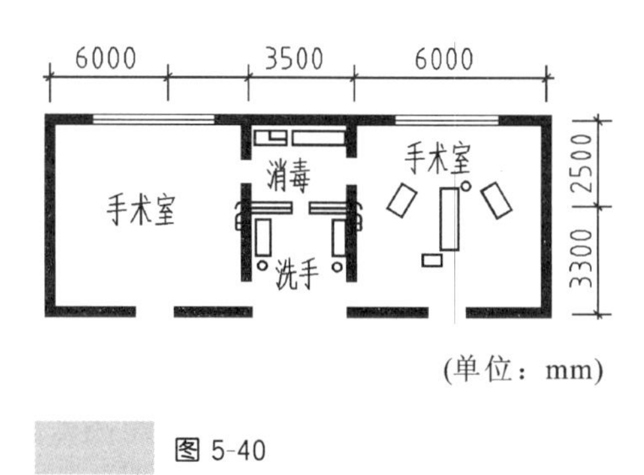

图 5-40

医院手术室的设计(见图 5-40),既要考虑到医疗目的和要求,也要考虑到有利于医务人员开展工作,它直接影响病人的生命安危,间接影响病床的利用率。

① 空间大小。

一般的手术室所需面积为 30～36 m^2,小手术室的面积不得小于 20 m^2。在规模较大、技术条件较好的医院,应至少有一间面积为 42 m^2 左右的手术室。层高以使悬挂的无影灯与手术台保持适当的距离为宜,即灯面离手术部位约 1.1 m,一般手术室的层高为 3.2～3.6 m。

② 平面布置及内部装修。

地面应采用易清洁、不易腐蚀、不易被血污染的材料,如颜色较深的水磨石,并应避免接缝或嵌缝,以利于保持清洁。室内地漏宜设于手术台下。地面要有足够的坡度,以便冲洗。内墙面最好全部使用可冲洗、不反光的材料,如瓷砖、大理石等,否则应做至少 2 m 高、可冲洗、不反光的墙裙。墙面接缝及墙面和地面相接处应做成圆角,以免积灰,也便于冲洗。

窗应采用双层可开关的钢窗,以便开窗时可接受紫外线的消毒,关闭时又有较好的隔离。外窗能防尘、隔热,窗内应有窗帘及调节光线的装置,如活动百叶窗等。标准较高的手术室一般采用固定的双层玻璃窗,其两片玻璃的夹层内设有空气调节装置,以降低冬季散热的速度。

门需要采用木质或其他不易碰碎的材料,不采用玻璃门,避免抬担架时碰碎。

理想的色调方案为地面采用绿色,天花板采用浅黄灰色,内墙上部约 2/3 处采用蓝绿色。

③ 人工照明及天然采光。

手术室以朝北为宜,因为南面光线强而不稳定,一般可开较大的窗。手术室的人工照明更为重要,手术医师工作时,为了避免阴影,不宜使用单独的光源,必要时可增加活动辅助光源。手术台上空设无影灯,每灯外有一层吸热玻璃、一层有色玻璃和一层保护玻璃。

④ 看台。

有教学任务的医院手术部,要求有些手术室设置看台,亦可以采用电视作为辅助教学之用,实习医生坐在专设的教室里学习,能清楚地观察到手术的过程。

4) 商业用房

这类房间主要供大量人流进行商业活动,其特点是人流活动具有连续性。根据交易活动的特性,商业用房可分为两类:一类是百货业商业用房,包括百货商店和各类专业商店的营业厅,以销售商品为主;另一类是服务行业商业用房,包括餐厅、照相馆、理发店、浴室等营业厅,主要为顾客提供服务。这类房间的设计应重视人流路线的组织和引导,并应结合商店的不同性质,创造独具一格的内部空间气氛。

营业厅是专供销售商品的场所,是商店建筑的主要空间,顾客、营业员和商品三者在营业厅中会合。在建筑设计中要充分满足以下三方面的要求:使顾客流线有良好的导向,为顾客创造方便、舒适、愉快的购物环境;使陈列商品充分反映其特性、质感、美感和全貌,便于顾客选购和观赏;便于营业员操作,减轻劳动量,提高劳动效率。

(1) 营业厅售货现场常用设备、顾客通道宽度和面积分析。

售货现场常用设备有柜台、货架和收款台等。

顾客通道是顾客流动和选购商品的空间,它不仅需要保持流畅的交通,便于疏散,还要求保证顾客观赏和挑选商品时有足够的活动空间。因此，顾客通道的宽度应根据人体购物、观赏商品、行走的尺度，以及人流数量等来考虑，除此之外，顾客通道的宽度还与通道性质、柜台长度等因素有关。目前，国内的顾客通道宽度常采用 3.0 m 左右。

营业厅总面积包括营业员用面积和顾客流动面积两部分，这两部分面积的比值直接影响着营业厅的使用状况。如果营业员用面积过大，必然会压缩顾客流动面积，造成交通拥堵，同时由于营业员的工作面积过大，使货架与柜台之间的间距相应增大，这样会增加营业员的劳动强度。反之，如果顾客流动面积过大，则会使营业员的工作面积过小，从而会影响售货。因此，两者之间应有合适的比例。目前国内以封闭式售货方式为主的营业厅内，营业员用面积和顾客流动面积之比为 1∶1 左右，大型商店的营业厅内，可达 2∶3。

(2) 售货现场的布置形式及其特点。

商店由于营业方式不同，会产生各种相应的布置方式(见图 5-41)。隔绝式一般用柜台将顾客与营业员、商品隔开，这种传统的布置方式虽然便于营业员管理商品，却不利于顾客挑选商品。半隔绝式使用柜台等使局部售货现场与营业厅其他部分隔开，让顾客进入营业员工作现场，有利于不同的顾客根据各自的需要挑选商品。采用开敞式布局时，商品摆放在陈列架上，允许顾客任意挑选，是明显提高商店服务质量的方法之一。

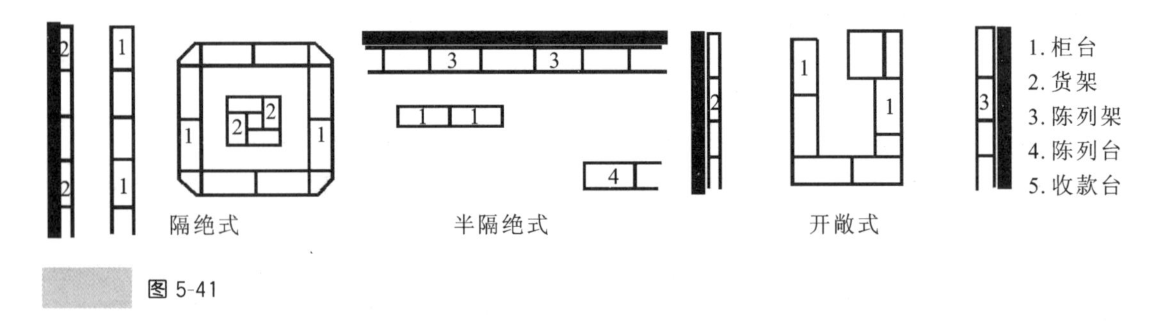

图 5-41

售货现场的布置形式可分为直线式、岛屿式、斜线式、自由式等多种形式。采用直线式布置形式时，柜台、货架顺墙排列成直线，这样布置的柜台较长，节省人力。当离墙约 1 m 左右布置高货架时，可设置散仓，作为暂存商品的空间。采用岛屿式布置形式时，柜台、货架呈岛状布置，特点是柜台长，陈列商品多，方便顾客观赏、选购。斜线式是指将柜台、货架等设备与营业厅的柱网成 45°斜向布置，自由式是指灵活组合小空间，采用这两种布置形式可以增加营业厅内部生动、活跃的气氛，从而激发顾客的购买欲望。

(3) 营业厅的柱网和层高。

柱网的选择首先应满足基本使用要求，同时还与基地条件、结构方案、技术经济条件等因素有关。营业厅的层高亦受面积大小、客流量多少等多种因素的影响，国内通常大、中型营业厅底层的层高为 4.8～6.0 m，第二层的层高为 4.2～5.0 m。

营业厅内的采光、照明设计，首先要保证真实地反映商品的质量和颜色，以便顾客选购；其次应避免直射阳光照射商品，使商品变质和褪色。

5) 展览用房

展览用房主要是指陈列室。通过陈列可以进行宣传教育和参观交流等活动。按展出内容，陈列室可分为综合性陈列室，政治思想教育陈列室，工业、农业、交通运输等经济建设成就陈列室，科学技术陈列室，文化艺术陈列室等。各种陈列室虽然因展出内容不同，设计要求略有差异，但其基本要求是大致相同的。

(1) 基本要求。

陈列室的设计首先要满足陈列要求，适合于陈列的内容及其特性，参观路线要避免迂回，方向性要明确，要争取良好的朝向，防止日晒和风吹，尽量避免室外噪声干扰。

其次要满足参观要求，人流组织要合理，路线设置要通畅，不重复，不交叉，防止逆行和堵塞，使观众有明确的前进方向，避免遗漏，并有良好的光线和视觉条件，使参观者能看清陈列品，并使参观者在参观时不易感到疲劳和厌倦。

(2) 陈列室的参观路线和布置。

根据陈列内容的性质和规模，参观路线可分成几种类型(见图 5-42)。当室内人流量大时，采用口袋式陈列方式，门口容易堵塞。单线连续式陈列，流线明确清楚，顺序性强，不易漏看。

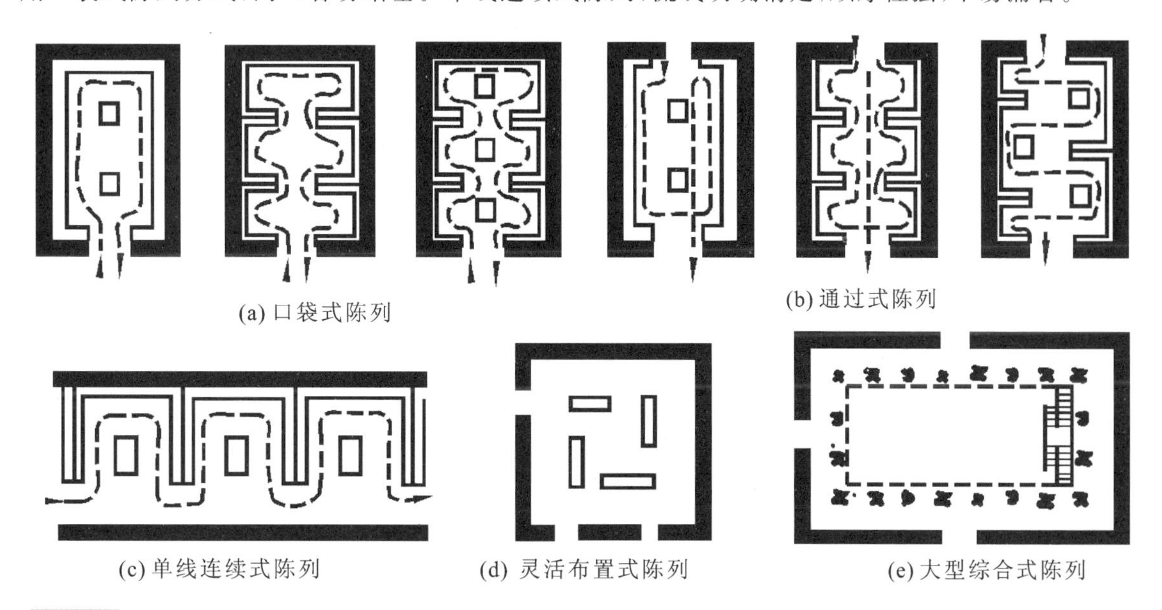
(a) 口袋式陈列　(b) 通过式陈列

(c) 单线连续式陈列　(d) 灵活布置式陈列　(e) 大型综合式陈列

图 5-42

(3) 视觉分析。

人的视野范围为一个锥体，水平极限视角为自视点向左、右各张开 70°，垂直极限视角为水平线向上 45°，向下 65°。理想的视觉区域，其水平视角为 45°，垂直视角为 27°。

(4) 陈列室的尺寸。

陈列室的跨度与选用的结构形式、陈列品的布置方式有关。观众通道的宽度一般为 2～3 m，隔板长度一般为 4～8 m，隔板长度应小于隔板间距。

陈列室的高度取决于陈列室的性质、展品尺寸、观众数量、采光口形式及空间比例等因素。博物馆的陈列室的净高一般为 4～6 m；工业展览馆的陈列室因常有高大的展品，又希望使室内显得宽敞、热闹，往往以增加室内高度来构成比例适当的大空间，高度一般为 6～8 m。从空间比例来看，一般室内高度至少为宽度的 1/3；从采光要求来看，当采用单面侧窗采光时，净高应不小于跨度的 1/2，采用双面侧窗采光时，净高应不小于跨度的 1/4。

陈列室的长度常取决于以下两个因素：一是陈列室的面积；二是陈列内容。博物馆的陈列室的面积一般为 150～400 m^2，展览馆的陈列室的面积一般为 500～800 m^2。此外，要使室内空间比例良好，一般室内长度应控制在宽度的两倍左右。

陈列室的形式和大小虽然应根据上述要求加以确定，但如果所有的陈列室都采用同样的尺寸和形式，势必会造成单调的感觉。因此在平面布置中，必须使陈列室的空间具有适当的变化，并结合室内装饰和色彩的处理手法，使观众不断体验新颖的环境。

垂直面上的平面展品陈列地带，一般从离地面 0.8 m 处开始，高度为 1.7 m。高过陈列地带，即离地面 2.5 m 以上的地方，通常只布置一些大型的美术作品，如图画、照片等。挂镜条的高度一般为 4 m，挂镜孔的高度一般为 1.7 m，挂镜孔的间距一般为 1 m，如图 5-43 所示。

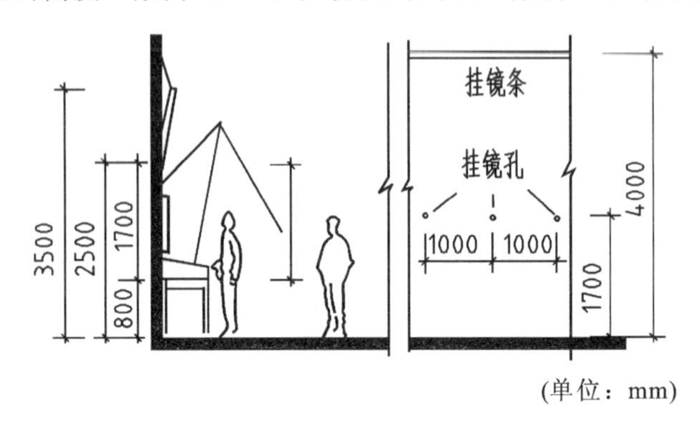

图 5-43

(5) 陈列室的采光和照明。

① 陈列室采光的一般要求。

陈列品的大小、形状、质地、颜色、细部的繁简、各部分色相的对比程度，决定了陈列室的不同的照度水平。陈列室的采光要求照度均匀，特别是墙面各部分的照度要均匀；照度稳定，受日照变化影响小；根据陈列品的特点考虑光线投射方向；避免阳光直射损害陈列品；避免或减少直接眩光、一次反射眩光和二次反射眩光；陈列品与背景之间应有适当的亮度对比。顶部采光的陈列室，可使房间长轴取东西向，天窗取北向。

② 消除或减轻眩光的措施。

眩光是当观众注视陈列品时，在视线范围内因为光源、反光物体或陈列室内有强烈的明暗对比、一次反射或二次反射而引起的。

第一种情况为直接眩光。消除或减轻直接眩光的措施为避免陈列品靠近窗口陈列，使陈列品与窗口有一定的距离。通过调查可知，此距离要保证使保护角大于 14°，如图 5-44 所示。

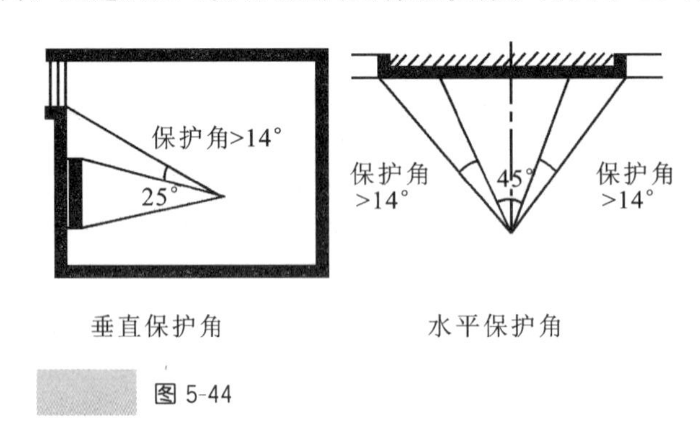

图 5-44

第二种情况为一次反射眩光，是指从光源射出来的光线，经过镜面反射到眼睛里，使观众往往看见镜面上的一片亮光，而看不清镜框里的陈列品。消除或减轻一次反射眩光的措施有：改变光线投射到陈列品上的角度或改变光线的反射角，使反射光线不落在视线范围内；使光线不发生反射或发生漫反射。具体办法如图 5-45 所示。

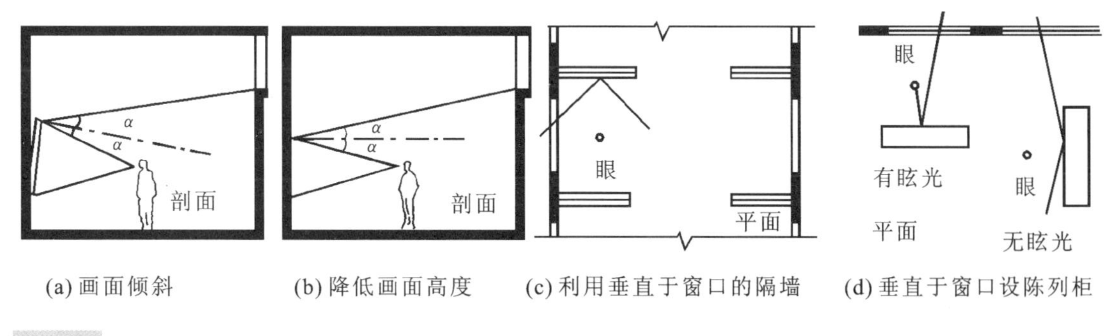

图 5-45

第三种情况为二次反射眩光，是指光线经过某物体反射到镜面后，再反射到眼睛里，往往在镜面中会出现观众自身或陈列室中其他物体的影子，这就是二次反射眩光现象。这种现象程度稍轻，不会使观众看不清展品。消除或减轻二次反射眩光的方法有：缩小陈列品与镜面之间的距离；有意识地将陈列品布置在较亮的位置，而使观众所处的位置较暗；陈列室内的墙面、地面、家具等不采用反光材料；设置调光装置，避免阳光直射室内，控制室内照度，如采用遮阳板、折光板、挡光板等装置；利用人工照明，提高陈列品照度。

③ 采光口形式。

普通侧窗式是较常用的一种采光方式。窗户构造简单，管理方便，但室内光线分布不均匀，垂直面上的眩光不易消除，外墙陈列面积较少，房间进深受到限制，只适用于一般性的陈列室和小型图画陈列室。

高侧窗式陈列室一般将侧窗窗口提高到离地面 2.5 m 以上，以扩大外墙陈列面积和减轻眩光，还可采用反光板、折光板等装置消除直接眩光。此类采光方式的光线自斜上方射入室内，很适合于雕塑陈列室和陈列品有玻璃保护面的陈列室。

顶窗式陈列室室内光线明亮、均匀，采光口不占用墙面，便于陈列布置，但窗户构造复杂，管理不便，需要机械通风，并仅限于单层或顶层房间使用。可设置光线扩散装置、反光板、挡光板，以避免阳光直射，提高墙面照度，降低水平面照度。

6) 交通等候用房

这类房间是供旅客等候船舶、火车、汽车或飞机时暂时休息用的，是客运站、航站楼建筑的重要组成部分。旅客陆续来到等候厅，厅内集中大量人流，又需要定时将他们送走。因此，在设计等候厅时，应尽可能为旅客创造安静、舒适的等候环境，争取良好的采光、通风和保暖，合理地安排座位和通道，密切地联系各种服务设施，使旅客能够方便地检票进站，并使内部空间简洁明确、朴素大方。

中、小型交通建筑，因为旅客人数不多，故宜集中设置等候厅，而规模较大的大型交通建筑，班次及等候人数较多，旅客组成亦较复杂，为了减少不同班次旅客之间的相互干扰，并便于组织检票进站，可按线路方向设置分线等候厅或在大空间中划分若干等候区。

(1) 普通等候厅的平面布置应根据使用功能合理分区。

普通等候厅可分为检票区、等候区、通行区及服务设施区等，应使其有机地结合而又互不干扰，并使其具有灵活布置和调剂使用的可能性。

(2) 普通等候厅的出入口、检票口与通往其他部分的门户的安排。

普通等候厅的出入口、检票口与通往其他部分的门户的安排，既要从平面布局与流线组织出发，也需要照顾到等候厅内部布置的合理性，保证等候面积完整、安静，且便于布置座椅。如果旅客需要穿过等候厅直接进站，则等候厅的主要入口应尽量接近检票口，而不必通过安放座椅的区域。旅客常用的服务设施，如厕所、饮水处、小卖部等，通常布置在等候厅的一角，有时亦可增设过渡空间，如半开放的廊道或内庭等，以联系两者。检票口前应留有足够的面积，供旅客检票时聚集、等候。

(3) 座椅的布置需结合检票口、出入口、通道等统一考虑。

一般，客运站的普通等候厅因聚集旅客量较大，等候厅内的座椅常成行排列布置，以提高等候厅面积的利用率，且便于组织检票。而航站楼的候机厅因等候的旅客人数相对较少，可不必考虑排长队等候检票的情况，内部座椅布置较自由、灵活。

(4) 不同气候区等候厅的布置。

在气候炎热的地区，等候厅可采用开敞或半开敞的形式，并可结合庭院布置，以获得凉爽、舒适的休息环境。但要注意开敞式空间的防雨和防晒，一般可采取设置外廊、配置绿化和安装遮阳设备等措施。

在气候寒冷的地区，等候厅的设计要考虑冬季保暖的措施。例如，平面布置要适当封闭，并尽量避免将进站检票口设在等候厅内，还可在入口处设置热风幕。

7) 观众厅

观众厅是指剧院、电影院、音乐厅、体育馆、礼堂、会堂等建筑物的观演大厅。它们都应该使观众看得清晰，听得清楚，在紧急疏散时能迅速离去，并能满足卫生要求和较高的艺术要求。但是这些要求对于不同的建筑类型有所侧重，如体育馆建筑首先要满足视觉质量要求，音乐厅建筑对声音质量的要求较高，而剧院建筑对视觉和声音质量的要求均较高，故设计时必须根据不同的建筑类型的特点和要求全面考虑。

(1) 视线设计。

视线设计包括视距的控制、视角的控制及地坪坡度的设计。

① 视距的控制。

通常所说的视距是最后一排观众到设计视点的距离。合适的视距是保证全场观众能看得清晰的重要因素。不同性质的观众厅对视距有不同的要求。剧院的视距为 25～33 m，若要看清楚面部表情和细部装饰，视距应控制在 15 m 以内。电影院的视距与电影机的光通量及银幕的大小有直接关系。我国当前条件下，电影院的视距宜控制在 36 m 以内，以保持电影声像同步。体育馆的视距可适当扩大。

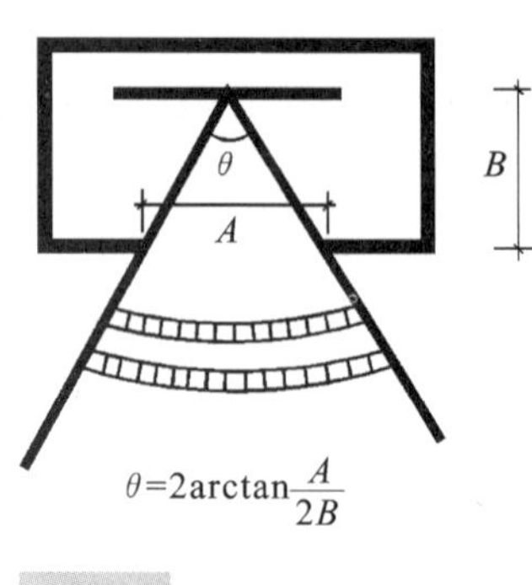

图 5-46

② 视角的控制。

为了使观众厅中前面两侧的观众能最大限度地看到屏幕或舞台上的艺术效果，应尽量使观众厅中前面两侧的座位布置在一定范围内。在剧院中，由舞台后墙中点与台口两侧边线所成的夹角称为水平控制角，即 θ(见图 5-46)，座位应布置在这个角度之内。一般，水平控制角为 28°～45°。

为了方便观众座席的布置，也可对水平视角进行控制，水平视角是指观众眼睛到台口两侧连线的夹角。为了保证有良好的视觉效果，最后一排中心观众的水平视角应为 23°～28°，第一排中心观众的水平视角应为 67°～76°。在电影院中，边座观众至普通银幕远边所形成的水平斜视夹角应不小于 45°，可由此水平斜视夹角控制座位的布置。在专业剧院中，第一排及最后一排与台口两侧连线的夹角为30°～60°较为合理。在影剧院中，因为要同时满足观看宽银幕电影的要求，台口宽度比专业剧院大得多，所以上述角度的控制已失去了实际意义。

通常将楼座最后一排观众设计视点的连线与水平面所形成的夹角称为俯角，用α表示。我国规定一般影剧院中$\alpha \leqslant 25°$，电影院中$\alpha \leqslant 15°$。近年来，国内新建的中小型剧院中俯角一般为19°～21°，大型剧院中俯角一般为17°～19°。

在以上诸因素中，关键是合理控制视矩，只有在满足清晰度的基本条件下，进一步研究如何获得良好的视野才有现实意义，特别是大容量的观众厅的设计中，视距的控制尤为重要，例如，在设计上万人的体育场看台时，可以考虑向球面空间发展，以缩短视距。

③ 地坪坡度的设计。

在进行地坪坡度的设计时，首先应合理选择设计视点，确定视线升高值，随后进行坡度计算。设计视点的位置选择取决于观众所要求观看到的范围。不同性质的观众厅有其各自的设计视点。剧院的设计视点一般定于大幕在舞台面上的投影的中央O点，亦可将O点提高30～50 cm到O'点，舞台面高度一般比观众厅前排地面高1 m左右。电影院的设计视点定在银幕画面下缘的中点，第一排座位地面至设计视点的高度应为1.5～2.5 m，一般宜为2 m。体育馆的设计视点，一般定在篮球场边线上空30～40 cm处，第一排看台的地面与比赛场的高差为45～400 cm。游泳池的设计视点一般定在靠近观众第一条比赛线的中点。设计视点越低，坡度越大；设计视点离第一排观众眼睛的水平面越近，坡度就越小；设计视点与第一排座位的距离越近，坡度就越大。

从观众眼睛到设计视点的连线称为视线。为了保证观众视线不受阻挡，就要使后排观众的视线越过前排观众的头顶。所以视线升高值主要由观众眼睛到头顶的距离决定。当表演对象的动作非常精细，观众需要集中注意力观看时，视线升高值可采用12 cm。但这样设计时地坪坡度会很大，既会提高造价，又会影响疏散，所以一般采用两排升高12 cm，让后排的观众从前排两人中间的间隙向前观看，这时座位应错开排列。在地坪坡度的设计中，最常用的方法是相似三角形分解法，此法计算结果精确。

(2) 观众席位设计。

席位设计内容包括在观众厅的有限面积内，按照有关规定争取安排最多的座位，并争取优良座位的百分比能达到上限；合理布置过道，使厅内交通路线简明、通畅，保证紧急安全疏散。

① 席位排列。

席位排列应根据观众厅的使用性质、平面形式、容量及标准等具体情况进行设计，常用的排列方法有三种。

弧形排列法是指把各排座位按选定的排距逐一排列在不同半径的同心圆上。观众厅正中一排，即1/2厅长处，弧线的曲率半径可等于银幕至最后一排座位的水平距离。如果曲率半径太小，则座席排列曲度过大，会使观众厅后墙过于弯曲，对音响不利，也会造成面积的浪费。这种排列方法的优点是各排观众就座后，都能正对舞台，而且同一排中的座位与舞台的距离基本一致。这种布置方式所形成的整齐、优美、柔和的弧形行列与大厅内部装饰可以很好地配合，从而取得良好的内部空间构图效果。

折线排列法是指把观众厅内中部区域的各排座位，由前到后都平行于舞台布置，两侧的座位则根据设计意图，倾斜于舞台排列，这样就构成了折线排列。这种排列方法保持了弧形排列法的优点，但施工更为方便。

直线排列法是席位排列法中最简单的一种方式，它具有施工简单、安装座椅时不损失观众厅有效面积的优点，但它存在以下缺点：第一，同一排座位中两边的观众到设计视点的距离比其他观众大一些，且水平斜视夹角也较小，厅宽愈大，愈接近舞台，此现象越严重；第二，边座上的观众都要侧身而坐才能正对舞台，这样，易使观众感觉疲劳。所以这种排列方法适合在厅宽不大、视线要求不是很高的观众厅中采用，如阶梯教室、礼堂等。

② 座椅尺寸、排距与过道。

座椅尺寸的大小，直接影响到观众厅的容量，根据不同的设计标准，可以选用不同的规格。座椅扶手中距应为 48～52 cm，座位排距在短排法中一般应为 75～85 cm，在长排法中一般应为 90～100 cm。短排法，当两侧有过道，且排距为 75 cm 时，每排的座位数不应超过 18 个；排距为 80 cm 时，每排的座位数不应超过 22 个；排距为 85 cm 时，每排的座位数不应超过 25 个。当一侧有过道时，上述座位数相应减半。长排法，当排距为 90 cm 时，每排的座位数不应超过 40 个；排距为 95 cm 时，每排的座位数不应超过 50 个；排距为 100 cm 时，每排的座位数不应超过 60 个。

在观众厅内应合理安排和设计纵横过道，以使观众入场就座时有直接、明晰的路线，同时要保证遇到紧急事故时能快速疏散，并应尽量使过道少占视觉条件优良的席位。横过道应当与设在大厅侧墙上的对外安全出口相对应，安全出口的通行能力要与汇集在横过道上陆续出场的人流量相适应。纵过道的布置方式，取决于每排所设的座椅数量。

纵横过道的布置形式有很多种：二纵二横岛式，其中一条横过道可布置在中部或后部，这种布置方式的优点是优良席位损失较少；三纵三横岛式，这种布置方式适用于宽度为 21 m 左右的观众厅，优良席位损失较多；四纵三横岛式，当观众厅的宽度在 21 m 以上时，因为连续座位数的限制，必然要增加纵过道，中间两条纵过道最好是直线，有利于人流畅通。

短排法中两个横过道之间的座位最多不宜超过 20 排，靠后墙设置座位时，最后一个横过道与后墙之间不宜超过 10 排。成片式长排法，取消了座席范围以内的纵横过道，仅在观众厅前后和左右两侧分别布置两条横过道和两条纵过道，此种布置方式的主要优点是保证优良席位的百分比达到最大，但因各排连续座位数多，所以仅适用于中小型观众厅，并且排距要适当加大，纵过道也要相应加宽，并要求观众厅的两侧或其他部位设有足够的安全出口。观众厅内的疏散过道宽度，应按通过人数，每百人不少于 0.6 m 计算。采用短排法时，每个主要疏散纵过道的净宽不应小于 1 m，每个主要疏散横过道的通行宽度不应小于 1.2 m；采用长排法时，每个纵过道的净宽不应小于 1.2 m。

(3) 观众厅的形式。

正确地选择观众厅的几何形状，是厅堂建筑设计中最重要的问题。观众厅的几何形状设计直接受到结构方案、建筑材料、施工条件等因素的制约，同时又要满足视听功能要求和建筑艺术要求。

① 观众厅的平面形式。

矩形平面观众厅的设计较简单，声能分布较均匀，池座前部接受侧墙一次反射声能的空白区小。当宽度较小时，由于声能交叉反射，对声音丰满度有利，这是广泛采用的一种形式。但当观众厅宽度大于 30 m 时，前部会产生反射声，形成干扰，使直达声的方位感和清晰度受到很大影响。所以此种形式一般适用于中小型观众厅。

钟形平面观众厅的音质和视线均可以取得较好的效果。中小型观众厅常采用此种平面形式。

扇形平面观众厅两侧墙的夹角大小不一，一般最好不大于 22.5°。与矩形平面观众厅相比，在视距相同的情况下，其座位基本上都处在较好的位置上。在声学方面，扇形观众厅由于侧墙不平行，声音可以均匀地分散到大厅的全部区域。主要缺点是屋盖的结构系统比较复杂，施工不便。

六角形平面观众厅可看成是由扇形平面观众厅切去后面两角偏远的座位而得。从声学上看,如果将大厅前面的侧墙做成反射面,声音能均匀地反射到大厅的各个部位上,从而获得良好的音质效果。缺点是屋盖的结构系统较复杂,施工不便。

马蹄形平面观众厅与同容量的扇形平面观众厅相比,座位都可安排在良好的视觉范围内,减少了偏远的座位,但增加了最远视距。这种平面形式适用于大中型观众厅。

圆形平面观众厅与同容量的马蹄形平面观众厅相比,最远视距减小了,但偏远的座位增多了。音质方面如不处理,将会产生严重的声能分布不均匀现象。这种平面形式,剧院、电影院的观众厅很少采用,多用于大容量会堂、体育馆的观众厅。

② 观众厅的剖面形式。

观众厅的剖面形式涉及垂直视角、楼座以及音质的设计等。池座式大厅内部布局关系简明,结构简单。但在相同容量下,池座式大厅比楼座式大厅占地面积大。从实践经验来看,在1300座以下时,宜采用此种形式。为了使观众厅能容纳更多的观众,可设计成楼座式大厅。根据实践经验,把观众总数30%~40%的席位配置在楼座里,是比较经济的。

在进行观众厅楼座设计时,应注意控制楼座的前缘至舞台的距离。如果楼座前缘过分前移,将会使视线、音响效果不良,并会加大大厅的高度和体积。若过分后移,虽对降低大厅高度有利,但会使视距增大。在楼座的设计过程中,还应控制楼座的高度。高度越大,楼座的倾斜度也越大,观众厅的体积就会增加。

8) 辅助用房

这类房间一般在建筑中作为辅助部分设置,如厕所、盥洗室、贮藏室等。这些房间要求与它所服务的房间相联系或接近,又应位于比较僻静的位置,一般布置在建筑物的边角地带。

(1) 厕所。

厕所虽然不是建筑物中的主要部分,但它是不可缺少的房间。

① 一般要求。

厕所在建筑物中应处于既隐蔽又方便的位置,应与走廊、大厅等交通部分相联系,但由于使用上和卫生上的要求,还应该设有过渡性的空间。大量人群使用的厕所,应有良好的通风和采光。少数人使用的厕所,允许间接采光,但应考虑安装抽风设备,以保证厕所内的空气清洁。

在确定厕所位置的同时,还应考虑到户外原有给水管道和排水管道的位置,以获得经济、方便的管网位置。在建筑物内部也应使厕所位置既能满足使用上的要求,又能节约管道。在垂直方向上,应尽可能将厕所布置在上下相对的位置上,以节约管道和方便施工。墙面和地面应采用防水性好、便于清洁打扫的材料,例如水磨石、瓷砖等。厕所的地面标高应比同层其他部分的地面标高略低,一般低3~5 cm。

② 卫生器具数量的确定。

厕所的面积大小是根据室内卫生器具的数量和布置形式来确定的,而卫生器具的数量则取决于下列因素:使用建筑物的总人数;使用对象,如老人、病人等,因不宜久等,在确定卫生器具数量时应适当增加;使用者在建筑物中停留时间的长短,若停留时间不长,卫生器具数量可适当减少;使用的时间,如学校中的厕所,因为学生都集中在课间10分钟左右的时间内使用,在确定卫生器具数量时应相应增加。

③ 厕所的平面布置形式。

厕所的平面布置形式基本上可分为两种:无前室的和有前室的。无前室的厕所,在进行其内部的布置时,应考虑到当厕所门开启时,视线要有所遮挡;有前室的厕所,其前室往往作为盥洗之

用。男、女厕所的前室可合用，亦可分别设置，视使用人数及质量标准而定。

(2) 贮藏室。

在建筑平面布置中，贮藏室往往利用暗角，并尽量接近于它所服务的房间。在平面空间组合中，往往利用边角地带或零星空间设置贮藏室。

(3) 设备用房。

由于科学技术不断发展，为了更好地满足人们的使用要求，往往需要在建筑物中设置一些装置技术设备的房间，如冷风机房、锅炉房、配电房等。在高层建筑中还需要设置管道夹层、电梯机房、贮水池等。这些房间的设计，主要根据设备的规格尺寸及技术要求来考虑。

5.2.2 交通联系空间的设计

交通联系空间包括过道、过厅、门厅、出入口、楼梯、电梯、坡道等。它的主要作用是把各个独立使用的空间——房间，有机地联系起来组成一幢完整的建筑。在建筑中，这部分空间所占的面积是较大的，在教学楼中占20%～35%，在办公楼中占15%～25%，在医院中占20%～38%，如何充分利用和积极发挥这些空间的作用是一个值得研究的问题。交通联系空间的形式、大小和部位，主要取决于功能关系和建筑空间处理的需要。一般，交通联系空间要求有合适的宽度和高度，以及足够的亮度，流线应简单明确而不迂回曲折，对人流活动要能起着导向的作用，并要注意安全防火与疏散。

1. 水平交通空间

水平交通空间主要用来联系同一标高的各个使用空间，有时也附带有其他从属的功能。水平交通空间包括过道、廊子等。

1) 过道的性质

(1) 完全为交通联系需要而设置的过道。

影剧院、体育馆等大量人流聚集的建筑中，安全通道是供人流集散用的，一般不允许在此处安排任何具有从属功能的内容，防止人流停滞而造成堵塞。在交通建筑中，为了方便旅客，常设有自动步道运送旅客。

(2) 主要作为交通联系空间兼作从属内容的过道。

教学楼内的过道，适当加宽后可用来布置陈列窗或黑板，供学生进行课余观摩交流之用，亦可兼作学生的课余活动场地。医院门诊部的过道加宽后可兼作候诊之用。

(3) 多种功能综合使用的过道。

某些展览建筑中的过道，应满足观众在其中边走边观赏的要求。

2) 过道的宽度和长度

过道的宽度和长度主要根据使用人数、交通流量、过道的性质、防火规范及空间感受等因素来确定。

(1) 过道宽度的确定。

专供人行之用的过道，其宽度可结合通行人流的股数来确定。对于以携带物品为主的人流，要结合物品尺寸的规律来考虑过道宽度。专门用来运送物件的过道，如车站码头的行李房、邮件转运楼中的过道，应根据运送行李、邮包设备尺寸的大小来确定其宽度。医院建筑中的过道宽度应满足担架床转向的要求，净宽至少为2.2 m。通常，医院中过道的宽度为3.0 m左右，学校建筑中过道的宽度为2.4 m左右，旅馆、办公楼建筑中过道的宽度为1.5～2 m，住宅内部过道的宽度至少为 90 cm。人流的方向也会影响过道宽度的确定，在人流交叉处和具有对流的情况下，过道需要适当加宽。当通向过道的房门必须开向过道时，过道宽度要适当增加（见图 5-47）。当过道较长时，为了观感的需要，其宽度设计应比实际功能所需的宽度更宽一些。

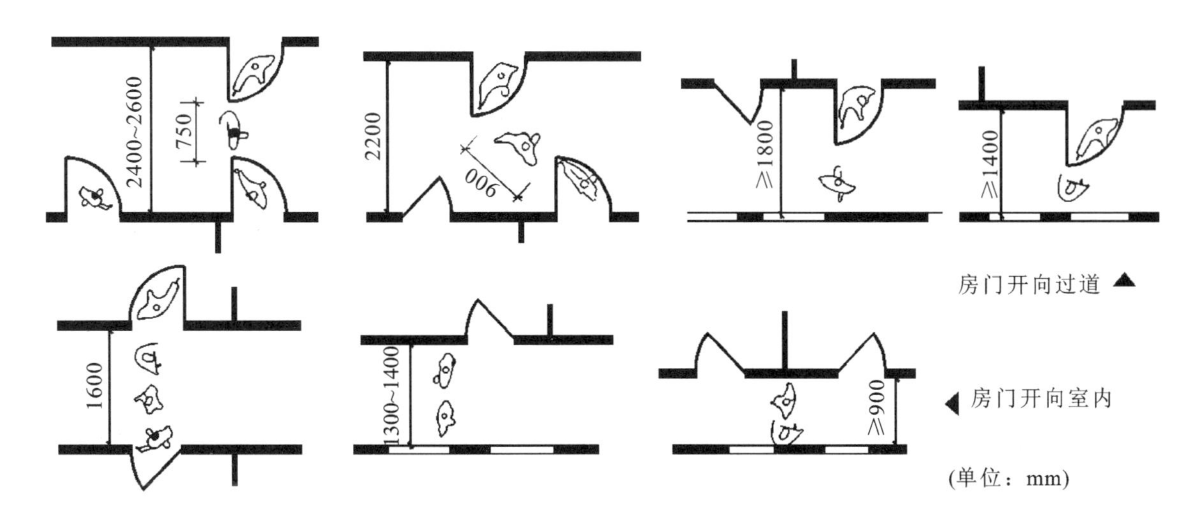

图 5-47

（2）过道长度的控制。

应按照防火规范规定，根据建筑性质、结构、类型、耐火等级等来控制过道长度。最远一间房间的出入口到安全出入口或垂直交通空间的进出口的距离，必须控制在一定限度以内。房间门至外部出口或楼梯间的最大距离如表 5-3 所示。

表 5-3　房间门至外部出口或楼梯间的最大距离（单位：m）

建筑类型	位于两个外部出口或楼梯间之间的房间			位于袋形走道两侧或尽端的房间		
	耐火等级			耐火等级		
	一、二级	三级	四级	一、二级	三级	四级
托儿所、幼儿园	25	20	—	20	15	—
医院、疗养院	35	30	—	20	15	—
学校	35	30	25	22	20	15
居住建筑、其他公共建筑、工业辅助建筑	40	35	25	22	20	15

3）过道的采光和通风

大量中小型民用建筑中的过道，通常采用自然采光和通风。单面过道的自然采光与通风均较好，中间过道的采光和通风需要进行专门考虑，可利用门厅或楼梯间的光线采光，也可在过道两侧的局部设置开敞空间以增加过道的光线。此外，还可以利用走廊两侧房间的玻璃门窗或高侧窗等获得间接采光和空气对流。

当进行空间组合时，在满足各种功能要求和空间艺术要求的前提下，力求减少过道的面积和长度，使空间组合紧凑，从而提高经济效果。

4）廊子

有些过道的一侧或两侧比较空旷，这种过道称为廊子。当建筑布局分散或地形变化较大，建筑需要结合地形布置时，可用廊子将建筑的各部分空间联系起来，并可与绿化、庭院紧密结合，创造生动、活泼的建筑空间。

2. 垂直交通空间

垂直交通空间是联系不同标高空间必不可少的部分，常用的有楼梯、坡道、电梯和自动扶梯。

1）楼梯

楼梯是民用建筑中最常用的垂直交通联系手段，设计时应根据使用性质和使用人数选择合理的形式，布置在恰当的位置，按防火规范确定楼梯的数量和宽度，并根据使用对象和使用场合选择最舒适的坡度。

（1）楼梯的形式和位置。

民用建筑中的楼梯按其使用性质可以分为主要楼梯、次要楼梯、辅助楼梯和防火楼梯。主要楼梯的作用是联系建筑的主要使用部分，供主要人流使用，常常位于主要出入口附近或直接布置在主门厅内，成为视线的焦点，起及时分散人流的作用。次要楼梯所服务的人流量相对减少，其位置也不如主要楼梯那么明显。辅助楼梯仅用来联系建筑中的局部空间。防火楼梯是为了满足防火疏散需要而设置的，一般布置在建筑的端部。

无论是哪种形式的楼梯，均由梯段、平台、栏杆三部分组成。为了使行人不感觉疲劳，梯段连续的踏步级数不宜太多，一般在15级左右需加设休息平台，最多不能超过18级，但也不宜少于3级，以保证安全。

① 直跑楼梯。

直跑楼梯的适用范围较广。层高小于3 m的建筑中采用直跑楼梯时，楼梯可一次连续走完，构造简单，构件类型少，住宅建筑及中小型公共建筑中常常采用直跑楼梯。大中型公共建筑中采用直跑楼梯时，由于层高较高，一般需要在楼梯中间增设平台，以使连续的踏步级数控制在18级以内。根据人流路线布置以及建筑室内空间所需要达到的气氛，直跑楼梯布置在不同的位置和采取不同的处理，将会造成不同的效果。例如：将直跑楼梯布置在门厅中轴线上，以绝对对称的形式出现，可以加强内部空间的节奏感和导向感，达到庄重、严肃的效果；在商业性建筑中，将开敞式直跑楼梯布置在大厅的两侧或一侧，可以使营业大厅犹如一个大橱窗呈现于上下楼人群的眼底。

此外，联系局部空间的辅助楼梯和防火楼梯也常采用直跑楼梯的形式。有时为了使直跑楼梯的起止点更迎合主要人流的流线方向，可将梯段弯曲成弧形，这种楼梯称为弧形楼梯，常常布置在主门厅内，可以使室内空间更加生动、舒展。

② 双跑楼梯。

封闭式的双跑楼梯是最常用的一种形式，因为它所占的空间较小，但人流的起止点在同一垂直位置，便于各层进行统一的空间组织，构件也比较简单。它可做成等距式，亦可做成不等距式。当采用不等距形式布置在大厅一侧时，可使厅内空间畅通，获得视野开阔、气氛开朗的效果。

③ 三跑楼梯。

三跑楼梯有对称和不对称之分。对称的三跑楼梯气氛较严肃，常在办公建筑、博览建筑中采用；不对称的三跑楼梯适合于布置在较方正的空间中或配合电梯布置。

此外，在人流量大而连续的公共建筑中，还常采用剪刀式楼梯，这种楼梯可以充分利用空间。旋转楼梯在大厅中采用，可增加动感，造成生动、活泼的气氛。

(2) 楼梯的宽度、数量和楼梯间的要求。

楼梯宽度应根据使用性质、人流数量、艺术效果、防火和疏散等要求来确定。一般，供单人通行的楼梯的宽度应不小于 80 cm，供双人通行的楼梯的宽度为 100～110 cm，供三人通行的楼梯的宽度为 150～165 cm。

在民用建筑设计中确定楼梯数量时，可根据防火规范得出该建筑需要设置楼梯的最少数量，再结合空间组合、流线组织、艺术要求等全面协调，适当增加楼梯数量。

疏散用的楼梯间应为封闭式的，并应有天然采光与自然通风，但在某些条件下可不受此限制，具体应根据防火规范的有关规定进行设计。

(3) 楼梯的坡度。

楼梯的坡度，应根据一般人的步距来设计，既要使人们行走方便、舒适，又要考虑经济、节约。在满足使用要求的条件下，应尽量缩短楼梯的水平长度，以节约建筑中的交通空间，并结合建筑的使用性质加以调整。一般，使用人数多、层数多的建筑，楼梯坡度应平缓一些。最舒适的楼梯坡度为 30°左右，20°～45°的坡度适用于室内楼梯，爬梯可以采用 60°以上的坡度。

2) 坡道

坡道作为人流疏散之用时，其最大的优点是安全、快速，因此在需要解决大量人流集中疏散问题的交通性建筑及观演建筑中常常采用坡道。此外，有些建筑中为了便于车辆上下，必须设置坡道，例如多层车库。医院建筑中没有电梯设备时，可采用坡道输送病人或医疗用品。在需用车辆联系地下层时，亦常设坡道。公共建筑的出入口也可以设置坡道供车辆上下。

3) 电梯

在层数较多的民用建筑中，除设有一般的楼梯外，还需要设置电梯，以解决垂直运输的需要。在设置电梯的同时，必须配置辅助楼梯，供电梯发生故障时使用。

当住宅建筑为七层以下或公共建筑总高小于 24 m 时，电梯与楼梯几乎起着同等重要的作用，这时可将电梯和楼梯靠近布置，以便相互协调使用。当住宅建筑为七层以上或公共建筑总高大于 24 m 时，电梯就成了主要的垂直交通工具。若建筑规模较大，电梯数量较多时，可将电梯集中布置在电梯厅中。楼梯与电梯厅的布置方式如图 5-48 所示。每层电梯的出入口前，应留有等候的交通面积，形成电梯厅，以免进出人流造成拥挤和堵塞现象。电梯间应位于建筑中交通联系的核心位置，而景观电梯则以视线方向与视觉效果为主要的考虑因素。在进行电梯间设计时，必须根据所选用的电梯出厂标准样本进行具体考虑。

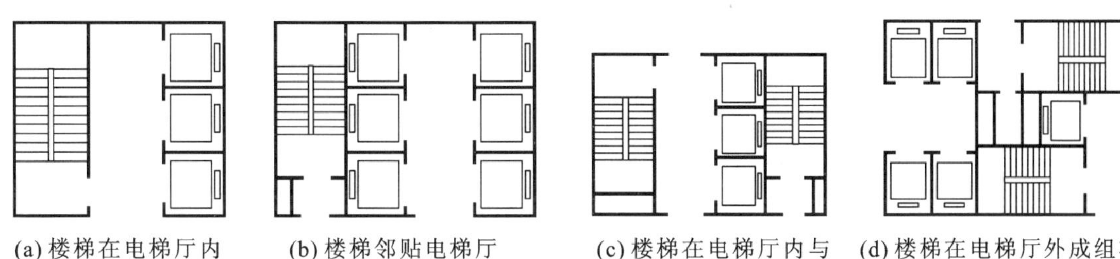

(a) 楼梯在电梯厅内　(b) 楼梯邻贴电梯厅　(c) 楼梯在电梯厅内与邻贴结合布置　(d) 楼梯在电梯厅外成组布置

图 5-48

4) 自动扶梯

自动扶梯是由若干单独的踏步组成的。各个踏步与带形链相连，电动机带动带形链，使踏步不断升降。自动扶梯可以连续不断地运送大量人流，运载量大，故多用在交通频率高、人流川流不息的永久性建筑中，如火车站、地铁站、大型百货商店、购物中心及展览馆等。每台自动扶梯可正逆运行，即可作上升或下降之用。在机器停止运转时，自动扶梯亦可作为临时性的普通楼梯使用。

自动扶梯必须布置在明显的位置，其两端应较开敞，避免面对墙壁、死角，一般可设在大厅的中间。自动扶梯可减少人们上下楼梯或进出电梯时的疲劳和拥挤。当自动扶梯设在大厅中间时，它本身可起到装饰作用，同时又可以使乘客在上、下扶梯时能全面观赏整个大厅的情况。特别是在商业性建筑中，顾客能对厅中的陈列品一览无遗，达到向顾客宣传商品的效果。自动扶梯的布置形式如图 5-49 所示。

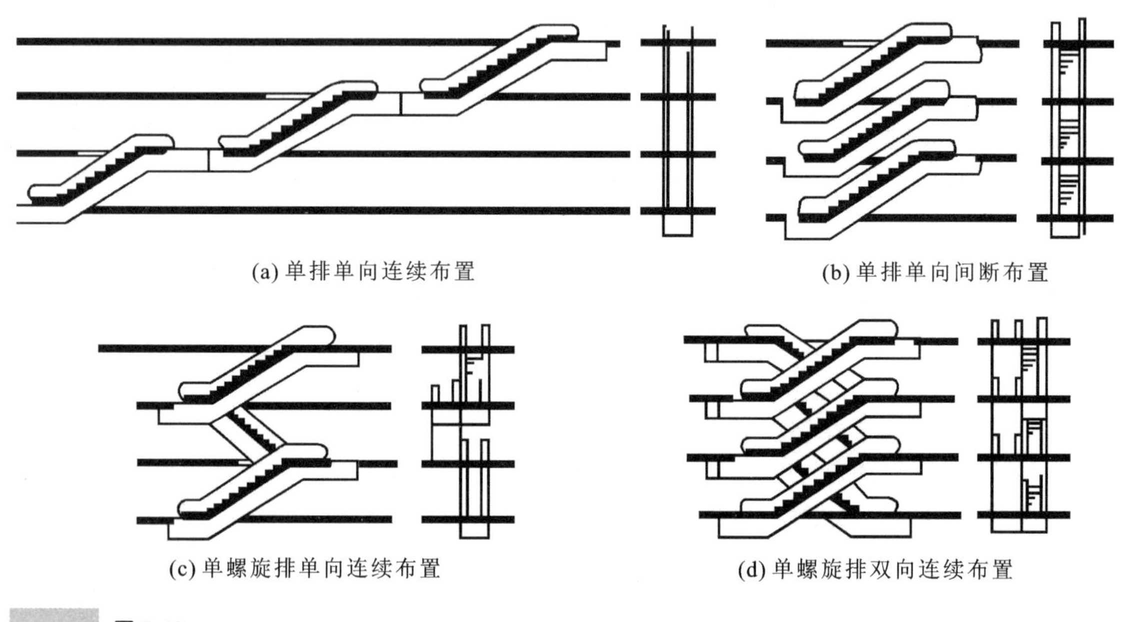

(a) 单排单向连续布置　(b) 单排单向间断布置

(c) 单螺旋排单向连续布置　(d) 单螺旋排双向连续布置

图 5-49

自动扶梯的主要参数有：梯阶宽度为 1000 mm 左右，提升高度为 3～10 m，倾斜角为 30°，输送能力为 5000～8000 人/小时（见图 5-50）。自动扶梯的具体构造应根据所选型号样本进行考虑。公共建筑中在设置自动扶梯的同时，仍需要布置电梯及一般性楼梯，作为辅助性的垂直交通工具。

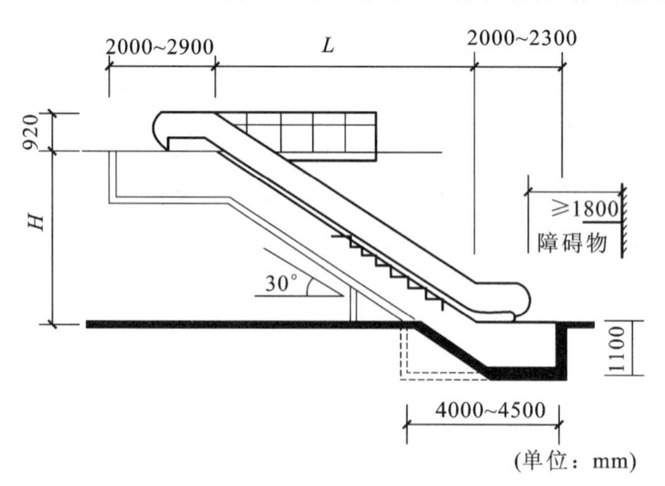

图 5-50

3. 枢纽交通空间

在民用建筑设计中，考虑到人流的集散、方向的转换、各种交通工具的衔接等，需要设置出入口、过厅、中庭等交通空间，起到交通枢纽与空间过渡的作用。

1）出入口

建筑的主要出入口是整个建筑内外空间联系的咽喉、吞吐人流的中枢，亦是建筑空间处理的重点。一般将主要出入口布置在建筑的主要构图轴线上，成为整个建筑构图的中心。

出入口的数量是根据建筑的性质，按不同功能的使用流线分别设置的，例如：旅馆、商店和演出性建筑等具有大量人流的公共建筑，常将旅客、顾客、观众等人流与工作人员的出入口分别设置，以便管理；医院门诊部的急诊、儿科、传染科等为了避免相互感染，亦尽量各自设置单独的出入口；影剧院往往设置1～2个入口和数个出口。公共建筑内的每个防火分区，其安全出口的数量应经计算确定，且不应少于两个，只有在符合《建筑设计防火规范》要求的相应条件时，可设置一个安全出口或疏散楼梯。

建筑的出入口部分主要由门廊、门厅及附属空间组成。

（1）门廊。

门廊是建筑内外空间的过渡区域，起遮阳、避风雨，以及满足审美与视觉需求等作用。门廊从建筑空间处理上可分为开敞式和封闭式两种。

① 开敞式门廊。

开敞式门廊可处理成凸门廊或凹入建筑的凹门廊两种。气候不太寒冷的地区往往采用开敞式门廊。办公楼、图书馆等要求造型庄重的建筑，常将入口处理成对称布局形式。

② 封闭式门廊。

封闭式门廊常在寒冷地区采用，同样可处理成凸出式或凹入式两种，主要起防寒的作用。通常在入口处设两道门，在两道门之间设缓冲地带，使冷空气不直接影响内部。

（2）门厅。

门厅是出入口部分的主要内容，起着接纳人流和分配人流的作用。同时，门厅根据建筑的性质，设有一定的辅助空间，可以起到其他方面的作用，例如：医院的门厅可以用于接待病人，也可以用于办理挂号等手续；旅馆的门厅可供旅客办理手续、等候、休息；演出性建筑中的门厅可供观众等候、休息。因此，民用建筑门厅设计中的流线组织是一项极为重要的内容，要求厅内各组成部分的位置与人流活动路线相协调，尽量避免或减少流线交叉，为各个使用部分创造相对独立的活动空间。为了使门厅及时起到分配人流的作用，在门厅的空间处理与平面布局中，力求使其具有明确的导向作用。

门厅的大小，根据各类建筑的使用性质、规模大小以及建设标准等因素来确定。一般，民用建筑的门厅均有面积定额指标可查，如电影院门厅为每座0.15 m^2，旅馆门厅为每床0.3～0.45 m^2。门厅的形状、空间的布局需要根据建筑物的性质、所需达到的特定观感进行进一步的设计。

门厅的布局可分为对称式和不对称式两种。

① 对称式门厅布局。

对称式门厅布局常采用轴线表示空间的方向感，通过主轴与次轴的区分来表示主要人流方向和次要人流方向。当需要强调门厅空间主轴的重要性时，常将联系人流的主要楼梯或自动扶梯等交通手段明显地安排在主轴上，以显示其强烈的空间导向性。

② 不对称式门厅布局。

某些民用建筑因自然地形、功能要求、布局特点和建筑性格等因素的影响而采用不对称式门厅布局，它同样应具有导向作用。

2）过厅

过厅是走道的交会点，也可作为门厅人流再次分配的缓冲地带。在不同大小和不同功能的空间的交接处设置过厅可起到过渡作用。

3）中庭

中庭是指设在建筑内部的庭院。中庭内常设有楼梯、景观电梯、自动扶梯等垂直交通工具而使之成为整幢建筑的交通枢纽空间，同时也可作为人们休息、观赏和交往的空间。德国斯图加特新图书馆（见图 5-51）是一个方盒子建筑，是德国斯图加特欧洲广场的规划总平面的一部分。受万神庙的结构和组织的影响，德国斯图加特新图书馆的设计以一个线性的中庭空间为主要特色，其作用主要是作为聚会空间，屋顶有自然光线射入。中庭的四面墙上直到天花板都有一系列小的室内窗户，重复了外立面的主题和语言。美术大厅由一系列楼梯联系，这样的布置是为了产生围绕书的螺旋形循环。法国巴黎利洛购物中心（见图 5-52）是在城市改造计划中，对现有的购物中心进行重建的项目，建筑面积为 36 000 m^2，重新打造了城市商业核心区。该项目将购物中心分为三个极易识别的城市岛状区，由两个穿过中央广场的街道式开放中庭空间相连接，上方覆盖着以森林树木为寓意的顶棚，树状的钢柱从地面延伸至顶棚，以不规则的倾斜来诠释自然界中树木的形状，置身于其中，购物的同时也能欣赏沿途的风景，独特的设计给人以无限乐趣，是环保概念与商业中心的有机结合。美国 Glen Lochen 购物中心（见图 5-53）建于 1975 年，曾经非常活跃，近几十年来，这里一度荒废，后来对其进行了改建，对建筑外墙和内部空间进行了改造，首层主要是零售和餐饮，二、三层为办公室。建筑师将杂乱无章、细长的门面改造得统一、协调，并创建了通透的室内空间。室内改造的重点在于重建中央大厅和楼梯空间，以形成中庭，作为使用者非正式活动的枢纽空间。这次改造帮助该建筑恢复了文化地标形象，并成功吸引了无数游客。

图 5-51

图 5-52

图 5-53

5.2.3 建筑平面组合的原则

民用建筑类型繁多，各种建筑类型又包括若干种用途不同的空间，这些空间需要按使用要求组合成一幢完整的建筑。在进行空间组合时，首先应对各种空间的功能进行深入的分析，分清主次，明确流线顺序，然后根据材料、结构、技术、经济等具体条件，综合考虑，使建筑物的内部空间组织完善、造型简洁，达到预想的艺术效果。尽管各类民用建筑的功能要求不同，组合方式千变万化，但是，建筑平面组合的基本原则仍然具有共同之处。

1. 与基地周边的环境相协调

建筑是建造在一定的基地上的，建筑必须与基地周边的环境相协调。基地的大小、形状、地形、地貌、原有建筑、道路、绿化、公共设施等环境条件都会对建筑平面组合起到制约作用。即使是同样功能、同样规模的建筑，由于所处基地的环境不同，也会呈现出不同的组合方式。

2. 功能分区合理

功能分区是进行单体建筑空间组合时首先必须考虑的问题。对一幢建筑来讲，功能分区是将组成该建筑的各种空间，按不同的功能要求进行分类，并根据它们之间关系的密切程度加以划分与联系。在分析功能关系时，可以用简图表示各类空间的关系和活动顺序。

1）空间的主与次

组成建筑的各类空间，按其使用性质必然有主次之分，在进行空间组合时，这种主次关系应恰当地反映在位置、朝向、通风、采光、交通联系以及建筑空间构图等方面。

在进行功能的主次关系分析时，还应与具体的使用顺序相结合。有些空间，虽然从使用性质上分析，属于次要空间，如行政办公建筑的传达室、门诊部的挂号室、演出性建筑的售票室等，但从人流活动的需要上看，却应安排在明显的位置上，便于人们及时找到。

此外，分析空间的主次关系时，并不是说次要的、辅助的空间不重要，可以随意安排，相反，只有在对次要空间和辅助空间进行妥善配置的前提下，才能保证主要空间充分发挥作用。例如居住建筑中，若厨房、浴室等辅助空间设计不当，必将影响居室的合理使用。再如商店建筑中，如果仓库的位置布置不当，必定会大大影响营业厅货源的及时补充，从而影响销售状况。

2）空间的闹与静

按建筑各组成空间在闹与静方面所反映的功能特性进行分区，使其既分隔，互不干扰，又有适当的联系。例如旅馆建筑中，客房应布置在比较安静、隐蔽的部位，公共活动空间，如餐厅、商店等，则应相对集中地安排在便于接触旅客的显著位置，并与客房有一定的隔离。在具体布局时，可从平面空间上进行划分，亦可从垂直方向上进行分隔。

3）空间联系的内与外

在民用建筑的各种使用空间中，有的对外联系居主导地位，有的对内联系密切一些。在进行功能分区时，对外性较强的空间，应尽量布置在出入口等交通枢纽的附近；对内性较强的空间，则应尽量布置在比较隐蔽的部位，并使其靠近内部交通区域。

3. 流线组织明确

各类民用建筑由于使用性质不同，存在着多种流线组织方式。从流线的组成情况看，有人流、货流之分；从流线的集散情况看，有均匀的，也有不均匀的。一般，民用建筑的流线组织方式有平面的和立体的。在小型建筑中，流线较简单，常采用平面的组织方式。规模较大、功能要求较复杂的民用建筑，常需要综合采用平面方式和立体方式组织人流的活动，以缩短路线，同时使人流互不交叉。

在大中型演出性建筑中，为了达到一定的规模，观众厅常设有楼座，所以必然要采用平面和立体的方式进行人流路线组织。

在医院门诊部建筑中，由于每日就诊的病人较多，为了减少互相感染，对于各科室的布置和人流的组织要尽量避免往返和交叉。

在百货商店建筑中，应组织好顾客、货物和职工三条流线。三者都应有各自独立的出入口，其中，顾客的出入口应布置在接近城市街道的位置，货物的出入口应布置在背离大街的部位。但三者又必须在营业厅中相聚，而且在销售过程中随时需要补充商品，这些在组织流线时都要充分地考虑到。

4. 内部使用环境质量良好

为了提高建筑的环境质量，建筑设计应保证相应空间的通风、采光、日照、卫生等环境因素都达到一定的标准。例如，学校建筑中的学生宿舍的设计，就必须考虑使超过半数以上的宿舍能获得足够的日照，而老人公寓及疗养院等建筑对日照、通风的要求就更高了。

5. 空间布局紧凑

在对建筑各组成空间进行合理的功能分区和流线组织的前提下，只有使空间组合合理，才能为布局紧凑提供基本保证。建筑总面积包括两部分：一是使用面积，如教学楼中的教室、办公室等，住宅中的居室、厨房等；二是辅助面积，如门厅、过道、楼梯及卫生间等。合理压缩辅助面积，相对来说就是增大建筑的使用面积，使空间布局紧凑。而在辅助面积中，交通面积所占比重最大，所以，在保证使用要求的条件下，应尽量缩短交通路线，这样有利于使空间布局紧凑。

1）加大建筑物进深

以住宅建筑为例，就城市型住宅来说，由于城市住宅建筑的经济指标控制严格，提高建筑面积的使用效率尤为重要。平面组合时应尽可能加大进深，这样有助于节约用地，并使平面布局紧凑。点式住宅中，围绕垂直交通向四周布置住户的布局方式能有效地压缩公共交通面积。

2）增加层数

在不影响功能使用的前提下，适当增加建筑层数，有利于使空间布局紧凑。例如幼儿园，单层建筑对幼儿进行户外活动的确比较有利，但平面布局往往比较分散，并且交通面积也比较大。适当增加层数，对幼儿来说完全是可以的，这样有利于缩减交通面积，使空间布局紧凑。

3）降低层高

在满足功能要求的情况下，合理降低层高，不仅可以直接减小楼梯间的空间，而且可以更加充分地利用空间，节约建设投资，但需要保证空间尺度要满足使用者心理与感观上的需求。

4）利用建筑尽端布置大空间

办公楼建筑可利用尽端布置会议室，教学楼可利用尽端布置合班教室，这样可以缩短过道长度。

6. 结构选型合理

结构理论和施工技术水平对建筑空间组合和造型起着决定性的作用。19 世纪末以来，科学技术的进步，以及新结构、新材料的发展，特别是钢结构和钢筋混凝土的使用，促使建筑业发生了巨大的变革。

目前，民用建筑中常用的结构形式有三种：墙体承重结构、框架结构和空间结构。一般，中小型民用建筑，如住宅、学校、医院、办公楼、酒店、商场等，多选择框架结构，而大跨度公共建筑，如影剧院、体育馆等，多选择空间结构。

7. 设备布置恰当

在民用建筑的空间组合中，除需要考虑结构技术问题外，还必须深入考虑设备技术问题。民用建筑中的设备主要包括给排水设备、采暖通风设备、空气调节设备以及照明设备等。在设计过程中，应充分考虑设备的要求，使建筑、结构、设备三方面相互协调，例如高层旅馆建筑中，常将过道的空间降低，上部作为管道水平方向联系之用，同时在客房卫生间背部设置竖井，作为管道垂直方向联系之用。除此之外，还要恰当地安排各种设备用房的位置，如锅炉房、水泵房以及垂直运输设备所需要的机房等。高层建筑中，除在底层和顶层设置设备层外，还需要在适当的楼层布置设备层，一般相隔 20 层左右或在上下空间功能发生变化的层间布置设备层。

人流进出频繁或大量集中的公共空间，如商场、体育馆、影剧院等，由于风道断面大，风道的布置极易与空间处理、结构布置产生矛盾，应给予足够重视。空调房中的散热器、送风口、回风口，以及消防设备的布置，除需要考虑使用要求外，还要与建筑细部装修处理相配合，需要采取专门的技术和措施，以降低设备用房及风管等发出的噪声，对人工照明与电气设备也应采取相应的技术措施，以解决防火、隔热等问题。

在中小型民用建筑的空间组合中，对于卫生间的布置，在满足功能要求的同时，还应尽可能使给排水设备的位置集中，并使上下层布置在同一位置，以利于管道配置。

民用建筑中的人工照明应保证一定的照度和适当的亮度分布，并且要防止眩光的产生。在满足这些要求的前提下，可选择优美的灯具，创造一定的灯光艺术效果。

8. 满足消防等规范的要求

建筑内部空间组合还应符合有关层数、高度、面积等消防规范的规定，此类规定对建筑内部空间设计有一定的影响。例如两个相同建筑面积的空间，高层建筑的空间布置所要遵守的消防规定就比非高层建筑复杂得多。

9. 体型简洁、构图完整

建筑空间的布局，受到建筑功能要求、结构、材料、施工技术条件、地形、气候条件等多种因素的影响。建筑体型简洁有利于结构布置的统一，有利于节约用地、降低造价，有利于防震，并且在造型上也容易获得简洁、朴素、大方的效果。

但需要注意的是，虽然平面规整、体型简洁容易取得简洁、完整的效果，但是如果建筑群体中的多个单体建筑均采取这种简洁的体型，将会导致单调、乏味的后果。对于建筑群体，通过巧妙的处理亦能达到统一、完整的效果。

5.2.4 建筑平面组合的方式

建筑空间组合包括两个方面：平面组合和竖向组合。它们之间相互影响，所以设计时应统一考虑。我们在这里主要讨论的是建筑平面组合的方式，我们将在下一节“建筑剖面设计”中探讨建筑竖向组合的方式。由单一空间构成的建筑非常少见，更多的还是由不同空间组合而成的建筑。建筑内部空间通过不同的组合方式来满足各种建筑类型不同的功能要求及不同建筑形式的要求。

1. 相邻空间的组合关系

两个相邻空间之间的组合关系是建筑空间组合方式的基础，可以分为四种类型：包含、相邻、重叠、连接（见图 5-54）。包含，是指一个大空间内部包含一个小空间，两者比较容易融合，但是小空间不能与外界环境直接产生联系。相邻，是指一个公共边界分隔两个空间，这是最常见的空间组合类型，两个空间可以相互交流，也可以互不关联，这取决于公共边界的表达形式。重叠，是指两个空间之间有部分区域重叠，其中重叠部分的空间可以为两个空间共享，也可以作为其中一个空间的一部分，还可以自成一体，起到衔接两个空间的作用（见图 5-55）。连接，是指两个空间通过第三个过渡空间产生联系，两个空间自身的特点，比如功能、形状、位置等，可以决定过渡空间的地位和形式。

(a) 相邻(玻璃住宅，设计师为菲利普·约翰逊)

(b) 包含(日本熊本县幼儿园活动室，活动移门打开使室内外融为一体，闭合则室内空间自成一体)

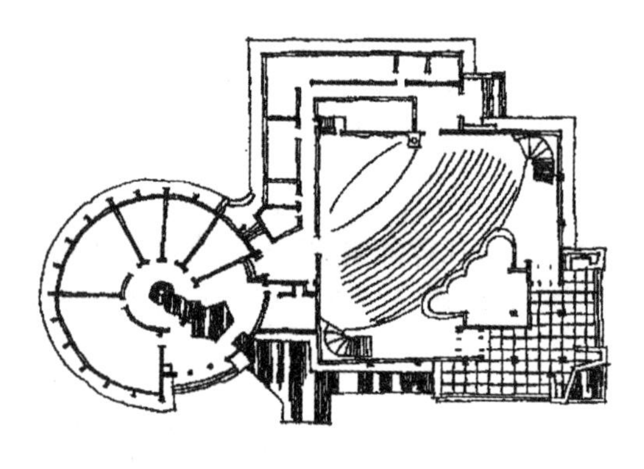

(c) 重叠(唐山市政府会议厅)

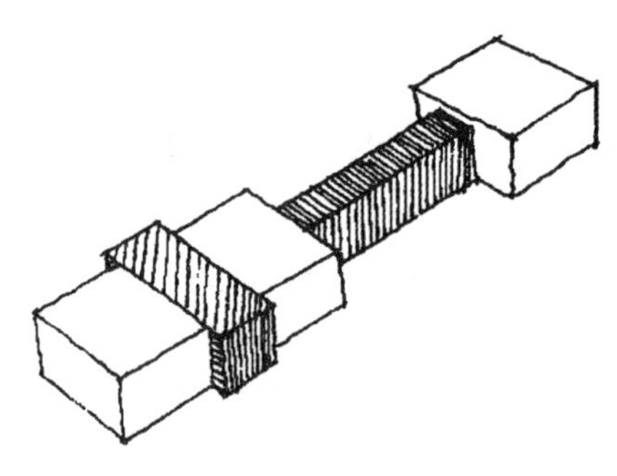

(d) 连接

图 5-54

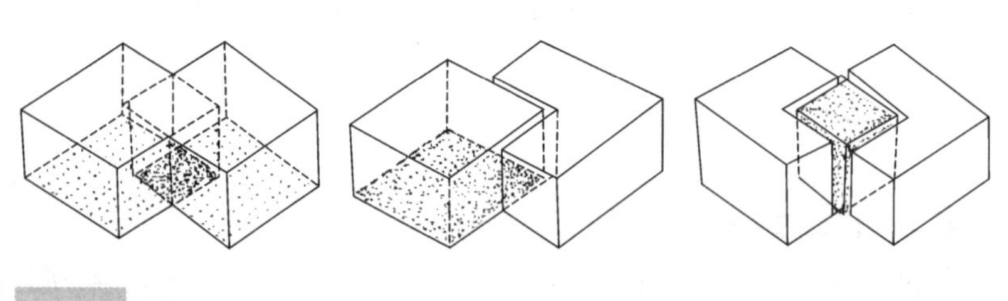

图 5-55

一幢典型的建筑物，由于其使用功能的要求，必定是由若干个不同特点、不同功能、不同重要性的内部空间组合而成的，不同性质的内部空间的组合就需要不同的组合方式。即使是相同性质的内部空间，也可能由于不同的组合方式而产生不同的空间形式。

2. 平面组合的基本方式

各类民用建筑往往都是由若干空间组合而成的，它涉及三维空间的设计问题。在具体设计时，为了便于剖析问题和表达设计意图，常将一幢完整的建筑物分解为平面、剖面和立面等图式，而各图式之间实际上是相互关联的。平面布局除反映功能关系外，还反映空间的艺术构思和结构布置等关系；立面处理在一定程度上也可以反映平面与剖面的关系。所以在具体创作过程中，要综合考虑平面、立面与剖面三者之间的关系。

民用建筑空间组合的基本方式有：集中式、流线式、单元式、综合式等多种形式。此外，各种基本方式在实践中，可结合客观实际和不同处理手法而创造出别具一格的建筑形式，如台阶式建筑、以几何母题为构图中心的空间组合形式、以计算机辅助设计为主要手段的解构主义空间形式等。

1）集中式（大厅式、庭院式）

集中式组合是指在一个主导空间周围组织多个空间，其中交通空间所占比例很小的组合方式。如果主导空间为室内空间，则可称为大厅式；如果主导空间为室外空间，则可称为庭院式。在集中式组合中，流线一般为主导空间服务，或者将主导空间作为流线的起始点和终结点。这种空间组合方式常用于影剧院、交通建筑以及文化建筑中。

（1）大厅式。

演出性建筑、体育馆、商场、餐厅等建筑类型，大都是以一个大量人流活动的大厅为中心，周围布置辅助空间，如四喷泉圣卡罗教堂，其平面组合方式如图5-56所示。大厅随功能要求的不同，基本上可分为两大类：一类供观众视听之用，其内部空间必须无阻挡，空间体量也比较大，常常采用大跨度空间结构，形成独特的建筑形象，如体育馆、剧院、电影院等；另一类供人们进行商业活动，此类大厅，在满足基本使用功能要求的前提下，允许在大空间中设立柱子，故其组合手法与第一类有不同之处。

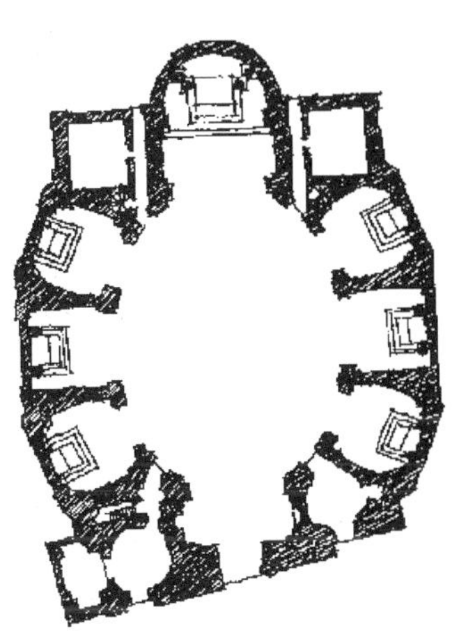

图5-56

① 体育馆建筑。

体育馆建筑基本上由三部分空间组成：比赛大厅；供运动员使用的空间，包括练习厅、休息室、卫生间等；供观众使用的空间，包括门厅、休息厅、卫生间、小卖部等。在进行空间组合时，应首先满足观众的视觉要求。在设计过程中，应当为观众、运动员、主席团等各种人流布置各自的出入口，以免交叉干扰。观众出入口应均匀地分布于比赛大厅的四周，并具有足够的数量和宽度，以保证在规定的时间内疏散完毕。为了充分利用空间，可将为比赛服务的附属用房尽可能布置在观众席下部的空间内，要注意解决好通风、采光问题。

② 影剧院建筑。

影剧院建筑主要由观众厅、观众使用的空间、门厅、舞台、后台以及工作人员使用的放映间等组成。设计此类建筑时，首先应满足视觉和音响的要求。

（A）纵向组合式。

这种组合方式是国内外演出性建筑中广泛采用的手法，其组合特点是把门厅、休息厅和观众厅等主要使用空间按使用功能的先后顺序，逐一排列在观众厅纵轴线的一端，形成观众厅的纵轴线垂直于正立面的构图关系。其他的辅助用房则设在门厅或休息厅的一侧或两侧。当设有楼座时，管理办公用房和其他辅助用房有时也分设在休息厅上部的二层或三层空间内。这种组合方式，为了避免观众与工作人员的交叉，以及观众与放映员的交叉，会使平面布置复杂化，正立面处理也会受到较多的限制，所以常将面积较小的辅助用房移到侧面，以大大改善立面的处理。

（B）横向组合式。

这种组合方式的特点是观众厅的纵轴线与建筑物的正立面平行。管理办公用房、业务性房间，以及其他面积较小的辅助用房，可沿观众厅的一侧、两侧或三侧布置。休息厅朝向主要方向，具有开敞、通风、采光良好的优点。这种布置方式要特别注意标高的处理，另外要注意休息厅内的噪声对观众厅的干扰。

此外，因为受基地条件的限制，常常会出现自由式组合的建筑。不规则的地形会给建筑设计带来很多困难，但若设计者能进行巧妙的安排，也可以设计出具有个性的作品。

③ 商店建筑。

尽管商店营业厅的平面尺寸也比较大，但其空间高度远小于观众厅，而且商店营业厅中允许布置柱子，因此这类大空间就有可能在垂直方向上重叠布置多层，从而形成了这类大空间建筑的特点。

商店主要由营业厅、库房和办公后勤用房三部分组成。组合时，营业厅与库房的关系为首要考虑的问题。

(A) 营业厅与库房同层水平联系。

这种方式是指按营业厅各层楼面标高分层设置库房。商品进店后，由垂直运输设备送入各层库房分别保管。这种供货方式运输简便，距离短，营业厅与库房联系方便，并可根据基地情况和营业厅规模的大小，将库房布置在营业厅一端的后部或中后部。但采用这种方式时，库房占用营业厅的面积较多，会影响商场的经济效益。

库房层高与货架规格有关，单层货架的库房层高在 3 m 以下，而双层货架的库房层高则需要 5 m，库房层高还需要与营业厅层高协调考虑。为了充分利用空间，常设夹层库房，也可在营业厅的两层高度内设三层库房。

(B) 营业厅与库房垂直分层布置。

这种方式是指库房设在商店的地下层或营业厅上层，商品进店后运入库房，提货时由垂直运输设备分别运至各层营业厅，这种方式适用于以下几种情况：建筑用地较紧张，无法在营业厅后部设置库房；地段中有自然高差条件可利用；需要增加建筑层数。

商店的办公后勤用房常常布置在建筑物的顶层或夹层，有条件时亦可布置在营业厅的一侧后部。

此外，在进行商店建筑的空间组合时，还需要考虑留有一定的场地作为后院，供装卸货物、清理包装时使用。

(2) 庭院式。

庭院式指以庭院为中心，周围布置不同大小的使用空间的组合方法，它是我国建筑空间组合的传统手法。中庭具有多种功能，当前在不少民用建筑中都采用了中庭，可以使室内外空间相互协调，彼此衬托。伊东丰雄设计的中野本町之家（见图 5-57），以纯粹的几何形式，表现出现代建筑语言及流动性空间的概念。内部包围的封闭中庭，则表现出其对都市环境的态度。

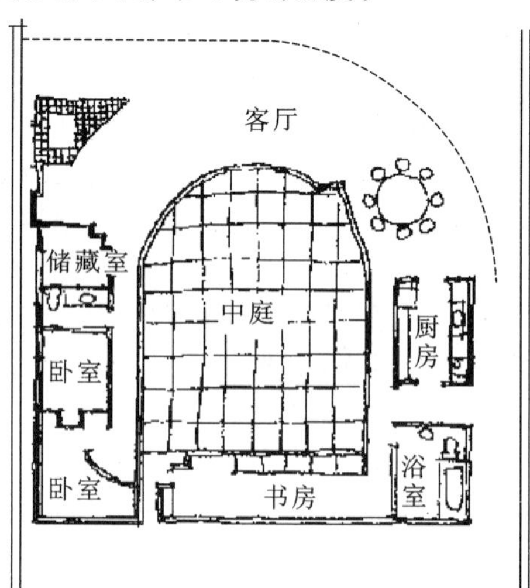

图 5-57

2）流线式（走廊式、串联式、放射式）

流线式是指建筑内部没有主要空间，各个空间都具有独立性，并按流线次序先后展开的组合方式。按照各空间之间的交通联系特点，这种组合方式可以分为走廊式、串联式和放射式。

（1）走廊式。

走廊式是指当组成建筑的各个房间在功能上要求独立设置时，各房间之间需要采用走廊取得联系而组成一幢完整的建筑。它是一种广泛采用的空间布局形式，通常在房间面积不太大、使用性质相同的房间数量较多的情况下采用。这种布局形式能保证房间有比较安静的环境，适合于学校建筑、行政办公建筑、医疗建筑、居住建筑等建筑类型。

走廊式布局一般包括内廊式和外廊式两种布置形式。

内廊式是指走廊在中间，两侧布置房间，柯布西耶的马赛公寓就采用了这种布置方式（见图5-58）。内廊式布置的主要优点是走廊的使用率高，走廊所占的面积相对比较小，建筑进深较大，平面紧凑，保湿性能较好，在寒冷地区对冬季保暖较为有利。但采用这种布局时，半数房间的朝向较差，在空间组合时应尽可能将次要的辅助用房和楼梯间等布置在朝向较差的一侧。此外，还应处理好内廊的采光与通风。

外廊式是指走廊位于一侧，另一侧布置房间，阿尔瓦·阿尔托的贝克住宅就采用了这种布置方式（见图5-59）。外廊式布局的主要优点是几乎可使全部房间朝向好的方位，获得良好的通风、采光。这种形式深受南方炎热地区使用者的欢迎，走廊除了可用于交通联系外，还具有其他用途。但这种布局形式容易造成走廊过长、交通面积偏大、建筑进深过小等缺点。

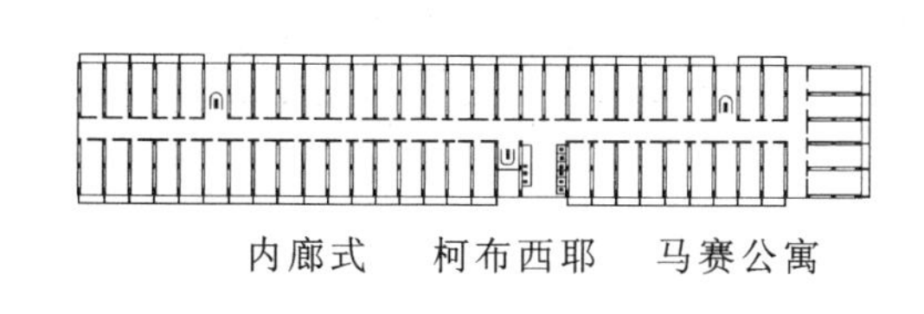

内廊式　柯布西耶　马赛公寓

图5-58

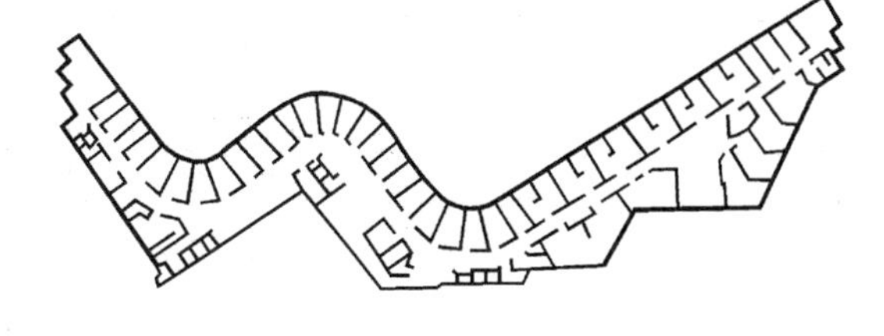

外廊式　阿尔瓦·阿尔托　贝克住宅

图5-59

在有的民用建筑中，还可根据使用要求、自然条件等具体状况采取内、外廊结合的空间组合方式，以充分发挥两种布局形式的优点。此外，还可以采取连廊的方式联系建筑两端的使用空间，使建筑空间的组合更丰富，在特拉尼设计的柯默警察局办公楼中运用的正是这种方式（见图5-60）。亚热带地区建筑，常沿使用房间的两侧设置走道，既可以有方便的联系，又可借走道防止辐射热影响室内的气温（见图5-61）。

在走廊式布局中，建筑各组成空间通常可采取分段布置或分层布置两种处理手法，例如，学校建筑中的教室、办公室，医院建筑中的门诊诊室、病房、急诊诊室、手术室等，以及办公建筑中的办公室、会议室等各类不同性质的房间，常按分段布置的方式进行空间组合（见图5-62）。此外，亦可采取分层布置的手法以满足不同功能的空间要求，例如：学校建筑中的音乐教室、办公建筑中的会议室等可布置在建筑的顶层；办公建筑中的传达室、收发室和接待室等房间，常布置在建筑底层的入口附近。具体设计时可结合特定的要求进行创造性的构思，创造出富有个性的建筑形象。

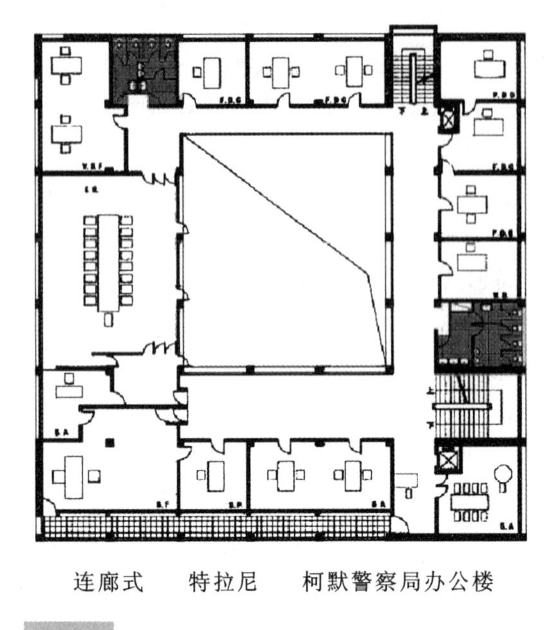

图 5-60

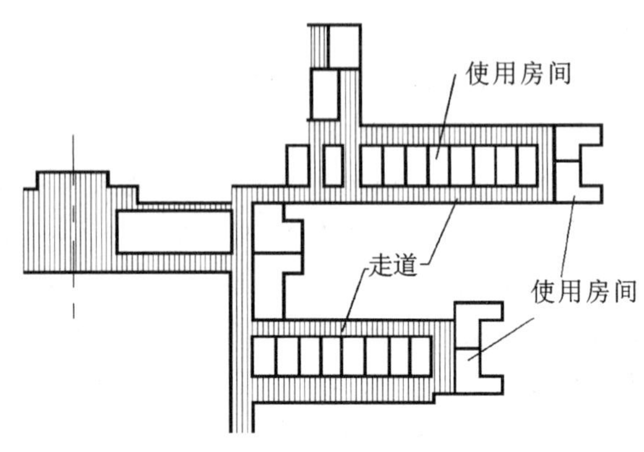

图 5-61

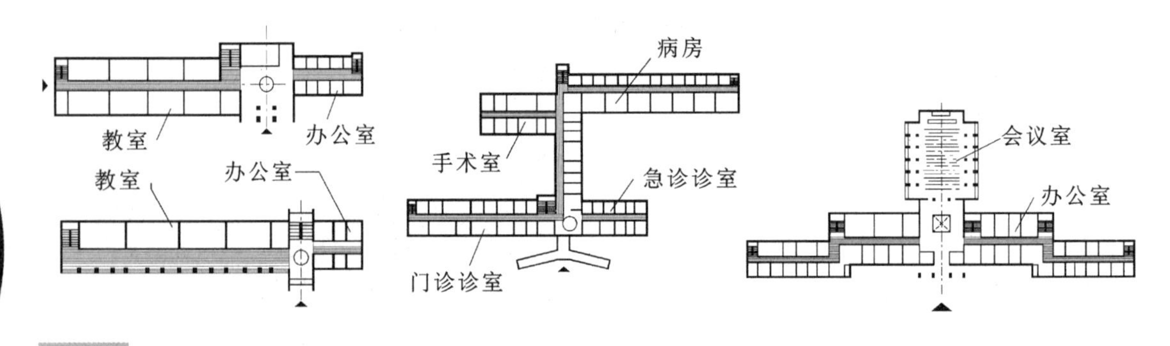

图 5-62

(2) 串联式。

串联式指各个使用空间按照功能要求一个接一个地互相串联，一般需要穿过一个使用空间到达另一个使用空间。与走廊式不同的是，这种布局方式没有明显的交通空间。串联式是展览建筑中常见的一种布局形式。参观者可按照一定的参观路线通过每个展厅。图 5-63 所示为全国农业展览馆综合馆，各展览厅相互串联，观众从门厅开始按顺时针方向可依次从一个展览厅进入另一个展览厅，最后再回到门厅。这种布局形式的主要优点是：人流路线紧凑、方向单一、简捷明确；参观路线不重复、不交叉。这种布局形式也存在一定的不足，如参观路线不够灵活，人多时易产生拥堵现象，不利于陈列厅的独立使用等。这种布局形式较适合于中小型展览建筑。在规模较大的展览建筑中采用串联式时，应在适当部位布置廊子、过厅或休息厅，一方面可使展室具有独立使用的灵活性，同时也可供参观者休息，中国茶叶博物馆的陈列厅采用的正是这种设计方法(见图 5-64)。

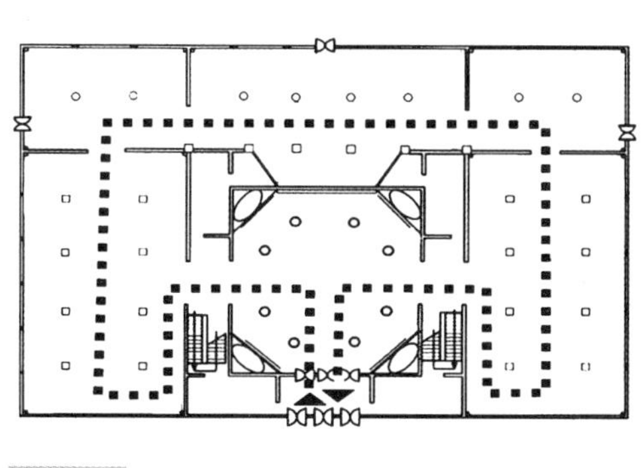

图 5-63

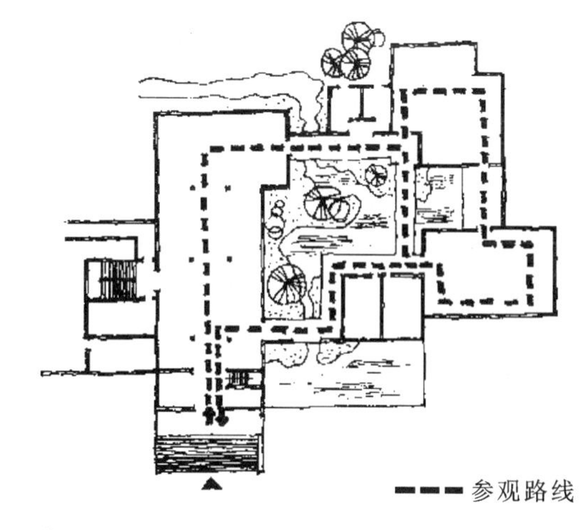

图 5-64

(3) 放射式。

放射式是指由一个处于中心位置的使用空间通过交通空间呈放射状发展到其他空间的组合方式(见图 5-65)。这种组合方式能最大限度地使内部空间与外部环境相接触,空间之间的流线比较清晰。它与集中式组合的大厅式向心型平面的区别在于,处于中心位置的空间并不一定是主导空间,可能只是过渡缓冲空间。

放射式组合方式多用于展览馆、宾馆或者对日照要求不高的公寓楼。在展览馆的平面组合中,将陈列空间围绕枢纽空间呈放射状布置,参观者在参观完一个陈列空间之后,需返回位于中心的枢纽空间,再进入另一个陈列空间,从而取得连续的参观路线,其优点是参观路线简单紧凑、使用灵活,各个陈列空间具有相对的独立性,但枢纽空间中的参观路线不够明确,容易造成交叉和干扰,产生迂回拥挤的现象(见图 5-66)。

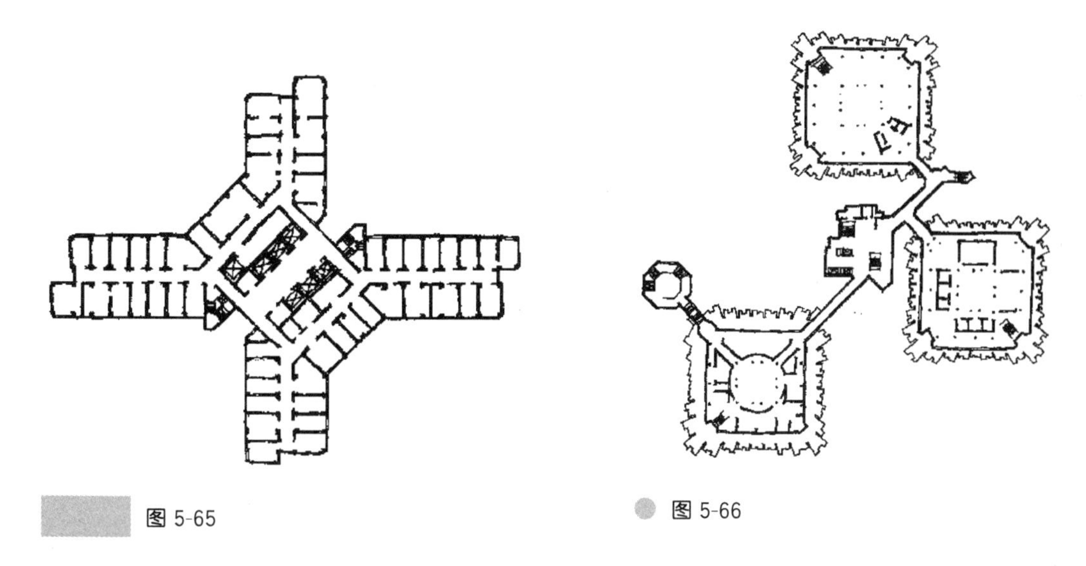

图 5-65

图 5-66

3) 单元式

在建筑设计中将性质相同、联系紧密的空间组成相对独立的一个整体,这个整体称为单元。再根据不同的客观实际,将不同的单元进行组合,得到多种组合形式的建筑,这种组合方式称为

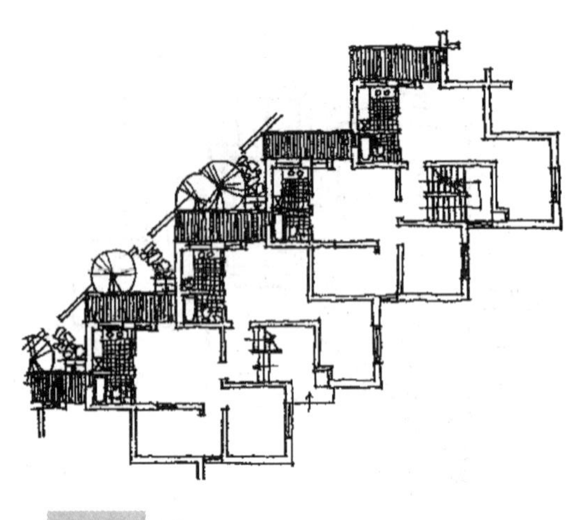

图 5-67

单元式。这种组合方式为大量性民用建筑的建筑标准化、形式多样化提供了广阔的途径。目前，这种组合方式在住宅建筑中普遍采用，亦可结合不同地形与建筑规模，进行多种方案的组合(见图 5-67)。

由于单元式布局具有许多优点，如功能分明、布局整齐、外形既有规律又富有变化等，此种组合方式已逐渐扩大到其他建筑类型中，如餐厅建筑、图书馆建筑等。

4）综合式

在某些民用建筑中要满足多方面的功能要求，因此在空间组合上常常需要采用多种空间组合形式，由此出现了综合式建筑布局，如旅馆、俱乐部、图书馆等，这类建筑在组合时必须分区明确，避免互相干扰。

此外，还有台阶式建筑布局形式，其特点是建筑向上层层内收，从而形成层层平台，以满足使用者接触自然、争取室外活动场地的愿望。低层住宅建筑通过室内居住空间与室外庭院直接结合，构成了良好的居住环境。对于多层和高层住宅建筑，其居住人群也渴望有一块露天场地为他们提供休息、眺望、种植的场所，台阶式住宅建筑正是在这种功能要求下产生的，它使多层和高层住宅建筑兼具低层住宅建筑的优点，提高了住宅的环境质量与居住价值。

5.3 建筑剖面设计

建筑是三维空间的实体，建筑剖面设计也是建筑设计全过程中一个不可缺少的部分，其主要任务是根据各建筑物的用途、性质、规模以及使用要求，对建筑物在竖向上的一些空间进行组合，从而确定建筑物的层数，各楼层地面、屋面与外墙的交接方法，内部空间的利用，以及细部尺寸等。

5.3.1 建筑剖面的形状

1. 影响建筑剖面形状的因素

建筑的剖面形状主要是根据房间的使用要求和功能特点来确定的，同时还应考虑具体的物质条件、技术条件、经济条件及特定的艺术构思，既要满足基本的使用要求，又要达到一定的艺术效果。

2. 建筑剖面形状的分类

1）矩形剖面

大多数民用建筑，如居室、教室、办公室等，要求稳定、有秩序，比较适合于采用矩形剖面。矩形空间的六个界面均为水平或竖直平面，剖面简洁、规整，给人以秩序感(见图 5-68)。矩形的内部空间简单、实用，同时具有以下优势：便于竖向叠加与组合，获得完整而紧凑的整体造型；有利于梁板式结构的布置；节约空间，施工方便。因此，房间的剖面形状应优先考虑采用矩形。

2) 非矩形剖面

非矩形剖面常用于有特殊功能要求的房间，以形成特定的空间效果，或者用于特殊的结构形式所限定的特殊空间。其中，特殊的功能要求与特殊的结构形式往往是综合考虑的。罗马万神庙的穹顶空间，一方面，因为万神庙是一个宗教建筑，出于精神要求，需要一个高大、集中、神秘的超尺度室内空间，另一方面，大教堂建筑采用的砖石材料与拱券结构注定只有这样巨大的穹顶才能实现如此跨度的内部空间。哥特式教堂内部窄而高的空间，既表达了对天国的强烈向往，也是由精美的尖券构筑而成的。现代建筑设计中，一些有特殊要求的建筑也常常采用不规则的内部空间形态，因此出现了一些不规则的剖面形状（见图 5-69）。另外，有些建筑采取了大跨度和特殊的结构形式，如薄壳、拱形、拉索等，这些建筑也呈现出非矩形的剖面形状（见图 5-70）。

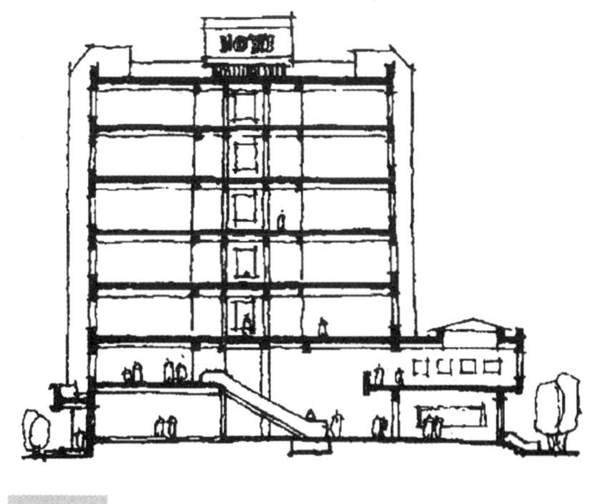

图 5-68

哥特式教堂

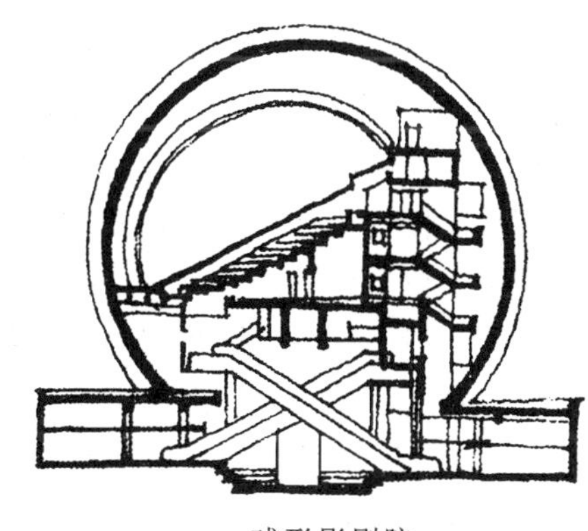

球形影剧院

图 5-69

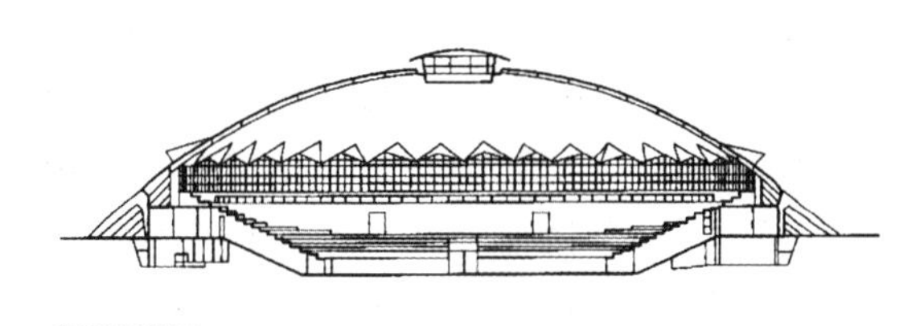

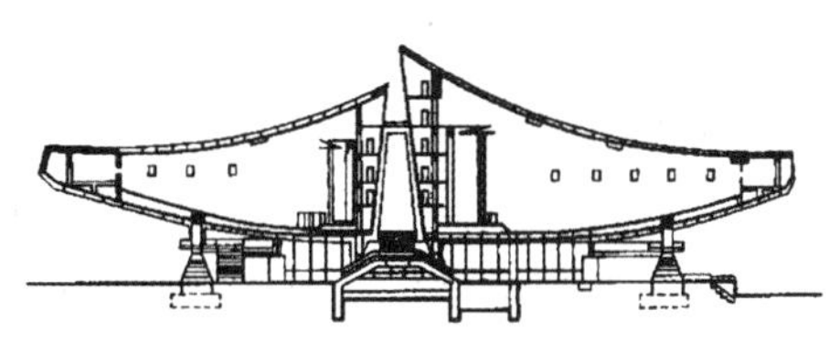

图 5-70

某些对视线要求较高的房间，如学校的阶梯教室、电影院的放映厅和体育馆的观众厅等，其使用人数多，面积大，如果室内地面不升起或升起不够，就会产生视线遮挡，影响使用。只有当室内地面按一定的坡度升起时，才能获得良好的视线质量。此外，影剧院的观众厅等房间对声音质量的要求较高，为了获得良好的声音质量，要求空间有一定的高度，以形成足够的容积来获得理想的混响时间。根据声音反射时的特性，观众厅的顶部剖面可以做成一定的折线形，以取得理想的混响时间(见图 5-71)。

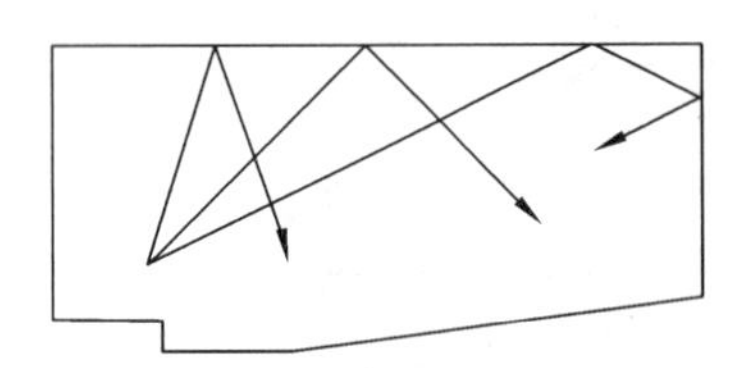
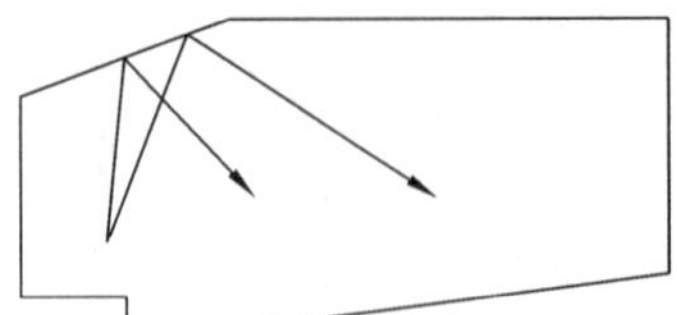
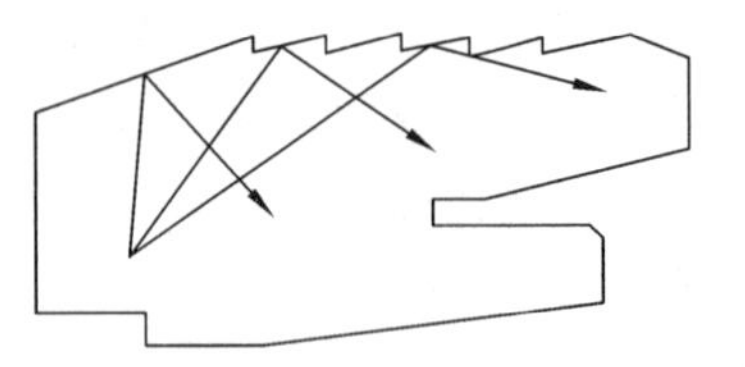

考虑声音反射的几种观众厅剖面形式

图 5-71

5.3.2 建筑层数的确定

建筑层数是方案设计初期就需要确定的问题之一,它所涉及的因素有很多方面。

1. 城市规划的要求

城市规划从宏观上控制城市的整体面貌。从改善城市面貌和节约用地的角度考虑,城市规划对城市内各个地段、沿街部分或城市广场的新建房屋都有明确的高度限定。位于城市干道、广场、道路交叉口的建筑,对城市面貌影响很大,城市规划往往对其层数和总高度都有严格的要求。城市中重要的历史地段或历史建筑周围,为了尊重和保护历史风貌,新建建筑的高度也受到严格的控制,如巴黎老城区,为了保护古城风貌,对城市建设进行了严格的控制,新建建筑的高度受到严格的控制,以保持新建建筑与历史建筑的协调,整个巴黎老城区在今天看来所有建筑联系紧密,融洽共存。位于风景区的建筑,其造型对周围的景观有很大影响,为了保护风景区,使建筑与环境相协调,一般不宜建造层数多的建筑物。另外,城市航空港附近的一定范围内,从飞行安全的角度考虑,对新建房屋也有限高要求。气象站、卫星地面站等周围的建筑,在各自所处的技术作业控制区范围内,应按照相关要求控制建筑高度。

2. 建筑的使用要求

由于建筑的用途不同,使用对象不同,往往对建筑层数也有不同的要求。对于幼儿园、疗养院、养老院等建筑,因为使用者活动能力有限,且要求与户外联系紧密,因此建筑层数不宜太多,一般以 1～3 层为宜。对于影剧院、体育馆、车站等建筑物,由于人流量大,为了使人流集散方便,也应以低层为主。对于公共餐饮设施,为了使顾客就餐方便,同时便于垃圾运出,单独建造时,以低层或多层为宜。对于中小学建筑,为了保证安全及保护青少年健康成长,小学建筑不宜超过三层,中学建筑不宜超过四层。对于大量建设的住宅、宿舍、办公楼等建筑,因使用中无特殊要求,一般可建成多层或高层。对于城市中心区域繁华地段的商务写字楼、酒店等,由于地价昂贵,常建成高层,以最大限度地创造效益。

3. 建筑结构的要求

建造房屋时所用的材料、结构体系、施工条件以及房屋造价等因素,对建筑层数的确定也有一定影响。建筑如果处在地震区,建筑允许建造的层数,根据结构形式和地震烈度的不同,会受到抗震规范的限制,如多层砌体房屋,由于自重较大,强度较低,整体性较差,所以对允许建造的房屋总高度和层数有明确的限制,如表 5-4 所示。

表 5-4　多层砌体房屋总高度（层数）限制

承重墙体类别	墙厚/m	地震烈度			
		6 度	7 度	8 度	9 度
烧结普通砖墙	≥0.24	24(8)	21(7)	18(6)	12(4)
混凝土小型砌块墙	≥0.19	21(7)	18(6)	15(5)	—
混凝土小型砌块墙	≥0.20	18(6)	15(5)	9(3)	—
混凝土小型砌块墙	≥0.24	18(6)	15(5)	9(3)	—

注：① 括号外的数字为房屋总高度（单位：m），括号内的数字为房屋层数，“—”表示不宜采用。

② 房屋的总高度为室外地面到檐口的高度。当地下室顶板在室外地面以上时，总高度从地下室内地面算起。当地下室顶板在室外地面以下，且开有密洞时，总高度从室外地面算起。

③ 医院、学校等横墙较少的房屋，总高度限值应降低 3 m，层数应降低 1 层。各层横墙很少的房屋，应根据具体情况适当降低总高度和层数。

④ 砖房屋的层高不宜超过 4 m，砌块房屋的层高不宜超过 3.6 m。

对于要求较高的多层及高层建筑，由于自身的垂直荷载较大，还要考虑水平风荷载及地震荷载的影响，所以常采用钢筋混凝土框架结构，以保证足够的刚度和良好的稳定性。对于超高层建筑，当普通钢筋混凝土框架结构无法满足要求时，则需要采用强度更高的钢结构、框架剪力墙结构及筒体结构等。

4. 建筑防火的要求

各类建筑防火规范详细地规定了建筑的耐火等级、最多允许层数、防火间距以及细部构造等。《建筑设计防火规范》(GB 50016—2014)对建筑层数与高度有明确的限定。住宅建筑按层数划分，1～3 层为低层，4～6 层为多层，7～9 层为中高层，10 层以上为高层。公共建筑及综合性建筑总高度超过 24 m 者为高层，不包括高度超过 24 m 的单层主体建筑。建筑总高度超过 100 m时，不论是住宅建筑还是公共建筑，都为超高层。不同的耐火等级对建筑的层数有不同的要求，在《建筑设计防火规范》(GB 50016—2014)中有详细的规定。民用建筑的耐火等级、最多允许层数和防火分区的最大允许建筑面积如表 5-5 所示。

表 5-5　民用建筑的耐火等级、最多允许层数和防火分区的最大允许建筑面积

耐火等级	最多允许层数	防火分区的最大允许建筑面积/m²	备　注
一、二级	9 层及 9 层以下的居住建筑（包括设置商业服务网点的居住建筑）、建筑高度小于等于 24 m 的公共建筑、建筑高度大于 24 m 的单层公共建筑	2500	① 体育馆、剧院的观众厅，展览建筑的展厅，其防火分区的最大允许建筑面积可适当放宽 ② 托儿所和幼儿园的儿童用房、儿童游戏厅的儿童活动场所不应超过 3 层，也不应设置在 4 层及 4 层以上的楼层或地下、半地下建筑内

续表

耐火等级	最多允许层数	防火分区的最大允许建筑面积/m^2	备注
三级	5层	1200	① 托儿所和幼儿园的儿童用房、儿童游戏厅的儿童活动场所不应超过2层，也不应设置在3层及3层以上的楼层或地下、半地下建筑内 ② 商店、学校、电影院、剧院、礼堂、食堂、菜市场不应超过2层，也不应设置在3层及3层以上的楼层 ③ 医院、疗养院不应超过3层
四级	2层	600	学校、食堂、菜市场、托儿所、幼儿园、老年人建筑、医院等不应超过3层

注：建筑内设置自动灭火系统时，防火分区的最大允许建筑面积可按本表的规定增加1.0倍。局部设置自动灭火系统时，增加面积可按局部面积的1.0倍计算。

5. 建筑经济的要求

建筑经济方面的要求，既包括建筑本身的造价，也包括征地、搬迁、街区建设、市政设施等方面的费用，需要进行多方面的综合评价。建筑层数会直接影响建筑的造价，建筑层数越多，在相同建筑面积的条件下，单位建筑面积的平均造价越低。但是建筑层数越多，结构上的要求也越高，结构成本也随之提高。另外，建筑层数越多，建筑设备要求也越高，如普通城市住宅，如果建造6层，可不设置电梯，而建造7层就必须按规范设置电梯，因此，许多城市住宅将层数控制在6层。

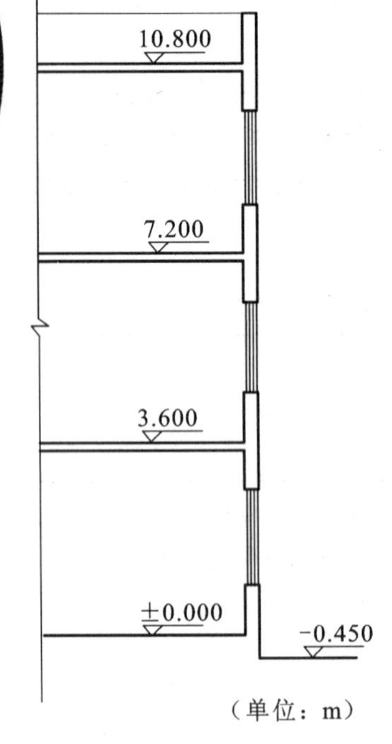

图5-72

在限定建筑高度的情况下，每层的层高越低，则建筑层数就可以越多，所获得的建筑面积也就越大；在同样的层数条件下，每层的层高越低，建筑总高度就越小，结构方面也越有利。因此，建筑每层的层高在满足使用要求的前提下应尽量减小，一般多层住宅采用的层高为2.8～3 m，高层建筑更应该合理控制层高，以达到良好的建筑经济效益。

5.3.3 建筑各部分高度的确定

1. 建筑的相对标高系统

在建筑设计中，建筑物各个部分在垂直方向上的高度用相对标高系统来表示。我们一般将建筑物底层室内地面标高确定为±0.000 m，高于这个平面的标高都为正，低于这个平面的标高都为负。例如，某建筑物内外高差为0.45 m，层高为3.6 m，则其标高系统如图5-72所示，室外地面标高为－0.450 m，底层室内地面标高为±0.000 m，二层室内地面标高为3.600 m，三层室内地面标高为7.200 m，以此类推。

2. 层高与净高的确定

表达建筑物每层的高度一般使用净高和层高两个概念。如图 5-73 所示,房间净高是指室内地面到吊顶或楼板底面之间的垂直距离,如果楼板或屋盖的下悬构件影响有效使用空间,则应按照地面至结构下缘之间的垂直高度计算。在有楼层的建筑中,楼层层高是指上、下相邻两层楼地面间的垂直距离。层高与净高之间的差值就是结构层的高度。

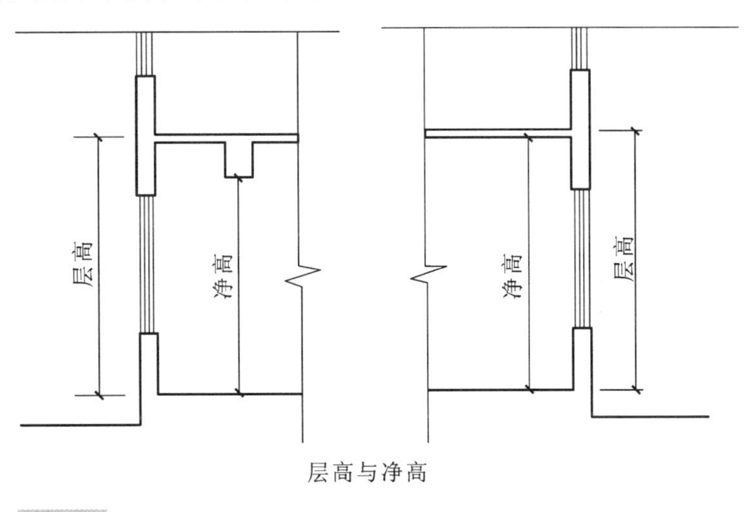

图 5-73

在建筑设计中,主要考虑使用功能对房间净高的要求,结合结构层高度,对层高进行直接控制。各种类型的房间对净高的要求各不相同,影响房间高度的因素主要包括以下几个方面。

1) 人体活动尺度及家具、设备的使用要求

房间的净高与人体活动尺度有很大关系。一般情况下,室内最小净高应使人举手不接触顶棚为宜,因此,房间净高应不低于 2.2 m。地下室、储藏室、局部夹层、走道及房间的最低处的净高应不低于 2 m。对于住宅中的居室和旅馆中的客房等生活用房,从人体活动及家具、设备在高度方向上的布置考虑,净高 2.6 m 已能满足正常的使用要求。集体宿舍由于使用人数较多,净高应适当加大,特别是设双层床铺时,室内净高应不低于 3.2 m。对于使用人数较多,房间面积较大的公用房间,如教室、办公室等,室内净高常为 3.0~3.6 m。观演建筑中观众厅的高度设计需要考虑的因素比较多,涉及观众厅容纳人数的多少,以及视线、声音等要求,即要求视线、声音无遮挡,且反射声分布合理。

建筑内部一般都需要布置一些设备,在民用建筑中,对房间高度有一定影响的设备主要有顶棚部分嵌入或悬吊的灯具、顶棚内外的一些空调管道等。除此之外,还有一些比较特殊的设备,如观演厅内的声光设备、医院手术室内的医疗照明与器械设备等,确定这些房间的高度时,必须充分考虑设备所占的尺寸。对于游泳池比赛厅,主要考虑跳台的高度;对于电影院放映厅,则主要考虑银幕的高度。有时为了节约空间,只在房间安装设备的部位局部提高层高以满足要求,其他部分仍按一般要求处理,顶棚可以处理成倾斜的,以减少不必要的空间损失。

2) 通风、采光要求

房间的高度应有利于自然通风和采光,以保证房间有必要的卫生条件。建筑内部的通风组织,除了与窗的平面位置有关外,还会受到窗洞高度的影响。窗地面积比如表 5-6 所示。从剖面上要注意进、出风口位置的设置,引导空气穿堂贯通,充分利用风压与热压的共同作用,达到良好的通风效果。一般在墙的两侧设窗进行对流,或在一侧设窗让空气上下流通,有特殊需要的房

间，还可以开设天窗，以增加空气压差，如图 5-74 所示。

表 5-6　窗地面积比

采光等级	单侧窗	双侧窗	矩形天窗	锯齿形天窗	平天窗
Ⅰ	1∶2.5	1∶2	1∶3	1∶3	1∶5
Ⅱ	1∶3	1∶2.5	1∶3.5	1∶3.5	1∶6
Ⅲ	1∶4	1∶3.5	1∶4.5	1∶5	1∶8
Ⅳ	1∶6	1∶5	1∶8	1∶10	1∶15
Ⅴ	1∶10	1∶7	1∶15	1∶15	1∶25

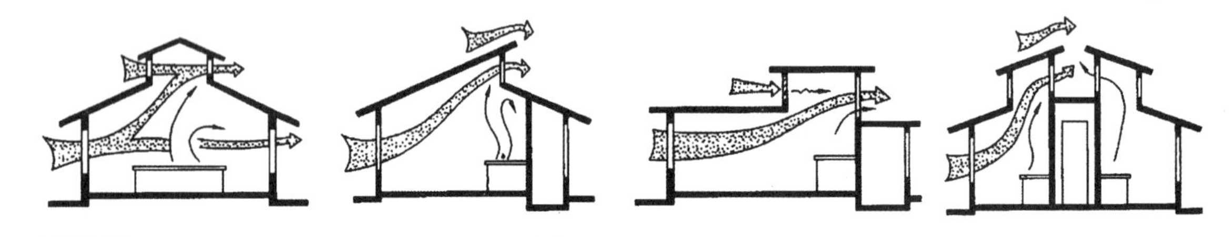

图 5-74

室内光线的强弱和照度是否均匀，除了和平面中窗户的宽度及位置有关外，还和窗户在剖面中的高度有关。房间里光线的照射深度主要由侧窗的高度来决定。一般，房间窗口上沿越高，光线照射深度越大，室内照度的均匀性越好，所以房间进深大，或要求光线照射深度大的房间，应尽量采取较大的层高。当房间采用单侧采光时，通常侧窗上沿离地的高度应大于房间进深的一半；当房间采用双侧采光时，窗户上沿离地的高度应大于房间进深的 1/4，如图 5-75 所示。为了避免房间顶部出现暗角，侧窗上沿到房间顶棚底面的距离，应尽可能留得小一些，但是需要考虑到房间的结构、构造方面的要求，即要考虑到窗户过梁或房屋圈梁等的必要尺寸。在一些大进深的单层房屋中，为了使室内光线均匀分布，可在屋顶设置各种形式的天窗，形成各种不同的剖面形式。如大型展览馆的展厅、室内游泳池等，主要大厅常采用天窗和侧窗相结合的布置方式使房间内照度均匀、稳定，减轻和消除眩光，提高室内的采光质量。

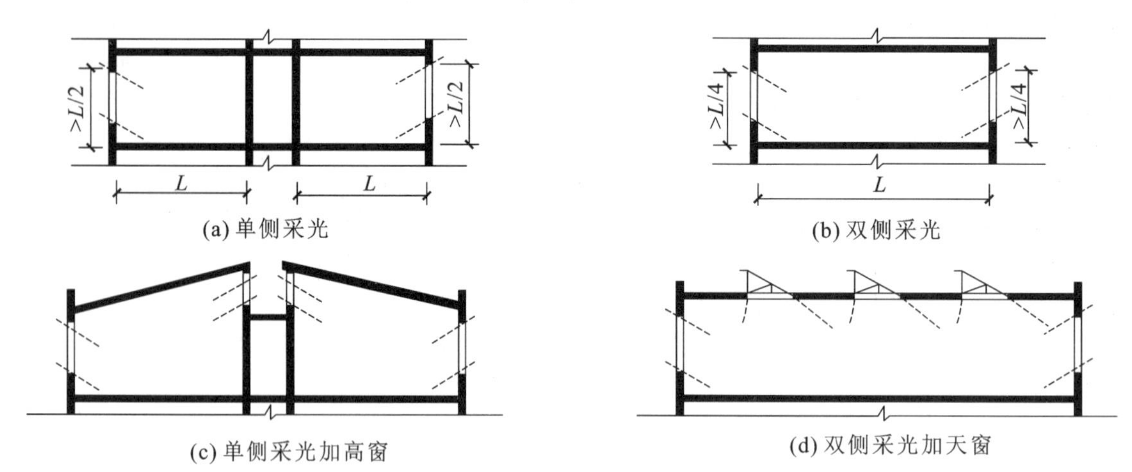

采光方式与房间进深的关系

图 5-75

3）空间比例与心理需求

室内空间的比例直接影响到人们的精神感受，封闭或开敞、宽大或窄小、比例协调与否都会给人以不同的感受。如面积大而高度低的房间会给人以压抑感，面积小而高度高的房间又会给人以局促感（见图 5-76）。一般来说，当空间高度一定时，房间面积过大，房间就显得低矮；当房间面积一定时，空间高度过高，房间就显得狭小。因此，面积越大的房间需要的高度也越大，反之，面积越小的房间需要的高度也越小。通常，房间的剖面高度与房间面积应保持一个合适的比例，不过对于某些有特殊需要的建筑空间，如纪念堂、大会堂等，为了显示其庄严、肃穆，可适当增加剖面高度；若需要体现博大、宁静的空间气氛，也可采用适当降低剖面高度的方法来实现。

在处理建筑剖面时，需要考虑到不同平面尺寸的房间在空间上的不同需要。在同一层高下，大空间的空间尺度感觉合适时，小空间往往会显得太高，此时可以采用局部吊顶的方法降低其空间高度，达到空间比例协调的目的（见图 5-77）。一个房间在剖面上处理成两种不同的高度，也是对空间进行软性划分的有效手段。如民用住宅中常常将起居室和餐厅空间结合在一起，同一个空间中的两种功能用剖面上的高差处理分隔开来（见图 5-78）。

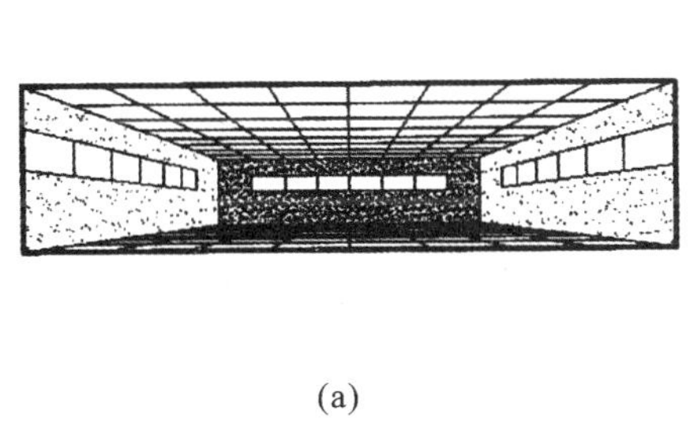
(a)

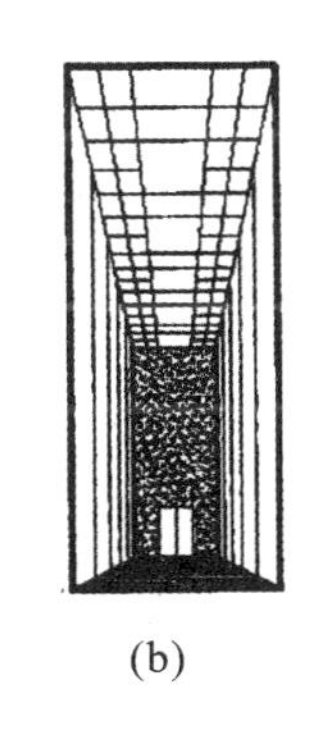
(b)

图 5-76

(a)

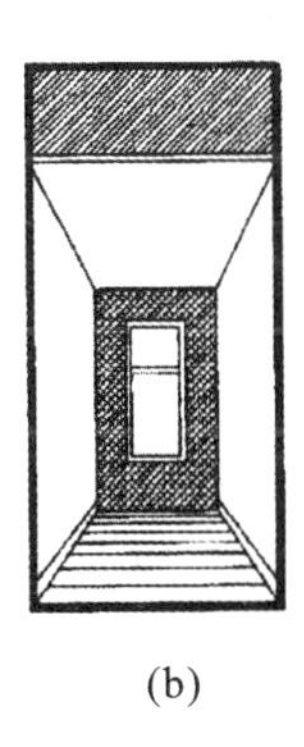
(b)

图 5-77

4）结构层高度及构造形式的要求

结构层高度主要包括楼板、梁和各种屋架所占的高度。层高等于净高加上结构层高度。在同样的净高要求下，结构层高度越大，则层高越大。

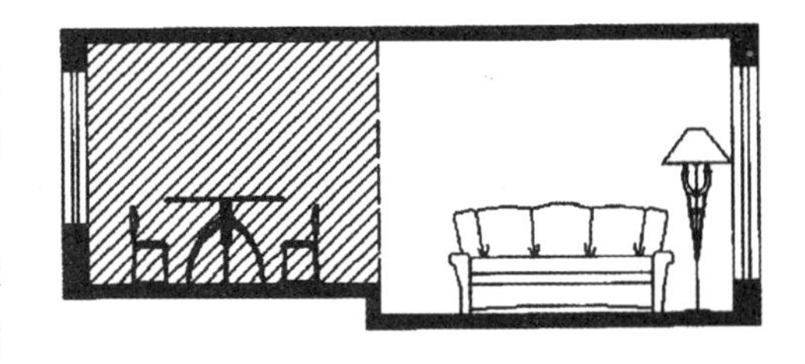
图 5-78

一般，开间、进深较小的房间，如果采用墙体承重，在墙上直接搁板，则结构层所占高度较小，对于建筑高度的利用比较充分，但这种结构形式已较少使用。现在的民用建筑房间多采用梁板布置方式的钢筋混凝土框架结构，梁的高度与柱距直接相关。对于一些大跨度建筑，多采用屋架、空间网架等构造形式，其结构层高度更大。房间如果采用吊顶构造时，层高则应再适当增加，以满足净高要求。

5）建筑经济效益的要求

在满足使用功能、采光、通风、空间感受等要求的前提下，适当降低房间的层高，可以产生十分突出的经济收益。降低层高可以降低整幢建筑的高度，有效减轻建筑物的自重，改善结构受力情况，节约建筑材料，并减少使用中的能耗损失，还能够缩小建筑间距，节省投资和用地。因此，合理确定层高对于控制建筑物的经济成本，创造经济效益有着重大意义。

6）常见建筑的层高

确定建筑某一房间的层高时，必须考虑各方面的因素，千万不能生搬硬套。常见建筑中不同类型房间的层高介绍如下。

（1）城市公寓住宅：2.8～3.0 m。

（2）城市宾馆客房：3.0～3.6 m。

（3）幼儿园、中小学教室：3.3～3.9 m。

（4）普通行政用房：3.0～3.3 m。

（5）商务办公楼用房：3.3～3.6 m。

（6）集中式大办公室：3.6～4.8 m。

3. 建筑细部高度的确定

1）窗台的高度

窗台的高度主要根据室内的使用要求、人体尺度和设备的高度来确定（见图 5-79）。民用建筑中生活、学习或工作用房的窗台高度，一般大于桌面高度，小于人们的坐姿视平线高度，常采用 900 mm 左右。浴室、卫生间的窗户，为了避免视线干扰，窗台常常设得比较高，窗台高度常采用 1 500～1 800 mm。幼儿园建筑根据儿童的尺度，活动室窗台的高度常常采用 600 mm 左右。对于疗养院建筑和风景区的一些建筑，以及住宅建筑中的起居室，由于要求室内阳光充足，同时便于观赏室外景色，常降低窗台高度至 300 mm，或设置落地窗。一些展览建筑，由于需要利用墙面布置展品，则将窗台设置到较高位置，使室内光线更加均匀，这对大进深展室的采光十分有利。以上根据房间用途确定的窗台高度，如果与立面处理相矛盾时，可根据立面需要，对窗台做适当调整。当窗台高度低于 800 mm 时，应采取防护措施。

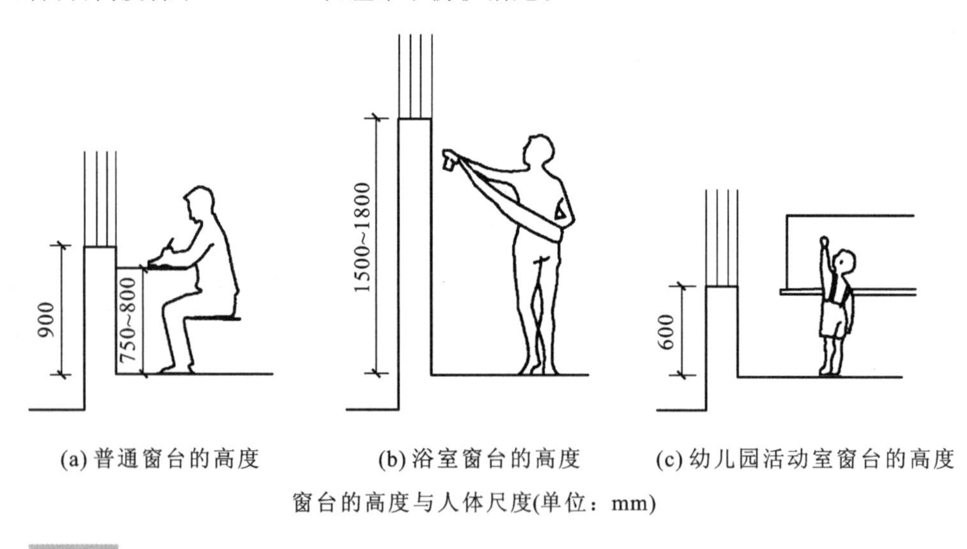

(a) 普通窗台的高度　(b) 浴室窗台的高度　(c) 幼儿园活动室窗台的高度

窗台的高度与人体尺度(单位：mm)

图 5-79

2）雨篷的高度

雨篷的高度需要考虑到与门的关系，过高遮雨效果不好，过低则有压抑感，而且不便于安装门灯。为了便于施工，同时使构造简单，可以将雨篷与门洞过梁结合成一个整体。雨篷标高宜高于门洞标高 200 mm 左右。出于对建筑外观的考虑，雨篷也可以设于二层，甚至更高的高度。

3）建筑内部地面的高差

建筑内部同层的各个房间的地面标高应尽量保持一致，这样行走时比较方便。对于一些易于积水或者需要经常冲洗的房间，如浴室、卫生间、厨房、阳台及外走廊等，它们的地面标高应比其他房间的地面标高略低，以防积水外溢，影响其他房间的使用。通常在结构设计时采用降板 100 mm 的处理方法，地面铺装之后约低 20～50 mm。不过，建筑内部地面还是应该尽量平坦，高差过大会不便于通行，造成安全隐患。

4）建筑室内外地面的高差

一般，民用建筑常把室内地面适当提高，这样既可以防止室外雨水流入室内，防止墙身受潮，也可以防止建筑物因沉降而使室内地面标高过低，还可以满足建筑使用及美观方面的要求。室内外地面的高差要适当，高差过小难以满足基本要求，高差过大又会增加建筑高度和土石方工程量。对大量的民用建筑而言，室内外地面的高差一般为 300～600 mm。一些对防潮要求较高的建筑物，需要参考有关洪水水位的资料以确定室内地面的标高。建筑所在场地的地形起伏较大时，需要对地段内道路的路面标高、施工时的土石方工程量以及场地的排水条件等因素进行综合分析后，选定合适的室内地面标高。一些纪念性及大型的公共建筑，从建筑造型考虑，常加大室内外地面的高差，增加台阶数目，以取得主入口处庄重、宏伟的效果。

5.3.4 建筑剖面的组合设计

建筑剖面的组合设计是在平面组合设计的基础上进行的，它进一步反映了建筑内部垂直方向上的空间关系。建筑剖面的组合形式主要是由建筑物中各类房间的高度和剖面形状、房屋的使用要求和结构布置特点等因素决定的。只有不断地对平面和剖面进行反复推敲和组合，才能保持整个空间构思的完整性。

1. 单层建筑的组合形式

建筑空间在剖面上没有进行水平划分则为单层建筑。单层建筑的空间比较简单，所有流线都只在水平面上展开，室内与室外直接联系，常用于面积较小的建筑、用地条件宽裕的建筑，以及大跨度且顶部需要采光和通风的建筑等。但单层建筑中不同空间的层高还是会有一些差异，通常采用以下几种处理方式。

1）层高相同或相近的单层建筑

对于一个或多个空间层高相同的情况，自然应该采用等高处理。但时常也会出现层高有一些差异但不悬殊的情况，这种情况下必须综合考虑。为了简化结构，便于施工，应尽可能做到层高一致，即按照主要房间的高度来确定建筑高度，其他房间的高度均与主要房间的高度保持一致，形成单一高度的单层建筑。

2）层高有一定差异的单层建筑

有一定差异且无法统一高度的各个空间，在空间组合时，可按照各部分实际需要的高度形成不等高的剖面形式。图 5-80 所示为某园林茶室，左侧为面积较大且层高较高的大厅，右侧为包厢，中间通过廊道进行过渡与衔接。

3）层高相差较大的单层建筑

各部分层高相差较大的建筑主要有体育馆、影剧院、航站楼等，它们最主要的使用空间如大厅、观众厅、候机厅等，从结构上讲同属单层，而从功能上讲流线比较复杂。采用等高处理会造成空间浪费，所以应根据实际情况进行不同的空间组合，形成不等高的剖面形式。

图 5-80

2. 多层和高层建筑的组合形式

多层和高层建筑的空间相对比较复杂，其中包括许多用途、面积和高度各不相同的房间。如果把高度不同的房间简单地按使用要求组合起来，势必会造成屋面和楼板高低错落、流线过于混乱、结构布置不合理的后果。因此在建筑的竖向设计中应当对各种不同高度的房间进行合理的空间组合，以取得协调、统一的效果。实际上，在进行建筑平面空间组合设计和结构布置时，就应该对剖面空间的组合及建筑造型有所考虑。多层和高层建筑的剖面组合，首先是尽量使同一层中各房间的高度取得一致，或将平面分成几个部分，每个部分确定一个高度，然后进行叠加、错层或跃层组合。

1) 叠加组合

如果建筑同一层房间的高度都相同，不论每层层高是否相同，都可以采用直接叠加组合的方式，使上下房间、主要承重构件、楼梯、卫生间等尽量对齐布置，这种布置方式经济、合理(见图 5-81)。许多建筑，如住宅、办公楼、教学楼等，每层的平面与高度基本上一样，在设计图纸中可以标准层平面来代替中间各层，剖面只需要按要求确定层数，垂直叠加即可。这种剖面空间的组合有利于结构布置，也便于施工。

有些建筑因造型需要，或为了满足其他使用要求，建筑各层会采用错位叠加的方式。上下错位叠加既可以是上层逐渐向外挑出，也可以是上层逐渐向内收进。住宅建筑的顶层向内收进，或逐层向内收进，就形成了露台，可以满足人们对室外露天场地的需求(见图 5-82)。一些公共建筑采用上下错位叠加的方式进行造型处理，可以获得非常灵活的建筑外形。

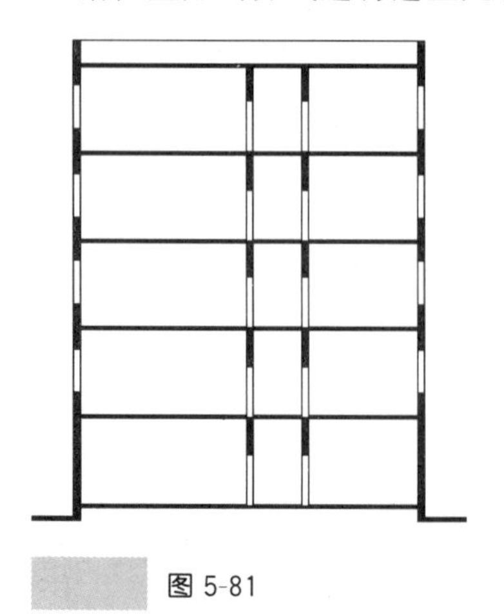

图 5-81

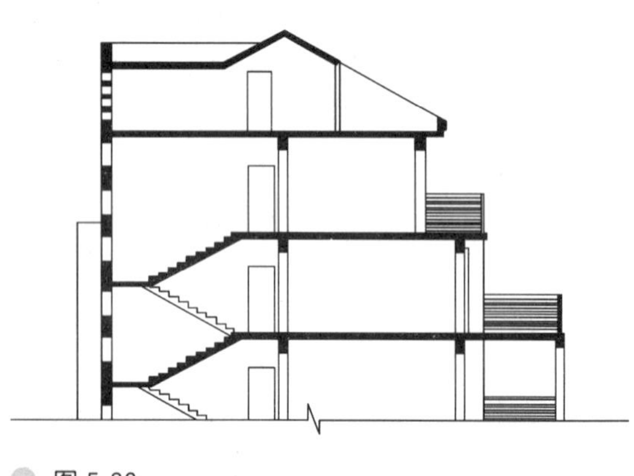

图 5-82

2）错层组合

当建筑受地形条件限制，或标准层平面面积较大，采用统一的层高不经济时，可以分区分段调整层高，形成错层组合。错层组合的关键在于连接处的处理。对于错层间高差不大、层数也较少的建筑，可以在错层间的走廊通道处设少量台阶来解决高差的问题。当错层间高差达到一定高度且每层相同时，可以结合楼梯的设计，使楼梯的某一中间休息平台高度与错层高度相同，巧妙地利用楼梯来连接不通标高的错层。当建筑内部空间高度变化较大时，也应尽量综合考虑楼梯的设计，利用不同标高的楼梯平台连接不同高度的房间。

3）跃层组合

跃层组合主要用于住宅建筑中。采用这种剖面组合方式，可以节约公共交通面积，各住户之间干扰较少，通风条件也较好。

3. 特殊高度空间的剖面处理

在建筑空间中，有时会出现一些特殊的空间，如面积较大的多功能厅，以及大部分建筑都具有的门厅。这些空间因为面积比较大、使用要求比较特殊，所以需要比其他空间更高的层高，在建筑设计时需要特别处理好这些空间与其他使用空间的剖面关系。

一般来说，为了满足这些空间的特殊高度要求，常采取以下几种方法。

（1）将有特殊高度要求的空间相对独立地设置，与主体建筑之间可以用连接体进行过渡和衔接，这样它们各自的高度要求都可以得到满足，互不干扰。

（2）将有特殊高度要求的空间所在层的层高提高，例如，为了满足门厅的高度要求，可以将底层的层高统一提高，底层其他使用空间的高度与门厅的高度保持一致。在高度要求相差不大的情况下可以使用这种方式，结构与构造的处理上比较容易，但如果高度要求相差过大时，则会造成较大的空间浪费。

（3）局部降低地坪，以满足特定空间的需要。这种方式如果能结合地形进行设计，则可以巧妙地将地形变化的不利因素转化为有利条件，解决建筑空间的多种需求，营造富于变化的建筑内部空间。

（4）在建筑剖面中，遇到有特殊高度要求的房间，还可以使一个空间占用多层高度。如在门厅的设计中，为了显示其空间的高大、宏伟，常常将门厅做到2～3层，在剖面设计中应充分考虑门厅高度与其他空间高度的关系，使其既可以满足各自不同的高度要求，又能充分利用建筑空间，避免出现空间浪费。

高层建筑中通常把高度较低的设备用房集中布置在同一层，成为设备层，同时兼做结构转换层，使得高度相差较大的不同性质的房间分别布置在建筑的上部和下部，采用不同的结构体系。

5.3.5 剖面组合设计的运用

一些大型公共建筑，其室内空间多，功能流线复杂，各空间的高度要求又各不相同，甚至差异较大，同时还有较高的审美要求，比如城市火车站、航站楼、影剧院、体育馆等。在进行剖面设计时，通常需要根据不同的使用性质，综合采用以下几种方法。

1. 利用交通枢纽空间，分层转换不同的流线

如图5-83所示，该火车站设计充分利用了入口处的前厅，既丰富了空间造型，又解决了大空间中的通风和采光问题。最重要的是，通过夹层和扶梯的设置，以及室内吊顶高度的变化，将大厅空间有效地加以利用，实现了水平与垂直交通的转换，使复杂的进出站人流得到了有序的分离。

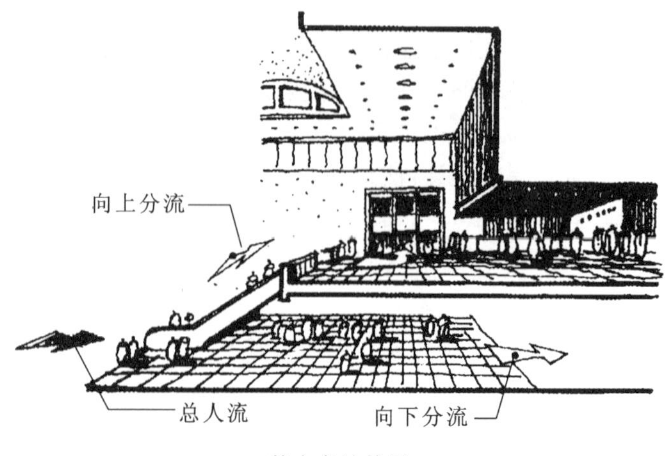

某火车站前厅

图 5-83

2. 高低空间有机结合，充分发挥夹层空间的作用

大小空间毗邻必然会产生有差异的层高，对它们进行有机组合必将带来神奇而多变的空间效果，如公共建筑中的门厅、休息厅、阅览大厅等。图 5-84 所示为某航站楼的候机厅，该候机厅毗邻小尺度的购物商店，通过空间大与小、高与低的对比，让人对商店产生亲切感，增强了购物的欲望和兴趣。

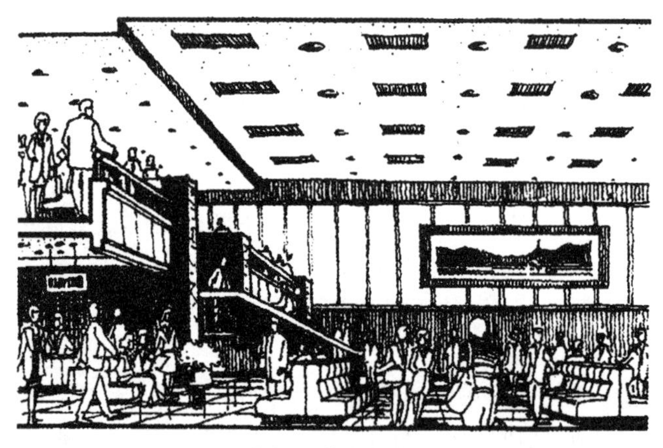

某航站楼的候机厅

图 5-84

3. 以大厅为中心，配套用房毗邻四周

有些建筑以大厅为中心进行空间组合，如影剧院、长途客运站、购物中心等，这些建筑的主要用房与毗邻的配套用房在规模和层高上都存在较大差异。在剖面组合时，尽可能将配套用房设置于主体空间的四周，使其紧密结合，从而缩短交通流线，为人们提供最便捷的服务。

图 5-85 所示为某影剧院的内部空间组合，观众厅和舞台均需要较大的空间和层高，且位于建筑物中央，所以在剖面组合设计时将其配套用房，如前厅、放映室、演员与管理用房及辅助用房一律设置在舞台与观众厅四周。这样的布局既满足了功能要求，又符合剖面组合设计的原则。

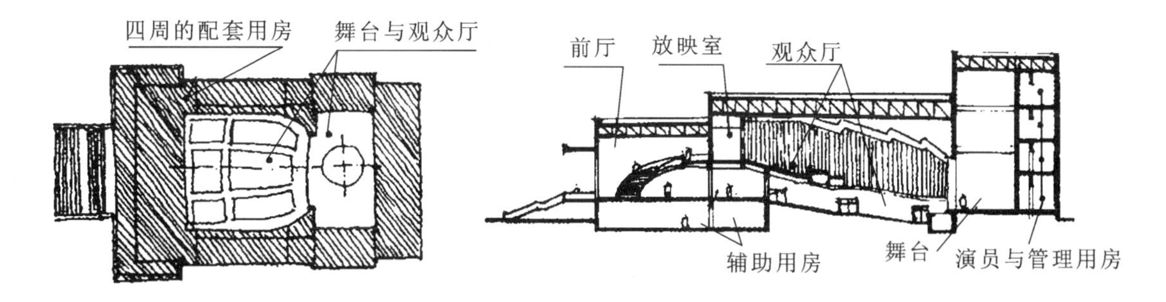

图 5-85

4. 充分利用结构空间，使大小空间各取所需

对于高度要求特别大的空间，如体育馆和影剧院建筑中的比赛厅、观众厅，其空间高度与其他辅助性空间的高度相差较大，而且主体空间本身的剖面形状呈不规则形状，有相当大的底部倾斜，这时可以将辅助性的办公室、休息室、更衣室、卫生间等空间布置在看台以下或大厅四周，以实现大小空间的穿插和紧密结合（见图 5-86）。

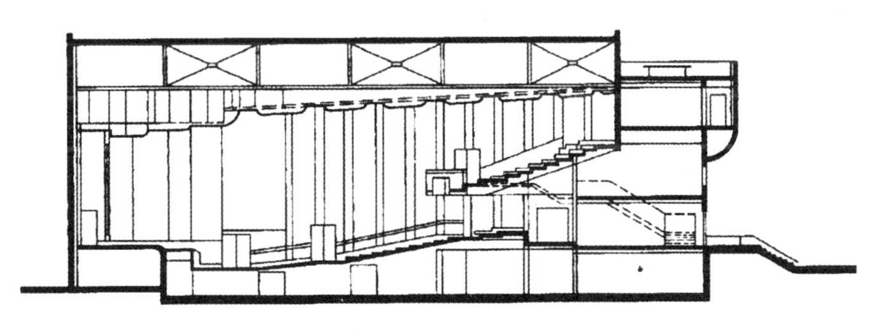

图 5-86

图 5-87 所示为某体育馆建筑设计，虽然规模不大，但因为场馆的观众厅看台采用斜梁式阶梯布置方式，因此看台底下产生了大量的三角形空间，这为剖面组合设计带来了很大的想象空间。充分利用这些三角形空间，不仅可以安排运动员休息用房、运动器材用房、卫生间等，还可以安排多层的观众休息大厅、贵宾厅以及行政用房。这样的处理方式既有效保证了体育竞技与观看的效果，也充分利用了结构空间，使大小空间各取所需。

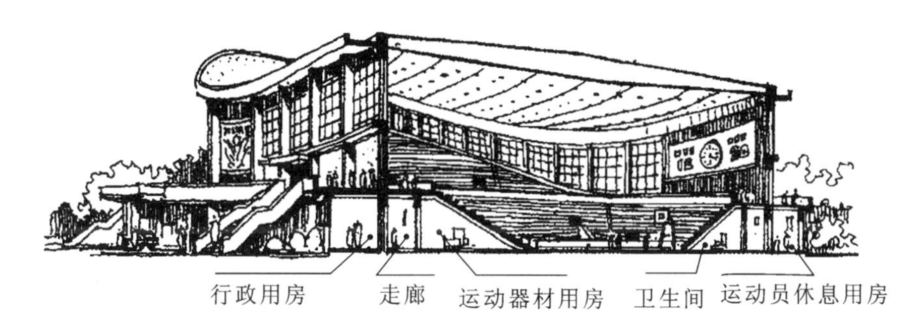

图 5-87

实践单元——练习 6

●**单元主题**：功能还是形式。

●**单元形式**：课堂辩论会。

●**练习说明**：学生被分为两个小组展开辩论，正方观点为“功能决定形式”，反方观点为“形式唤起功能”。

●**评判标准**：经典理论的运用、观点的阐述、语言的组织与表达。

实践单元——练习 7

●**单元主题**：设计过程——寻找并解决问题的过程。

●**单元形式**：课堂快题。

●**练习说明**：设计过程是一个从无到有的过程，设计者需要完成的工作包括：构思和确定建筑设计的理念、思想和意图，对设计思维进行整理、记录和形象化，用图形和文字表达设计成果。

●**评判标准**：构思与理念、图纸表达、时间控制。

实践单元——练习 8

●**单元主题**：图解空间——空间的法则。

●**单元形式**：案例抄绘与图解思考。

●**练习说明**：自选一个公共建筑平面进行抄绘，对空间关系与空间组合方式进行解析。

●**评判标准**：案例的选择、图解的方式、逻辑性、文字表达、图纸的质量。

Chapter 6

第6章 建筑空间的形式与组合

空间在任何位置和任何方向上都是等价的，自由和不确定是空间的特质。广义的空间不仅指向建筑领域，其他艺术形式也可以形成空间感受，如舞者通过舞蹈所控制的领域、音乐产生的声场、文学艺术所带来的想象余地等都属于空间的范畴。

建筑中能被人感知的空间是因内部元素、界面围合或物体介入而被限定出来的领域。比如一块空地，我们可能感觉茫然而难以描述，但当在空地上插上一面旗帜时，就表明该区域被占领；当空地上出现一棵大树时，自然给人以心理依靠，甚至附加了一些简单的功能——遮阳、避雨等；如果地面上有一级台阶，则意味着不同区域的划分。

建筑空间有内外之分，但是在特定的条件下，室内外空间的界线似乎又不是泾渭分明的。例如四面敞开的亭子、透空的廊子、处于雨篷覆盖下的空间等，究竟是内部空间还是外部空间呢？似乎不能用简单的方法给予明确、肯定的回答。人们常常用有无屋顶作为区分内外部空间的标志。日本建筑师芦原义信在《外部空间设计》中也是用这种方法来区分内外部空间的。

内部空间是人们为了某种目的或使用功能，用一定的物质材料和技术手段从自然空间中分隔出来的，和人的关系最密切，对人的影响最大。它应当在满足功能要求的前提下具有美的形式，从而满足人们的精神感受和审美要求。

6.1 空间概念的要素

空间、物质和时间，在建筑里纠缠集结，共同影响建筑体验行为。在空间概念的理解和运用上，我们一方面以三维空间为基础，研究其构成的方法；另一方面以知觉心理学为基础，关注空间在情感上的可接受性。

6.1.1 空间与时间

空间与时间有关。从现代派开始，建筑就被认为是“三维”+“时间”的“四维”空间。一方面，任何空间都有“生命周期”——建筑清晰的空间结构和秩序支撑其在一定的时间内保持固有特征和价值，但并不意味着一成不变。随着时间的推移和社会的发展，原来的城市、建筑空间所提供的功能不再满足现时的需要，建筑的价值也已经老化，空间的物质载体即结构技术也有寿命期限，尤其是在当前出现能源危机的情况下，我们不得不为建筑空间在以后数年内的可持续发展留有余地。另一方面，空间是在时间推移的过程中逐步呈现出来的，值得回味的空间历程不仅仅是一帧帧定格的图像，也是不间断的感知与体验。当我们打开一扇门，踩上台阶时，整个身体呈一定姿态，戏剧性地穿过界面，进入内部……空间鼓励我们以身体语言与之交往，时间这个无声的第四维度要素始终贯穿首尾，让我们意识到自身的位移。营造空间时，我们既需要以明确的印象带给感官“长时间”的持久性与稳定性，也需要在游走当中发现“短时间”的跳跃性变化，制造不期而遇的结果。

6.1.2 空间与体验

建筑的某些质量是无法用图画或照片来描述的，那就是“坠入”空间内部的经历、视觉和非视觉的动态体验及心理状况，它可能唤起期待，也可能与某种记忆相对比，也可能与光线、声音、气息等形成一种混合感受。芬兰著名建筑师及建筑评论家尤哈尼·帕拉斯玛在《建筑七感》中，列举了人对建筑的七种知觉，完整地阐述了知觉在建筑学中的作用。尤哈尼·帕拉斯玛认为，不同的建筑可以有不同的感觉特征，除了通常流行的视觉建筑学外，还应该有一种肌肤的、触觉的建筑学，一种重新认识听觉、嗅觉和味觉的建筑学。这表明，“空间感”实际上是一种依靠多重要素共同描述的复合体验。

6.1.3 空间与场所

我们经常把“场所”与“空间”相提并论，事实上场所更倾向于内聚与停顿，而空间本质上却是开放和游离的，通过设计操作将其组织起来，就成为一种具有联想，充满气氛，联系过去、现在与将来的特殊领地。在建筑中，空间与场所是唇齿相依的。

图 6-1

6.1.4 空间中的“图”与“底”

在城市规划平面图中，人们往往更留意突出地面的建筑实体，如果将被这些实体占据分割后剩余的部分用颜色区分出来，就能感受到与建筑贴合的道路、广场、空地的形状，成为浮于上层的“图”，建筑实体反而弱化、虚化为“底”(见图 6-1)。“图”与“底”相互咬合，互留印记，并且能够相互转化。

妹岛和世在城市住宅研究中，在假定的一块面积约为 10 150 m^2 的长方形标准地块上考虑了五种示范方案。其中，“多层蛇形楼式住宅”与“低层独立式花园住宅”如同虚实颠倒的两种图样，如图 6-2 所示。

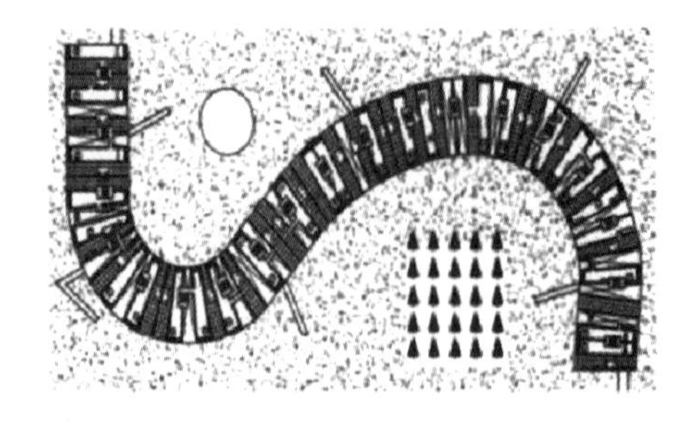
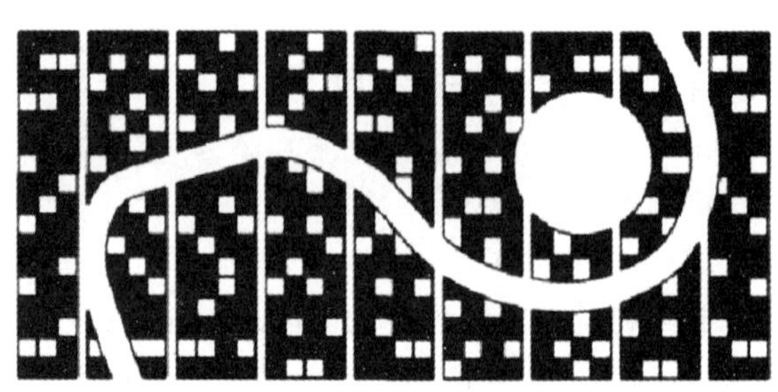
图 6-2

如果我们将空间视为正形，就能像塑造实体一样，在限定与分割的同时，利用组织与引导的手段去积极“制造”空间，而不仅仅是被动地“留出”空间。

6.2 空间的限定

6.2.1 产生

空间天生是不定形的，是连续不断的，只有开始被形式要素捕获时，才能逐渐被围合，被塑造。空间的产生可以理解为是从点这个要素开始的，通过线—面—体的连续位移，最终产生三维空间。比如：一根立柱能建立以“点”聚焦的向心空间；两根立柱之间则有明显的线性流动的感受；如果再在其上加上横梁，就具有“门”的意义，暗示跨越到不同领域；连续排列的立柱已经具有线要素限定的面的特性；墙面则是更封闭的垂直界定，墙面与其他界面配合将空间围合起来，进而限定其视觉特征和体积，如图 6-3 所示。

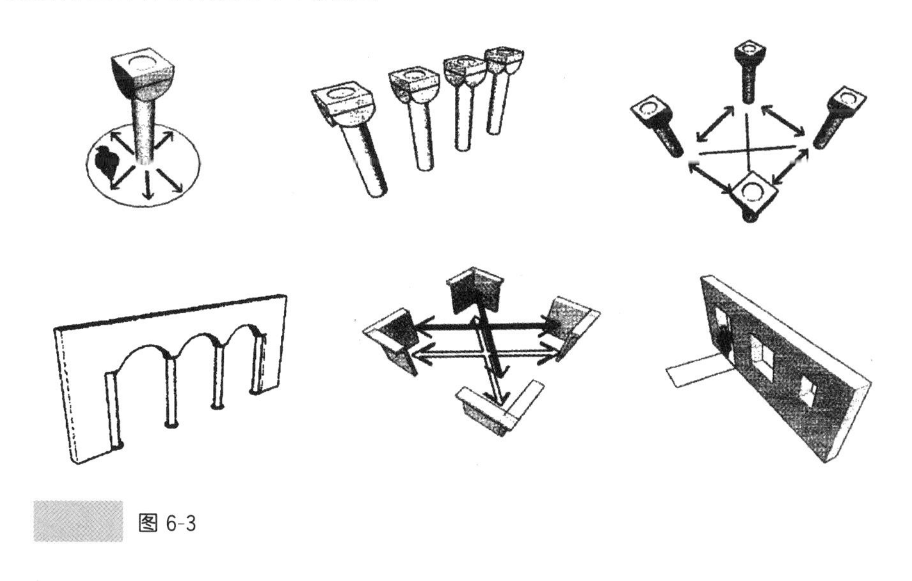

图 6-3

6.2.2 围合

单独的界面只能作为空间的一个边缘，面与面之间或具有面的特性的形式要素之间，因位置与关联方式的不同能产生不同的围合感受。例如：平行面能限定空间的流动方向，它们有的表现为走廊，有的构成了承重墙体系（见图 6-4）；L 形面在转角处沿对角线向外划定了一个空间范围，越靠近内角的地方越内向，沿两翼逐步外向，又因其端头开敞，因此很容易与其他要素灵活结合（见图 6-5）；U 形面有吸纳入内的趋势，同时因开敞端具有特殊地位而容易在此处产生领域焦点（见图 6-6）；四壁围合，有地面，有顶面是典型的强势限定，这种封闭、内向的盒子随处可见。

围合程度体现出对空间本质顺应或限定的不同态度，它与要素造型、界面关联以及门窗洞口的方式有关。一方面，有的功能需要明确的界限，以确保安全、私密，同时满足保温、隔热、隔声等建筑物理要求；另一方面，我们也应当尊重空间自由、开放的倾向，使建筑不至于成为构思贫瘠的住人机器。

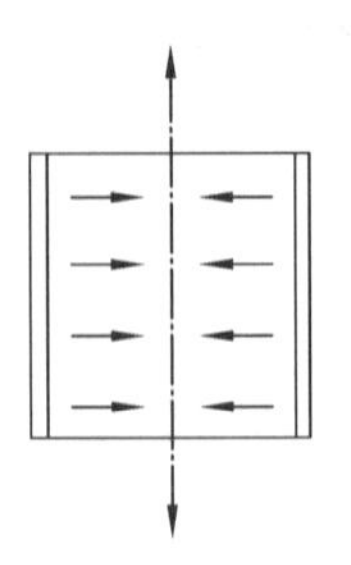

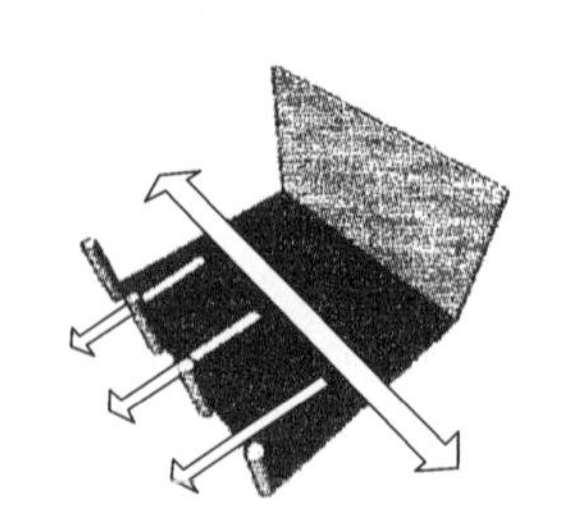
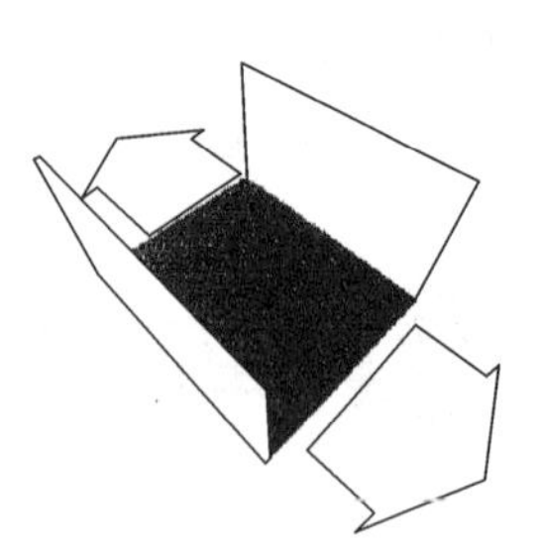

图 6-4

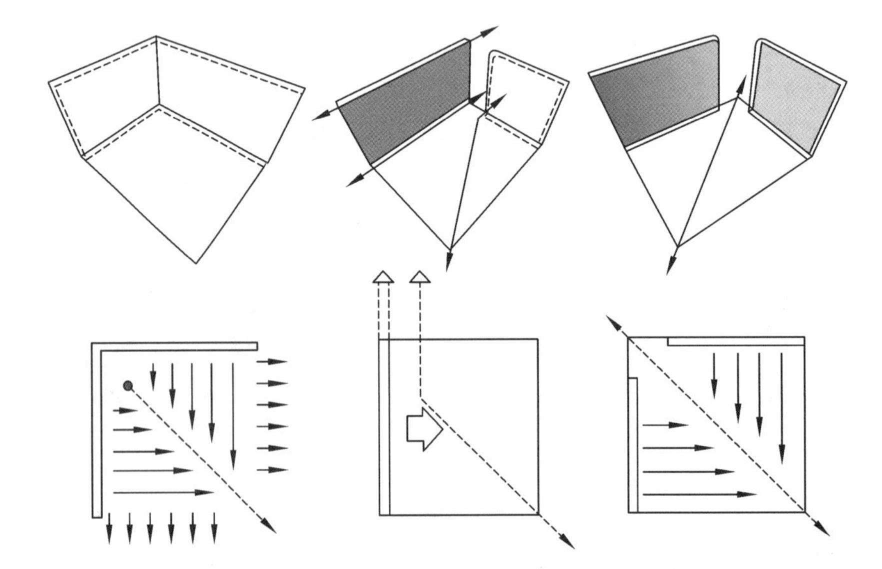

图 6-5

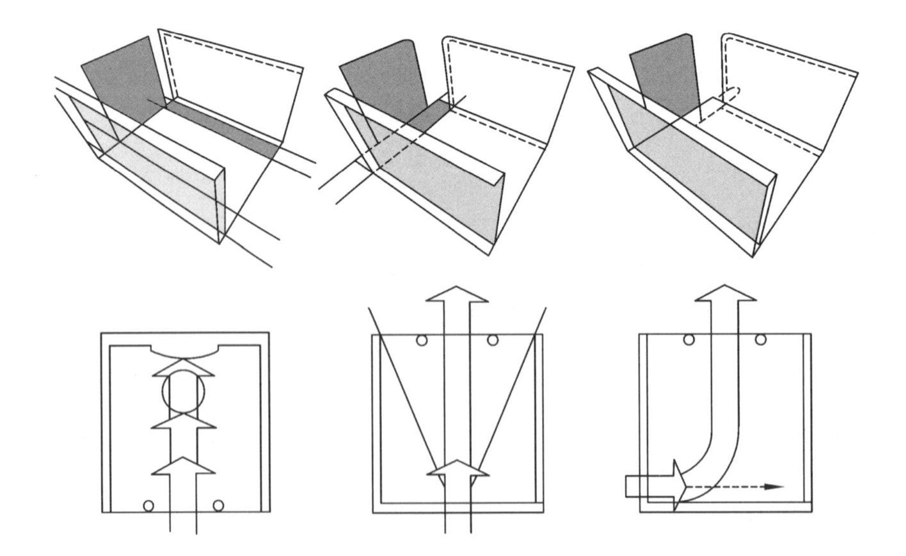

图 6-6

6.2.3 形态控制

空间形态不仅具有数学与几何特征，同时也承载着心理指向及其他不同的意义。穹顶覆盖的圆形空间封闭、完整，有利于表现纪念性或集权，但是这种绝对对称的形式，从中心至外围，每条射线方向上的“压强”完全一致，行走于其中，方向性的同化就成了其缺憾，因此需要从其他因素上加以区别，这样才能避免处处等同而无节奏。三角形因“角”的出现显示出了冲撞与刺激，但在锐角空间处常常给人以逼迫感。自由曲线是舒展的形态，也有引导视线的优势，但因曲率不同而代表不同情绪，因感性、多变而难以控制，同时也难以与其他几何要素如家具等配合。矩形直角空间安定、平和，也是最容易与内部其他要素协调，且在空间与结构上最具有经济性的基本造型。

空间形态的比例、尺度也受色彩、肌理等因素的影响，如深色顶棚、粗糙的界面肌理会使房间显得低矮，而浅色顶棚、光滑的界面肌理则有适当的扩张效果。

6.3 单一空间形式的处理

单一空间是构成建筑最基本的单位，在分析空间形式的处理时就是从单一空间入手的。

6.3.1 空间的体量与尺度

室内空间的体量大小主要是根据房间的功能使用要求来确定的，但是某些特殊类型的建筑，例如教堂、纪念堂等，为了营造宏伟、博大、神秘的气氛，室内空间的体量往往可以大大超出功能使用的要求。

室内空间的尺度感应与房间的功能性质相一致。日本建筑师芦原义信曾指出：日本式建筑中四张半席的空间对两个人来说，是小巧、宁静、亲密的空间。其所说的四张半席的空间相当于我国 10 m^2 左右的小居室。住宅中的居室，过大的空间难以造成亲切、宁静的气氛，因此，居室的空间只要能够保证功能的合理性，即可获得恰当的尺度感（见图 6-7）。但这样的空间却不能适应公共活动的要求，一般的公共建筑只要实事求是地按照功能要求来确定空间的大小，就可以获得与功能性质相适应的尺度感，既不会让人感到压抑，也不会让人感到空旷。对于公共活动来讲，过小或过低的空间会使人感到压抑，这样的尺度感会有损于它的公共性（见图 6-8）。出于功能使用要求，公共活动空间一般都具有较大的面积和高度。一些政治纪念性建筑，例如人民大会堂，从功能使用上讲要容纳一万人，从精神上讲要具有庄严、博大、宏伟的气氛，二者都要求有巨大的空间，因此其功能使用要求与精神要求是一致的（见图 6-9）。

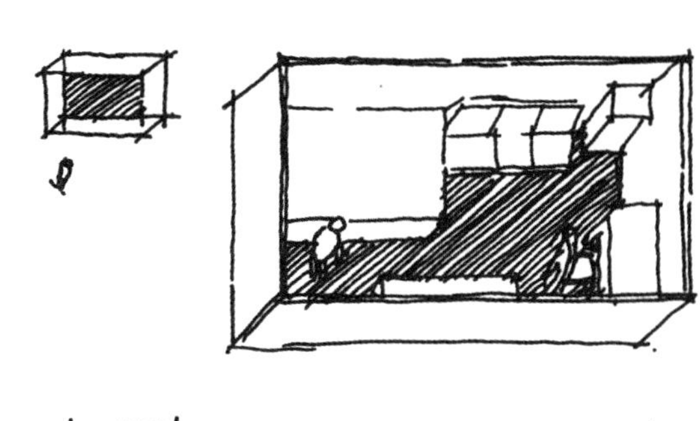

图 6-7

图 6-8

图 6-9

图 6-10

历史上有一些建筑，如哥特式建筑，其异常高大的室内空间体量主要不是由功能使用要求决定的，而是由精神要求决定的。图 6-10 所示为圣·索菲亚教堂，人们不惜付出高昂的代价，所追求的就是一种强烈的艺术感染力。

一般的建筑，在处理室内空间尺度时，按照功能性质合理地确定空间的高度具有特别重要的意义。室内空间的高度可以从两个方面来衡量：一是绝对高度，即实际层高，可以用尺寸来表示，要正确地选择合适的尺寸，如果尺寸选择不当，过低会使人感到压抑，过高又会使人感到不亲切；二是相对高度，不单纯着眼于绝对尺寸，还要联系空间的平面面积来考虑，人们从经验中可以体会到在绝对高度不变的情况下，面积愈大的空间显得愈低矮。作为空间顶界面的顶棚和作为空间底界面的地面是两个互相平行、对应的面，高度与面积保持适当的比例，则可以显示出一种互相吸引的关系，利用这种关系可以造成一种亲切的感觉，但是如果超出了某种限度，这种互相吸引的关系就会随之消失（见图 6-11）。如图 6-12 所示，左边为庭园建筑，从屋顶所覆盖的面积来看，其空间高度很小，屋顶与地面的引力感很强，但由于部分屋顶被处理成透空的形式，因而并不使人感到压抑，却显得很亲切；右边为意大利米兰商场，空间又窄又高，无论是相对高度还是绝对高度都很大，能够使人强烈地感受到空间的宏伟与高大。

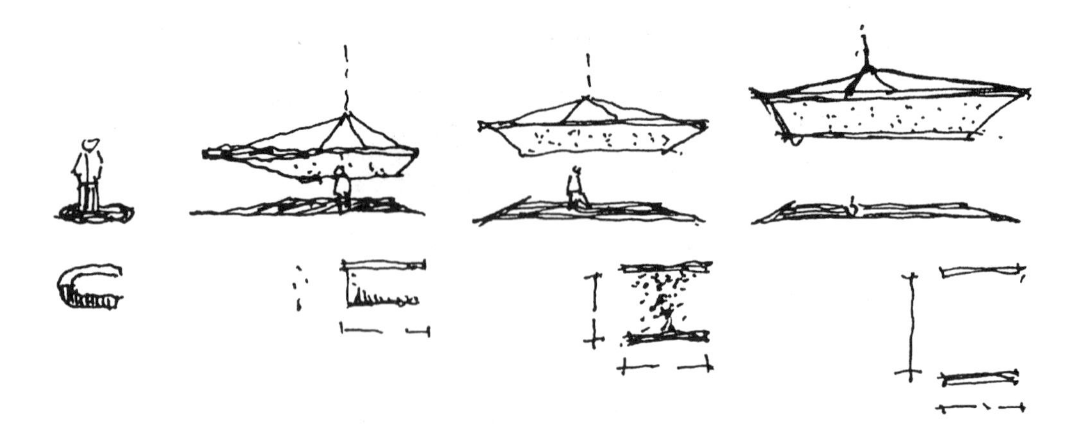

图 6-11

图 6-12

在复杂的空间组合中，各部分空间的尺度感往往随着高度的变化而变化。例如，有时因高大、宏伟而使人产生兴奋、激昂的情绪，有时因低矮而使人感到亲切、宁静，有时甚至会因为过低而使人感到压抑、沉闷，巧妙地利用这些变化使之与各部分空间的功能特点相一致，可以取得意想不到的效果。北京某车站空间高度的处理如图 6-13 所示，当人处于底层中央大厅时会感到高大而宏伟；通过自动扶梯登上夹层仍会感到空间的高大、豁朗；由此至小卖部，气氛突变，使人感到亲切；当人处于夹层下部时会有压抑感，但这正好衬托出大厅空间的高大。

图 6-13

6.3.2 空间的形状与比例

不同形状的空间可以使人产生不同的感受，选择空间形状时，必须把功能使用要求和精神感受要求统一起来考虑，使之既适用，又能按照一定的艺术意图给人以某种感受。

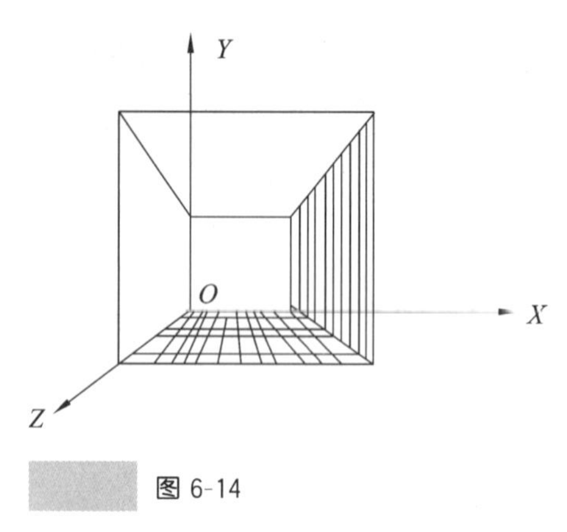

图 6-14

最常见的室内空间一般为长方体，空间长、宽、高的比例不同，形状也可以有多种多样的变化。空间的形状是由长、宽、高三者的比例关系决定的（见图 6-14）。不同形状的空间不仅会使人产生不同的感受，甚至还会影响人的情绪。一个窄而高的空间，由于竖向的方向性比较强烈，会使人产生向上的感觉，如同竖向的线条一样，可以使人们产生兴奋、自豪、崇高、激昂的情绪。有些教堂所具有的又窄又高的室内空间，正是利用空间的几何形状特征，给人以满怀希望和超越一切的精神力量，使人摆脱尘世的羁绊，尽力向上去追求另外一种境界（见图 6-15）。一个细而长的空间，由于纵向的方向性比较强烈，可以使人产生深远的感觉，这种空间形状可以使人产生一种期待的情绪，空间愈细长，期待的情绪愈强烈，引人入胜正是这种空间形状所独具的特点。颐和园的长廊背山临水，自东向西横贯于万寿山的南麓，由于它所具有的空间形状非常细长，处于其中就会给人以无限深远的感觉，凭着这种感觉可以把人自东向西一直引至颐和园的纵深部位（见图 6-16）。一个低而大的空间，可以使人产生开阔和博大的感觉，但是，这种形状的空间如果处理不当，也可能使人感到压抑或沉闷。

图 6-15

图 6-16

除长方体的室内空间外，为了适应某些特殊的功能要求，还有一些其他形状的室内空间，这些空间也会因为其形状不同而给人以不同的感受。进行空间形状设计时，除了要考虑功能要求外，还要结合一定的艺术意图来选择，这样才能既保证功能的合理性，又给人以某种精神感受。巧妙地利用空间形状的特点，可以有意识地使之产生某种心理上的作用，给人以某种精神感受，也可以把人的注意力吸引到某个确定的方向（见图 6-17）。

6.3.3 空间围透关系的处理

一个房间如果四面围合，会使人产生封闭、阻塞、沉闷的感觉；若四面临空，则会使人感到开

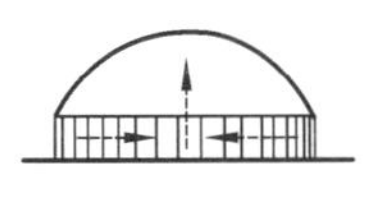
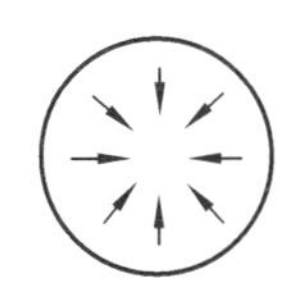

①中央高四周低、圆形平面的空间，具有向心、聚拢、收敛的感觉

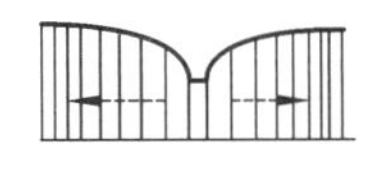
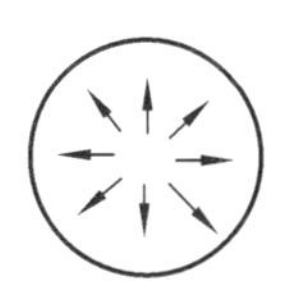

②中央低四周高、圆形平面的空间，具有离心、扩散的感觉

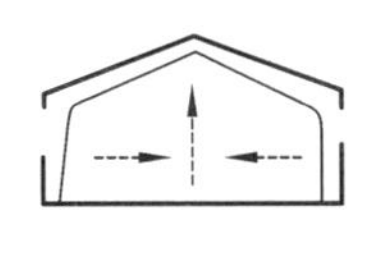
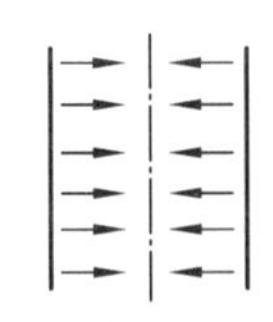

③中间高两旁低的空间具有沿纵轴内聚的感觉

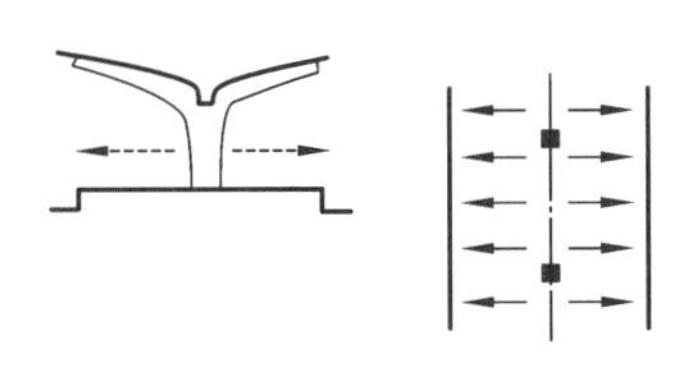

④中间低两旁高的空间具有沿纵轴向外延伸的感觉

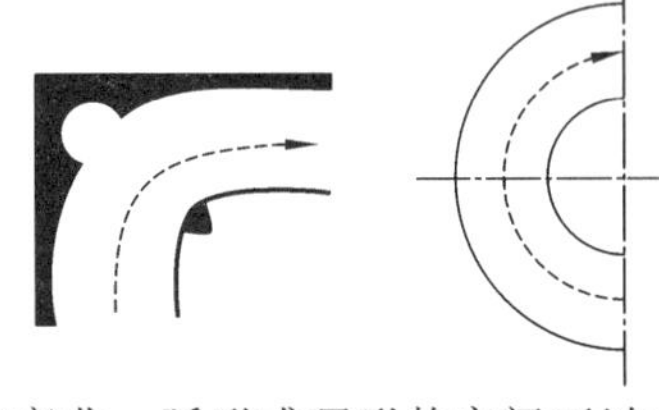

⑤弯曲、弧形或环形的空间可以产生一种导向感——诱导人们沿着空间的轴线方向前进

图 6-17

敞、明快、通透。由此可见，空间是围还是透，将会影响人们的精神感受和情绪。

在建筑空间中，围与透是相辅相成的。只围而不透的空间必然会使人感到闭塞，但只透而不围的空间尽管开敞，但是处在这样的空间中犹如置身室外，这也是违反建筑的初衷的。因此对于大多数建筑来讲，总是把围与透这两种互相对立的因素统一起来考虑，使之既有围，又有透；该围的围，该透的透。

一个房间是以围为主还是以透为主是根据房间的功能性质和结构形式来确定的。例如西方古典建筑，由于采用砖石结构，开窗的面积受到严格的限制，室内空间一般都比较封闭，特别是某些宗教建筑，为了造成封闭、神秘的气氛，多采用极其封闭的空间形式。埃及的孔斯神庙如图6-18所示，其内部空间极其封闭，有助于造成神秘的气氛。我国的传统建筑，由于采用木构架，开窗比较自由，为灵活处理围透关系创造了极为有利的条件。中国建筑的特点是对外封闭，对内开敞，并随着情况的不同而灵活多变(见图 6-19)。特别是园林建筑，为了开阔视野，几乎可以采取四面透空的形式。开窗面积越大，就越能获得开敞、明快的感觉(见图 6-20)。

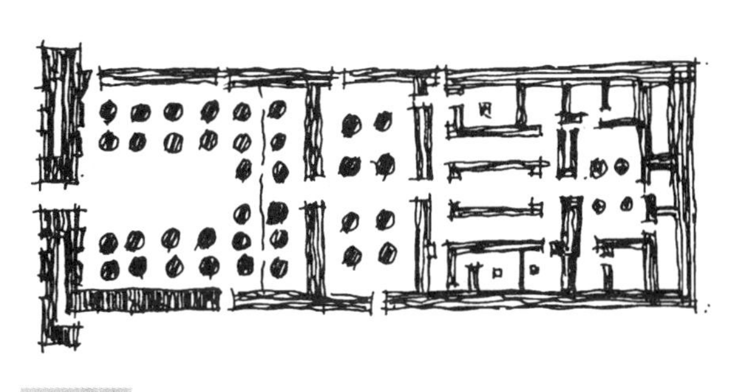

图 6-18

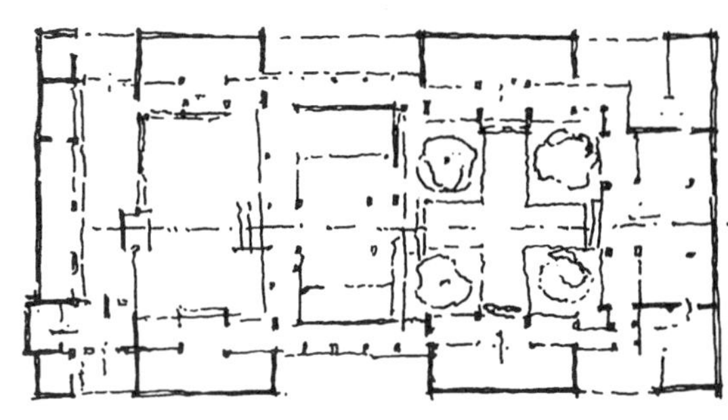

图 6-19

围透关系的处理和朝向的关系十分密切。对朝向好的一面，应当争取透，而对朝向不好的一面，则应当使之围。我国传统的建筑尽管可以自由、灵活地处理围和透的关系，但除少数园林建筑为取得良好的景观效果而四面透空外，绝大多数建筑均采取三面围、一面透的形式，即在朝南的一面大面积开窗，而在东、西、北三面则处理为实墙。

处理围透关系还应当考虑周围的环境。对着较好的环境的一面应当争取透，对着较差的环境的一面则应当使之围。例如国外某些小住宅建筑，由于围透关系处理得很巧妙，特别是把对着优美风景的一面处理得既开敞又通透，从而把大自然的景色引进室内。图 6-21 所示为纽约郊区的小住宅，其起居室西、北两面风景优美，被处理成极扁长的带形窗兼角窗，半圆形平面的餐厅三面开窗，视野开阔、开敞明快，还可以通过窗户眺望优美的自然风景。我国古典园林建筑中常用的借景手法，就是通过围透关系的处理来获得景观效果。南京机场候机楼候机大厅，朝南的一面正对着停机坪，采用全部透空的大玻璃窗，使候机的旅客视野开阔，从而获得开朗、明快的感觉（见图 6-22）。

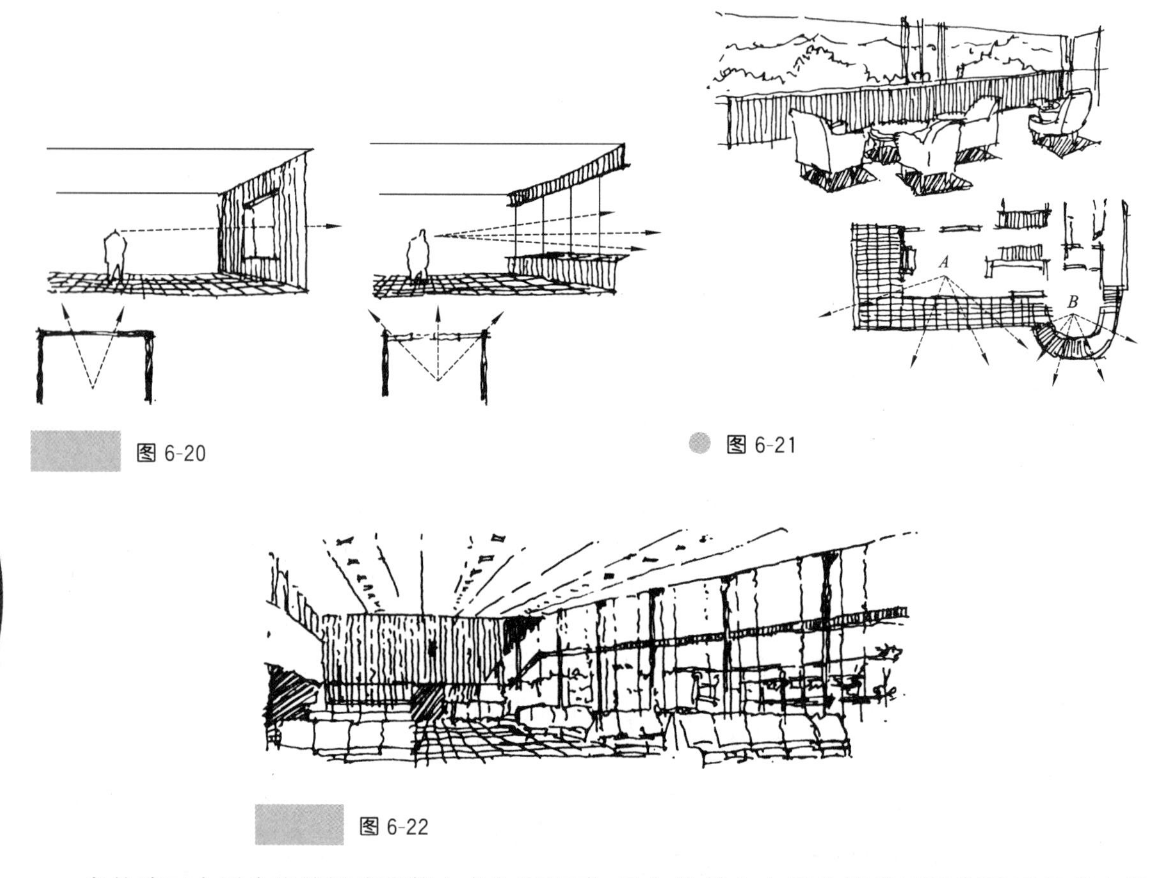

图 6-20

图 6-21

图 6-22

实的墙面会因为遮挡视线而使人产生阻塞感，透空的部分会因为视线可以穿透而吸引人的注意力。利用这一特点，通过围透关系的处理，可以有意识地把人的注意力吸引到某个确定的方向（见图 6-23）。

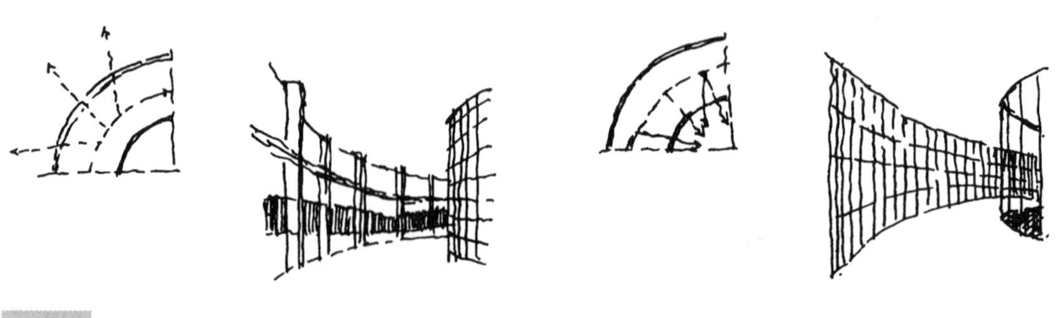

图 6-23

6.3.4 内部空间的分隔处理

1. 利用柱子来分隔空间

单一空间不存在内部分隔的问题，但是由于结构或功能的要求或要求设置夹层时，就要把原来的空间分隔成为若干部分。

柱子的设置是出于结构的需要，首先应保证结构的合理性，但是柱子的设置必然会影响到空间形式的处理和人的感受。因此，应当在保证功能和结构合理的前提下，使得柱子的设置既有助于空间形式的完整统一，又能利用它来丰富空间的层次与变化。列柱的设置会形成一种分隔感，在单一的空间中，如果设置一排列柱，就会无形地把原来的空间划分成为两个部分。柱距愈小、柱身愈粗，这种分隔感就愈强。利用列柱分隔空间的几种形式如图 6-24 所示。林肯纪念堂

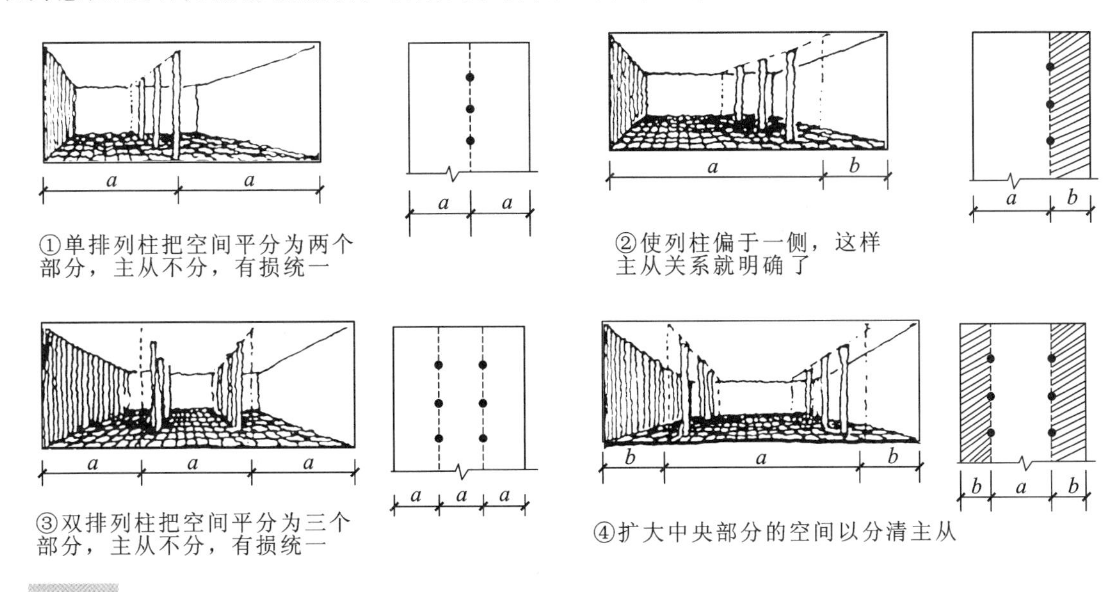

图 6-24

（见图6-25），利用列柱把空间分隔成相互连通的三个部分。中国历史博物馆的普通陈列厅（见图6-26），以单排列柱把空间分隔成大小不等的两个部分，大的部分供参观、陈列用，小的部分作为交通联系走廊，这样不仅符合功能要求，而且由于主从分明加强了空间的统一性。它的中央大厅，针对该厅的功能特点，同时为了造成一种庄严、宏伟的气氛，采用双排列柱把空间分隔成为三个部分，中央部分的空间特别宽大，并在端部墙面上装饰着革命导师的塑像，气氛庄严肃穆，空间完整统一（见图 6-27）。一般情况下，为了使空间主从分明，达到完整、统一的效果，凡是采用双排列柱的，一般都使列柱沿两侧布置，以保证中央部分的空间显著地宽于、高于两侧的空间。

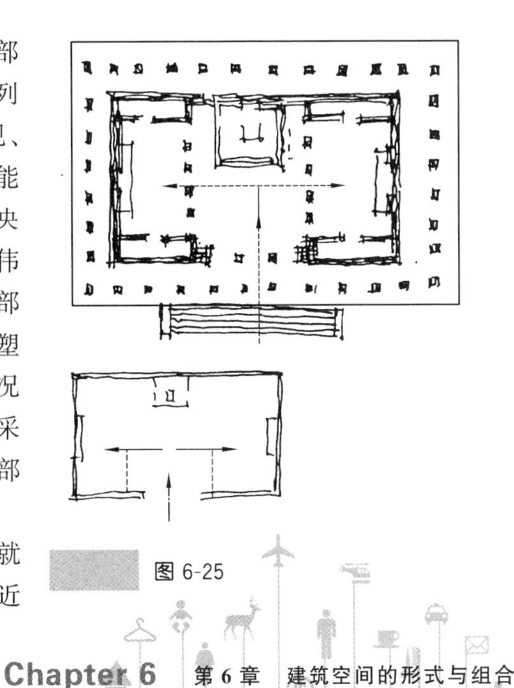

图 6-25

以四根柱子把正方形平面的空间平分为九个部分，就会因为主从不分而有损空间的完整、统一，若把柱子移近

四角，不仅中央部分的空间扩大了，而且环绕着它还形成了一个回廊，从而达到了主从分明、完整统一的效果。随着空间的扩大，柱子的数目也要增多，这样空间的分隔感更强烈，不仅使环形的回廊更明确，而且中央部分的空间也更突出（见图 6-28）。

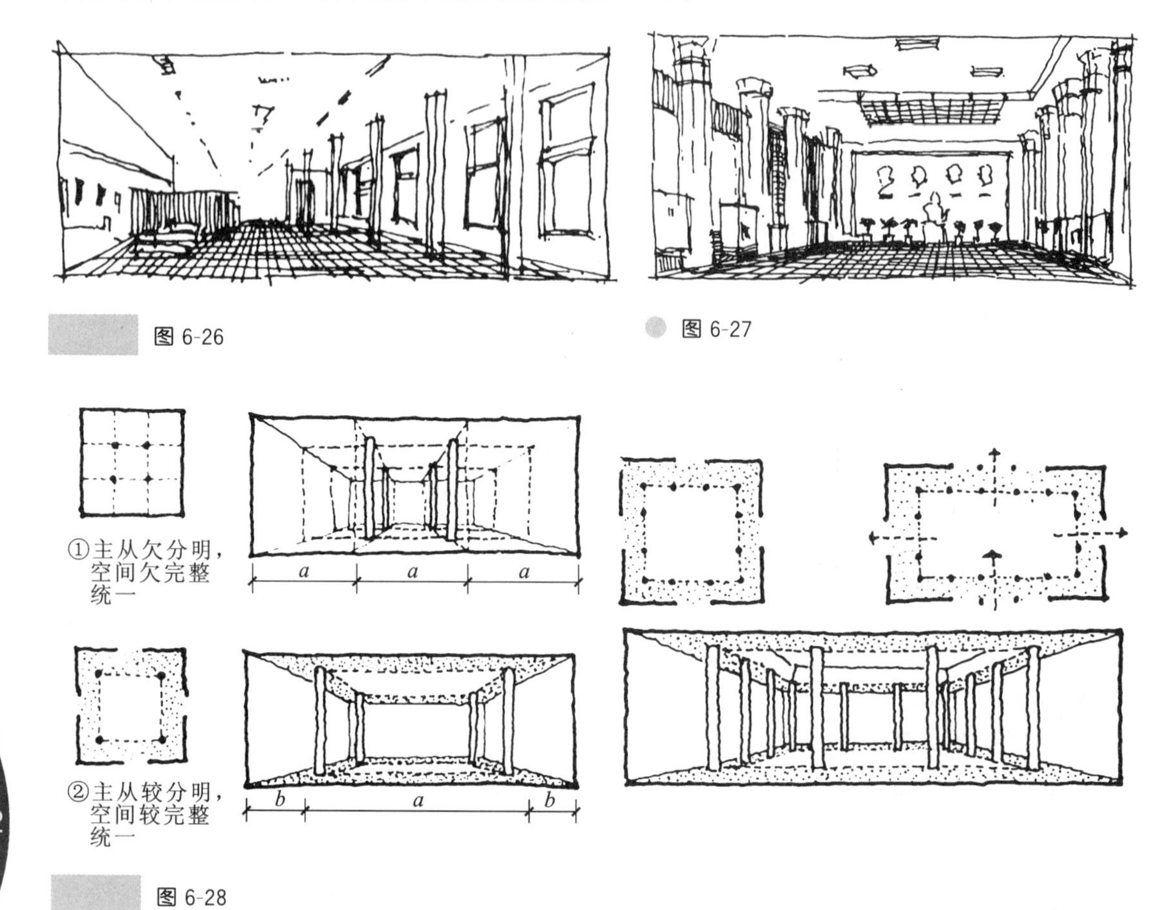

图 6-26

图 6-27

图 6-28

另外一些建筑如百货公司、工业厂房等，往往因为面积过大而需要设置多排列柱，而功能上并不需要突出某一部分空间，对于这种情况，柱子的排列最好采用均匀分布的方法，这时原来空间的完整性不会因为设置柱子而受到影响。

2. 利用夹层来分隔空间

室内夹层的设置也会对空间形成一种分隔感，以列柱排列所形成的分隔感是竖向的，而以夹层分隔所形成的分隔感则是横向的。夹层的设置往往是出于功能的需要，但它对空间形式的处理也有很大的影响，可以丰富空间的变化和层次，有些公共建筑的大厅，就是由于夹层处理得比较巧妙而获得了良好的效果。

夹层一般设置在体量比较高大的空间内，最常见的一种形式是沿大厅的一侧设置夹层，设置夹层后，原来的空间可能被划分为两个或三个部分。如果夹层较低，而支承它的列柱又不通至夹层以上，这时通过夹层的设置仅把夹层以下的空间从整体中分隔出来，剩下的那一部分空间仍然融为一体；如果夹层较高，支承它的列柱通至上层，那么原来的空间将被分隔为三个部分，这三个部分的空间中，未设夹层的那一部分空间贯通上下，必然显得高大，而处于夹层上、下的那两部分空间必然显得低矮，这三者之间自然地呈现出一种主与从的关系，如图 6-29 所示。

夹层高度、宽度的比例关系的处理，以及其与整体的比例关系的处理，不仅会影响各部分空间的完整性，还会影响整体关系的协调和统一。为了达到主体突出、主从分明的效果，夹层的高度与宽度应分别不超过原来的高度和宽度的 1/2，即应使夹层以下的空间低于夹层以上的空间，以使人方便地通过楼梯登上夹层，另外还会使处于夹层以下的人获得一种亲切感。夹层的宽度不宜太深，过深的夹层会使夹层以下的空间显得压抑，同时，也会形成整个空间被拦腰切断的感觉。只有比例适当，才能使人产生舒适的感觉。

为了适应功能要求，还可以沿大厅的两侧、三侧或四周设置夹层。沿四周设置夹层就是通常所说的跑马廊，这种大厅中央部分的空间无疑会使人感到既高大又突出，而夹层部分的空间则显得很低矮，并且形成两个环状的空间紧紧地环绕着中央部分的大空间，主从关系极为分明。如图 6-30 所示，在空间的四周设置夹层就会形成 B 和 C 两个环形的空间套着 A 空间的组合形式。

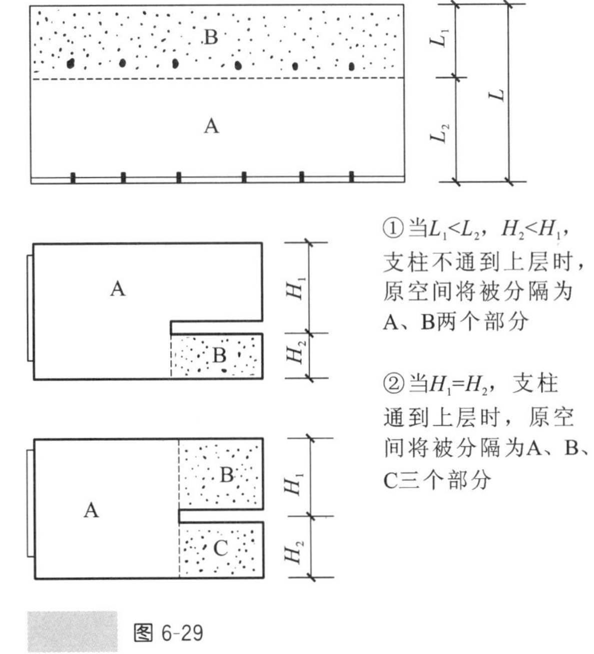

图 6-29

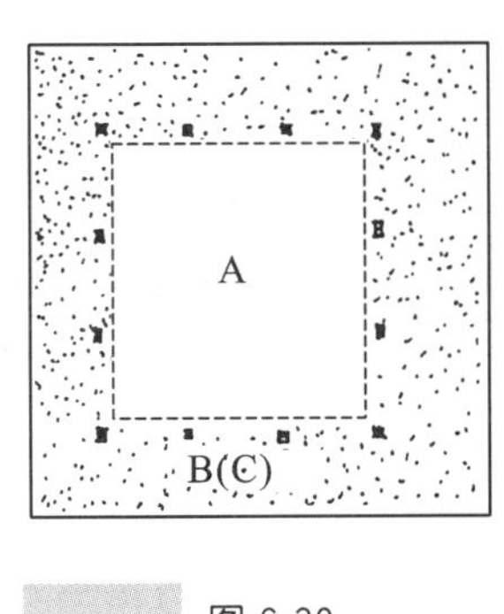

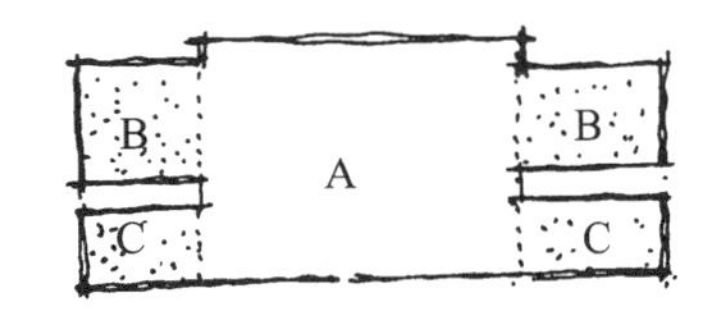

图 6-30

6.3.5 天花、地面、墙面的处理

空间是由面围合而成的，一般的建筑空间多呈六面体，包括天花、地面、墙面三种要素，处理好这三种要素，不仅可以赋予空间特性，而且有助于加强空间的完整性、统一性。

1. 天花

天花和地面是形成空间的两个水平面，天花是顶界面，地面是底界面。地面的处理比较简单，天花的处理比较复杂，原因是：天花和结构的关系比较密切，在处理时要考虑到结构形式的影响；天花又是各种灯具所依附的地方，在一些设备比较完善的建筑中，还要设置各种空调系统的进气孔和排气孔，这些问题在设计过程中都应该考虑到。天花的处理虽然不可避免地要涉及很多具体的细节问题，但应从建筑空间整体效果的完整、统一出发，这样才能够把天花处理好。

天花作为空间的顶界面，最能反映空间的形状及关系。有些建筑空间单纯依靠墙或柱，很难明确地界定空间的形状、范围以及各部分空间之间的关系，但通过天花处理则可以使这些关系变得明确。某国际俱乐部阅览室，通过天花处理形成了一种集中和向心的秩序，还使圆形空间的关系更明确、肯定（见图 6-31）。某大型体育馆比赛厅，巨大的室内空间本来会显得不集中，但在比赛场地上空设计一块天花，顿时就产生了一种集中感（见图 6-32）。通过天花处理以压低次要部分空间的方法突出主要部分空间，既可以使空间主从分明，又可以加强空间的完整性和统一性（见图 6-33）。北京某饭店的大宴会厅，通过天花处理以压低次要部分空间的方法突出主要部分空间，从而使主要部分空间轩昂高爽，次要部分空间亲切宜人（见图 6-34）。

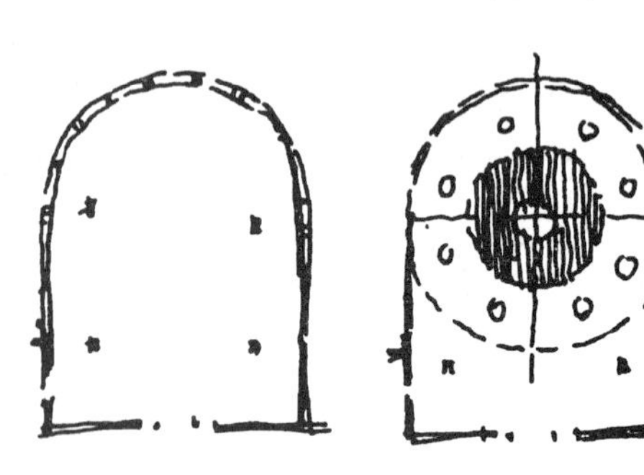

图 6-31

图 6-32

图 6-33

另外，通过天花处理还可以达到建立秩序、克服凌乱、分清主从、突出重点和中心等多种目的。例如在一些设置柱子的大厅中，空间被分隔成若干部分，这些部分本身可能因为大小不同而呈现出一定的主从关系，但是若在天花处理上再做相应的处理，则这种关系可以得到进一步加强。

处于建筑空间上部的天花，特别引人注目，透视感也十分强烈。利用这一特点，通过不同的处理，有时可以加强空间的博大感，有时可以加强空间的深远感，有时则可以把人的注意力引导至确定的方向。如图 6-35 所示，在观众厅中，通过对天花、灯具的处理，把观众的视线引向了银幕、舞台。

天花的处理在条件允许的情况下应和结构巧妙地结合。在一些传统的建筑形式中，天花处理多是在梁板结构的基础上进行加工，并充分利用结构构件起装饰作用，如可以利用梁的凹凸变化形成富有韵律感的天花（见图 6-36）。有些近现代建筑利用拱面的贯通、交叉形成了富有韵律感的天花（见图 6-37）。这样的结构形式即使不加任何处理，也可以形成很美的天花。

图 6-34

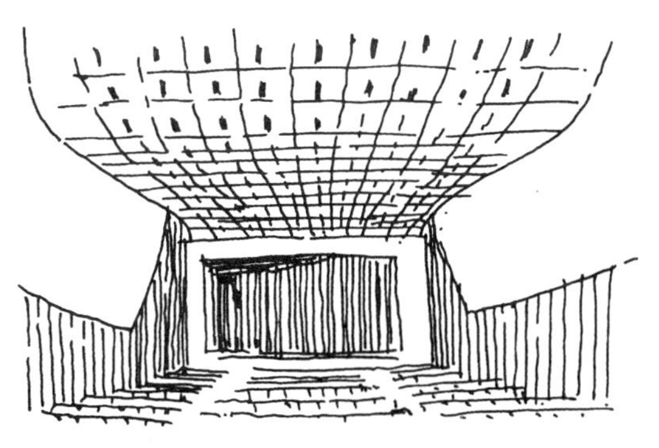

图 6-35

图 6-36

图 6-37

2. 地面

地面作为空间的底界面，也是以水平面的形式出现的。由于地面需要用来承托家具、设备和人的活动，其显露的程度是有限的，所以地面对人的影响要比天花小一些。西方古典建筑重装饰，地面常用彩色石料拼成各种图案以显示其富丽堂皇；近代建筑崇尚简洁，地面常用一种材料做成，即使有图案，其组合也比较简单。一家人席地而坐，会使人感到松散，在身下铺一张地毯后，就可以把人从周围的环境中明确地划分出来而赋予某种空间感（见图 6-38）。近代建筑往往通过地面处理来形成、加强、改变人们的空间感。

图 6-38

地面处理多用不同色彩的大理石、水磨石等拼嵌成图案起装饰作用。地面图案设计分为三种类型：一是强调图案本身的独立完整性；二是强调图案的连续性和韵律感；三是强调图案的抽象性。第一种类型的图案不仅具有明确的几何形状和边界，还具有完整的构图形式，很像地毯的图案，和古典建筑所具有的规整几何形状的平面布局可以协调一致。这种“地毯”式的地面图案多呈规整的几何图形(见图 6-39)。近现代建筑的平面布局较自由、灵活,一般比较适合于采用第二种类型的图案。第二种类型的图案较简洁、活泼,可以无限地延伸扩展,没有固定的边框和轮廓,其适应性较强,可以与各种形状的平面相协调,既便于施工制作,又可借透视而获得良好的视觉效果(见图 6-40)。

图 6-39

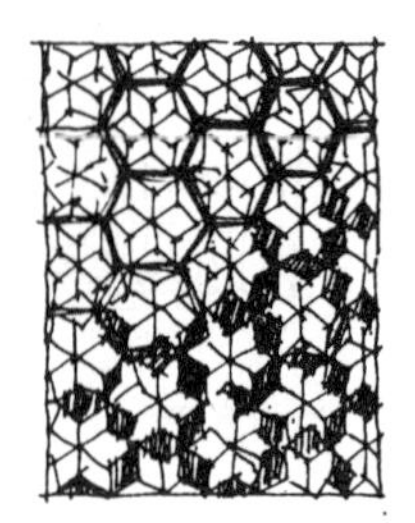

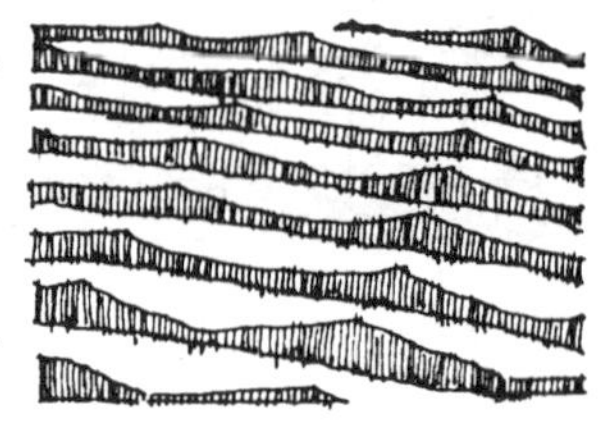

图 6-40

为了适应不同的功能要求,还可以将地面处理成不同标高,巧妙地利用地面高差的变化取得良好的效果。如图 6-41 所示,局部降低某一部分地面可以改变人们的空间感。近代建筑常利用这种手法强调或突出某一部分空间,或利用地面高差的变化来划分空间,以分别适应不同的功能要求,同时可以丰富空间的变化。

3. 墙面

墙面作为空间的侧界面,是以垂直面的形式出现的,对人的视觉有重要的影响。在墙面处理中,大至门窗,小至灯具、通风孔洞、线脚、细部装饰等,只有作为整体的一部分互相有机地联系在一起,才能获得完整、统一的效果。

墙面处理最关键的问题是如何组织门窗。门窗为虚,墙面为实,门窗开口的组织实质上就是虚实关系的处理,虚实的对比与变化是决定墙面处理成败的关键。墙面的处理应根据每一面墙的特点,有的以虚为主,虚中有实,有的以实为主,实中有虚,应尽量避免虚实各半、平均分布的处理方法。某饭店门厅的墙面处理,以线脚把墙面分为两部分,上实下虚,既有对比,又能显示尺度感,三个门居中,两端饰以花格,主从分明,与天花相呼应(见图 6-42)。北京车站候车厅的墙面处理,以整齐排列的拱形大窗形成简单、连续的韵律(见图 6-43)。以虚为主的大面积开门、开窗的墙面,应当充分利用实体的柱、窗棂、门扇等各种要素的交织形成韵律感(见图 6-44)。

图 6-41

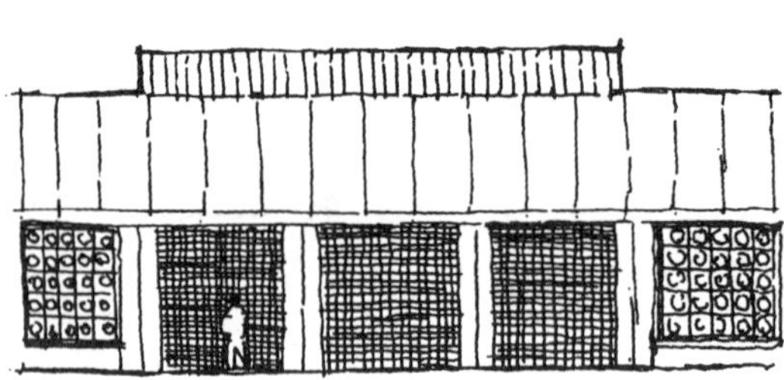

图 6-42

图 6-43

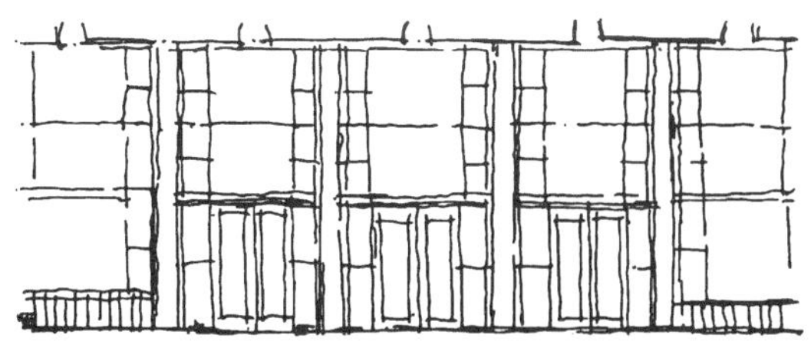

图 6-44

墙面处理应当避免把门窗等孔洞当作一种孤立的要素来对待，力求将其组织为一个整体，如果把它们纳入到竖向分割或横向分割的体系中去，既可以削弱其独立性，也有助于建立起一种秩序。低矮的墙面适合采用竖向分割的方法，高耸的墙面适合采用横向分割的方法。横向分割墙面可以使人具有安定的感觉，竖向分割墙面可以使人产生兴奋的情绪。

除虚实对比外，借窗与墙的重复、交替出现还可以产生韵律感，将大、小窗洞相间排列，或每两个窗成双成对排列时，韵律感就更为强烈。某建筑门厅的内墙处理，以护墙把三个门连为一体，门与天花之间有良好的呼应，再点缀几盏壁灯，进一步加强了墙面组合的韵律感(见图 6-45)。某候机厅的墙面处理，用横向分割显示空间尺度，以 1/2 对应开窗形成韵律感(见图 6-46)。

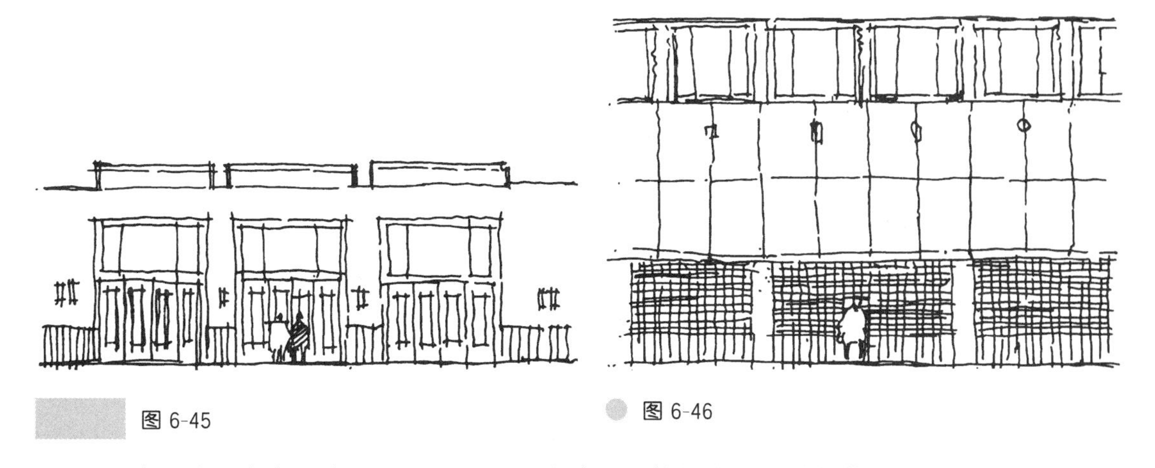

图 6-45

图 6-46

通过墙面处理应当正确显示出空间的尺度感。即使门窗以及其他依附于墙面的各种要素都具有合适的大小和尺寸，过大或过小的内檐装修，也会使人产生错觉，并歪曲空间的尺度感。

6.3.6 色彩与质感的处理

围合空间的天花、地面和墙面都是由物质材料构成的，必然具有自身的色彩和质感。处理好色彩与质感的关系对于人的精神感受具有重要的意义。

1. 色彩

色彩对于人心理的影响很大，在处理室内空间时尤其不容忽视。暖色可以使人产生紧张、热烈、兴奋的情绪，冷色使人感到安定、幽雅、宁静。因此，居室、病房、阅览室等房间应选择冷色调，影剧院的观众厅、体育馆的比赛厅等房间比较适合选用暖色调。

色彩的冷暖可以对人的视觉产生不同的影响。暖色使人感到靠近，冷色使人感到隐退。两个大小相同的房间，暖色的会显得小，冷色的会显得大。不同明度的色彩，也会使人产生不同的感觉,明度高的色调使人感到明快、兴奋,明度低的色调使人感到压抑、沉闷。

室内色彩一般多遵循上浅下深的原则,自上而下,天花最浅,墙面稍深,护墙更深,踢脚板与地面最深。因为色彩的深浅不同,给人的重量感也不同,浅色给人的感觉轻,深色给人的感觉重,上浅下深给人的重量感是上轻下重,符合力学重力稳定的原则。

室内色彩处理必须恰如其分地掌握好对比与调和的关系。只有调和没有对比会使人感到平淡无生气;过分强调对比会破坏色彩的统一。一个房间的色彩处理应当有一个基本色调,确定了基本色调后,还必须寻求适当的对比和变化。天花、墙面、地面是形成空间的基本要素,基本色调的确定必然通过它们来体现,因此三者在色彩处理上应强调调和的一面,如果不协调,整个色彩的关系就难以统一。对比是在调和的基础上不可缺少的因素,但面积不宜太大。大面积的墙面、天花、地面一般应选用调和色,局部的地方,如柱子、踢脚板、护墙、门窗等,可以选用对比色,这样可以使色彩处理获得既统一、和谐又有对比、变化的效果。

处理室内色彩时应避免大面积使用纯度高的原色或其他过分鲜艳的颜色。天花、墙面、地面的颜色不宜过分鲜艳、强烈,因为这样会使人感到刺激,可采用带一点灰色的中间色调,使人感到既柔和又大方。

2. 质感

形成建筑内部空间的墙面、地面、天花都是由各种建筑装饰材料构成的,不同材料具有不同的质感,应选择适当的材料,借质感的对比和变化取得良好的效果。

和室外空间相比,室内空间和人的关系要密切得多。视觉方面,室内墙面近在咫尺,人们可以清楚地看到它极细微的纹理变化;触觉方面,人们伸手可以抚摸它,感受它。因此,室外装修材料的质地可以粗糙一些,室内装修材料的质地应当细腻一些、光滑一些、松软一些。在特殊情况下,为了取得对比,室内装修也可选用一些比较粗糙的材料,但面积不宜太大。

尽管室内装饰材料一般都比较细腻、光滑,但细腻程度、坚实程度、纹理粗细和分块的大小各不相同,有的适合做天花,有的适合做墙面,有的适合做地面,有的适合做装饰。天花,人们接触不到它,又较易于保持清洁,因而适合选用松软的材料。地面,需要用来承托人的活动,又不易于保持清洁,因而必须选用坚实、光滑的材料,如水磨石、大理石等。某些具有特殊功能要求的房间,例如体育馆的比赛厅或舞厅,为了保持适当的弹性或韧性,适合采用木地板。墙面,上半部人们接触不到,而下半部人们经常接触,许多墙面采用护墙的形式,在下半部的处理中采用坚实、光滑的材料,起保护墙面的作用,上半部和天花一样,采取抹灰粉刷的方式。某些有特殊功能要求的厅堂,如剧院的观众厅,出于音响要求,部分墙面需要反射,部分墙面需要吸收,必须分别选用不同的墙面材料。在适应功能要求的前提下,应巧妙地把具有不同质感的材料组合在一起,并利用其粗细、纹理等各方面的对比和变化取得良好的效果。

图 6-47

天津水上公园熊猫馆展厅,为了衬托熊猫,有意识地选用质感粗糙的墙面作为背景,并贯穿于玻璃隔断内外,借质感的强烈对比取得了良好的效果(见图 6-47)。杭州机场候机厅,利用大理石、水磨石、木材、金属、塑料板、墙纸、地毯等多种材料在质感上的对比与变化,通过材料之间巧妙的组合,极大地丰富了内檐装修的变化(见图 6-48)。班达拉奈克国际会议大厦会议厅,妥善选用不同的建筑装饰材料，并巧妙地加以组合，既获得了良好的音响效果，又借材料质感的对比与变化获得了良好的观赏效果（见图 6-49）。

图 6-48

图 6-49

6.4 多空间组合的处理

建筑的艺术感染力不限于人们静止地处在某一个固定点上来观赏，而是人们在连续行进的过程中来感受。因此，必须越过单一空间的范围，进一步研究两个、三个或更多空间的组合。

6.4.1 空间的对比与变化

两个相邻空间在某一方面表现出明显的差异，借这种差异的对比作用可以反衬出各自的特点，使人们从空间中产生情绪上的突变。

1. 高大与低矮之间

相邻的两个空间体量相差较大，当由小空间进入大空间时，可借体量的对比使人的精神为之一振。我国古典园林建筑采用的欲扬先抑的手法，就是借大、小空间的强烈对比获得小中见大的效果。古今中外各种类型的建筑，都可以借大、小空间的对比突出主体空间。最常见的形式是在通往主体大空间的前部，有意识地安排一个极小或极低的空间，通过这种空间时人们的视野被极度压缩，一旦走进高大的主体空间，视野就会突然开阔，从而引起心理上的突变和情绪上的激动、振奋（见图 6-50）。

2. 开敞与封闭之间

封闭空间是指不开窗或开窗少的空间，开敞空间是指开窗多或开大窗的空间。前一种空间暗淡，与外界的关系隔绝；后一种空间明朗，与外界的关系密切。当人们从前一种空间走进后一种空间时，必然会因为强烈的反差与对比顿时感到豁然开朗（见图 6-51）。

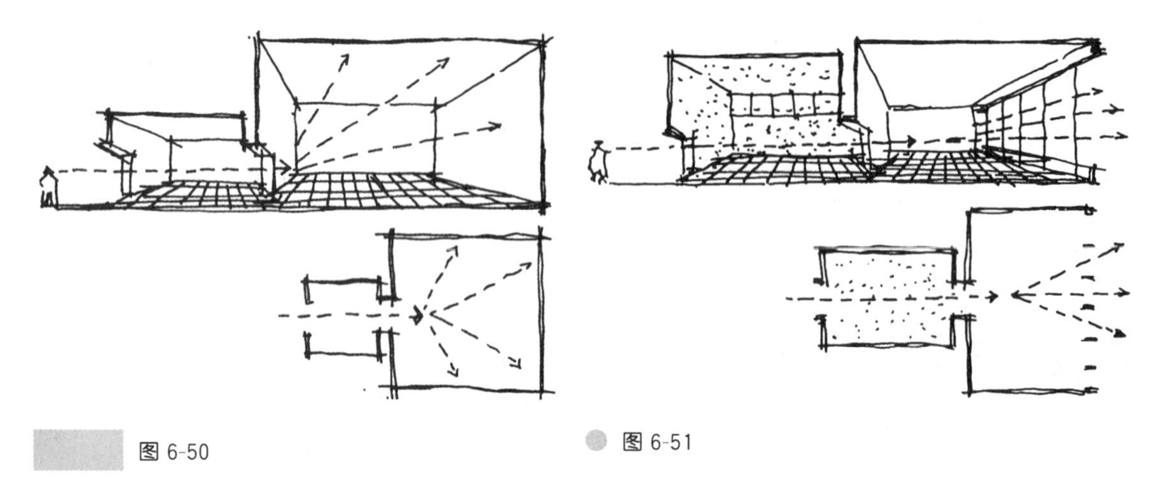

图 6-50

图 6-51

3. 不同形状之间

不同形状的空间之间形成的对比对于人们心理上的影响要小一些，但通过这种对比可以达到打破单调和取得变化的目的。空间的形状与功能有密切的联系，因此，可以利用功能的特点，并在功能允许的条件下适当地变换空间形状，借相互之间的对比求得变化（见图 6-52）。

4. 不同方向之间

建筑空间由于功能和结构因素的制约，多呈矩形平面的长方体，若把长方体空间纵横交替地组合在一起，可借其方向的改变产生对比作用，利用这种对比作用有助于打破单调，求得变化（见图 6-53）。

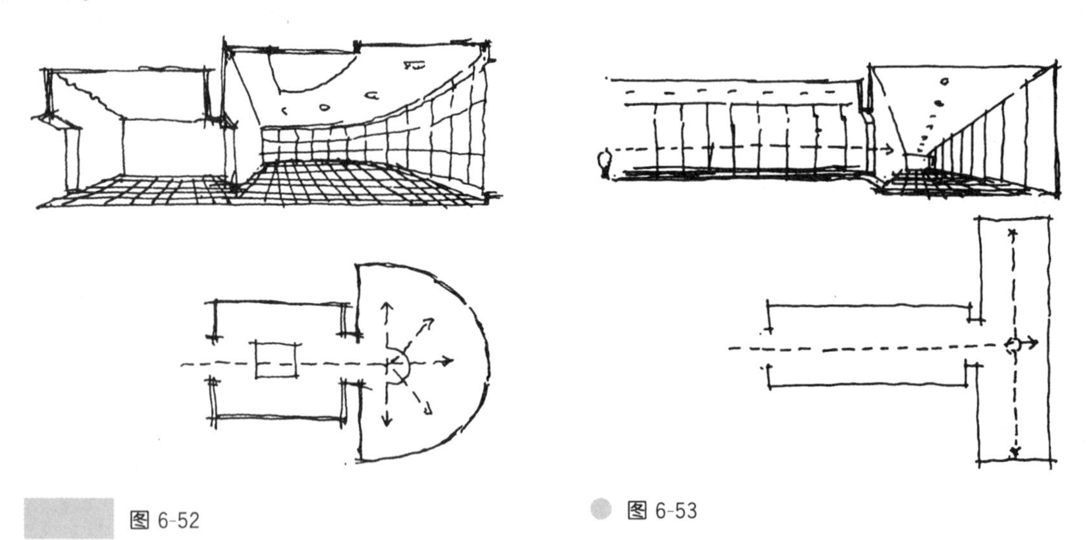

图 6-52

图 6-53

6.4.2 空间的重复与再现

在有机统一的整体中，通过对比可以打破单调，求得变化，作为它的对立面的重复与再现则可借协调而获得统一。不恰当的重复可能会使人感到单调，但并不意味着重复必然会导致单调。在音乐中，都是借某个旋律的一再重复而形成主题的，不仅不会使人感到单调，反而有助于整个乐曲的统一、和谐。

建筑空间组合中只有把对比与重复两种手法结合在一起使之相辅相成，才能获得良好的效果。对称必然包含着对比和重复两方面的因素。我国古代建筑家常把对称的格局称为排偶，排偶就是成双成对的意思，即两两重复地出现。西方古典建筑对称形式的建筑平面也明显地表现出沿中轴线纵向排列的空间，力图使之变换形状或体量，借对比获得变化，而沿中轴线两侧横向排列的空间则相对应地重复出现，从全局来看，既有对比和变化，又有重复和再现，从而把两种互相对立的因素统一在一个整体之内。

同一种形式的空间连续多次或有规律地重复出现，可以形成一种韵律感和节奏感。现代公共建筑有意识地选择同一种形式的空间作为基本单元，以它进行各种形式的排列组合，借大量重复取得效果。布鲁塞尔国际博览会西德馆（见图 6-54），整个建筑由大、中、小三种正方形平面的空间组成，在行进的连续过程中，时而变化，时而再现某一种形式的空间，从而产生了一种节奏感。瑞士馆如图 6-55 所示，在行进的连续过程中，六角形空间一再重现，并与庭园空间交织在一起，也形成了一种节奏感。

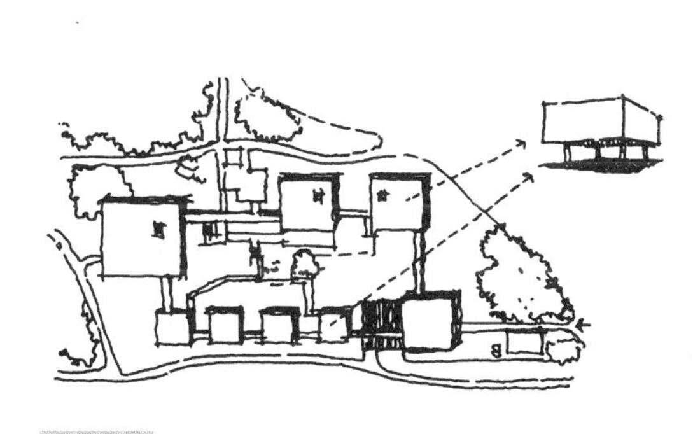

图 6-54

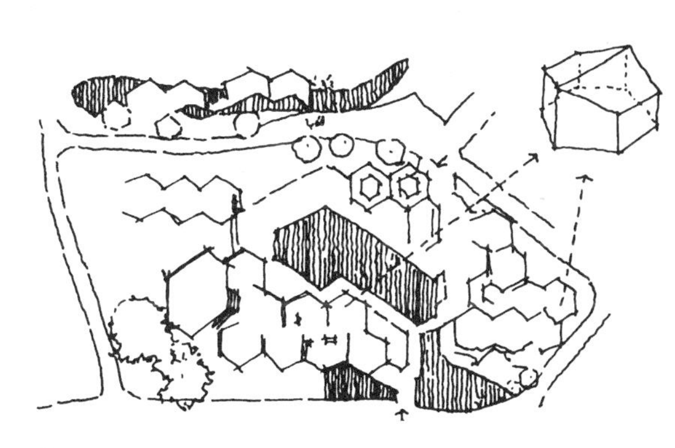

图 6-55

重复运用同一种形式的空间，并不是以此形成一个统一的大空间，而是将其与其他形式的空间互相交替、穿插组合为一个整体，人们只有在行进的连续过程中，通过回忆才能感受到由于某一形式的空间的重复出现而产生的一种节奏感，我们称之为空间的再现，即相同的空间分散于各处或被分隔开，人们不能一眼就看出它的重复性，而是通过逐一展现，让人们感受到它的重复性，很多建筑都由于采用了这种手法而获得了强烈的韵律感和节奏感。印度堪迪拉潘捷柏大学美术教学馆（见图 6-56）在行进的连续过程中，既可以感受到变化，又可以感受到一种形式的空间的再现，从而形成了一种节奏感。

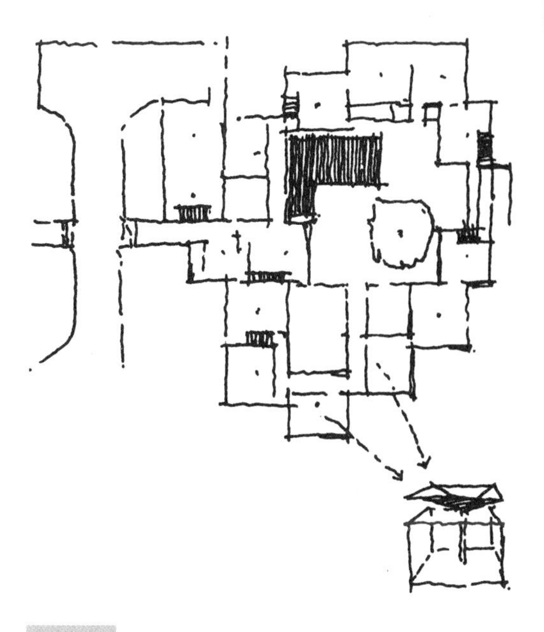

图 6-56

我国传统建筑的空间组合基本上就是以有限类型的空间形式作为基本单元，一再重复地使用这些基本单元，从而获得统一、变化的效果。在空间组合的过程中，既可以按对称的形式组合为整体，也可以按不对称的形式组合为整体。前一种组合形式较规整，一般多用于宫殿、寺院建筑；后一种组合形式较活泼而富有变化，多用于住宅和园林建筑。

6.4.3 空间的衔接与过渡

两个空间以简单化的方法使之直接连通，会使人感到单薄、突然，也会使人们从前一个空间走进后一个空间时印象不深刻。在两个空间之间插入一个过渡性的空间，这个过渡性的空间可以像音乐中的休止符或语言文字中的标点符号一样，使其具有抑扬顿挫的节奏感。

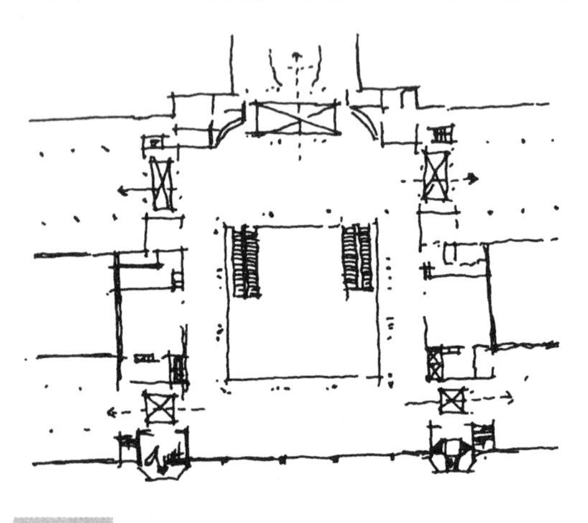

图 6-57

过渡性空间本身没有具体的功能要求，应当尽可能小一些、低一些、暗一些，这样才能充分发挥它在空间处理上的作用，使得人们从一个大空间走到另一个大空间时必须经历由大到小再到大、由高到低再到高、由亮到暗再到亮的过程，从而在人们的记忆中留下深刻的印象。过渡性空间的设置不能生硬，应当利用辅助性房间或楼梯、厕所等间隙把它们巧妙地插进去，这样不仅可以节省面积，还可以通过它们进入某些次要的房间，从而保证大厅的完整性。人民大会堂由门厅通往各主要房间的地方，为了使空间的衔接不产生单薄或突然的感觉，在各主要流线上分别插进了一系列过渡性的空间(见图 6-57)。

有时两个空间之间在柱网的排列上需要保留适当的间隙来做沉降缝或伸缩缝，巧妙地利用这些间隙来设置过渡性空间，可使结构体系的节奏更加分明。

某些建筑因地形条件限制，必须有一个斜向的转折，如果处理不当，其内部空间的衔接可能会显得生硬、不自然，如果能够巧妙地插进一个过渡性的小空间，不仅可以避免生硬，同时顺畅地把人流由一个大空间引导至另外一个大空间，还可以确保主要大厅空间的完整性。

不是所有的两个大空间之间都必须插进一个过渡性的空间，否则，不仅会造成浪费，还可能使人感到烦琐、累赘。过渡性空间的形式是多种多样的，可以是过厅，也可以不处理成厅的形式，而只是采用压低某一部分空间的方法使其起空间过渡的作用。

内外空间之间也存在着衔接与过渡的处理。建筑的内部空间总是和自然界的外部空间保持着联系，当人们从外部空间进入建筑的内部空间时，为了不致产生过分突然的感觉，也有必要在内外空间之间插进一个过渡性的门廊，从而把人很自然地由室外引入室内。大型公共建筑多在入口处设置门廊，人们常常着眼于功能和立面处理的需要，即认为门廊主要起防雨、突出入口、加强重点的作用，其实门廊作为一种开敞的空间，本质上介于室内外空间之间，兼有室内空间和室外空间的特点，还可以起过渡的作用。如果不设置门廊，人们将由外部空间直接走进室内大厅，那么人们将会感到突然。古希腊神庙有的设置围廊，有的只在入口处设置门廊，除了美化外观外，还可以在内外空间之间起过渡的作用(见图 6-58)。我国传统建筑有设置围廊的，但一般都在入口的一面设置前廊，其作用是遮雨、遮阳，同时可以在内外空间之间起过渡的作用(见图 6-59)。中国美术馆由室外经过门廊、前厅再进入大厅，内外空间有良好的过渡，从而把观众很自然地由室外空间引入室内空间(见图 6-60)。

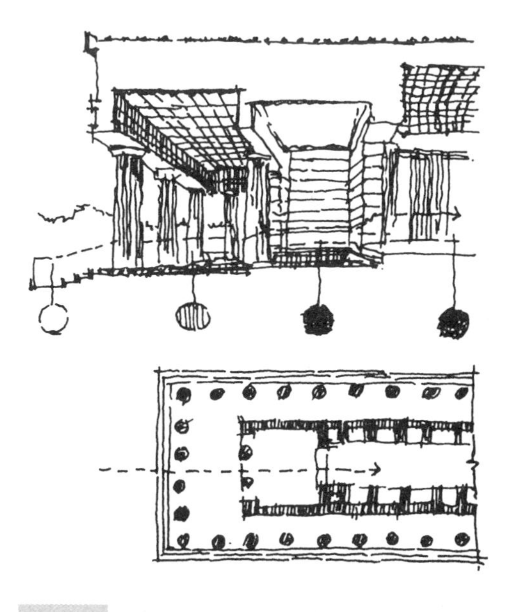

图 6-58

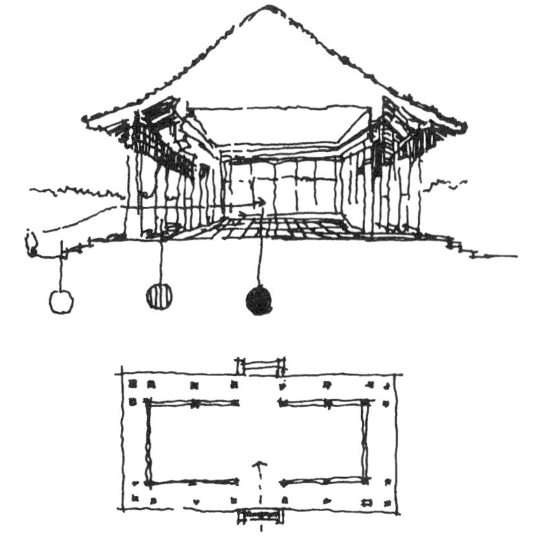

图 6-59

门廊作为一种开敞的空间，确实可以起到内外空间过渡的作用，但是门廊却不是起这种作用的唯一形式。即使不设置门廊，仅采用悬挑雨篷的形式，也可以起到内外空间过渡的作用，因为处于雨篷之下的空间同样具有室内空间和室外空间的特点，但必须妥善考虑雨篷高度与悬挑深度之间的比例关系。雨篷太高而悬挑深度不够，处于雨篷之下的人得不到空间感，就起不到内外空间过渡的作用。采取底层透空的处理手法，也可以起到内外空间过渡的作用，犹如把敞开的底层空间当作门廊来使用，把门廊置于建筑的底层，人们经过底层空间进入上层的室内空间。

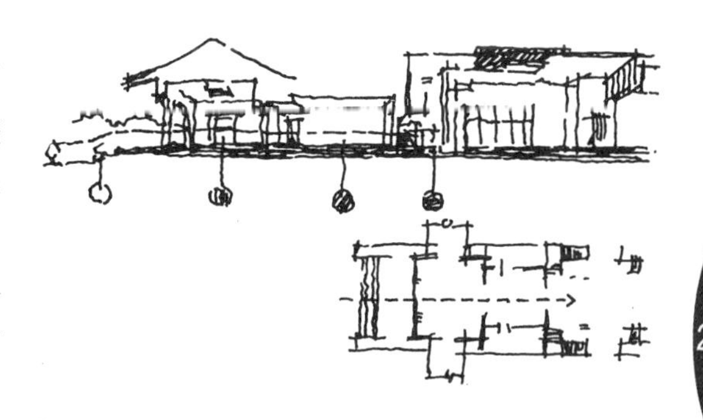

图 6-60

6.4.4 空间的渗透与层次

两个相邻的空间在分隔的时候，不是采用实体墙面把两者完全隔绝，而是有意识地使之互相连通，可使两个空间彼此渗透，从而增强空间的层次感。

图 6-61

中国古典园林建筑中借景的处理手法就是一种空间的渗透。借景，即把彼处的景物引到此处来，实质上是使人的视线能够越过有限的屏障，由这一空间进入另一空间或更远的地方，从而获得层次丰富的景观。“庭院深深深几许”形容的正是中国庭院所独具的这种景观。如图 6-61 所示，苏州留园入口部分的空间处理，透过空廊、门、窗可以看到另外一些空间内的景物，层次极为丰富。

西方古典建筑由于采用砖石结构，所以比较封闭，彼此之间界线分明，从视觉上也很少有连通和层次变化的可能。西方近现代建筑由于技术、材料的进步和发展，以框架结构取代砖石结构，从而为自由、灵活地分隔空间创造了极为有利的条件。西方近现代建筑从根本上改变了古典建筑空间组合的概念，以对空间进行自由、灵活的分隔的概念代替传统的把若干个六面体空间连接成为整体的概念，各部分空间自然失去了自身的完整独立性，必然和其他部分的空间互相连通、贯穿、渗透，呈现出极其丰富的层次变化。所谓"流动空间"正是对这种空间所做的一种形象的概括。

在这个基础上逐步发展起来的住宅建筑，更是把空间的渗透和层次变化当作一种目标来追求，不仅利用灵活的隔断使室内空间互相渗透，还通过大面积的玻璃幕墙使室内外空间互相渗透（见图 6-62）。由日本建筑师前田圭介设计的 Pit House（见图 6-63）位于一座开发成梯田的山上，业主是一对夫妇和他们的一个孩子。根据场地条件，建筑师将建筑提升至距离路面标高 1 m 的位置，这样是为了让建筑与周围环境融合，而非通过墙壁来划定界限。建筑与地面间 1 m 的空隙里堆起了厚厚的种植层，院落则以下陷的圆坑的形式布局在绿色之中，房屋内有一个圆形混凝土核心功能筒，四周是围绕其的开放空间。建筑与场地的自然环境在同一时间共同存在生长，而不是简单地以环境围绕建筑。建筑内部局部空间下沉，完全"进入"到场地中，而场地上的自然环境也部分渗入到内部空间内。下沉式的起居室、架到空中的走廊、环形的中庭，空间与环境交织共存，人与自然和谐相处，建筑与环境形成了新的关系，成为自然中一道亮丽的风景线。

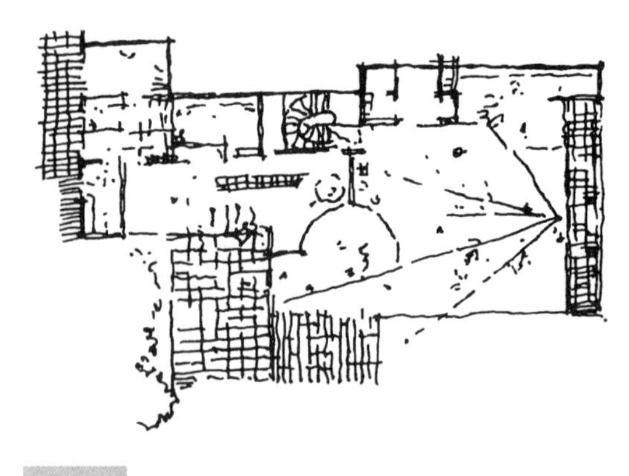

图 6-62

公共建筑在空间的组织和处理方面也越来越灵活多样，且富有变化，不仅考虑到同一层内若干空间的互相渗透，还通过楼梯、夹层的设置和处理，使上下层，乃至许多层空间互相穿插渗透。位于西雅图的美国科学研究院（见图 6-64）采用了大量的玻璃幕墙，表面大概有 56%是透明的，像一个玻璃盒子，但这并不是它的特别之处。走进去会发现中庭里多出来的玻璃小房间，里面摆放了沙发和座椅，有不少人在这里讨论问题。该建筑有 6 层，中心是一个梯形的天井，有的实验室分布在三个侧面的中心位置，有的实验室夹在办公室或者会议室的中间。除此之外，还有散落在其中的小的交流空间，比如中庭的"玻璃盒子"和户外的沟通平台。事实上，走廊的围栏和墙面都尽可能采用透明的玻璃，再用棕色的木地板提亮，让环境自然而透明。在这里做研究的人可以清楚地看到周围的人在做什么，使整个环境开放、透明，且具有协作性。设计师想要打破研究和交流的边界，通过空间的层次与渗透，最大化地推进合作。

图 6-63

图 6-64

6.4.5 空间的引导与暗示

由于功能、地形或其他条件的限制，会使某些比较重要的公共活动空间所处的位置不够明显、突出，以致不易被人们发现；在设计过程中，也可能有意识地把某些趣味中心置于比较隐蔽的地方，以避免开门见山、一览无余。无论是哪一种，都需要采取措施对人流加以引导或暗示，从而使人们可以按照一定的途径达到预定的目标，但是这种引导和暗示不同于路标，它属于空间处理的范畴，要处理得自然、巧妙、含蓄，能够使人在不经意中沿着一定的方向或路线从一个空间依次走向另一个空间。空间的引导与暗示，作为一种处理手法，是根据具体条件的不同而千变万化的。

1. 以弯曲的墙面把人流引向某个确定的方向，并暗示另一个空间的存在

这种引导与暗示方法是以人的心理特点为依据的。当人们面对弯曲的墙面时，会自然而然地产生一种期待感，希望沿着弯曲的墙面能有所发现，所以人们会不自觉地顺着弯曲的方向进行探索，于是被引导至某个确定的目标。维堡图书馆平面图如图 6-65 所示，进入门厅后通过踏步、曲墙把读者引导至通往出纳厅等处的主要楼梯，由此可以到达出纳厅等处。

2. 利用特殊形式的楼梯或特意设置的踏步，暗示上一层空间的存在

楼梯、踏步都具有一种引人向上的诱惑力，特殊形式的楼梯，如宽大开敞的直跑楼梯、自动扶梯等，其诱惑力更为强烈，凡是希望把人流由低处空间引导至高处空间，都可以借助楼梯或踏步的设置来达到目的。天津大学图书馆（见图 6-66）由于功能和地形的限制，出纳厅位于二层偏后的部位，为了把人流引导至出纳厅，在正对着门厅的中轴线上设置了一部宽大的直跑楼梯，读者进入门厅后立即被它吸引并通过它登上二层，从而到达出纳厅。

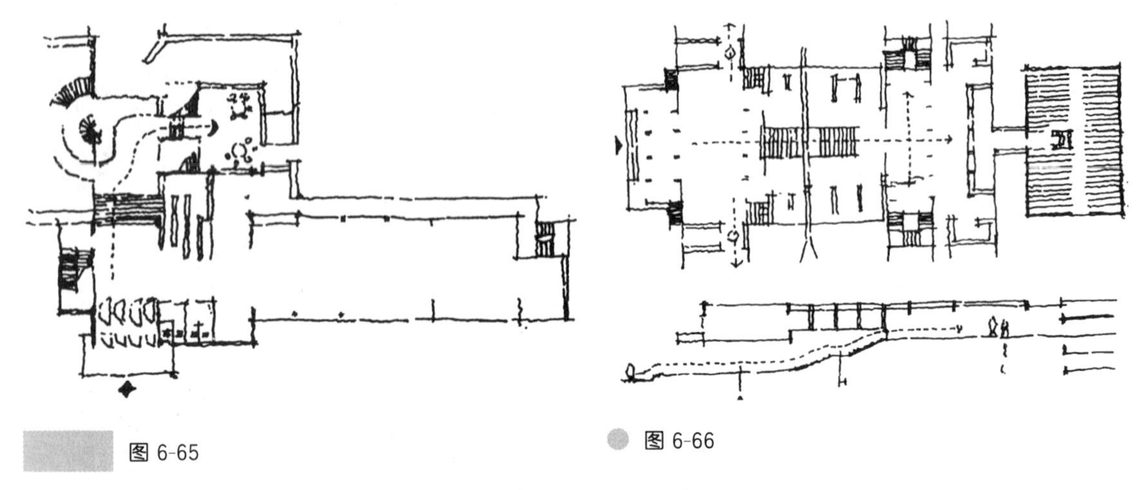

图 6-65　　图 6-66

3. 利用天花、地面及空间中其他界面细部的处理，暗示前进方向

通过天花、地面及空间中其他界面细部的处理，可以形成一种具有强烈方向性或连续性的图案，从而左右人前进的方向。有意识地利用这种处理手法，将有助于把人流引导至某个确定的目标。德国足球博物馆（见图 6-67）两层展厅之间起垂直交通联系作用的主要楼梯，其栏板设计采用与周围环境有对比的色带来处理，起到了引导参观路线的作用。

4. 利用空间的灵活分隔，暗示另外一些空间的存在

只要不使人感到山穷水尽，人们便会抱有某种期望，在期望的驱使下，人们将会进行进一步的探求。利用这种心理状态，有意识地使处于这一空间的人预感到另一空间的存在，则可以把人由此空间引导至彼空间。这种处理手法多运用在展览建筑的空间组织中，如山东美术馆（见图 6-68）在两个展厅之间设置了天桥，降低了局部的层高，并暗示着下一个空间的存在。

图 6-67

图 6-68

6.4.6 空间的序列与节奏

空间的序列组织与节奏探索是一种统一全局的空间处理手法，不应当和前几种手法并列。

这种空间处理手法属于统筹、协调并支配前几种手法的手法。

与绘画不同，建筑作为三维空间的实体，人们不能一眼就看到它的全部，只有在运动中，即在连续行进的过程中，从一个空间走到另一个空间，才能逐一地看到它的各个部分，从而形成整体印象。由于运动是一个连续的过程，逐一展现出来的空间变化也将保持着连续的关系。人们观赏建筑的时候，不仅涉及空间变化的因素，同时还涉及时间变化的因素。组织空间序列就是把空间的排列和时间的先后两种因素有机地统一起来，使人不仅在静止的情况下能够获得良好的观赏效果，在运动的情况下也能获得良好的观赏效果，当沿着一定的路线看完全过程后，能够使人感到既协调一致，又充满变化，且具有时起时伏的节奏感，从而留下完整、深刻的印象。

组织空间序列既应使沿主要人流路线逐一展开的一连串空间能够像一曲悦耳动听的交响乐，婉转悠扬，具有鲜明的节奏感，又要兼顾其他人流路线的空间序列安排，后者虽然居于从属地位，但是若处理得巧妙，也可起到烘托主要空间序列的作用。沿主要人流路线逐一展开的空间序列必须有一般，有重点，有高潮。一个有组织的空间序列，如果没有高潮，必然显得松散而无中心，将不足以引起人们情绪上的共鸣。

进行空间序列的组织时，首先，要把体量高大的主体空间安排在突出的位置；其次，要运用空间对比的手法，以较小或较低的次要空间来烘托它、陪衬它，使它得到足够的突出，这样才能使其成为控制全局的高潮。与高潮相对立的是空间的收束，在一个完整的空间序列中，既要放，也要收，只收不放势必会使人感到压抑、沉闷，但只放不收也可能使人感到松散、空旷。收和放是相辅相成的，没有适当的收束，即使把空间设计得再大，也不能形成高潮。

入口是序列的开始段，为了有一个好的开始，必须妥善处理内外空间过渡的关系，这样才能把人流由室外引导至室内，并使人既不感到突然，又不感到平淡无奇。出口是序列的终结段，也不应草率对待，否则就会使人感到虎头蛇尾、有始无终。除头尾外，内部空间之间也应有良好的衔接关系，在适当的地方还可以插进一些过渡性的小空间，一方面可以起收束空间的作用，另一方面可以借它加强序列的节奏感。空间序列中的转折犹如人体中的关节，应当运用空间引导与暗示的手法提醒人们现在是转弯的时候了，并明确向人们指示出前进的方向，这样才能使弯转得自然，同时可以保持序列的连贯性。跨越楼层的空间序列为了保持连续性，还必须选择适宜的楼梯形式，宽大、开敞的直跑楼梯不仅可以发挥空间引导作用，还可以使上下层空间互相连通。

在一个连续变化的空间序列中，某一种形式的空间的重复或再现，不仅可以形成一定的韵律感，而且对于陪衬主要空间、突出重点和高潮也是十分有利的，由重复和再现产生的韵律感通常都具有明显的连续性。处在这样的空间中，人们会产生一种期待。如果在高潮之前，适当地以重复的形式来组织空间，就可以为高潮的到来做好准备，人们常把它称为高潮前的准备段。人们处于这一段空间中，不仅会满怀着期望的心情，也可以预感到高潮即将到来。西方古典建筑的空间序列组织，大体上就是以这种方法使人惊叹不已的。

空间序列组织实际上就是综合地运用对比、重复、过渡、衔接、引导等一系列空间处理手法，把个别的、独立的空间组织成为一个有秩序、有变化、统一、完整的空间集群。这种空间集群可以分为两种类型：一类呈对称、规整的形式；另一类呈不对称、不规整的形式。前一种形式的空间集群给人以庄严、肃穆和率直的感受；后一种形式的空间集群给人以轻松、活泼、富有情趣的感受。不同类型的建筑，应按其功能特点，分别选择不同类型的空间序列形式。

当空间展开时，也像文学艺术一样讲述情节，有开始、发展、高潮、结局，这就是空间序列。建筑常被称为凝固的音乐，虽为静态的艺术形式，却带来了如音乐流淌般的韵律。

空间艺术同样也是为了表现与生命存在相关的特质——生长、运动、情绪、思想等，它通过行为与视觉形式找到了与情感联系的基础。每当外部事件、环境等介入时，就会引发机体生命节奏的改变——增强或减弱、加速或抑制、冲突或调和、流动或停滞等。如果空间艺术体现了与生命活动相类似的逻辑，就会触动欣赏者，使其产生共鸣。

1. 空间序列的叙述类型

空间中的布局也有顺叙、倒叙、插叙等不同手法，甚至还包括无序、多情节并置等手段。

1）顺叙

顺叙的手法最容易控制，但过于平铺直叙，就会显得平淡无奇。所以在空间展开过程中，需要进行长时间的气氛渲染，在微妙而丰富的层次中自然、完整地呈现空间全貌。通常以序幕预示空间开始，紧接着启示引导，逐步展开，在形态、光线、肌理等各个方面的烘托下，迎接高潮的到来。高潮出现得越晚，前面安排的空间层次越多，空间序列也就越长，随着体验印象的步步加深，也就越能体现出这个空间的重要性。

中国古代建筑，一方面通过垂直方向上的筑垒，构成诸如楼阁和塔等高大形式的建筑；另一方面，沿轴线水平铺陈一系列的形体，建筑标高逐渐上升，建筑体量也逐渐增大，人的情感走向也如影随形地展开。北京故宫就是经过不同的空间序列之后才进入宫城的，宫城内部又有外朝三殿、内廷三殿以及各个纵向院落。一跨进中华门，就意味着这个威严空间的开端；经过急促、狭长的千步廊后，呈现于眼前的是开阔的天安门广场；在金水桥、华表与石狮的衬托下，天安门城楼显得高大、庄严；穿过天安门，是一个矩形的小院落，空间尺度比例的转换，使气氛迅速收敛；转而出现的是长而阔的广场，广场尽端以三面围合的午门作为暂时收束，同时也预示着后面空间的至高无上；从午门入内就正式进入宫城，当视线舒缓、停顿片刻后，一踏入太和门，跃入眼帘的便是可容纳万人的大广场，具有最大体量的太和殿巍峨神圣，成为压倒一切的要素，空间高潮终于在层层铺垫后如期而至；此后的中和殿与保和殿处于较次要的地位，锋芒渐转，序列的结束也昭示着情绪的平息。

2）倒叙

大型的场景为空间抑扬顿挫的表现提供了前提条件，但是对于很多中小型建筑来说，不可能有这样长的轴线用来安排序列。如何在短序列中取得出其不意的效果呢？采用倒叙是巧妙的方法之一。这样可以不经过很多过渡和酝酿，直接进入主题，同样能令人感到新奇、惊讶。比如酒店或商场等建筑，往往将公共活动的中心——共享大厅置于接近入口或建筑中心的位置，明显而突出，将其突然呈现于毫无心理准备的观者眼前，实现招徕人群的目的。

3）无序

建筑设计并非都受“大叙述”惯性的影响，也需要听从自我纯粹创造的引导，走“小叙述”即个性化道路。一些脱离惯常空间次序的手法流露出对建筑自主表情更加宽容的态度。在2000年的舒布洛克全国大学生建筑设计竞赛中，张永和以建筑中的“无上下”作为命题条件和评判标准。他指出，中国古典建筑和西方古典建筑都有从屋顶到屋身到基座的明确的上下秩序，但是自柯布西耶提出的多米诺体系出现以来，现代建筑开始强调顶棚和地面的一致性，空间次序也没有特定的方向。如果尝试忽略既定方向，颠倒空间次序，模糊流线中上与下的先后顺序，可能会产生新的空间序列。

2. 空间序列的主题线索

贯穿或引导空间序列的线索除了视觉要素之外，还有光等自然要素以及音乐、文学、媒体等多种艺术形式。根据这些线索，更容易把握建筑构思的轨迹，更容易感受存储于空间中的能量。

1）以光等自然要素为线索

很多建筑师一贯注重光线、声音甚至气味的感受，他们具有仪式感的设计也如同精心策划的情感历程。在各种自然要素中，光是设计师关注的重心之一，它借助建筑来赞美天空的力量，体验亘古不变的宇宙模式。

美国西雅图大学圣伊格内修斯小教堂（见图6-69）坐落在波光粼粼的方形水池边，与高高矗立的钟塔相伴。巨大的混凝土预制板如同拼图游戏中的拼接块，与弧形金属顶面拼接成几个有机体量。入口安排在西南角，木门上镶嵌着各种尺寸和构造的椭圆形窗户，将自然光影投射到墙壁和地板上。进入前厅，从西墙面条形侧窗洒下的明亮光带引导人前行，从南墙投射的自然光正好洒在前厅北墙的监视器的漫射镜上，这个漫射镜带有一小块绿色玻璃，使前厅中弥漫着律动的彩色光斑。沿坡道进入圣堂，顿时被神秘的光束所控制，入座的人们看不见光源，但能感受到光照射于东西两侧。圣坛东墙上巨大的高侧窗采用蓝色透光镜，而在其前面悬挂有开有不同尺寸条形洞口的混凝土遮光板，遮光板背面被涂成明亮而浓厚的黄色，将从窗户入射的过滤蓝光反射并部分透射。窗户与遮光板分层配合，产生对比的立体光照效果。圣坛西墙上高侧窗的情况正好相反，采用黄色透光镜和蓝色反射背面。不同强度的光束从不同方向直射、反射、交织、融合，圣坛在光的和声中洋溢着与上帝对话的激情。在其他功能区域，为了配合不同的仪式，采用了不同色彩的光束。夜晚是集中做弥撒的特殊时刻，流光溢彩的教堂仿佛在召唤虔诚的祈祷者。

图6-69

2）以活动主题及功能类型为线索

在展览建筑中，常以展示主体的内容来区分或命名展馆，同时也成为贯穿空间序列的主题之一。德国某海洋博物馆（见图6-70）就将北海地区的海洋生物、自然常识、航海历史以及沿海的风土民俗等分区域进行展示。入口大厅高两层，黑色喷漆钢框架和玻璃构成的方形系列展架，与海蓝色绒面织物覆盖的圆形展台呈穿插点阵式布局，此处陈列海底生物、水鸟等模型，展馆主题不言而喻。在斜墙的引导下，经由左侧的风力互动模拟显示仪，跃入视野的是一个由桅板及浮木搭建，悬置于半空的木屋，顿时将人们的记忆拉回到港口初建时的情景。穿过小厅前行至清水木纹的大踏步，沿蓝色波浪形有机玻璃墙面拾级而上，仿佛在海底嬉戏，不知不觉中已上到夹层平台。环顾四周，原来这是一艘体量较大的废弃船体被直接植入到了夹层当中，既是参观的必经之处，又使空间视觉突变，与以工业造型手段所营造的现代氛围形成强烈反差。正当回旋流连之际，一座仅供一人穿行的钢结构悬索天桥将空间的不安定感推向高潮，转而进入更曲折、紧凑的多媒体影像展示区域，使人在海浪拍打与海风呼啸的模拟世界中感受海洋主题的真实性。

3）以音乐、文学、媒体等多重艺术形式为线索

卒姆托设计的德国汉诺威世博会瑞士馆共鸣箱（见图6-71），将音乐、文字投影及服装等多种要素引入，使之共同成为空间持续变化的线索。建筑完全呈开放模式，散发清香、尺度标准的木

图 6-70

材单元纵横堆叠，并依靠插入地面混凝土基础的不锈钢拉杆悬吊，形成 9 m 高的墙体。这些墙体或相互平行，或与楼梯、中庭结合构成一个“区”，12 个正交排列的“区”组成矩阵平面。针对空间中的三种基本材质——木材、沥青和钢材，以及建筑结构对音质产生的回应效果，音乐家以不同乐器进行创作，在现场不停地演奏，以物理声场限定各区域的性质。除独奏外，他们还根据空间结构来编排合奏方式，比如定时出发，先在各个空间漫游，再准时在某个区域集中。在这里，视觉透视机会在各处并存，空间结构肌理均匀分布，但计划性发生的音乐却令情感节奏产生起伏。在木材构成的墙面上，投影仪精确地投射出成排的文字，大都是世界文学中所能找到的与瑞士或瑞士人相关的内容，当这些文字出现或消失时，参观者的联想也如同电波般一触即发地闪现转换。

雨果在文学巨著《巴黎圣母院》中，以建筑为线索，而意大利理性主义建筑运动的代表朱塞普·特拉尼于 1938 年设计的但丁纪念堂（见图 6-72）却以几何基准关系配合模矩概念，对《神曲》进行了空间建构性阐释，文学想象成为建筑叙事的线索。这个方案因第二次世界大战未能真正实施，其文学性尚无法直接验证。但是从保存下来的图纸中不难体会到建筑师希望通过空间所传达的情感。建筑中墙、柱、顶以及渐升的层高，因文学的重叠出现了非常微妙的关系，其中无论是元素的数量，还是复原后的感受，都对应于但丁《神曲》中的某一章节。序列初始，100 根密布的柱子显示了《神曲》中所描述的压抑、恐惧的黑森林；进入地狱，7 根直径递减的圆柱以不稳定的姿态撑起 7 块黄金分割后的正方体；接着，7 块渐高的楼板意欲表现无限螺旋上升，顶部有开敞的洞口，预示光明已经到来；历经磨难与洗礼，最终在 33 根玻璃柱子构成的天堂中享受圣光普照的欢愉。但丁纪念堂利用地面高差、光线明暗、材料异质，产生情势上的对比，企图构建一座非同寻常的“文学建筑”。

图 6-71

图 6-72

4）以思想情感与文化况味为线索

德国柏林犹太博物馆（见图6-73）之所以震惊世界，就是因为它将犹太民族的苦难历史与政治悲剧作为思想线索，并将其贯穿于空间的始终。建筑呈闪电式折线状，不完整的外廓、倾斜的构件与界面、不规则的窗户，形同爆炸，又如锋利的划痕，带给人一种紧张感。当观者经过地面层的三条轴线通道时，仿佛走入令人生畏的漫长的时间隧道。第一条通道通向沉重铁门后面的大屠杀塔，微弱的光线从塔顶的缝隙透射到狭长的空间中，重现死神笼罩下令人窒息的氛围。第二条通道通向庭院，49个石柱中间栽种着49棵树，象征着犹太人流亡各地，重新生根发芽。第三条通道通向建筑物的其余楼层，在指示牌的引导下层层穿越，来到地面被铁铸塑像覆盖的垂直空间中，塑像凝固的表情充满了无助。

图6-73

3. 空间序列的视觉中心

视觉中心是指在一定范围内引起人们视线聚集的视觉显著点。我们无论是扫视图形还是观察建筑空间，目光都会为一些特殊部位所吸引，这种视觉显著点必然包含相对最大、最多和最有效的视觉信息。在空间序列中，视觉中心可以是真正的图形中心或重点，以强调空间的内聚力，也可以是转折交接的边缘部位，形成典型标识。

图6-74

1）要素的对比与突变

要引人注目，可以依靠夸大造型、尺度、色彩以及材质等方面的相异性来实现。在意大利威尼斯圣马可广场连续围合的空间中，钟塔位于大、小两个梯形广场连接的L形转角处，高耸的尺度使它成为空间序列中的标志（见图6-74）。

2）形式动态

空间中动态比静态更容易吸引人的视线。动态不仅代表实物真实轨迹的改变，更多的是形态位置差异带来的心理阶梯。在纽约东区某公寓的改造设计中，设计者保留了原有空间墙面、地面、顶面方正平直的结构造型，而转角、出入口以及主要家具造型则采用倾斜扭转的方式，与既有的古典式背景形成强烈的反差。新旧部分没有相互迁就或折中调和，而是采用对立的两种语言，塑造出如同风暴过后的旋转动势，使空间序列中的新元素尤其突出。

3）视错觉

视错觉是指人们对物体的形态、方位以及色彩等的判断受视线局限、视像停留以及环境影响所产生的心理幻象，如有冷暖对比的光影会带来有厚度的立体感等。荷兰画家埃舍尔大胆挑战视觉认知规律，把数学的精准以图形的方式转译出来。在他的作品中，透视视点与灭点混淆替换，以参照体系的变化来重新编排场景，通过真与幻将真实空间的逻辑秩序与超越现实的想象交叠缠绕，难解难分。

图 6-75

建筑师们也常常巧妙地借视错觉来表现空间的矛盾性。建筑大师博塔设计的以色列辛巴利斯塔犹太教会堂（见图 6-75），砖砌的两个塔体下部的平面是方形，但人在内部的感受却是光滑的弧形墙面，之所以让人产生这种错觉，是因为建筑自底部连续变为筒状。伊东丰雄认为建筑是一瞬间的现象，应使观者在应接不暇的感受中产生短暂的视错觉和想象。在他设计的蛇纹陈列亭（见图 6-76）中，连续的斜向网纹完全覆盖了方形体量的各个界面。纯粹而又复杂的结构使门窗、墙体等所有基本要素都改变了原有的存在方式，原来轴线对称、几何有序的感受完全消隐在表皮的控制力量之下。在他设计的日本仙台媒体中心（见图 6-77）中，13 个巨型的中空单元来源于“漂浮海藻”的构思，其树形围合钢柱在空间中不断改变倾斜方向和角度。其中，除了角落处的 4 个中空单元承重之外，其余 9 个半径较小的中空单元内设电梯及设备管井，同时垂直传送光线与空气等自然信息流。

图 6-76

图 6-77

4）对位构图与尽端体量的强度

利用空间中图形结构的对位关系，产生对景、夹景、框景，并对尽端体量着重处理以引导视向，也能使人在行进过程中产生峰回路转、耳目一新的感受。尽端体量可以是自然山水，也可以是建筑物自身的某个装饰局部，它的出现，有的为空间的自我表演弹拨了动人的曲调，有的则成为惊鸿一瞥的收束。在中国传统的街巷中，巷越深，景越远；宅越大，景越阔。门洞、窗洞都可能成为游历画卷的图框，而尽端体量也看似随机出现，或是山墙起伏，或是高楼屹立。在这里，对位构图与尽端体量的安排都发端于与自然的融合，观者拥有自主的想象，而非强迫性地给予景观感受。

6.5 空间的利用

要想合理利用空间，充分发挥空间的使用价值，使建筑功能与室内空间艺术处理紧密结合，达到统一是建筑内部空间设计的首要问题。首先，在结构方案合理的前提下，应尽量减少结构面积，不同结构类型所占的结构面积有很大区别，因此，要合理地选择结构方案，使结构面积减少至最小。应在使用合理的条件下，尽可能减少隔墙；在可以用家具分隔的情况下，尽量减少固定隔断。目前，能自由灵活布置的大空间设计方案已在许多建筑中得到运用，居住建筑中采用仅固定楼梯间和卫生间的布置方案。其次，应控制不同类型房间的体量，各类房间的面积有大有小，使用人数有多有少，使用时间有长有短，在空间艺术要求上也有很大区别，因此其空间体量绝不可能完全一致，恰当地控制不同类型房间的体量和设计中合理地分配是节约空间和充分利用空间的根本。所谓充分利用空间，并不意味着片面地节约，否则会造成空间使用上的不便和艺术观感上的失败。

6.5.1 夹层的设置

公共建筑中的营业厅、候车室、比赛馆等都要求有较高的层高，而与此相联系的辅助用房和附属用房在面积和层高上要小得多，因此常采取在大厅周围布置夹层的方式，以便更合理地利用空间。设计夹层时应特别注意楼梯的布置和处理，能充分利用楼梯平台的高差适应不同层高的需要，而不另外增加楼梯间是最理想的。居住建筑中也常结合起居室的高大空间设置夹层。

6.5.2 坡屋顶的利用

坡屋顶在公共建筑中，特别是在居住建筑中是常见的一种屋面处理形式，在三角形坡屋顶中部有不小的空间，在设计时应充分加以利用。影剧院中的坡屋顶常作为布置通风管道、照明管线的技术层来利用，居住建筑中常利用坡屋顶设置阁楼或储藏室（见图 6-78）。

6.5.3 走道上部空间的利用

纯粹的交通性的走道，不论是在公共建筑中还是在居住建筑中，都是供人们通行而停留较少的地方，宽度也不大，因此可采取比其他房间更低的层高。公共建筑中常利用走道上部的空间布置通风管道、照明管线，而居住建筑中常利用走道上部的空间布置储藏空间，于是从被压低的交通空间进入房间，可以使本来高度就不大的居室，在大小空间的对比下，产生更为开敞的效果（见图 6-79）。

6.5.4 楼梯间底层及顶层空间的利用

对于一般楼梯，楼梯间底层空间常用来布置成小房间，公共建筑中也常利用楼梯间底层空间布置家具或水池绿化，以美化室内环境。楼梯间顶部从楼梯平台至屋面一般有一层半的空间高度，因此在许多建筑中都尽量利用它布置一个小房间，只要不影响人的通行即可，这样不但增加了使用面积，也避免过高的楼梯空间给人一种空旷的感觉（见图 6-80）。

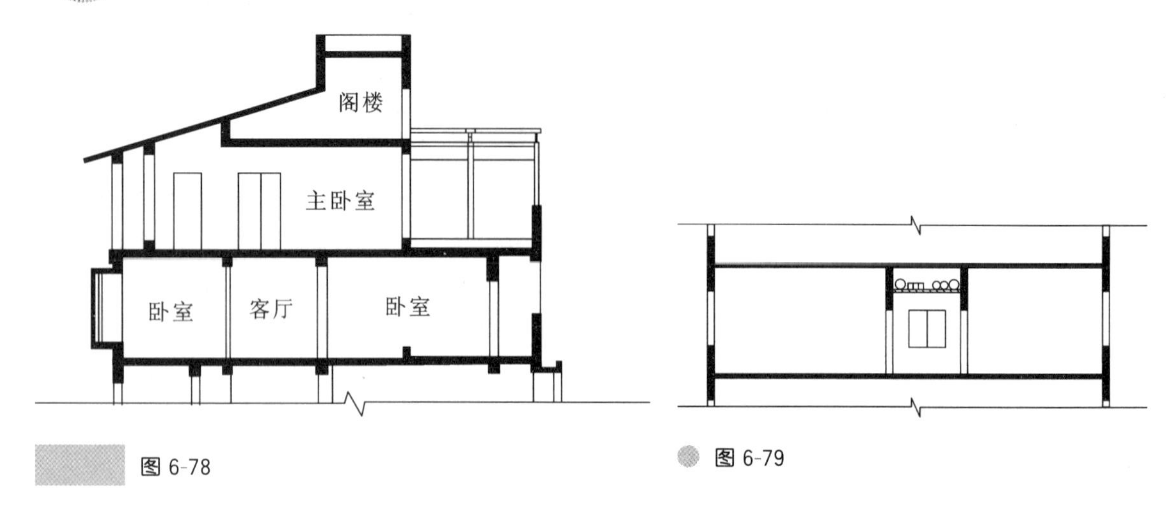

图 6-78

图 6-79

6.5.5 窗台下部空间的利用

利用外墙的厚度在窗台下适当地加以处理，按空间的不同大小，可设置空调室外机位或储藏杂物等(见图 6-81)。商店、旅馆、餐厅、家庭都需要储藏大量的杂物，如果没有适当的储藏空间，这些杂物必然会侵占其他房间。因此，不论是公共建筑还是居住建筑，在设计方案的过程中一定要自始至终十分注意空间的利用、杂物的储藏、各种管道井的布置。住宅首先应将储藏空间和建筑紧密结合，壁柜、悬挂式家具等，不但可以相对增加使用面积，而且对室内空间的完整性起着极为重要的作用，为室内设计带来了十分有利的条件。

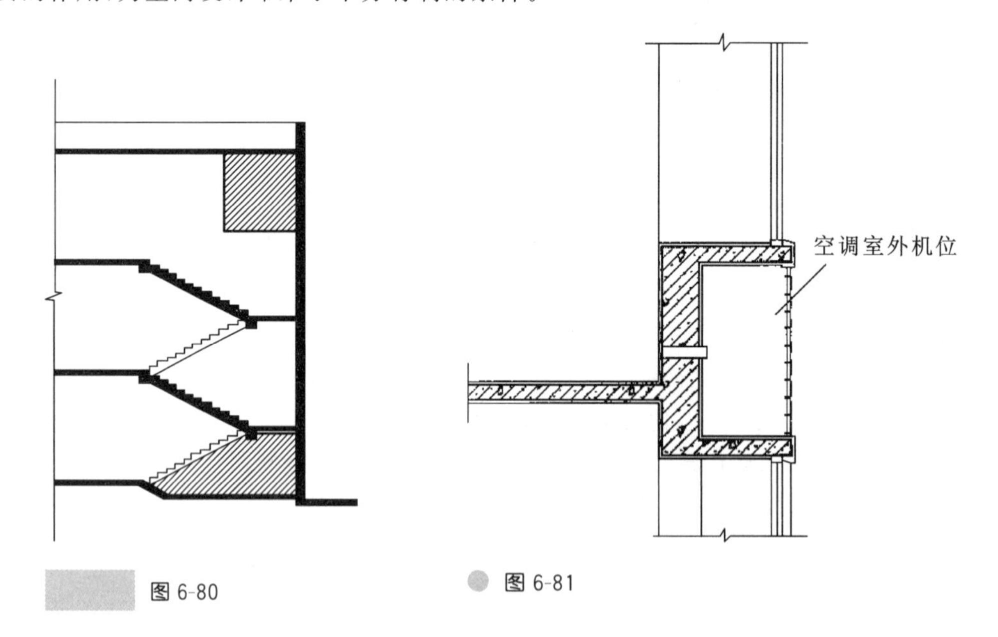

图 6-80

图 6-81

6.6 空间形态的构思与创作

建筑空间有各种各样的处理手法，归根结底是要创造出适合某种使用目的的空间形态。人们对空间环境的要求将随着生产、文化、科学技术的发展和生活水平的提高而越来越高。人类在长期的建筑实践中对空间环境的创造也积累了丰富的经验。由于建筑内部空间的丰富性和多样性，空间在水平方向和垂直方向上互相渗透和穿插，有时确实很难把它们完全分开，这就为空间形态的分析带来了一定的困难，但是如果抓住了空间形态的典型特征及其处理方法的规律，就可以从千姿百态的空间中大致归纳出主要的空间形态。

6.6.1　下沉式空间

将室内地面局部下沉，在统一的室内大空间中就产生了一个边界明确、富有变化的独立空间（见图 6-82）。由于下沉地面的标高比周围的标高要低，所以会产生一种保护感、宁静感，使其成为具有一定私密性的小天地。人们在其中休息、交谈，会觉得十分亲切；在其中工作、学习，也不容易受到干扰。因此，下沉式空间在许多公共建筑和住宅的设计中得到了广泛的重视和运用。

图 6-82

下沉式空间根据具体条件和要求的不同，可以有不同的下降高度。对高差交界处的处理方式也有许多种，可以布置沙发，也可以布置书架及装饰品等，高差较大时应设置围栏。

6.6.2　地台式空间

将室内地面局部升高也能在室内产生一个边界十分明确的空间，但其功能、作用和下沉式空间几乎是对立的。由于地面升高形成了一个地台，和周围的空间相比，这一部分的空间变得十分醒目、突出。许多商店常利用地台式空间将最新商品布置在那里，使人们一进商店就可以看见最新商品，很好地对商品进行了宣传。现代住宅的卧室或起居室虽然面积不大，但也常利用地面局部升高的地台布置家具，使室内家具和地面结合起来，简洁而有变化，这也是现代住宅的一大变化和创造。

6.6.3　凹室

凹室在居住建筑中比较普遍，由于凹室只有一面面对开敞的空间，因此不容易受到干扰，具有安全感、清静感、亲密感，是空间中私密性较高的一种空间形态。居住建筑中常在凹室中布置床位，周围一般不开窗。公共建筑中常将凹室作为隐蔽的休息空间。在长廊中，特别是在内廊中，适当地布置一些凹室，可避免空间的单调感。

6.6.4　外凸式空间

外凸式空间是一种对内部空间而言是凹室，对外部空间而言是向外凸出的空间（见图 6-83），如果周围不开窗，从内部而言仍然保持了凹室的特点，但这种不开窗的外凸式空间，在设计上一般没有多大意义，除非外形需要。大部分外凸式空间希望将建筑更好地伸向自然，因此没有凹室那样强的私密性和安全感。这类空间在西方古典建筑中运用得比较普遍，因有一定特色故至今也常采用。

图 6-83

6.6.5 回廊与挑台

回廊与挑台经常出现在多层大厅内，除了用于联系交通外，还能在空间形式上增加层次感，并与大厅形成鲜明的对比。回廊与挑台在现代建筑中的运用极广，旅馆建筑中常借此吸引游客。

6.6.6 交错、穿插空间

城市中的立体交通车水马龙，人流、车流穿梭不息，显示出一个城市的活力，也是繁华城市壮观的景色之一。现代建筑空间设计，早已不满足于静止的空间形态，因此常把室外的立体交通引入室内，不但丰富了室内景观，也给室内空间增添了生气和热闹的气氛(见图 6-84)。俱乐部、展览馆以及其他文化娱乐场所常采用这种空间形态。

6.6.7 母子空间

人们在大空间内一起工作、休息，有时会感到空旷且不够亲切，而在封闭的小空间内，又会感到联系不便、沉闷、闭塞。采用大空间内套小空间这种封闭与开敞相结合的处理方式可使二者兼得(见图 6-85)。剧院观众厅为了增强私密感和亲切感，有时也会采用这种处理方式，以满足一部分人的心理需求。这种强调共性中有个性的空间处理方式，是公共建筑空间设计的一大进步。许多公共场所的厅虽然很大，但使用率很低，因为在这样的大厅中找不到一个适合于少数人交谈、休息的地方。当然也不是要把所有的公共大厅都分隔成若干个小空间，如果处理不当，公共大厅会被划分得支离破碎。因此，对母子空间应采取怎样的分隔和联系手法是很关键的。

图 6-84

图 6-85

6.6.8 虚幻空间

室内镜面反映的虚像可以把人的视觉带到镜面背后的虚幻空间中去，于是会产生空间扩大的视觉效果，有时还能通过几个镜面折射，把原来平面的东西造成一种立体空间的幻觉。因此，室内利用镜面，除了可以扩大空间感外，还有一定的幻觉装饰效果。除镜面外，室内也常利用有一定景深的大幅画面，把人的视觉引向远方，造成空间深远的感觉。

6.6.9 共享空间

波特曼首创的共享空间在各国享有盛誉，以其罕见的规模和内容、丰富多彩的环境、独出心裁的处理手法，将多层内院打扮得五彩缤纷。现在许多建筑也竞相效仿(见图 6-86 和图 6-87)。

图 6-86

图 6-87

6.6.10 客观条件的利用

内部空间多种多样的形态都是具有不同的用途和性质的。善于利用客观条件和技术手段，采取灵活多变的设计手法，是设计室内空间的必要条件和重要因素。

1. 结合地形，因地制宜

在建筑红线范围内的地段，很少是规则的，在城市中更是如此。山地地形的高低起伏非常常见，如果建筑布局能恰当地和自然地形结合起来，就能创造出富有变化的室内空间。有时看起来不利的条件，只要因地制宜，就会创造出原来想象不到的特殊效果。

2. 结构形式的创新

结构对建筑造型的制约性是众所周知的，建筑空间的内部形状和采取的结构形式有密切的联系，结构形式大体上决定了内部空间的主要形状及其变化的可能性。因此，建筑师不但要熟悉和掌握不同结构的基本原理，还要在此基础上进一步与结构工程师密切合作，使结构形式在科学性、合理性的前提下有所创新。

3. 建筑布局与结构系统的统一与变化

建筑内部空间的组织在所限定的结构范围内，一定程度上既有制约性，也有极大的自由性。例如统一柱网的框架结构，为了使结构体系简单、明确、合理，柱网系列是十分规则和简单的，如果完全按照柱网轴线来划分房间，即结构体系和建筑空间组合完全相对应，那么所有房间的内部空间将成为大大小小的单调空间；如果不完全按照柱网轴线来划分房间，则可以造成很多内部空间的变化，有的房间内有一排柱，有的房间内只有一根柱，而柱子在房间内的位置也可以有所不同。

4. 建筑上下层空间的非对应关系

图 6-88

柱网和建筑房间划分的关系主要指平面关系，由于平面上的变化，室内空间也随之改变。但现代建筑不满足于平面上的变化，开始追求三维立体空间上的变化，因为这种变化能使空间更生动活泼、丰富多彩。在许多建筑中经常采用上下层空间非对应的布置方式，其形式是多种多样的，例如：下面一层没有房间，而相应的上层部位设置有房间；上层房间是纵向布置的，而下层房间却是横向布置的。这样就形成了空间上的交错、穿插。由瑞士建筑师赫尔佐格和德梅隆设计的VitraHaus展馆（见图 6-88），作为 Vitra 园区的家居展览馆，旨在展示品牌家居的设计。

空间形态的构思和创作不完全局限于以上几种方法，根据特殊的功能需要采取新的构思，可以使室内空间产生新的空间形态。随着生活的不断发展、科学技术的不断进步、建筑内容的日益丰富、建筑创作的更加活跃，必然会有更多的建筑空间形态出现。

实践单元——练习 9

- **单元主题**：空间集合——从物体到区域。
- **单元形式**：课堂综述。
- **练习说明**：将之前所做的工作放到一个新环境中，目标是创造一个空间组合。制作一个图文并茂的主题研究 PPT 进行汇报与分享，时间为 3 分钟。
- **评判标准**：各部分的相互关系、对空隙中的空间的清晰表达。

Chapter 7

第 7 章 建筑造型设计

建筑造型包括建筑的体形、立面、细部，是建筑内部空间的外部表现形式。建筑的外观从单体建筑、建筑群，直至整个街道、城市，经常广泛地被人们接触，给人以深刻的印象。历史上遗留下来的许多年代悠久的重要建筑反映了当时社会的生产力和生产关系，反映了劳动人民在技术上和艺术上的成就，是人类社会鲜活、生动的历史教材，是人类宝贵的文化遗产，我们应重视和保护这些重要建筑。

7.1 建筑造型艺术的特征

建筑造型设计应该在平面空间设计的基础上对建筑外部的表现形式从总体到细部进行进一步的研究、协调、深化，以解决建筑美观问题，使建筑形式充分反映建筑功能，达到形式和功能的完善统一。

7.1.1 建筑造型艺术性与技术性的统一

建筑是为了满足人们生产、生活需要而创造的物质空间环境，即建筑是根据功能使用要求采取某种技术手段，在一定的历史条件下使用某种材料、结构方式和施工方法建造起来的。一幢建筑的空间的大小、房间的形状、门窗的安排，以及空间的平面组合、层数的确定总是以满足空间的适用性、技术的经济合理性为前提，建筑外部形式也就必然是内部空间使用要求的直接反映。建筑造型设计就是对按一定材料、结构建立的使用空间实体的形式处理和美化，离开这个特点，建筑艺术也就不复存在。建筑的艺术性从属于其物质性，这是建筑造型艺术区别于其他造型艺术的重要标志之一，但是没有形式的内容也是不存在的，因此建筑造型设计不能简单地理解为形式上的表面加工，不是建筑设计完成的最后部署，而是自始至终贯穿于整个建筑设计过程中。技术性和艺术性的融合、渗透、统一是建筑造型设计的主要特点，也是评价建筑外观的重要条件之一。

虽然建筑的产生基于实用目的，但是随着生产力的发展和科学、文化的不断进步和提高，建筑不但成为社会的重要生产生活资料、物质财富，也以其特有的艺术作用而跨入上层建筑领域，和其他艺术形式有着密切的联系，成为社会精神、文化的体现。

建筑造型艺术应该能为人们所接受和喜爱，反映社会欣欣向荣、蒸蒸日上的景象。建筑艺术性和人性的结合、物质和精神的统一是建筑艺术创作的根本方向，既要充分重视和发挥建筑艺术的意识形态职能和作用，又要使建筑艺术形象的表现不脱离物质技术条件的制约，这是创作建筑艺术形象唯一的正确道路，也是建筑艺术真实性、纯洁性的具体表现。

7.1.2 建筑造型艺术与其他艺术形式的关系

建筑造型艺术可以借助于其他艺术形式，如绘画、雕塑等，来加强思想内容的表达和艺术形象的表现。

建筑主要以其自身的空间实体通过建筑设计所特有的手段和表达方式，反映建筑形象的各种具体概念，例如宏伟、肃穆、挺拔、轻快、明朗、简朴、大方等。充分发挥建筑艺术的独特作用，就必须根据不同的建筑性质和类型，结合地形、气候、环境等条件，利用材料、结构、构造的特点，按照建筑造型艺术的构图规律反映建筑的不同性格和艺术风格，这样才能创造出具有强烈感染力的建筑艺术形象，发挥其他艺术形式无法具有的巨大的精神力量。但是，任何不切实际的苛求也会把建筑艺术创作引入歧途。

7.1.3 建筑造型艺术的民族性与地方性

由于不同国家的自然条件、社会条件、生活习惯和历史传统不同，建筑必然带有民族和地方色彩。这些因素对建筑形式的发展也产生了深刻影响。

建筑的民族形式是在长期的历史发展过程中逐渐形成的，但是任何建筑都是一定时代的产物，建筑形式必然随着时代的进步而发展。我国在建筑创作上有很高的造诣，古代的许多宫殿、庙宇、园林、民居等建筑中都凝结着无穷的智慧，闪耀着不朽的建筑艺术光辉。当代建筑师既要继承和发扬我们民族的优良传统，也要根据当代的条件进行创新。从北京 20 世纪 50 年代开始兴建的十大建筑中可以明显地看到，建筑形式在不断发展和创新。贝聿铭设计的香山饭店，也为如何发扬我国江南民居的风格提供了有益的借鉴，现在应以“古为今用，洋为中用”为指导方针，继续发扬我国建筑的民族风格。

7.1.4 建筑造型艺术性与经济性的统一

要想完成一幢建筑，需要各专业、各工种的密切配合，需要设计队伍、施工队伍的团结协作，也需要巨大的人力、物力的消耗。

新工艺、新设备、新技术、新材料的发展和运用都会给建筑造型带来深刻的影响。现代建筑的艺术性，总是和经济性、科学性以及反对陈腐的建筑美学观念联系在一起，在各国许多创新的建筑造型设计中都充分表现了这一点。因地制宜，就地取材，充分利用建筑材料本身的质地和色泽，力求使空间和艺术造型统一、构造构件和装饰构件统一、建筑构图和工业要求统一，这是建筑造型发展不可抗拒的潮流。建筑艺术的优劣，不取决于造价的高低。从简单朴实中求美、从经济节能中求好，是建筑造型设计中艺术性和经济性统一的重要途径。

7.2 建筑外部体形的基本认知

建筑的外部体形不是凭空产生的，也不是由设计者随心所欲决定的，它应当是内部空间的反映，有什么样的内部空间，就必然会形成什么样的外部体形。对于有些类型的建筑，外部体形还要反映出结构形式的特征，但在近现代建筑中，由于结构的厚度愈来愈薄，除少数采用特殊类型结构的建筑外，一般的建筑的外部体形基本上就是内部空间的外部表现。

建筑的体形又是形成外部空间的手段，各种室外空间，例如院落、街道、广场、庭园等，都是借建筑的体形形成的。建筑的体形不是一种独立的因素，作为内部空间的反映，它必然要受制于内部空间；作为形成外部空间的手段，它又不可避免地要受制于外部空间。它同时要受到内、外两方面的空间的制约，只有把这两方面的制约关系统一协调起来，它的出现才是有根有据的，才是合乎逻辑的。建筑的体形虽然本身表现为一种实体，但是从实质上讲，却可以认为它隶属于空间的范畴。

7.2.1 建筑外部体形是建筑内部空间的反映

空间决定体形还是体形决定空间，这在建筑设计的理论和实践中一直是一个容易引起争论的问题。现代建筑师强调功能对于形式的决定作用，实际上就是认为古典建筑过分强调外部形式，以致限制了内部空间自由灵活组合的可能性。他们认为古典建筑的内部空间主要不是由功能决定的，而是由外部形式决定的，这种形式的空间不仅满足不了发展变化的功能要求，而且本身也是呆板机械、千篇一律、毫无生气的。密斯在《关于建筑形式的一封信》中曾反复强调：把形式当作目的不可避免地会产生形式主义，不注意形式不见得比过分注重形式更糟，前者不过是空白而已，后者却是虚有其表。他所强调的就是内容对于形式的决定作用。空间与功能对于体形的决定作用就是一种由内到外的设计思想。

密斯的观点无疑是正确的。特别是在当时，与之相对立的学院派重形式、轻内容，把古典建筑形式当作目标来追求，这实际上是一种先外后内的设计思想。在这种思想的支配下，就会无视功能的特点，把功能性质千差万别和使用要求各不相同的建筑，统统塞进先入为主的古典建筑形式中去，这样必然会抹杀建筑的个性，使得形式本身也千篇一律、毫无生气。但如果认为只要功能合理，根本不需要考虑形式，或者认为只要功能合理，其形式必然是美的，那也不太正确。事实上，在设计过程中只考虑功能而不顾及形式的做法也是很难想象的，就连密斯自己的实践也和他的理论有着明显的矛盾，他所设计的许多建筑，形式多是四四方方的“玻璃盒子”，这难道都是功能要求所产生的必然结果吗？这显然是考虑了形式的。

建筑的体形，应当是内部空间合乎逻辑的反映。从设计的指导思想来讲，应根据内部空间的组合情况来确定建筑的外部体形，但是又不能绝对化，在组织空间的时候也要考虑到外部体形的完整统一。建筑设计的任务就是把内部空间和外部体形两方面的矛盾统一起来，从而达到表里一致、各得其所。

表里一致即为真，而真总是和善、美联系在一起。建筑设计中应当杜绝一切弄虚作假的现象，而力求使建筑的外部体形能够正确地反映其内部空间的组合情况。

外部体形是内部空间的反映，而内部空间包括它的形式和组合情况，又必须符合功能要求，所以建筑体形不仅是内部空间的反映，还要间接地反映出建筑功能的特点。正是千差万别的功能要求赋予了建筑体形以千变万化的形式。复古主义把千差万别的功能要求全部塞进模式化的古典建筑形式中去，结果抹杀了建筑的个性，使得建筑形式千篇一律。近现代建筑强调功能对于形式的决定作用，反而使得建筑的个性更加鲜明。只有把握住每幢建筑的功能特点，并合理地赋予形式，这种形式才能充分地表现出建筑的个性。当每幢建筑都有了自己鲜明、强烈的个性，又何愁建筑形式会单调和千篇一律呢？

7.2.2 建筑外部体形是建筑的个性与性格特征的反映

建筑的个性就是其性格特征的表现，根植于功能但又涉及设计者的艺术意图，前者属于客观方面的因素，是建筑本身所固有的；后者则属于主观方面的因素，是由设计者所赋予的。一幢建筑的性格特征在很大程度上是功能的自然流露，因此，只要实事求是地按照功能要求来赋予形式，这种形式本身就或多或少地能够表现出功能的特点，从而使这一种类型的建筑区别于另一种类型的建筑。但有时不免会与另一种类型的建筑相混淆，于是设计者必须在这个基础上以种种方法来强调这种区别，从而有意识地使其个性更鲜明、更强烈，但是这种强调必须是含蓄的、艺术的，而不能用贴标签的方法向人们表明这是一幢办公楼建筑，那是一幢医院建筑。

各种类型的公共建筑，通过体量组合处理往往最能表现建筑的性格特征。不同类型的公共建筑由于功能要求不同，各自都有其独特的空间组合形式，反映在外部，必然也各有其不同的体量组合特点。功能特点还可以通过其他方面得到反映。例如墙面的开窗处理就和功能有密切的联系，采光要求愈高的建筑，其开窗的面积就愈大，立面处理就愈通透。再如图书馆建筑，它的阅览室部分和书库部分由于分别适应不同的采光要求而使其开窗处理各有特点，充分利用这种特点，有助于图书馆建筑的性格表现。某些建筑还因其异乎寻常的尺度感而加强了其性格特征，例如幼儿园建筑，为了适应儿童的要求，一般要素通常小于其他类型的建筑。

在表现建筑性格的时候，应当充分考虑人的记忆、联想和分析能力。人们可以通过对于某一特殊形象或标志的记忆、联想和分析，从而按照传统的经验准确无误地判断出建筑的功能性质。但一些类型的建筑，它们的性格表现与功能特点没有太多直接的联系，如园林建筑。园林建筑的房间组成和功能要求一般都比较简单，然而观赏方面的要求却比较高，它的体形组合主要是从观赏方面来考虑的。对于这一类建筑，是不宜过分强调功能特点在表现建筑性格特征中的作用的。

纪念性建筑的房间组成与功能要求也比较简单，但必须具有强烈的艺术感染力。这类建筑的性格特征主要不是依靠对于功能特点的反映，而是由设计者根据一定的艺术意图赋予的。这类建筑要求使人们觉得庄严、雄伟、肃穆、崇高，它的平面和体形应力求简单、厚重、稳固，以形成一种独特的性格特征。

居住建筑的体形组合及立面处理也具有极其鲜明的性格特征。居住建筑是直接服务于人类生活的一种建筑类型，为了给人以平易近人的感觉，以及家的温暖和归属感，这类建筑应当具有小巧的尺度和亲切、宁静、朴素、淡雅的气氛。

工业厂房作为生产性建筑，无疑也有自己独特的性格特征。生产空间虽然要考虑人的感受，但更多的是考虑物的使用。人和物的尺度概念不同。一般的工业建筑，特别是重型工业用房，无论是从空间、体量，还是从门窗设置，都比一般的民用建筑要大得多，容纳人的空间比容纳物的空间要灵活得多。工业建筑也有其特有的象征符号，如烟囱、水塔、煤气罐、冷却塔，对于这些构筑物，如果处置得恰当，不仅不会破坏工业建筑构图的完美性，反而可以使其独特、庞大的外形极大地丰富建筑体形的变化，并有助于建筑性格特征的表现。

西方近现代建筑打破了古典建筑形式的束缚，强调功能对于形式的决定作用，无疑有助于突出建筑的个性和性格特征。近现代建筑在表现方式和表现力方面有不少突破，不仅可以借抽象的几何形式来表现一定的艺术意图，还可以赋予建筑体形某种象征意义，并借此来突出建筑的性格特征。然而，尽管肯定了由内到外的设计原则，但也不能把它奉为一成不变的教条。

对建筑造型来说，体形和立面是相互联系、密不可分的，建筑体形是建筑形象的基本雏形，它反映了建筑外形总的体量、比例、尺度等方面，对建筑形象的总体效果具有重要影响。但粗糙的雏形还有待于立面设计的进一步刻画和深化，以趋于完善。体形和立面各有不同的设计特点和处理方法，但基本的构图原则是一致的，并且在设计时都应遵循建筑设计方针，结合功能使用要求和结构构造特点，从大处着眼，逐步深入每个局部和细部，进行反复推敲，只有这样，才能使设计达到完美统一的地步。

7.3 形式认知与建筑体形构成手法

无论何种建筑概念都必须转译为形式，只有这样，建筑概念才能变为能被视觉捕捉的实实在在的特征，而任何造型活动最终的结果都高于自然形态。即使设计师从自然界和有机生命体中得到启示，然后进行比拟、象征，也都不是对自然形态直接、镜像、对等的反映，而是抽象的结果。建筑造型艺术同其他造型艺术一样，纲要性地分析几何概念要素以及其间的线性或非线性构成手法，有利于我们对复杂的问题进行图解思维，然后利用特定的设计语法重塑各要素之间的构图，最终创造出遵循形式法则的三维实体与空间。

7.3.1 纯粹几何形体独立构成法

纯粹的几何形态能让人产生稳定、雄伟的感觉，对场所也具有较强的控制性。贝聿铭设计的法国巴黎卢浮宫玻璃金字塔（见图 7-1），犹如晶莹剔透的钻石半陷入地下并被神秘的力量托顶而出。先进的技术构造赋予这幢形态简洁的建筑室内与室外、白天和晚上正好相反的光学特征，白天外层玻璃反射周围的自然环境，从内部也能完全透视景色；夜晚时，内部玻璃则将光线反射到倾斜的四壁上，形成特殊的界面装饰。安藤忠雄在零点地带工程（世贸重建提案）（见图 7-2）中，设想只在原址上建造一个外形为 1/6 球面片段的公墓，球的半径为地球半径的 1/30 000，这个完整而孤立的形态企图为人们提供一个缅怀和反思的场所。卒姆托设计的位于瑞士苏姆威格的圣本尼迪克特教堂（见图 7-3）采用双纽线的一半作为平面形式，建筑师采用这种平滑的曲线，使这个形态单纯的木构宗教建筑的内部空间充满着奇妙的透视效果。

图 7-1

图 7-2

7.3.2 结构构成法

建筑师探索的“深层结构”并不局限于力学结构，他们还会挖掘城市与建筑的内在组织规律。从结构主义的角度来看，结构是指两个以上的要素结合构成统一的整体所依赖的相对稳定的组

图 7-3

织方式或联结形式。也就是说，整体内部的各个要素之间存在明确的构成法则，最终产生自给自足、完整独立、自我调整，同时具有普遍意义的体系。因此，结构构成法可以看作是无数相同或相似的基本形态按照“骨格”限定的方式发展、编排、组合，最终形成新的形态。这种“骨格”既可以是支撑构成形象的基本力学结构，也可以是图形借以繁衍的规律。

1. 结构网格

方格网是经线和纬线十字正交后形成的秩序井然的机制，它以严谨的数学方式构成规律性骨格。这种几何形态简单明了，很容易应用到建筑平面或三维形体上。形态上的简明性也保证了结构上的稳定性，因而可行性比较大。

在建筑史上，从古至今，从城市规划的整体骨架到建筑单体的空间构成，方格网都是大量存在的秩序性因素。但是，方格体系是否会不可避免地约束空间的自由度，导致单调乏味呢？其实象棋盘也是经纬交叉结构，但优秀的博弈者却能利用棋子的移动创造出无数规则，并影响和丰富原有的正式规则。也就是说，方格体系在限定自由的同时，也具备创造自由的可能性。柯布西耶设计的萨伏伊别墅就采用了方格网作为基本骨架（见图 7-4）。该建筑虽然从规则体系出发，但柱子与墙体相对于网格基准位置都有一定的位移，衍生出等距离或黄金分割的比例关系，加上曲面的引入，最终的平面并非毫无生气的矩阵，而是白色外墙围合的“自由平面”建筑。埃森曼设计了一系列外观形式纯粹的“卡纸板”住宅（见图 7-5），将梁、柱、墙等看作是句法中的“元”，按照数学的方法演绎出各种形式的结构体系——最上层是潜在的网格结构，第二层是面结构，第三层、第四层是立体结构，最下层是以上几层合成的结构。

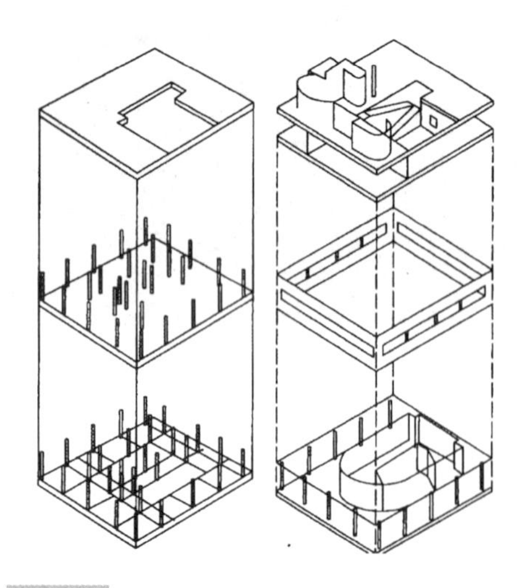

图 7-4

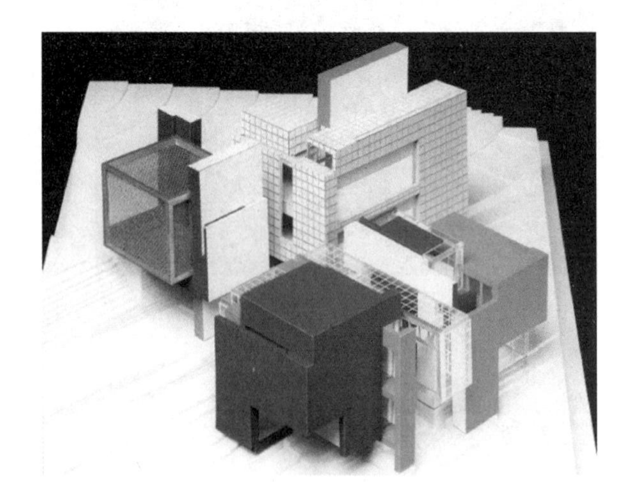

图 7-5

2. 单元规律性重复

几何体规律性重复的体系，在削减了每个单体简单形式本身完整性的同时，也营造出单元形态之间积极的空隙空间和新的游戏规则支配下的整体。在很多充满地方传统色彩的住宅群与建筑物中，就有不少是由简单形式反复组合形成的。苏丹多贡族居住部落中长方体加圆锥屋顶形成的塔状住宅、意大利南部村落中抛物线形圆锥体单元等，都为现代建筑创作提供了灵感的源泉。

图 7-6

在日本新陈代谢派的作品中，建筑师采用结构构件或单元规律性重复的方式来体现如同细胞繁殖一样的建筑的生长性。这些细胞有的是一个基本形体，有的是由几个基本形体单元反复交错构成的。丹下健三设计的山梨文化会馆（见图 7-6），采用了 4 行 16 个圆柱体，其内部设置电梯等公共交通与设备，圆柱体之间的方形体量像抽屉一样自由地安装在任意楼层。抽屉内部是办公空间，抽屉单元之间的开放空间用来布置空中花园。他认为随着规模的扩大，圆柱体可以加高，办公单元也可以增加。在日本静冈新闻大厦（见图 7-7）中，单元空间在水平面上重复繁衍，为可持续发展预留了余地。在塞弗迪设计的加拿大蒙特利尔世博会上的哈比塔特 67 住宅（见图 7-8）中，185 个盒子式的基本单元在三维空间中正交咬合，多单元重复造型的灵活性优势完全显露。在路易斯·康设计的美国宾夕法尼亚大学理查德医学研究中心（见图 7-9）中，建筑被分为几个单元，每个单元都是由服务空间和非服务空间组成的相对完整、独立的楼群，体现出逻辑清晰的结构秩序。

图 7-7

图 7-8

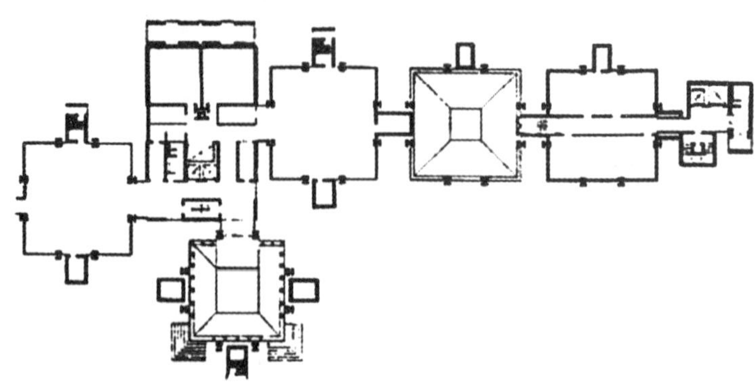

图 7-9

选择和构思单元形态时，应选择优化的基本形，使其具有能在空间中最大限度生长、发展的优势。我们在变换“魔方”或其他类似的益智游戏玩具时，会发现正方体或等边三角锥等标准单元靠多面拼接机制能产生不同的形态。除了方形单元之外，平面是六边形、八边形的单元可以在多个方向上像蜂窝一样繁殖。对于曲面单元，其连接的方式就更巧妙了。

3. 形态结构的转换

结构网格可以改变方向、局部加减或分离合并，并与其他结构网格交融、套叠，形成对比，但在形态转换中仍然能感受到明确的组织骨架。矶崎新设计的日本群马美术馆(见图 7-10)，以立方体作为结构与空间构成单位形成整体正交网格，再对个别单元进行旋转。建筑饰面铝板与玻璃均采用边长为 1.2 m 的正方形，从而将几何语言转换为有严谨的模数套叠关系的建筑语言。

7.3.3 聚集构成法

聚集构成描述了几何体单元或体系相互连接、聚合的方法，也就是常说的“加法”。与单元规律性重复所不同的是，这些单元不一定是同一种几何体。一方面，聚合后的体量从属于一幢建筑；另一方面，整体性并不意味着盲目削减单个几何体的表现力，而恰恰应该保持各自的轮廓感，利用其并存的优势。安藤忠雄设计的日本大阪森特瑞博物馆(见图 7-11)，其主体为一个巨大的倒锥台，两个长方体在不同高度上插入其中，倒锥台内部有一个直径为 32 m 的球体，用于设置 IMAX 剧场。不同几何体量对外部场所施加不同的压力，使用者在内部也不时跳跃性地转换空间体验。

图 7-10

图 7-11

拉尔夫·艾伦设计的美国加利福尼亚方廷谷图书馆(见图 7-12),由数个不规则四边形空间聚合成扇形分布的阅览空间,不仅以其雕塑般的层次感吸引了来访者,也满足了阅读所需要的光照条件。德国汉诺威北德意志银行大厦(见图 7-13),突破了大多廊式办公楼的常规模式,以多个方形体量在三维空间从不同角度戏剧化地盘旋叠加,单一的几何感被新的聚集秩序消解,既保证了各楼层充足的自然采光和通风,也创造出了多元开放、连续旋转的办公空间。

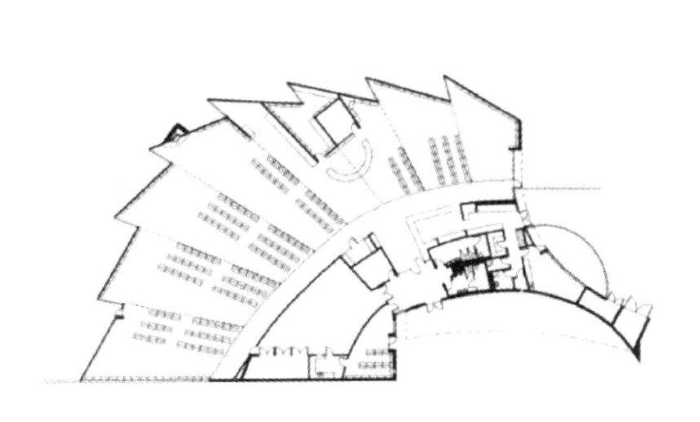

图 7-12

图 7-13

7.3.4 分解构成法

分解是将几何整体划分为更小体量的"减法"。通常从单纯的几何形态出发,有的经过等形、等量的分割使子形具有相同或相似的形状尺度;有的采用数列分割使分割后的子形具有和谐、精准的比例关系;有的则采用完全自由的手法,经过分割以后的子形还可以进行削减、移动。无论采用哪种手法,新形式都应该依靠距离、位置、方向等因素产生还原为初始形体的态势,这样才能避免"各自为政",造成混乱。

博塔早年设计的一系列作品都表现出对几何形体的关注。他设计的位于瑞士的独户住宅(见图 7-14),圆柱塔体底层较为完整,只在中心处劈开一个内凹通道,导向入口。住宅从下到上逐层切削,形成跌落的扇形平台。位于意大利塞里亚泰的教堂(见图 7-15),形如磐石,是立方体的三个界面经过多次切割形成的。该建筑所传达的仪式感转译了设计师关于形式力量的构思。美国华盛顿国立美术馆东馆(见图 7-16)是贝聿铭的杰作,他根据建筑重心以及与老馆主体轴线的对应关系,将顺应地形边界的梯形整体划分为等腰三角形和直角三角形,再继续切割为更小的三角形和菱形,最终产生了多条平行控制线。

图 7-14

图 7-15

图 7-16

7.3.5 变形与变异构成法

变形就是对原形进行旋转、挤压、拉伸等，从而瓦解原形，产生新形。与缜密有序的原形相比，新形更显示出不确定和非理性的特征，同时也具有还原为原形的力学图式。变异更倾向于通过新要素的加入对原有结构体系进行突破和重组，形成规律性与无规律性的突变式对比。

在传统与反讽矛盾并存的美学状态下，部分建筑师转向追求变形的表意方法。约翰逊 90 多岁时在美国的新作——建筑面积仅为 84 m^2 的盖特住宅就是一个典型的实例。这座红色建筑在某种程度上是建筑师为了检验自己非直角、非垂直设计观的实验之作。建筑以预制钢丝网作为骨架，现场扭曲、剪切，使得几乎每个墙面和顶面的四个角都不在同一个平面上，最终塑造出变形曲面形态。艾瑞克·欧文·莫斯是一位擅长用欧几里得几何变形来塑造咄咄逼人的建筑形象的设计师。在其名为“盒子”的设计中保留了四方围合的特质，但又通过对水平面和垂直面的倾斜，发展且转换了传统方形建筑的意义(见图 7-17)。他设计的撒米托高塔(见图 7-18)，是融信号塔、眺望台和城市公共空间为一体的小型综合建筑。建筑师运用几何“畸形体”插件设计手法，建构出一个似圆非圆的“稳定的不稳定体”。建筑整体形象抽象地结合了圆锥体与圆柱体的造型，但这种基本图形在发展的同时似乎已经消散。

图 7-17

图 7-18

变异既然是对结构的突破，自然也就被很多建筑师用来作为追求新异的手法。2005年日本爱知世博会波兰馆（见图7-19），其立面是在双向弯曲钢架模块化系统的模型技术的基础上，由手工艺术家用白色柳条编织外墙而成的。建筑平面呈方形，而从外部一直植入到内部的流线型界面则是方形体系中的变异要素，它与内部的波浪形跌落平台相呼应，共同象征波兰从北部波罗的海到南部山脉整个横断面的自然景观。霍尔在其设计的光线屋（见图7-20）中，希望利用空间与光、水的变奏来表达建筑的音乐性。建筑师在不同空间中选用两组关系颠倒的界面体系，主楼采用直角平面与弧形剖面，客楼正好相反。这实际上是互为变异的两个体系。

图 7-19

图 7-20

7.4 建筑体量组合与外部体形设计

7.4.1 不同体形的特点与处理方法

1. 单一体形

单一体形的平面较完整、单一，平面形式有各方均对称的正方形、等边三角形等，此外还有简单的矩形或其他形式，体形上常采用等高的方式进行处理。

把多个不同用途的房间合理、有效地加以简化，是造型设计中一个极其重要的处理方法，在选择方案时应优先加以考虑。

2. 单元组合体形

单元组合体形是单一体形的进一步发展。为了满足更大规模的空间的需要，可以把整体建筑分解成若干个相同的单元，这种处理方法有很多优点，如便于分段施工，需要时可任意拼接，因此在设计中得到了广泛的应用。体形上的连续、重复可造成强烈的节奏感。这类建筑体形要求单元本身有良好的造型及一定的数量，宁长勿短，宁多勿少。

3. 复杂体形

由于各种原因，整个建筑可能是由不同大小和形状的体量所组成的较为复杂的体形，在不同体量之间存在着相互关系，如果处理不当，整个建筑就如同一盘散沙，成为杂乱无章的堆积物。因此，首先应从整体出发，做好综合分析工作，然后将不同的体量分为主要部分和从属部分，使之有重点、有中心、主次分明，形成有组织、有秩序、有规律的统一体，在处理不同体量之间的关系时一般应考虑对称关系、联系呼应关系、协调关系、均衡稳定关系等构图原则。

只有通过体量的大小、形状、方向、高低、色彩等方面的对比，才能突出主要部分，使之成为整个建筑的中心。在组合上可以利用不同大小、不同高低的体量的特点，采用纵横、穿插等方法，达到体形有起伏、轮廓丰富的效果。此外，还可以把建筑的主要部分布置在主轴线上，以突出建筑的中心。这样的处理手法，和我国传统建筑的布局方式非常接近。但是如果主要部分和从属部分之间仅考虑对比而没有在某些方面取得一定的联系，没有彼此协调、呼应，那么必定会造成两者之间相互脱节、矛盾，不能达到变化中有统一的效果。

在处理不同体量间的均衡稳定关系时，无论是对称式还是不对称式，一般都采取以主体为中心的多种多样的展开式布局方法，按照组合体量的多寡或简或繁，以达到平衡、稳定的效果。

4. 成对式体形

这类体形在构图中较为少见，因此也是容易被人们忽视的一种体形。它和第一类体形的不同点在于它是成对的，而不是单一的；它和第二类体形的不同点在于它是具有独立完整性的建筑；它和第三类体形的不同点在于它是等高的相同体形的组合。这类建筑造型，符合对称、均衡、统一、协调、呼应的构图原则，重复而不枯燥，独立而不孤单，从而可以给人留下深刻的印象。

除此之外，还有其他的处理方法，例如平面较为复杂，但体形上采用等高的方式进行处理等。这种处理方式也是有效的建筑造型设计手法之一。

7.4.2 体形的转折与转角处理

体形的转折与转角处理是在特定的地形、位置条件下，强调建筑的整体性、完整性的一种处理方法。例如在十字路口和丁字路口的转角地段，以及地形发生变化的不规则地段，建筑应相应地做转角或转折处理，以保证建筑形象的完整、统一。顺应自然地形或折或曲的建筑转折体形实际上是矩形平面的一种简单变形和延伸，而且有可能保留有价值的树木，具有适应性强的优点，可以使建筑造型具有自然大方、简洁流畅、统一完整的艺术效果。因此，这种体形处理方式是转角地段常见的处理方式之一，适合于重要性相似的两条主要道路的交叉口。

在转角地段还有以主副体相结合的建筑体形处理方式和以局部升高的塔楼为重点的建筑体形处理方式。以主副体形式处理时，常使建筑主体面临主要街道，而副体则面临次要街道，起陪衬作用。这种体形处理方式适合于道路主次分明的交叉口。以局部升高的塔楼为重点进行处理，由于把建筑的中心移向转角处，使道路交叉口非常突出、醒目，可以形成建筑群布局的“高潮”。这种处理手法是城市中心、繁华街道，以及具有宽阔广场的交叉口处常采取的主要建筑造型手法之一，借以取得宏伟、壮观的城市面貌。

除此之外，还有许多其他的转折和转角处理方式。在地形高低起伏的山地，也有许多相应的特殊的处理手法，需要结合具体条件，灵活处理。

7.4.3 体形之间的联系与交接

由不同大小、高低、形状、方向的体量组合成的建筑都存在着体形之间的联系和交接，虽然属于体形的细部处理，但是会直接影响建筑体形的完善性。

不同方向的体形的交接以90°正交为宜，应尽量避免产生过小的锐角，因为产生锐角，会在房间功能的使用上、室内外空间的观感上、施工操作上带来不利影响。因地形关系造成锐角时，应尽可能加以修正。

在连接的方式上可以采取不同的处理方法。除了直接连接外，还可利用空廊等形成过渡连接，特别是在进深大，采用直接连接容易在内部造成许多暗角时，常常采用过渡连接。直接连接常给人以联系紧密、整体性强的感觉，而过渡连接常给人以轻松、通透的感觉，并且可以保持被连接体量各自独立、完整的建筑造型。

体形上的局部升高，会造成面的不定形性和不完整性。一个完整、干净利落的体量组合，无论多么复杂，都应该能被分解成若干个独立、完整的几何形体，这样才能给人以体形分明、交接明确的感觉。

7.4.4 主从分明，有机结合

建筑无论体形多么复杂，都是由一些基本的几何形体组合而成的。只有在功能和结构合理的基础上，使这些要素巧妙地结合为一个有机的整体，才能具有完整统一的效果。

完整统一和杂乱无章是两个相对的概念。体量组合要达到完整统一，最起码的要求就是要建立起一种秩序感。如何建立这种秩序感呢？体量是空间的反映，而空间又是通过平面来表现的，要保证有良好的体量组合，首先必须使平面布局具有良好的条理性和秩序感。

传统的构图理论十分重视主从关系的处理，并认为一个完整统一的整体，首先意味着组成整体的要素必须主从分明。传统的建筑，特别是对称形式的建筑表现得最明显。对称形式的建筑，中央部分的地位比两翼部分突出得多，只要善于利用建筑的功能特点，以种种方法来突出中央部分，就可以使它成为整幢建筑的主体和重心，并使两翼部分处于它的控制之下而从属于主体。突出主体的方法有很多，在对称形式的体量组合中，一般都是使中央部分具有较大或较高的体量，少数建筑还可以借特殊形状的体量来达到削弱两翼、加强中央的目的。

不对称的体量组合也必须主从分明。所不同的是，在对称形式的体量组合中，主体、重点和中心都位于中轴线上；在不对称的体量组合中，组成整体的各要素是按不对称均衡的原则展开的，因此其重心总是偏于一侧。至于突出主体的方法，则和对称形式的体量组合一样，也是通过加大、提高主体部分的体量或改变主体部分的形状等方法以达到主从分明的效果。明确主从关系后，还必须使主从之间有良好的连接，特别是在一些复杂的体量组合中，还必须把所有的要素都巧妙地连接成一个有机的整体，也就是通常所说的有机结合。有机结合是指组成整体的各要素之间，必须排除任何偶然性和随意性，而表现出一种互相依存和互相制约的关系，从而显现出一种明确的秩序感。

建筑的整体是由若干个小体量集合在一起组成的。国外新建筑由于在空间组织上打破了传统六面体空间的概念，进而发展成为在一个大的空间内自由、灵活地分隔空间，反映在外部体量上便和传统的形式很不相同。传统的形式比较适合于用组合的概念去理解，但对于国外新建筑来讲，则比较适合于用去除多余部分的概念去理解。组合包含有相加的意思，去除则包含有相减的意思。通过相加构成的整体，必然可以分解为若干个部分，于是各部分之间就可以呈现出主与从的差别，各部分之间也存在着连接是否巧妙的问题。用相减的方法形成的整体，便不能或不易分解为若干个部分，也就无所谓主，也无所谓从，更谈不上有机结合。

用相减的方法形成整体，尽管所用的方法不同而不强求主从分明和有机结合，但必须保证体形的完整性和统一性。许多现代建筑尽管在体形组合上千变万化，和传统的形式大不相同，但万变不离其宗，都必须遵循完整、统一的原则。

7.4.5 体量组合中的对比与变化

体量是内部空间的反映，为了适应复杂的功能要求，内部空间必然具有各种各样的差异性，而这种差异性又不可避免地反映在外部体量的组合上，巧妙地利用这种差异性的对比作用，可以破除平淡，取得变化。

体量组合中的对比作用主要表现在三个方面：方向性的对比、形状的对比、直线与曲线的对比，其中最基本和最常见的是方向性的对比。方向性的对比是指组成建筑体量的各要素由于长、宽、高之间的比例关系不同，各自具有一定的方向性，交替地改变各要素的方向，从而可借对比来取得变化。

由不同形状的体量组合而成的建筑体形可以利用各要素在形状方面的差异性进行对比以取得变化。不同形状的对比可以引人注目，是因为人们比较习惯于方方正正的建筑体形，一旦发现特殊形状的体量，就会有几分新奇的感觉。但特殊形状的体量来自特殊形状的内部空间，而内部空间是否适合或允许采用特殊的形状则取决于功能，所以利用这种对比关系来进行体量组合必须考虑功能的合理性。由不同形状的体量组合而成的建筑体形虽然比较引人注目，但如果组织得不好，则可能会因为互相之间的关系不协调而破坏整体的统一性，对于这一类体量组合必须更加认真地推敲和研究各部分体量之间的连接关系。

通过直线与曲线之间的对比也可以取得变化。由平面围成的体量，其面与面相交形成的棱线为直线；由曲面围成的体量，其面与面相交形成的棱线为曲线。直接和曲线具有不同的性格特征：直线的特点是明确、肯定，能给人以刚劲、挺拔的感觉；曲线的特点是柔软、活泼，富有运动感。巧妙地运用直线与曲线的对比，可以丰富建筑体形的变化。巴西利亚国会大厦，以极强烈的横向和竖向的对比、形状的对比、直线与曲线的对比，使建筑具有极鲜明的性格特征（见图 7-21）。

7.4.6 稳定与均衡的考虑

黑格尔在《美学》一书中，把建筑看成是一种“笨重的物质堆”。建筑之所以笨重，是因为在当时的条件下，建筑基本上都是用巨大的石块堆砌出来的。在这种观念的支配下，建筑体形要想具有安全感，就必须遵循稳定与均衡的原则。

随着技术的发展，某些现代的建筑师把以往确认为不稳定的概念当作一种目标来追求。他们一反常态，或者运用底层架空的形式，以细细的柱子支撑巨大的体量；或者索性采用上大下小的形式。人的审美观念总是和一定的技术条件相联系的，在古代，由于采用砖石结构的方法来建造建筑，因此理所当然地应当遵循金字塔式的稳定原则，可是今天，由于技术的发展和进步，则没有必要再为传统的观念所羁绊，例如，采用底层架空的形式不仅不违反力学的规律性，也不会产生不安全或不稳定的感觉，对于这样的建筑体形，我们理应欣然地接受。美国达拉斯市政厅（见图 7-22）为了使人们能够从室内俯视广场及绿化设施，使建筑逐层向外延伸，并形成向外倾斜的斜面，这种处理从外部体形上与传统的稳定概念是相矛盾的，但是由于技术的发展和进步，人们对于这种形式的建筑已经司空见惯，因此并不会产生不安全的感觉。

由具有一定重量感的建筑材料建造而成的建筑体量，一旦失去了均衡，就可能产生轻重失调等不愉快的感觉。无论是传统的建筑还是近现代建筑，其体量组合都应当符合均衡的原则。对于传统建筑的体量组合，均衡可以分为两大类：一类是对称形式的均衡；另一类是不对称形式的均衡。前者较严谨，能给人以庄严的感觉；后者较灵活，可以给人以轻巧、活泼的感觉。建筑的体量组合究竟应该采取哪一种形式的均衡，要根据建筑的功能要求、性格特征以及地形、环境等条件来综合考虑。

图 7-21　　图 7-22

用对称和不对称均衡的道理，虽然可以解释许多传统的建筑，但是却不能解释某些近现代建筑。均衡有一个相对于什么而言的问题，传统的建筑，不论是对称的还是不对称的，一般都有一条比较明确的轴线，实际上就是均衡中心，均衡就是对它来讲的；近现代建筑，由于废弃了传统的组合概念，根本不存在什么轴线，因而均衡的问题几乎由于失去了中心而无从谈起。传统建筑的均衡主要是就立面处理而言的，实际上是一种静观条件下的均衡；近现代建筑，更多的是从各个角度，特别是从连续运动的过程中来看建筑的体量组合是否符合均衡的原则，由于这种差别，所以比较强调把立面和平面结合起来，并从整体上推敲、研究均衡问题，也就是说，近现代建筑所注重的是动观条件下的均衡。如果说均衡必须有一个中心的话，那么传统建筑的均衡中心只能在立面上，而近现代建筑的均衡中心则应当在空间内，后者比前者要复杂得多。在推敲建筑的体量组合时，单纯地从某个立面图出发来判断是否均衡，常常达不到预期的效果，而通过模型来研究则可以取得较好的效果。

7.4.7　外轮廓线的处理

外轮廓线是反映建筑体形的重要方面，给人的印象极为深刻。当人们从远处或在黄昏、雨天、雾天、逆光等情况下看建筑时，由于细部和内部的凹凸转折变得相对模糊，建筑的外轮廓线则显得更加突出。考虑体量组合和立面处理时，应当力求具有优美的外轮廓线。

我国传统的建筑，屋顶形式多种多样。不同形式的屋顶，各具不同的外轮廓线，加上又呈曲线的形式，在关键部位还设有兽吻、走兽等，从而极大地丰富了建筑外轮廓线的变化。

古希腊的神庙建筑，也在山花的正中和端部分别设置雕饰，雕饰和我国古建筑中的走兽所起的作用极为相似，也是出于外轮廓线变化的需要。

由于建筑形式日趋简洁，单靠细部装饰取得外轮廓线变化的可能性愈来愈小，因此还应当从大处着眼来考虑建筑的外轮廓线处理，也就是说，必须通过体量组合来研究建筑的整体轮廓变化，而不应沉溺在烦琐的细节变化上。

自从国外出现了国际式建筑风格之后，逐渐出现了一些由大大小小的方盒子组成的建筑，由此而形成的外轮廓线不可能像古代建筑那样有丰富的曲折起伏变化，但是并不意味着现代建筑可以无视外轮廓线的处理。同样是由方盒子组成的建筑体形，处理得不好的，会使人感到单调乏味；处理得巧妙的，则可以获得良好的效果。现代建筑尽管体形、轮廓比较简单，但在设计中必须通过体量组合求得外轮廓线的变化。图 7-23 所示的现代风格小教堂建筑，虽然主体结构基本上由方盒子构成，但利用片墙与飘板等装饰构件在屋顶上局部地升起若干部分，打破了外轮廓线的

图 7-23

单调感，获得了丰富的外轮廓线。

7.4.8　比例与尺度的处理

建筑的整体以及每一个局部，都应当根据功能的使用、材料的性能以及美学的法则赋予合适的大小和尺寸。

在设计过程中首先应该处理好建筑整体的比例关系，也就是从体量组合入手来推敲各基本体量长、宽、高三者的比例关系，以及各体量之间的比例关系。然而，体量是内部空间的反映，而内部空间的大小和形状又和功能有密切的联系，因此，要想使建筑的基本体量具有良好的比例关系，就不能撇开功能而单纯地从形式去考虑，建筑基本体量的比例关系会受到功能的制约。

在推敲建筑基本体量长、宽、高三者的比例关系时，还应当考虑到内部分割的处理，不仅因为内部分割会使体量表现为局部与整体的关系，还因为分割的方法会影响整体比例的效果，例如长、宽、高完全相同的两个体量，一个采用竖向分割的方法，另一个采用横向分割的方法，那么前一个将会使人感到高一些、短一些，后一个将会使人感到低一些、长一些。建筑师应当善于利用墙面分割处理来调节建筑整体的比例关系。

考虑内部的分割比例时，应当先抓住较大部分的比例关系。建筑几大部分的比例关系对整体效果的影响很大，如果处理不当，即使整体比例很好，也无济于事。只有从整体到每一个细部都具有良好的比例关系，才能够使整个建筑获得统一、和谐的效果。

整体建筑的尺度处理包含的要素很多，在各种要素中，窗台对于显示建筑的尺度所起的作用特别重要。因为一般的窗台都具有比较确定的高度（1 m 左右），它如同一把尺，通过它可以量出整体的大小。窗的情况就大为不同了，随着层高的变化，它既可以大，也可以小，是一种不确定的要素。有的建筑层高很低，有的建筑层高很高，如果窗处理得不恰当，就会使高大的建筑显得矮小，使矮小的建筑显得高大，出现这些问题，是因为窗处理得不恰当。只有按照实际大小分别选用不同形式的窗，才能正确地显示出建筑各自不同的尺度。

细部处理对整体尺度的影响也是很大的。在设计中切忌把各种要素按比例放大，尤其是一些传统的花饰、纹样，因为它们在人们的心中早已留下某种确定的大小概念，一旦放得过大，就不能正确地显示建筑的尺度。

7.5 建筑立面设计

7.5.1　立面设计的空间性与整体性

建筑艺术是一种空间艺术。立面设计是在符合功能使用和结构构造等要求的基础上对建筑空间造型的进一步美化，反映在立面上的各种建筑部件，如门窗、墙柱、雨篷、屋顶、檐口以及阳台等是立面设计的主要依据。不同部件在立面上所反映的几何形式、比例关系、凹凸关系、虚实关系、光影变化关系以及不同材料的色泽和质感关系等，是立面设计的主要研究对象。一般，建筑立面图包括正面、背面和两个侧面，是为了满足施工需要按正投影方法绘制的，但是在实际中我们看到的建筑都是透视效果，因此除了要在建筑立面图上对造型进行仔细的推敲外，还必须对实际的透视效果加以研究和分析。山地建筑，由于地形高差，提供的视角范围更是多种多样，屋顶或屋面的艺术造型就显得十分重要。由于建筑艺术的空间性，要求在立面设计时从空间概念和整体观念出发考虑实际的透视效果，并且应按照建筑所处的位置、环境等方面的不同，把人们最经常看到的建筑的视角范围作为立面设计的重点，按照实际存在的视点位置和视角来考虑各部分的立面处理。

不同方向相邻立面关系的处理是立面设计中的重点，如果不注意相邻立面的关系，即使各个立面单独看起来较好，但联系起来看就不一定好。对于相邻立面，一般采用统一与对比、联系与分隔的处理手法。采用转角窗、转角阳台等就是将各个立面联系起来的一种常用的方法，可以获得完整、统一的效果，有时甚至可以把许多立面联系起来处理，以达到非常完整、统一、简洁的造型艺术效果。分隔的方法比较简单，两个立面在转角处做完善、清晰的结束交代即可，并常以对比的方法突出主要立面。

7.5.2 立面虚实关系的处理

虚与实在建筑体形的构成中，既是相对的，又是相辅相成的。虚的部分如窗，由于视线可以透过而进入建筑的内部，因而常使人感到轻巧、玲珑、通透；实的部分如墙、柱等，不仅是结构支撑所不可缺少的构件，从视觉上来看也是力量的象征。在建筑的体形和立面处理中，虚和实是缺一不可的。没有实的部分，建筑就会显得脆弱无力；没有虚的部分，则会使人感到笨重、沉闷。只有把两者巧妙地组合在一起，并借各自的特点互相对比和陪衬，才能使建筑的外观既轻巧通透，又坚实有力。

虚和实虽然缺一不可，但在不同的建筑中各自所占的比重却不尽相同。虚实的比重主要由两方面的因素来决定：一是结构；二是功能。古老的砖石结构建筑由于门窗等的开口面积受到限制，一般都是以实为主。近代的框架结构建筑打破了这种限制，为自由灵活地处理虚实关系创造了有利的条件。玻璃在建筑中大量应用，结构上仅用几根细细的柱子便可把高达几十层的玻璃盒子支撑于半空之中，如果论虚，可以说已经达到了极限。有些建筑由于不宜大面积开窗，因而虚的部分占的比重就要小一些，例如博物馆、美术馆、电影院、冷藏库等。大多数建筑由于采光要求必须开窗，因而虚的部分所占的比重就不免要大一些，它们或者以虚为主，或者虚实相当。

图 7-24

在体形和立面处理中，为了求得对比，应避免虚实双方处于势均力敌的状态，必须充分利用功能特点把虚的部分和实的部分都相对地集中在一起，使某些部分以虚为主，虚中有实，另外一些部分则以实为主，实中有虚。这样，不仅就某个局部来讲，虚实对比十分强烈，而且就整体来讲，也可以形成良好的虚实对比关系。位于加拿大约翰·雅培学院的安妮玛丽·爱德华科学大楼（见图 7-24），其外墙和环境融为一体。建筑如同一块玻璃材质的调色板，以一种新奇的角度，生动地反映着天空、周围环境和相邻历史建筑的景象。建筑外墙的表皮逐渐从半透明变至透明，使建筑看上去变幻多姿。

除相对集中外，虚实两部分还应当有巧妙的穿插。例如，使实的部分环绕着虚的部分，又在虚的部分中局部地插入若干实的部分，或在大面积虚的部分中，有意识地配置若干实的部分，这样就可以使虚实两部分互相交织、穿插，构成和谐、悦目的图案。

现代建筑在虚实关系的处理上，更加强调两者之间的对比。例如：有的建筑底层处理成透空的形式，使上下之间形成强烈的虚实对比；有的建筑把其中的某个部分全部挖空，使人可以透过建筑体形从这一侧看到另一侧的景物。

7.5.3 立面凹凸关系的处理

立面上的凹进部分如凹廊、凹进的门洞等，以及凸出部分如挑檐、雨篷、阳台、凸窗等，大都是由于使用功能上、结构构造上的需要所形成的。凹凸关系和虚实关系一样，既是相对的，也是相辅相成的。立面上通过各种凹凸部分的处理，可以丰富立面轮廓，加强光影变化，组织节奏韵律，突出重点，增加装饰趣味等。大的凹凸变化犹如波涛澎湃，给人以强烈的起伏感；小的凹凸变化犹如微波荡漾，给人以平静、柔和的感觉；突然的凸出或凹进，犹如平地惊雷，给人以触目惊心的感觉。丹麦教育中心（见图 7-25）的地理位置十分独特，所以它被设计成一个中庭的结构，拥有 360°的海景视角。该教育中心的露台是此建筑的关键因素，这些围绕建筑的露台被设计为凹凸有致、前后错落的形式。在这个教育中心中，没有传统的教室，而有演讲室和对话隔间，也有安静的区域，能够满足学生不同的需求，并为学生提供一个充满活力和视觉魅力的教育环境。

图 7-25

7.5.4 立面线条的处理

不同色彩、不同材料的交接处，反映在立面上自然会形成许多线条。对线条的处理，诸如线条的粗、细、长、短、横、竖、曲、直、阴、阳，以及起、止、断、续、疏、密、简、繁、刚、柔等，对建筑性格的表达、韵律的组织、比例的权衡、联系和分隔的处理具有格外重要的影响。

粗犷有力的线条，使建筑显得庄重、豪放。采用粗细线条结合的手法，可以使立面富有变化，生动活泼。强调垂直线条给人以严肃、庄重的感觉，强调水平线条则给人以轻快的感觉。曲线给人以柔和、流畅、轻快、活跃、生动的感受，在许多薄壳结构中得到了广泛的应用。由此可见，线条在反映建筑的性格方面具有非常重要的作用。美国科尔大厦（见图 7-26）通过玻璃、金属面板、木材饰面板等不同材料的组合，以及不同开窗方式的运用，形成了丰富的立面线条秩序，反映出建筑独特的个性。

线条同时又是划分良好比例的重要手段，建筑立面上各部分的比例主要通过线条的联系和分隔反映出来。良好的比例是建筑美观的重要因素，但由于功能使用等方面的原因，往往层高有高有低，窗子有大有小，如果不进行适当的处理，就可能产生立面凌乱的效果。

7.5.5 墙面和窗的组织

图 7-26

一幢建筑不论规模大小，墙面上必然有许多窗洞。如果让它们形状各异、乱七八糟地分布在墙面上，那么势必会形成一种混乱不堪的局面。如果机械地、呆板地重复一种形式，又会使人感到死板和单调。为了避免这些问题，墙面处理最关键的问题就是要把墙、柱、窗洞、槛墙等各种要素组织在一起，使之有条理、有秩序、有变化，特别是具有某种形式的韵律感，从而形成一个统一、和谐的整体。

墙面处理不能孤立地进行，必然会受到内部房间划分、层高变化以及梁、柱、板等结构体系的制约。组织墙面时必须使之既美观，又能反映内部空间和结构的特点。任何类型的建筑，为了保证重力分布的均匀和构件的整齐划一，都力求使承重结构——柱网或承重墙，沿纵、横两个方向等距离或有规律地布置，因为这样可以为墙面处理创造十分有利的条件。

墙面处理中最简单的一种方法就是完全均匀地排列窗洞。有相当多的建筑由于开间、层高都有一定的模数，由此而形成的结构网格是整齐一律的。为了正确地反映这种关系，窗洞也只能整齐、均匀地排列。把窗和墙面上的其他要素，如墙垛、槛墙、窗台线等，有机地结合在一起，并交织成各种形式的图案，同样也可以获得良好的效果。有些建筑虽然开间相同，但为了适应不同的功能要求，层高却不尽相同，利用这一特点，可以采用大小窗相结合，并使一个大窗与若干小窗相对应的处理方法。这样不仅可以反映内部空间和结构的特点，而且具有优美的韵律感。此外，还可以把窗洞成双成对地排列。

建筑的墙面处理，并不强调单个窗洞的变化，而应把重点放在整个墙面的线条组织和方向感上，这也是获得韵律感的一种手段。有的建筑由于强调竖向感，而尽量缩小立柱的间距，并使之贯穿上下，与此同时，又使窗户和槛墙尽量凹入立柱的内侧，从而借凸出的立柱加强竖向感。和这种情况截然不同的是强调横向感，这种处理的特点是尽量使窗洞连成带状，并最大限度地缩小立柱的截面，或者借助于横向连通的遮阳板与水平的带形窗进行对比，从而加强其横向感。采用竖向分割的方法常因挺拔而使人感到兴奋，采用横向分割的方法则可以使人感到亲切、安定、宁静。把两种处理手法综合地加以运用，则会出现一种交错的韵律感。我国南方的建筑，为了防止烈日暴晒，常在窗外纵、横两个方向上设置遮阳板，巧妙地使之互相交织、穿插，这样也可以形成韵律感。

图 7-27

安徽天柱山茶社（见图 7-27）融入了中国道教的文化和理念，弯曲的形态主要是根据山体地形设计的，使其在整体视觉效果上与自然保持一致。不同大小的窗洞被开设在临湖的外墙上，形成了建筑表皮独特的肌理。

7.5.6 立面色彩的处理

西方古典建筑，由于采用砖石结构，色彩较朴素淡雅，所强调的是调和；我国古典建筑，由于采用木构架和玻璃屋顶，色彩富丽堂皇，所强调的则是对比。对比可以使人感到兴奋，但过分的对比则会使人感到刺激。人们一般习惯于色彩的调和，但过分的调和则会使人感到单调乏味。人们常常把灰色看成是万全的颜色，因为它可以和任何颜色相调和。使用灰色虽然保险，却不免失之平庸。

美国建筑师马瑟·布劳亚在《阳光与阴影》一书中指出，"遇到矛盾时，简单而易行的对策是妥协，用灰的色调解决黑色与白色的矛盾，是一个容易的法子。但我是不满意的。阳光与阴影的统一不是雾气迷蒙的天空，黑色和白色仍然是需要的。"我国传统建筑的色彩处理大体上就是通过对比而达到统一的，色彩富丽堂皇的宫殿、寺院建筑在用色方面通过对比而达到统一，江南一带的民居采用粉墙青瓦的做法，色彩关系也充满了强烈的对比。

我国传统建筑的用色和新建筑之间一个最大的区别就是前者的明度太低，大面积地使用低明度的色彩是难以造成明快的气氛的，现代一些大型公共建筑以白色、米黄色等浅色调为主，似乎并不符合传统的形式，但这或许是一个进步。根据建筑的功能性质和性格特征分别选用不同的色调，强调以对比求统一的原则，强调通过色彩的交织和穿插产生调和，强调色彩之间的呼应等，原则上和传统建筑的色彩处理是不矛盾的。

色彩处理和建筑材料的关系十分密切。我国古典建筑以金碧辉煌和色彩瑰丽著称，这当然离不开琉璃和油漆彩画的运用。现代大型公共建筑，运用了各种带有色彩的饰面材料，如面砖、金属板、玻璃、高分子材料等，通过巧妙的组合，借色彩的互相交织和穿插，形成了错综复杂且具有韵律美的图案。

一般说来，处理建筑色彩主要包括两个方面的问题：一是基本色调的选择和确定；二是建筑色彩构图的问题。基本色调有冷暖之分，色彩构图有简繁之别，应视具体情况而定。

我国幅员辽阔，各地气候相差很大，考虑建筑色彩如何与当地的气候相适应，其中包含很多复杂的因素。首先是色彩对人的心理作用，在炎热的条件下，如果建筑因其色彩在人的心理上增加了热量，这就非常不妥，所以在炎热地区一般偏向于选择冷色调。其次，应该把天空的色彩作为衬托整个建筑的重要背景来考虑，虽然建筑不能像人们更换衣服一样，随着不同季节和时间随时变换颜色，但是应该以常年最多时间的气候条件和天空条件为依据。结合气候条件选择建筑色彩是非常复杂的，有时甚至是矛盾的，但只要综合分析，掌握分寸，统筹考虑，就能解决主要矛盾。

在选择建筑色彩时，还应考虑其与周围环境的配合。我国古代的许多寺庙和园林建筑都处于绿荫深处，故不论是粉墙还是朱栏，在和自然景色的对比下，都显得格外明朗艳丽。还有不少处于海边的浅色建筑，由于上有蓝天无际，下有碧波万顷，对比之下显得更加晶莹、清澈。北京民族文化宫也利用周围的深色调的建筑，以洁白的色调为主，配以绿色琉璃屋顶，在蔚蓝色的天空背景下，更显得亭亭玉立。

不同类型、性质的建筑，常常有不同的要求。因此在色调的选择和配置上，应视不同情况分别处理。位于荷兰的阿姆斯特尔芬新校区（见图 7-28），其外观是黑色的，高亮度的绿色、黄色、橙色、红色被使用在建筑的凸窗窗框、凹槽等部分，起到了点缀与对比的作用，凸显了这所艺术院校所独有的艺术氛围。

建筑立面的色彩还应该表现出一定的民族特色和乡土风貌，而如何运用传统色彩是其中很重要的因素。我国人民自古以来在建筑色彩的运用上就达到了很高的成就，形成了独特的风格。从庞大的故宫建筑群到世界闻名的敦煌石窟，其色彩处理无与伦比，堪称独步。故宫建筑群不但以其宏伟的造型，而且以其金碧辉煌、光彩夺目的色彩而强烈地扣人心弦。江南民居则粉墙青瓦、依山傍水，散发出一股淡雅、清新的气息，使人流连忘返。

图 7-28

除此之外，对结构形式的选择、对材料的运用、对施工和经济等条件的考虑，对一个建筑的色彩基调的确定也有着一定的制约作用。

当一幢建筑的色彩基调确定以后，色彩构图就十分重要了。色彩构图应该为实现总的色彩基调和气氛服务，同时又要统筹兼顾，全面规划，弥补色彩基调的某些不足。除了某些建筑只采用一种色彩外，大部分建筑都具有两种或多种色彩，这些色彩的色相和明度的选择、色块分配比例的权衡、用色部位的确定等就是色彩构图的基本问题了。在选择对基调色彩的补充色彩时，应以对比色为宜，即应该在色相上加以区别，这些对比色的使用面积不宜过大，并且仅限于局部，这样才能达到对比、协调的效果而不会喧宾夺主。在选择补充色彩时，还应结合建筑的性格特征和装饰效果来考虑。

7.5.7 立面质感的处理

色彩和质感都是材料表面的某种属性，很难把它们分开来，但就性质来讲，色彩和质感却完全是两回事。色彩的对比和变化主要体现在色相之间、明度之间以及纯度之间的差异性上；而质感的对比和变化则主要体现在材质的粗细之间、坚柔之间以及纹理之间的差异性上。在建筑处理中，除了色彩外，质感的处理也是不容忽视的。

近代建筑巨匠赖特熟知各种材料的性能，善于按照各自的特性把它们组合为一个整体，并合理地赋予形式。他设计的许多建筑，既善于利用粗糙的石块、木材等天然材料来取得质感对比的效果，同时又善于利用混凝土、玻璃、钢等新型的建筑材料来加强和丰富建筑的表现力。

质感处理，可以利用材料本身所固有的特点来达到效果，也可以用人工的方法创造某种特殊的质感效果。墨西哥博物馆（见图 7-29）的形状近似于六边形，外墙运用传统的瓷砖技术，拥有多元化的外观，不同的天气与不同的观赏位置都会使建筑的外墙有不一样的效果，展现出特殊的光泽与肌理。这种设计也能增强对整个建筑的保护，提高耐用性。位于冰岛的 Harpa 音乐厅（见图 7-30），其标志性的透明砖墙看上去在不断地变化着色彩和光线，形成城市与建筑内部生活之间的一种对话，体现出冰岛的特色，也向全世界传递着这一重要的信息，满足了冰岛人民长期以来的愿望。

图 7-29

图 7-30

质感效果直接受到建筑材料的影响和限制。在古代，人们只能用天然材料来建造建筑，其质感处理也只能局限在有限的范围内来做选择。之后每出现一种新材料，都可以为质感的处理增添一种新的可能。直到今天，新型的建筑材料层出不穷，这些材料不仅因为具有优异的物理性能而分别适合于各种类型的建筑，还因为具有奇特的质感效果而受到人们的注意。闪闪发光的镜面玻璃建筑刚一露面，就立即引起巨大的轰动，人们常常把它看成是一代新建筑诞生的标志，许多建筑师都极力推崇镜面玻璃这种新材料，并以此创造出光彩夺目的崭新的建筑形象。人们甚至根据建筑奇特的质感——光亮，把这些建筑师当作一个学派，即"光亮派"。这表明质感具有巨大的表现力，同时也说明材料对建筑创作起着巨大的推动作用。随着材料工业的发展，利用质感来增强建筑的表现力的前景十分广阔，具有积极的研究意义与价值。

7.5.8 装饰与细部的处理

关于装饰在建筑中的地位和作用，在不同的历史时期众说纷纭，有些观点甚至是截然对立的。即使是处于同一个时代的人，其看法也大不相同。19 世纪，著名的建筑理论家拉斯金明确地指出，建筑与构筑物之间的主要区别就在于装饰。可是比他稍晚的卢斯则认为，装饰即罪恶。之后新建筑运动兴起，大多数建筑师主张废弃表面的外加装饰，认为建筑美的基础在于建筑处理的合理性和逻辑性。但美国建筑师赖特却独树一帜，不仅在作品中利用装饰取得效果，而且认为，当装饰能够加强浪漫的效果时，可以采用装饰。关于装饰在建筑中的地位和作用的争论，直到今天仍然没有终止。国外后现代派建筑师，虽然观点、风格不尽相同，但对于装饰都表现出不同程度的兴趣。

从总的发展趋势来看，建筑艺术的表现力主要是通过空间和体形的巧妙组合、整体与局部之间良好的比例关系、色彩与质感的妥善处理等来获得的，而不是通过烦琐的、矫揉造作的装饰来获得的。但这也并不完全排除在建筑中可以采用装饰来加强其表现力，不过装饰的运用只限于重点部位，并且力求和建筑的功能与结构有巧妙的结合。

装饰属于细部处理的范畴。在考虑装饰时一定要从全局出发，使装饰隶属于整体，并成为整体的一个有机组成部分。任何游离于整体之外的装饰，即使本身很精致，也不会产生积极的效果，甚至本身越精致，对整体统一的破坏性就越大。为了达到整体的和谐、统一，建筑师必须认真地安排好在什么部位进行装饰处理，并合理地确定装饰的形式。

装饰纹样图案的题材可以结合建筑的功能性质及性格特征而使之具有象征意义。装饰纹样的图案设计也存在着继承与创新，具有民族的、传统的风格与特征，并不断地发展与变化。沙特诺拉公主女子大学（见图7-31）是世界上最大的女子大学，其设计受地域性建筑和文化传统的启发，使用格子分区来保护学生的隐私。在格子样式的选择上采用了阿拉伯地区颇具地方与民族特色的图案与花纹，并加以提炼与演变，不仅满足了分隔空间、遮挡视线的功能要求，而且起到了装饰与点缀空间的作用。因此，在原有的基础上推陈出新，大胆地创造出既能反映时代精神，又能和新的建筑风格协调一致的新的装饰形式和风格，是装饰与细部处理的手法之一。

图7-31

装饰纹样的疏密、粗细、隆起程度的处理，必须具有合适的尺度感。过于粗壮或过于纤细都会因为失去正常的尺度感而有损整体的统一。例如卷草纹和回纹，这两种图案在传统的建筑中虽然有大有小，但一般都有一个最大的极限和一个最小的极限，如果超出极限，就会使人感到惊奇。尺度处理还因材料不同而异。相同的纹样，如果是木雕，就应当处理得纤细一点；如果是石雕，则应当处理得粗壮一些。另外，还要考虑到近看和远看的效果。从近处看的装饰应当处理得精细一些，从远处看的装饰则应当处理得粗壮一些。例如栏杆，由于近在咫尺，必须精雕细刻；而高高在上的檐口，则应适当地处理得粗壮一些。

建筑装饰的形式是多种多样的，除了雕刻、绘画、纹样外，其他如花格墙、窗套等，都具有装饰的性质和作用，对于这些细部都必须认真地对待，并给予恰当的处理。

实践单元——练习 10

● **单元主题**：显微镜下的建筑——细节中的故事。

● **单元形式**：用 Photoshop 软件绘图。

● **练习说明**：在这个练习中我们将通过放大项目以检查局部的方式来讨论体量组合的问题。为了保持概念的连续性，仍然运用前面的练习作为研究和绘图的基础。

● **评判标准**：和内容相关的概念、空间系统、功能系统、内部结构。

实践单元——练习 11

● **单元主题**：图解形态——传统与现代。

● **单元形式**：案例抄绘与图解思考。

● **练习说明**：自选一个建筑造型设计进行抄绘，并对体量组合关系与立面的处理手法进行解析。

● **评判标准**：案例的选择、图解的方式、逻辑性、图纸的质量。

Chapter 8

第8章 建筑技术与建筑设计

8.1 建筑结构与建筑设计

8.1.1 空间与结构概述

建筑是艺术与技术相结合的产物，技术是建筑的构思、理念转变为现实的重要手段。建筑技术包含的范围很广，包括结构、消防、设备、施工等诸多方面的因素，其中结构与建筑空间的关系最为密切。

建筑空间是人们凭借一定的物质材料从自然空间中围隔出来的人工环境。人们创造建筑空间有着双重的目的，首先是满足一定的使用功能要求，其次是满足一定的审美要求。要想达到上述两方面的目的，就必须依靠一定的技术手段。人们建造房屋需要使用各种材料，并根据不同材料的力学性能，巧妙地将它们组合在一起，使之具备合理的荷载传递方式，同时使整体与各个部分都具有一定的刚性并符合静力平衡条件，这就形成了建筑的空间结构。

任何建筑空间都是为了达到上述两个目的而围隔的。就使用功能要求而言，就是要使该围隔空间符合功能的规定性，也就是该围隔空间必须具有确定的量（大小、容量）、确定的形（形状）和确定的质（能避风雨，御寒暑，具有适合的采光和通风条件）。就审美要求而言，则是要使该围隔空间符合美学法则，即具有统一和谐而又富有变化的形式和艺术表现力。

我们通常将符合使用功能要求的空间称为适用空间，将符合审美要求的空间称为视觉空间或意境空间，将符合材料性能和力学规律的空间称为结构空间。三者由于形成的根据不同，各自受到的条件制约和所遵循的法则也不同，所以它们并不是天然就吻合一致的，但在建筑中却要求建筑师将三者统一为一个整体。

在古代，功能、审美和结构三者之间的矛盾并不突出，当时的工匠既是艺术家，又是工程师，他们在建筑创作的初始阶段就将三方面的问题综合考虑并加以调和了。到了现代，随着科学技术的不断进步和发展，工程结构学逐渐从建筑学中分离出来，成为相对独立的专业，现代的建筑师必须和结构工程师相互配合，才能最终确定建筑设计方案，因此正确地处理好功能、审美和结构三者的关系就显得非常重要了。

由此可见，结构作为实现建筑功能和审美要求的技术手段，要不受到它们的制约。就相互之间的关系而言，结构与功能之间的关系通常更为紧密一些，任何一种结构形式，都是为了适应一定的功能要求而被人们创造出来的，只有当围隔的空间能适应某种特定的功能要求时，它才有存在的价值。随着功能的发展和变化，结构自身也不断地趋于成熟，从而更好地满足功能的要求。然而结构并不是一个完全消极、被动的因素，相反，它对建筑空间形式具有很强的反作用。恰当地运用合理的结构形式往往会对空间的功能和美观起到很大的促进作用，而当某种结构形式不再适应建筑的功能要求时，它必然会被淘汰。

不同的建筑功能对建筑空间的要求是不同的，这就要求有相应的结构形式来提供与功能相适应的空间形式。例如：为了适应宿舍、小型住宅等小开间的蜂窝式空间组合形式，可以采用内墙承重的梁板式结构；为了适应展览馆等建筑灵活划分空间的要求，可以采用框架结构；为了适应体育馆、影剧院等建筑视线无遮挡的要求，可以采用大跨度结构。每一种结构形式由于受力特点不同，构件组成方法不同，所形成的空间形式必然是既有其优势，又有其局限性。如果结构形式用得恰到好处，就可以避免它的局限性，而使之符合功能要求，最大限度地发挥其优势。为了做到这一点，建筑师从着手开始设计时，就应当充分考虑建筑功能的空间要求和使之实现的结构形式之间的有机结合。

结构形式的选择不仅要受到功能要求的影响，还要服从审美的要求。一个好的结构方案应该是在满足使用功能要求的同时，还具有一定的艺术感染力，而且不同的结构形式各自具有独特的表现力。

古代的建筑师在创造结构时一般都把满足功能要求和满足审美要求联系在一起考虑，例如，罗马人采用拱券和穹顶结构为当时的浴场、法庭等建筑提供了巨大的室内空间，同时表现出了宏伟、庄严的气氛，创造出了光彩夺目的艺术形象。哥特式教堂高直的尖拱和飞扶壁结构，有助于营造高耸、轻盈、神秘的宗教气氛。西方古典建筑一般都采用砖石结构，因此具有敦实、厚重的感觉，而我国传统的木构建筑，则易于获得轻巧、空灵、通透的效果。与功能要求相比，虽然结构形式满足审美方面的要求居于从属地位，但也不是可有可无的。

现代科学的伟大成就所提供的技术手段，不仅使建筑能够更加经济有效地满足功能方面的要求，而且其艺术表现力也为我们提供了多种可能性，巧妙地利用这些可能性必将创造出丰富多彩的建筑艺术形象。

如今，建筑设计中常用的结构形式基本上可以概括为四种，即以墙或柱承重的梁板结构（混合结构）、悬挑结构、框架结构和大跨度结构。结合我国的具体情况，在新型建筑材料不甚发达的地区，对于一般的标准的中小型建筑，如中小学校和多层住宅等，多选用混合结构体系。在大中城市，设计和施工技术比较发达，对于高层公共建筑，如剧院、会堂、体育馆、大型仓库、超级市场等，多选择大跨度结构体系。随着我国经济技术的发展，高科技的新型建筑材料日趋发达，支持建筑空间的结构体系也不断更新换代，这就给建筑创作带来了无限的生机。在建筑领域中，现代技术所包括的内容是相当广泛的，但是结构在其中却占据着特别突出的地位，这不仅因为它对自然空间的围隔起着决定性的作用，而且因为它直接关系到空间的量、形、质三个方面。

为此，这一部分将系统地讨论空间与结构的关系问题。在结构选型上，不仅需要坚持因地制宜的观点，还需要坚持因时制宜的观点，只有这样，才有可能使建筑的设计构思与结构选型相辅相成，配合默契。

1．建筑荷载

与自然界中的所有物体一样，建筑物承受了各种力，其中最常见的力是地心引力——重力。建筑物的屋顶、墙柱、梁板和楼梯等的自重，称为恒荷载；建筑物中的人、家具和设备等对楼板的作用，称为活荷载。这些荷载的方向都朝向地心。在这些力的作用下，建筑物有可能发生沉降甚至倾斜。另外，活荷载还包括寒冷地区的急雪、热带地区的台风和雨水、地震地区的地震力等。

2. 变形和位移

荷载作用下的建筑的变形和位移通常有弯曲、扭曲、沉降、裂缝等。很多时候，这些变形或位移并不会被人们发现，如建筑的沉降。特别值得我们关注的是，建筑构件在力的作用下最主要的变形就是弯曲。某些材料，如钢筋混凝土梁板是允许出现肉眼难以发现的微裂缝的。当裂缝扩大到一定程度，即使构件没有垮塌，但由于它已经不具备所需要的抗弯能力了，所以会宣告破坏。

构件在力的作用下不仅会产生变形，还会产生位移。例如，高楼在大风的作用下会出现摇摆，越高处的位移可能越大，我们需要设法抵抗或减小这些位移，可以在构件的某些部位通过增加约束而使位移得到控制。从简易的独木桥发展到桁架桥，又由桁架桥发展到桁架式建筑，人们对力学的认识逐步深入，对材料和结构的类型的选择运用也越来越科学。

3. 建筑模数

所谓建筑模数，是指建筑生成过程中所采用的作为单位度量体系的某个特定数量以及衍生数列，它的不断成倍组合能支配三个维度上的一切尺寸，使建筑从结构到形式和空间都有特定的数理规律可循。制定建筑模数的出发点有很多，有的是出于对人体尺度的关注，也有的是基于结构构架体系的规律性。与此同时，模数制还为建筑预制品的工业化规模生产以及多样组合提供了可能性。

1）柯布西耶关于模数制的研究

柯布西耶长期专注于模数制的研究，并于1948年著有《模数制——广泛应用于建筑和机械中的人体尺度的和谐度量标准》一书。他的模数制建立在数学黄金分割的美学量度、斐波那契数列和人体比例的基础之上，基本网格由三个尺寸构成：1130 mm、700 mm、430 mm，按照黄金分割比例可派生出后续尺寸：430 mm＋700 mm＝1130 mm，1130 mm＋700 mm＝1830 mm，而三个尺寸之和为1130 mm＋700 mm＋430 mm＝2260 mm，1130 mm、1830 mm、2260 mm恰好分别是从地面到人的肚脐、头顶以及伸手臂端的高度。柯布西耶以此确定了人体所占的基本空间尺度，如图8-1所示。在1130 mm和2260 mm之间，他还创造了基于相同比例关系的红尺和蓝尺，用来作为度量小于人体尺度的尺寸标准。长140 m、宽24 m、高70 m的马赛公寓就是柯布西耶利用这种模数体系中的15个尺寸所进行的设计实践。

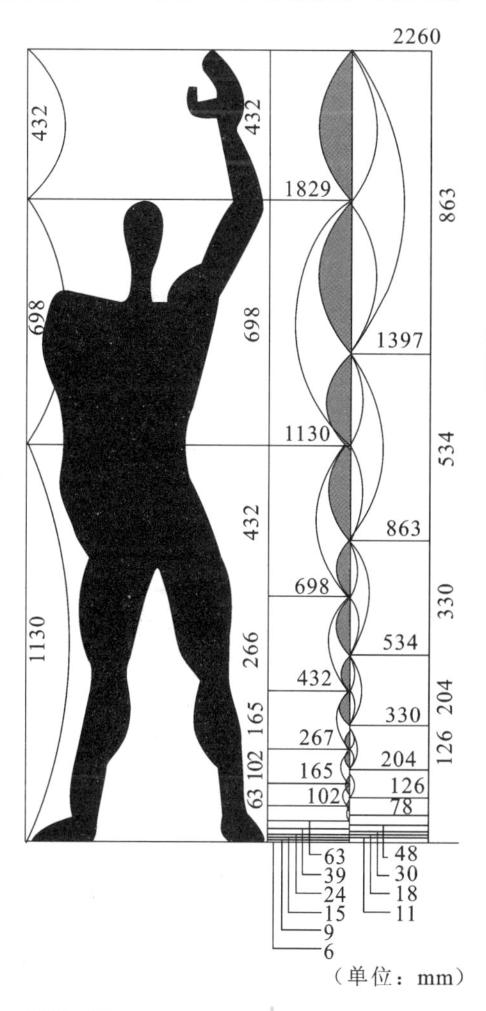

图8-1

2）中国传统建筑营造中的模数制体系

在传统自然观、伦理观以及人文意识的影响下，中国建筑体现出高识别性的“基因”特征，尤其是官式建筑，在空间、造型、结构以及装饰要素等各个方面都有特定的型制，形成了“通用”模式以及“家国同构”的结构相似性。建筑高度定型化，是一种在等级制度下使用者和营造者自上而下的自觉共识，它客观上需要单体和细部构件的标准化，否则就缺少了可比性。

（1）以“材”或“斗口”作为基本度量衡。

早在宋代的《营造法式》中，就规定了以斗拱拱木断面为材，并以此作为基本度量衡的用材制度。清代颁布了《工程做法则例》,规定了十一等斗口,并以斗口作为新的用材单位,全书对 27 种建筑的规模型制、尺寸比例以及建造用材分别做了规定,同时还包括门窗、栏杆、屋瓦、彩画以及装饰纹样等的定型化标准。

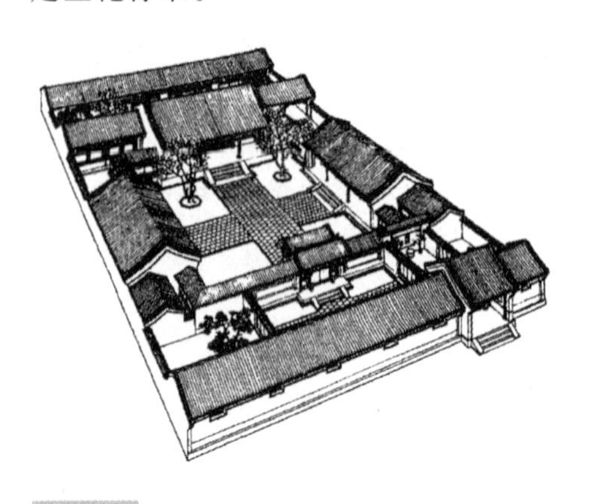

图 8-2

(2) 以"间"作为平面生成元。

对于平面,多以"间"为单位模数,形成"柱网"。"间"是指两榀木构架之间的空间,建筑"间"数多为 1、3、5、7、9、11 等奇数,"间"沿面阔方向展开,进而构成大小规模不等的建筑单体;单体之间连接围合,形成三合院、四合院、廊院等基本院落模式;规模较大的建筑群则由这些院落再通过"串联"或"并联"等方式延续发展,组成横向、纵向以及纵横交错等布局形式(见图 8-2)。

(3) 以"步架"为单位等差渐变的"举高"。

在间架结构方面,进深方向梁架的大小以承受檩子的数目来区分,如 3 檩叫 3 架,5 檩叫 5 架,最大可以做到 19 架。一般檩子之间的水平距离基本相等,称为"步架",而各檩子之间的垂直距离"举高"则是以"步架"为单位的等差渐变数列,逐层加大,形成"举折",使屋面呈"反宇向阳"的内凹曲面,饱满而柔和。

由此可见,从基本度量衡到平面与间架结构,中国古代官式建筑在清代就已具备完整、成熟的模数制体系。事实上,这些在不同等级范畴内具有相似特征的单元,通过规律性"排列组合"最终产生的建筑形象远远超出了基本单元的限制,体现出模数制体系既高效又灵活的优势。

3) 日本传统建筑营造中的模数制体系

日本传统的建筑布局深受中国传统平面"间"的影响,并逐步本土化。通常以大小为 6.3 尺×3.15 尺(1 尺=0.333 3 米)的"地席"铺设成"间",由于"地席"的长宽比为 2∶1,所以可形成连续、交错等多种铺设方法,房间的基本形式和建筑柱网也因此多种多样(见图 8-3)。同时,房屋高度与地席尺寸之间也有确定的比例关系。

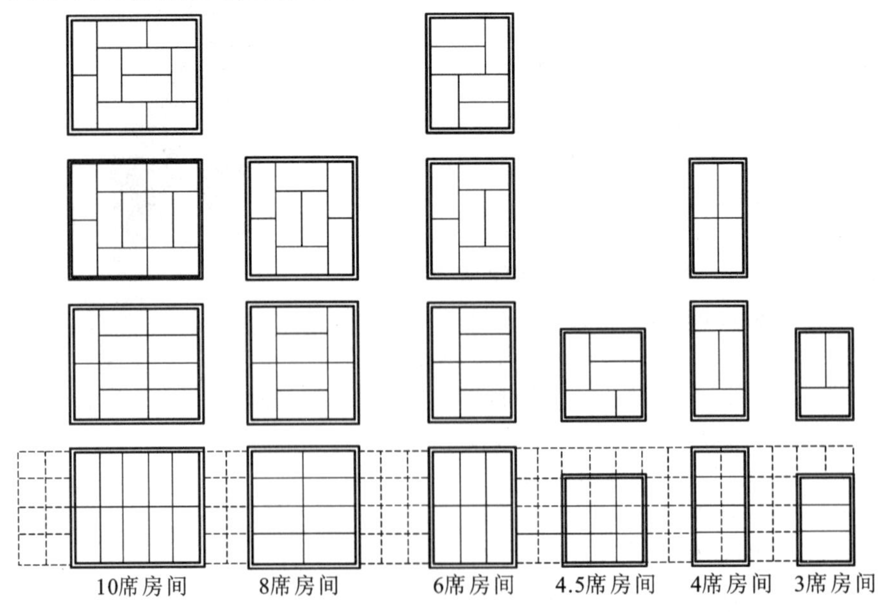

图 8-3

4）我国现行的建筑模数标准

我国在 2013 年颁布的《建筑模数协调标准》(GB/T 50002—2013)中规定：基本模数用 M 表示，1M=100 mm；在此基础上导出基本模数的倍数，称为扩大模数，它在平面上采用基本模数的 3、6、12、15、30、60 倍，在竖向上采用基本模数的 3 倍或 6 倍；另外还有分模数，如 M/2、M/5、M/10，以满足细小尺寸的度量。在以上三种模数的基础上，可以扩展出一系列模数数列尺寸(见表 8-1)。我们在设计过程中，应尽量采用符合模数数列的尺寸来定位整体结构轴线以及开间、进深、跨度、柱距、层高等。建筑构件、组合件、建筑制品的生产也应按照此规定进行。模数标准的规定为设计、施工、构件制造、科研都提供了统一的依据，有利于规模生产与统筹建设。

表 8-1　模数数列尺寸(mm)

基本模数	扩大模数						分模数		
1M	3M	6M	12M	15M	30M	60M	M/10	M/5	M/2
100	300	600	1 200	1 500	3 000	6 000	10	20	50
200	600	1 200	2 400	3 000	6 000	12 000	20	40	100
300	900	1 800	3 600	4 500	9 000	18 000	30	60	150
400	1 200	2 400	4 800	6 000	12 000	24 000	40	80	200
500	1 500	3 000	6 000	7 500	15 000	30 000	50	100	250
600	1 800	3 600	7 200	9 000	18 000	36 000	60	120	300
700	2 100	4 200	8 400	10 500	21 000		70	140	350
800	2 400	4 800	9 600	12 000	24 000		80	160	400
900	2 700	5 400	10 800		27 000		90	180	450
1 000	3 000	6 000	12 000		30 000		100	200	500
1 100	3 300	6 600			33 000		110	220	550
1 200	3 600	7 200			36 000		120	240	600
1 300	3 900	7 800					130	260	650
1 400	4 200	8 400					140	280	700
1 500	4 500	9 000					150	300	750
1 600	4 800	9 600					160	320	800
1 700	5 100						170	340	850
1 800	5 400						180	360	900
1 900	5 700						190	380	950
2 000	6 000						200	400	1 000
2 100	6 300								
2 200	6 600								
2 300	6 900								
2 400	7 200								
2 500									
2 600									
2 700									
2 800									
2 900									
3 000									
3 100									
3 200									
3 300									
3 400									
3 500									
3 600									

不同的模数制归根结底反映出不同的单元度量体系与尺度取向。阿尔托曾经被问到以何种尺寸作为模数时，他回答道："我一直以 1 mm 的模数工作。"这至少给了我们两点启示：首先，模数单位尺寸越小，所需推敲的尺度越细化、越深入；其次，模数制不但与灵活性不相悖，反而为灵活性提供了基础，试想如果以 1 mm 为模数的话，通过递增、递减等排列组合所生成的尺度是千变万化的。

4. 结构逻辑原则的遵从与突破

1）重力优势原理

除了要考虑模数体系外，结构选配还必须遵循自然规律与科学法则。亚瑟·叔本华认为，建筑是负荷与支撑的艺术，是以重力为中心的艺术，受重力作用，物体要保持稳定就需要具备合理的重心，要保持平衡就需要各方向上的力矩相等。因此，重力统治性原则为建筑学提供了一个普遍的思考基础。我们很容易理解在塑造一个抽象造型的雕塑时，为了保持平衡，雕塑上部的扭曲动势的方向应该与下部相反，我们也认同"S"形和"Z"形比"7"形更有优势。为了保持稳定，通常上小下大、重心低较有利，这就是金字塔造型的特点。对称均匀的造型不易倾斜，当重心与中心不在同一垂线上时，就会产生使之倾斜的力矩，因此非对称变化的体量原则上应保证不同方向上的力矩的总和为零。这些都是从简单的力学逻辑来判断何为满足重力法则的形态，为设计创作粗略设定了选型范围。

2）强调反常规的不稳定造型

建筑的创造性往往要求突破甚至有悖于这些基本的自平衡造型，有意造成某一方向受压或受拉的不稳定感觉，在多重力量的冲突中寻找刺激，在复杂的构成要素中获得短暂的动态平衡。柯布西耶提出的底层架空的"新建筑"在现代非常常见，但在当时却标志着古典分段式稳定形态意义的瓦解，取而代之的是"头重脚轻"的不稳定视觉形象；赖特的流水别墅更是力图超越悬挑的限度。多元化的当代建筑以更直接的方式炫耀活力，甚至追求危险的结构。在妹岛和世设计的日本茨城县公园咖啡厅中，将室内空间与半室外空间统一在一个 25 mm 厚的钢板屋顶下，支撑屋顶的钢柱的直径只有 60.5 mm。初看建筑，似乎是典型的"密斯空间"，但仔细研究其平面，却发现在其 1200 mm×1200 mm 的网格点上有很多处空缺。保守、传统的均匀柱网体系被质疑，设计师有意而为的结构盲点使透视空间变得多重而暧昧，同时，这种看似大胆的举动却丝毫未损害结构的安全性。复杂的建筑形式也刺激了结构领域内的技术移植，它融合了多种专业技术，并配以新型材料与构造，在计算机与复合媒体技术的参与下，使人们明显感觉到科技把速度感和未来铸进了空间。

5. 结构形式美

1）结构的真实性体现

早在 20 世纪 50 年代下半叶，英国第三代建筑师史密斯夫妇就提出建筑的美应该以对结构和材料真实、直率的反映作为标准。他们的作品采用粗糙的混凝土，以及粗大沉重的梁、柱、板等构件，并将其毫不回避、疏于掩饰地直接组合连接。这种不修边幅地裸露钢筋混凝土的形式，正好适应了战后大量、快速地重建房屋的需求。丹下健三设计的日本仓敷市厅舍和广岛纪念馆等都有意采用巨大的混凝土梁柱，但并非置比例虚实于不顾，创造出了粗犷、厚实的体块穿插艺术。

2）构件律动产生节奏

构件律动会产生有序的节奏，在一些主要受结构要素支配的空间中，这种现象尤为明显。SOM 建筑师事务所设计的位于美国科罗拉多州的美国空军学院教堂，以三棱形网架及其侧面的挂扣玻璃为单元，拼接重叠，产生连续向上的陡峭的尖角造型，成为当时以先进结构技术主导形态的典范(见图 8-4)。在对先进技术手段驾轻就熟的理查德·罗杰斯所设计的西班牙马德里机场中，亮丽的黄色“Y”形钢柱支撑着两根波浪形骨架形成一组结构单元，多组标准化单元复制繁衍，并在内部覆盖层压竹片构成整体屋面，不仅昭示了工业制造的效率，也为建筑日后扩建提供了可能(见图 8-5)。3×N 建筑师事务所设计的丹麦米泽尔法特储蓄银行大楼，依靠规则排布、交错开口的木质三角形折板单元组合来建构屋顶，配合内部开放式的错层大平台，使得几乎所有空间都有怡人的自然光与体现界面图案化特质的优美影调。

图 8-4

图 8-5

3) 结构彰显力量美感

结构不仅可以传达科技理性，而且可以彰显与之相对应的力量美感。NBBJ 建筑师事务所设计的锐步集团全球总部位于美国波士顿以南，背倚山脉，林木环绕。建筑总平面以弯曲的主“脊”串联三个包含办公与运动测试设施的单体构成，流线形态配合尖锐的角状空间，恰似充满爆发力的肌体驰骋在竞技场上。在局部构件与细节上，无论是悬臂式楼梯，还是刻意造型成健硕臂膀状的立柱，都一丝不苟地传递着力量感的讯息，以契和企业理念。

当代建筑结构系统越来越多地从独立、封闭走向开放和包容。结构的真实性意义并不意味着它对其他系统要素的排斥。在某些“骨骼”与“肌体”模糊融合的建筑中，内外界限消失，外部力量在内部发生作用，同时又把内部各元素间的作用扩展到外部去。结构可能与空间、表皮都成为一个整体，无法“骨肉剥离”，它们不一定受控于某一个系统，但它们确实是有机构成的一分子，其美感表现在整体的生命力里。

8.1.2 建筑结构的类型

建筑空间都是人们凭借一定的物质材料从自然空间中围隔出来的，一经围隔之后，这种空间就改变了性质，由原来的自然空间变为人造空间。人们围隔空间有两个目的：其一，也是最根本的，是为了满足一定的使用功能要求；其二，是满足一定的审美要求。就前一种要求而言，就是要符合功能的规定性，即所围隔的空间必须具有确定的量(大小、容量)、确定的形(形状)和确定的质(能避风雨，御寒暑，具有适合的采光和通风条件)；就后一种要求而言，则是要使所围隔的空间符合美学法则，即具有统一和谐而又富有变化的形式和艺术表现力。

围隔空间是达到双重目的所采用的手段。为了经济、有效地达到目的，人们还必须充分发挥材料的力学性能，巧妙地把这些材料组合在一起，使之具有合理的荷载传递方式，同时使整体和各个部分都具备一定的刚性并符合静力平衡条件。

我们通常把符合使用功能要求的空间称为适用空间，把符合审美要求的空间称为视觉空间或意境空间，把符合材料性能和力学规律的空间称为结构空间。这三者由于形成的根据不同，各自所受的条件制约不同，各自所遵循的法则不同，所以它们并不是天然就吻合一致的。但是在建筑中却要求建筑师必须把这三者有机地统一为一个整体。

现代科学的伟大成就所提供的技术手段，不仅可以使建筑满足功能方面的要求，而且其艺术表现力也为我们提供了多种可能性，巧妙地利用这些可能性必将创造出丰富多彩的建筑艺术形象。有的建筑师认为，每一个时代都是用当代的技术来创作自己的建筑，但是没有任何一个时代拥有过像现在处理建筑时所拥有的这样神奇的技术。面对这种情况，我们应当怎样对待现代技术呢？毫无疑问，我们应当利用它、驾驭它，力求扩大它的表现力，并使之为建筑创作服务。

建筑设计中常用的结构形式有许多不同的分类方法，但就与建筑的关系而言，可以分为四种大的结构体系：以墙或柱承重的梁板结构体系、框架结构体系、大跨度结构体系、悬挑结构体系。

1. 以墙或柱承重的梁板结构体系

这是一种既古老又年轻的结构体系，说它古老是因为它具有悠久的历史，早在公元前两千多年的古埃及建筑中就广泛地采用了这种结构体系，说它年轻是因为直到今天人们还利用它来建造建筑。

这种结构体系主要由两类基本构件共同组合形成空间，一类构件是墙柱，另一类构件是梁板；前者形成空间的垂直面，后者形成空间的水平面；墙和柱承受垂直压力，梁和板承受弯曲力。古埃及、西亚建筑采用的石梁板、石墙柱结构，古希腊建筑采用的木梁、石墙柱结构，近代各种形式的混合结构、大型板材结构等利用墙、柱来承担梁板荷重的一切结构形式都可以归纳在这种结构体系的范围内。其最大特点是，墙体本身既要起到围隔空间的作用，又要承担屋面的荷重。

古希腊神庙的屋顶结构，由于用木梁代替石梁，从而使正殿部分的空间有所扩大，这是因为木材本身的自重较轻且适合于承受弯曲力，用它来做梁显然可以比石梁跨越更大的空间。与埃及神庙相比，希腊神庙显然要开敞一些，这固然取决于人的主观意图，但也和各自所采用的结构形式有一定的联系。

自木梁问世以来，经过了几千年，直到现在人们还在使用它。尽管人们对它的力学性能有了比较深刻的认识，但就结构形式本身来讲，并没有明显的变化和发展。例如现在仍然在使用的硬山架檩结构和古希腊对于木梁的应用并没有什么原则上的差别，都没能充分发挥出材料的潜力。

近代钢筋混凝土梁板，是由两种材料组合在一起共同工作的，由于较充分地发挥了混凝土的抗压能力和钢筋的抗拉能力，因而是一种比较理想的抗弯构件。和天然的石料、木材不同，钢筋混凝土梁板可以不受长度限制而做成多跨连续形式的整体构件，从而使弯矩分布比较均匀，能够较有效地发挥出材料的潜力。尽管多跨连续形式的钢筋混凝土梁板具有较强的整体性和较好的经济效果，但是这种梁板必须在现场浇制，不仅需要大量的模板，而且施工速度较慢。因此，我国当前多采用预制钢筋混凝土构件。

有些建筑由于功能要求需要有较大的室内空间，因此需要用梁柱体系来代替内隔墙承受楼板传递的荷重，从而形成外墙内柱承重的结构形式。以墙或柱承重的梁板结构形式虽然历史悠久，但终究因为不能自由、灵活地分隔空间而具有明显的局限性，致使某些功能要求比较复杂的建筑不能采用这种结构形式。

以墙或柱，特别是以墙承重的梁板结构体系，由于墙体一般都是用砖或石砌筑而成的，因而又称为砖石结构。这种古老的结构形式目前在我国仍然普遍采用。它有许多缺点，如不利于机械化的快速施工，自重大，浪费材料和人力，对设计来讲局限性很多，不能自由、灵活地分隔空间。

从平面上来讲，墙不仅是围护结构，也是承重结构，于是给设计造成了困难，如不能自由、灵活地按功能要求来分隔空间，不能获得较大的开敞的室内空间，开间尺寸不能整齐划一等。因此许多类型的建筑由于功能要求，不适合采用以墙或柱承重的梁板结构形式。

从立面上来讲，由于外墙既要承受结构的荷重，又必须具有一定的抗震能力，因此开窗就要受到严格的限制，有时不仅不能满足采光的要求，也会给立面处理带来很多困难。

从剖面上来讲，越是靠近底层，墙所承受的荷重越大，墙也越厚，这就会使结构本身占据很多有效的空间，因而高层建筑一般不适合采用这种结构形式。另外由于整体性差，这种结构的抗震能力也很差。

为了提高劳动生产率和加快施工速度，近年来出现了大型板材结构和箱形结构。这两种结构形式的优越性表现在两个方面：第一，采用工厂化的生产方式；第二，由于采用机械化的施工方法，可以大大加快施工速度。这两种结构形式尽管有一定的优点，但是由于把承重结构和围护结构合二为一，因而使得空间的组合极不灵活，也不可能获得较大的室内空间。所以这两种结构形式的运用范围是很有局限性的，一般仅适用于功能要求比较确定、房间组成比较简单的住宅建筑。

2. 框架结构体系

这种古老的结构形式一直可以追溯到原始社会。当原始人类由穴居转到地面居住时，就逐渐学会了用树干、树枝、兽皮等材料搭成类似帐篷的建筑，这就是一种原始的框架结构。

木材是一种比较理想的建筑材料，它既可以用来做门、窗、地板，又可以用来做梁、柱及屋顶结构，古今中外的许多建筑的主体结构都是用木材做成的。由于木材便于加工，富有弹力和韧性，可以做成各种形式的榫卯，因而用木材做框架不仅制作方便，而且整体性也较强。

框架结构的最大特点是把承重的骨架和用来围护或分隔空间的帘幕式墙面明确地分开，这是因为人们在长期的实践中逐渐认识到有的材料虽然具有良好的力学性能，但是不适宜用来防风避雨，而另外一些材料正好具有这方面的优势，因而选用前一种材料作为承重的骨架，然后再用后一种材料覆盖在骨架上，从而形成一个可供人们栖息的空间。

在欧洲逐渐发展起来的半木结构是一种露明的木框架结构。由于构件之间的结构技巧日趋完善，所以可以形成高达数层且具有相当的稳定性的整体木框架结构。这种结构不仅具有规则的平面形状，而且使立柱、横梁、屋顶结构等不同构件明确地区分开来，各自担负着不同的功能，同时又互相连接成为一个整体。按照建筑规模，这种结构可以分成若干个开间，开间之间设置立柱，门窗等开口可以安放在两根相邻的立柱之间，内部空间随着开间的划分可进行灵活的分隔。欧洲的许多国家，特别是英国，曾广泛地以这种结构来建造住宅建筑。

半木结构虽然具有很多优点，但由于木框架与填充墙之间不可能结合得十分严密，因而它只适用于气候比较温暖的中欧地带。随着英国殖民主义的发展，这种半木结构被带到北美洲，露明的框架就逐渐地被覆盖起来，形成一种殖民地式的建筑风格。

我国古代建筑运用的木构架也是一种框架结构，它具有悠久的历史，这种梁架系统结构早在汉代就已经趋于成熟。由于梁架承担屋顶的全部荷重，而墙仅起围护空间的作用，因而可以做到墙倒屋不塌。我国传统的木构架的构件用榫卯连接，工匠们在长期的实践中创造了各种形式的榫卯，并且加工制作十分精密、严谨，从而使整个建筑具有良好的稳定性。我国古代建筑具有十分独特的形式和风格，除了和古代社会的生活方式、民族文化传统、地理气候条件有着不可分割的联系外，采用木构架的结构方法对于形式的影响也是一个不容忽视的重要因素。

用砖石也可以砌筑成框架结构形式。13—15 世纪，欧洲风行一时的高直式建筑所采用的正是砖石框架结构。它所采用的尖拱拱肋结构，无论是从形式上还是从受力状况上都不同于罗马时代的穹窿结构。其最大的特点是把拱面上的荷重分别集中在若干根拱肋上，再通过这些交叉的拱肋把重力汇集于拱的矩形平面的四角，通过极细的柱墩把重力传递给地面，通过重复运用这种形式的基本空间单元形成了宏大的室内空间。为了克服拱肋的水平推力，分别在建筑的两侧设置宽大的飞扶壁，既满足了结构的要求，又使建筑的外观显得更加雄伟、高耸、空灵。

尽管运用砖石框架结构可以建造出像高直式教堂那样高大、雄伟的建筑，但是这种结构有整体刚性很差的弱点，而这一点对于框架结构来讲是至关重要的。正是由于这一点，有人反对把它当作框架结构来看待，因此结构形式和材料的力学性能之间存在一个适应与否的问题。钢筋混凝土不仅强度高、防水性能好，而且抗压、抗拉，同时由于采用整体浇筑的方式，所有的构件之间都可以按刚性结合来考虑，因此钢筋混凝土是一种理想的框架结构材料。

除钢筋混凝土外，钢材也是一种理想的框架结构材料。钢材具有自重轻和便于连接等优点，但防火性能差，用钢材做框架必须用不易燃烧的材料把它包裹起来，这也会给设计带来许多麻烦。目前世界各国情况不同，有的主张用钢框架，有的则主张用钢筋混凝土框架。在我国由于钢产量不足，且钢的成本较高，一般采用钢筋混凝土框架。

采用框架结构形式的建筑，首先面临的问题是如何确定柱网排列的形式及尺寸。功能是确定柱网排列形式及尺寸的主要依据，不同类型的建筑由于使用要求不同，空间组合形式也不同，这就要求有与之相适应的柱网排列形式及尺寸。

钢筋混凝土框架结构的荷重由板传递给梁，再由梁传递给柱，它的荷重传递分别集中在若干个点上。框架结构本身并不形成任何空间，而只为形成空间提供一个骨架，因此可以根据建筑的功能或美观要求自由灵活地分隔空间。作为承重结构的框架不起任何围护空间的作用，而围护结构的内、外墙也不起任何承重的作用，两者分工明确。外墙仅起保温、隔热的作用，内墙仅起隔声和遮挡视线的作用，因此可以选用最轻、最薄的材料来做内墙或外墙，特别是外墙，通常可以采用大面积的玻璃幕墙取代厚重的实墙，这样可以极大地减轻结构的重量。

钢和钢筋混凝土框架结构问世之后，对于建筑的发展起到了推动作用。如果说西方古典建筑的辉煌成就是建立在砖石结构基础之上的，中国古典建筑的辉煌成就是建立在木构架基础之上的，那么西方近现代建筑的巨大成就在很大程度上则是建立在钢或钢筋混凝土框架结构基础之上的。柯布西耶在 20 世纪初就预见到近代框架结构的出现会给建筑发展带来巨大而深刻的影响，他提出了“新建筑五点”：底层架空；屋顶花园；自由平面；横向长窗；自由立面。“新建筑五点”深刻揭示出近代框架结构对于建筑创作所开拓的新的可能性，回顾半个多世纪以来建筑发展的实践活动，充分证明了他的预见的正确性。

近代框架结构的应用，不仅改变了传统的设计方法，还改变了人们传统的审美观念。采用砖石结构的古典建筑，愈是靠近底层，荷重愈大，墙也愈厚实，由此形成了一些关于“稳定”的原则——上轻下重、上小下大、上虚下实，并认为如果违反了这些原则就会使人产生不愉快的感觉。古典建筑立面处理按照台基、墙身、檐部三段论的模式来划分，正是这些原则的反映。采用框架结构的近现代建筑，由于荷重全部集中在立柱上，底层无须设置厚实的墙壁，而仅仅依靠立柱就可以承受建筑物的全部荷重，因而它可以无视这些原则，甚至可以把这些原则颠倒过来，例如底层架空，使建筑的外形呈上实下虚的形式。

用砖石结构形成的空间最合逻辑的形式就是由六面体组成的空间——四面直立的墙支承着顶盖。建立在砖石结构基础上的西方古典建筑正是以这种方式来形成空间的，因而六面体空间形式所反映的正是典型的传统空间观念。采用框架结构的近现代建筑，由于荷重的传递完全集中在立柱上，这就为内部空间的灵活分隔创造了十分有利的条件，现代西方建筑打破了传统六面体空间观念的束缚，以各种方法对空间进行灵活的分隔，不仅适应了复杂多变的近现代建筑的功能要求，还极大地丰富了空间的变化，所谓“流动空间”正是对传统空间观念的一种突破。门窗、立面处理等也都因为框架结构的应用而产生了极为深刻的变化，这些都在不同程度上改变了传统的审美观念。

3. 大跨度结构体系

从古希腊宏大的露天剧场的遗迹来看，人类在两千多年前就有扩大室内空间的要求。如果把古代西亚建筑中出现的叠涩穹窿看成是这种要求的一种反映，那么时间还可以向前推移大约一千年。古代建筑室内空间的扩大是和拱形结构的演变发展紧密联系的，从建筑历史发展的观点来看，一切拱形结构，包括各种形式的拱券、筒形拱、交叉拱、穹窿的变化和发展，都是人类为了谋求更大的室内空间的产物。

从梁到倚石券，可以说是拱形结构漫长发展过程的开始，尽管倚石券还保留着很多梁的特征，但是它毕竟向拱形结构迈出了第一步。当由楔形石块砌成的放射券出现时，才正式标志着拱形结构已经发展成为一种独立的结构体系。拱形结构和梁板结构最根本的区别在于这两者受力的情况不同——梁板结构所承受的是弯曲力，拱形结构所承受的主要是轴向压力。以石为梁不可能跨越较大的空间，而拱形结构由于不需要用整块石料来制作，且基本上不承受弯曲力，所以用小块的石料不仅可以砌成很大的结构，还可以跨越相当大的空间。

为了保持稳定，拱形结构必须有坚实、宽厚的支座。以筒形拱来形成空间，反映在平面上必须有两条互相平行的厚实的侧墙，拱的跨度越大，支承它的墙越厚。很明显，这必然会影响空间组合的灵活性。为了解决这个问题，在长期的实践中，人们在单向筒形拱的基础上，创造出一种双向交叉的筒形拱。这种拱承受荷重后，重力和水平推力集中于拱的四角，与单向筒形拱相比，其灵活性要大得多。罗马时代许多著名的建筑就是用这种形式的拱来形成宏大而富有变化的室内空间的。

穹窿结构也是一种古老的大跨度结构形式，早在公元前 14 世纪建造的阿托雷斯宝库所运用的就是一个直径为 14.5 m 的叠涩穹窿。到了罗马时代，半球形的穹窿结构已被广泛运用于各种类型的建筑。早期的半球形穹窿结构，重力是沿球面四周传递的，这种穹窿只适合于圆形平面的建筑。随着技术的进步和建造经验的积累，不仅结构的厚度逐渐变薄，形式上也不限于必须是一个半球体，可以允许沿半球四周切去若干部分，使球面上的荷重先传递给四周弓形的拱，再通过角部的柱墩把重力传递至地面。这种形式的穹窿不仅适合于正方形平面，而且还允许把四周处理成为透空的形式，这就给平面布局和空间组合创造了很大的灵活性。公元 6 世纪，穹窿结构又有很大的发展，在某些拜占庭建筑中出现了一种以穹窿结构覆盖方形平面空间，而用帆拱作为过渡的方法，结构的跨度从而可以进一步增大。

在大跨度结构中，结构的支承点愈分散，平面布局和空间组合的灵活性就愈差；反之，结构的支承点愈集中，其灵活性就愈大。从罗马时代的筒形拱结构演变成为高直式的尖拱拱肋结构，从半球形的穹窿结构发展成为带有帆拱的穹窿结构，都表明由于支承点的相对集中而给空间组合带来了极大的灵活性。

古典建筑形式发展到文艺复兴时期已达到最高潮，自此之后，随着社会生产力的发展，某些金属材料如铸铁开始在建筑中运用。到了近代，由于铸铁、钢等金属材料在建筑中大量应用，于是出现了一些新的金属大跨度结构——由铸铁或钢制成的拱形或穹窿结构。由于金属是一种高强度的建筑材料，用它来做拱或穹窿，不仅跨度大，而且建筑外形轻巧。这个时期出现的一些金属拱或穹窿建筑，尽管处理上还不太成熟，但是却具有强大的生命力，它预示着建筑技术必将面临一场新的革命，并宣告古典建筑形式的终结。

桁架结构也是一种大跨度结构。在古代，虽然也用木材做成各种形式的屋顶结构，但是符合力学原理的新型桁架却是近代出现的。桁架结构的最大特点是把整体受弯转化为局部构件的受压或受拉，从而能有效地发挥出材料的潜力，并增大结构的跨度。桁架结构虽然可以跨越较大的空间，但是由于本身具有一定的高度，而且上弦一般呈曲线的形式，所以只适合作为屋顶结构。

在平面力系结构中，除了桁架外，还有刚架和拱也是近代建筑常用的大跨度结构。刚架结构根据弯矩的分布情况具有与之相应的外形。弯矩大的部位截面大，弯矩小的部位截面小，这样就充分发挥了材料的潜力，因此刚架可以跨越较大的空间。近代拱和古代拱在形式上有相似之处，但近代拱所用的材料用钢或钢筋混凝土取代了砖石，且人们对于拱的受力状况有了更加科学的认识，这主要表现在拱的设计上力求使之具有合理的外形，从而把拱内的弯矩降到最小限度，或者完全消除弯曲力。刚架和近代拱在覆盖空间的方式上与桁架相似，所不同的是三者的剖面形式各有特点：桁架的下弦保持水平；刚架呈中部高两边低的两坡形，但坡度较平缓；近代拱呈中部高两边低的曲线形。

虽然用钢、钢筋混凝土等材料做成的桁架、刚架、拱可以跨越较大的空间，解决了大空间建筑屋顶结构的问题，但这些结构仍存在着很多缺点。为了改变这种状况，第二次世界大战以后，国外的一些建筑师和工程师从某些自然形态的东西，如鸟类的卵、贝壳、果壳等中受到启发，进一步探索新的空间薄壁结构，不仅推动了结构理论的研究，而且促进了材料朝着轻质高强的方向发展，结构的跨度越来越大，厚度越来越薄，自重越来越轻，材料消耗越来越少。在这些空间薄壁结构中，壳体的应用最为普遍。用轻质高强材料做成的结构，若按强度计算，其剖面尺寸可以大大地减小，但是这种结构在荷载的作用下，却容易因为变形而变得不稳定。

壳体结构具有合理的外形，不仅内部应力分配合理、均匀，而且可以保持极好的稳定性，所以壳体结构尽管厚度极小，却可以覆盖很大的空间。壳体结构按其受力情况不同，可以分为折板、单曲面壳和双曲面壳等多种类型。在实际应用中，壳体结构的形式更加丰富多彩。不同的壳体结构既可以单独使用，又可以组合起来使用；既可以覆盖大面积的空间，又可以覆盖中等面积的空间；既可以适应方形、矩形平面的要求，又可以适应圆形、三角形平面的要求，乃至其他特殊形状平面的要求。

和壳体结构一样，悬索结构也是在第二次世界大战以后逐渐发展起来的一种新型大跨度结构。由于钢的强度很高，很小的截面就能够承受很大的拉力，因而早在20世纪初就开始用钢索来悬吊屋顶结构。当时，这种结构还处于萌芽阶段，钢索在风力的作用下容易失稳，一般只用在临时性建筑中。第二次世界大战以后，一些高强度的钢材相继问世，其强度超过普通钢几十倍，刚度却大体停留在原来的水平上，这就使得满足结构的强度要求与满足结构的刚度和稳定性要求之间发生了矛盾，特别是用高强度的钢材来承受压力。若按强度计算，其截面可以大大减小，但一经受压，则极易产生变形而导致失稳。为了解决这一矛盾，最合理的方法就是以受拉的传力方式来代替受压的传力方式，这样才能有效地发挥材料的强度，悬索结构就是这样产生的。1952—1953年，在美国建造的拉莱城牲畜贸易馆试验成功，使悬索结构的运用得到了迅速的发展。

悬索在均匀分布的荷载的作用下必然会下垂，悬索的两端不仅会产生垂直向下的压力，还会产生向内的水平拉力。单向悬索结构为了支承悬索并保持平衡，必须在悬索的两端设置立柱和斜向拉索，分别承受垂直压力和水平拉力。单向悬索结构的稳定性很差，特别是在风力的作用下，容易产生振动和失稳。

为了提高结构的稳定性和抗风能力，可以采用双层悬索结构或双向悬索结构。双层悬索结构的平面呈圆形，索分为上下两层，下层索承受屋顶的全部荷重，称为承重索，上层索起稳定作用，称为稳定索。上下两层索均张拉于内外两个圆环上而形成整体，其形状如自行车车轮，故双层悬索结构又称为轮辐式悬索结构。这种形式的悬索结构不仅受力状况均衡、对称，而且有良好的抗风能力和稳定性。用双向悬索分别张拉在马鞍形边梁上，也可以提高结构的稳定性。这种形式的悬索结构，承重索与稳定索具有相反的弯曲方向，向下凹的一组索为承重索，承受屋顶的全部荷重，向上凸的一组索为稳定索，这两组索交织成索网，经过张拉后形成整体，具有良好的稳定性和抗风能力。

除上述各种悬索结构外，还有一种结构是利用钢索来吊挂钢筋混凝土屋盖的，这种结构称为悬挂式结构，它充分利用钢索的抗拉特性，减小了钢筋混凝土屋盖所承受的弯曲力。

悬索结构除跨度大、自重轻、用料省外，还具有以下特点：平面形式多样，使用的灵活性大、范围广；多变曲面形成的内部空间既宽大宏伟，又富有运动感；主剖面呈下凹的曲线形式，曲率较小，若处理得当，则既能适应功能要求，又可大大节省空间和空调费用；外形变化多样，可为建筑的立面处理提供新的可能。

在建筑设计中，网架结构也是一种新型的大跨度结构。它具有刚性大、变形小、应力分布较均匀、能大幅度地减轻结构自重、节省材料等优点。网架结构可以用木材、钢筋混凝土或钢材制成，并且具有多种多样的形式，使用灵活方便，可适应多种形式的建筑平面的要求。近年来，国内外许多大跨度公共建筑或工业建筑均普遍地采用这种新型的大跨度结构来覆盖巨大的空间。网架结构分为单层平面网架、单层曲面网架、双层平板网架、双层穹窿网架等多种形式。单层平面网架由两组正交的正方形网格组成，可以正放，也可以斜放，比较适合正方形平面的建筑或接近正方形的矩形平面的建筑。

新型大跨度结构，如壳体结构、悬索结构、网架结构等，与古代的拱形结构或穹窿结构相比，具有极大的优越性。跨度大的古代建筑，由于结构发展水平的限制，不可能获得巨大的室内空间，从而使得许多公共活动不能在室内进行。到了近代，由于新型大跨度结构的出现，仅用几厘米厚的空间薄壁结构，就可以覆盖几百米的巨大空间，从而可以使几千人，甚至几万人同时在室内集会。古代的拱形结构或穹窿结构的剖面一般呈弧形，随着跨度的加大，中央部分的空间也急剧地增高，这种空间除使人感到高大宏伟外，并无多大使用价值。新型空间结构虽然有时也需要起拱，但曲率变化相当平缓，用这些结构覆盖空间可以大大提高空间的利用率。有些结构如平板空间网架结构，则根本不需要起拱，对于功能要求高的空间，可以杜绝空间的浪费。悬索结构，不仅不需要起拱，而且呈下凹的曲线形式，用它所覆盖的空间，正好和大型体育馆的功能要求趋于一致，这就把建筑功能所要求的空间形式和结构所覆盖的空间形式有机地统一起来了，把空间的利用率提高到了最大的限度。使用天然混凝土的古代拱形结构或穹窿结构，其厚度较大，不仅占据大量空间，自重也大得惊人；用轻质高强材料做成的新型大跨度结构，其厚度仅数厘米，不仅可以大幅度节省材料、减轻结构自重，还可以把建筑的外观处理得更轻巧、通透、生动、活泼。古代的筒形拱、穹窿仅能适应矩形、正方形和圆形平面的建筑；新型大跨度结构类型多样，形式变化极为丰富，既适合矩形、正方形、圆形平面的建筑，又适合三角形、六角形、扇形、椭圆形，乃至其他不规则形状平面的建筑，为适应复杂多样的功能要求提供了可能性。

4. 悬挑结构体系

悬挑结构的历史比较短暂，因为在钢和钢筋混凝土等具有较好的抗弯性能的材料出现之前，其他材料不可能做出悬挑结构。一般的屋顶结构两侧需要设置支承体系，悬挑结构只要求沿结构一侧设置立柱或支承体系，并通过它向外延伸出挑。采用悬挑结构覆盖空间，可以使空间的周边处理成没有遮挡的开放空间。因而体育场建筑看台上部的遮篷、火车站建筑中的雨篷、影剧院建筑中的挑台等多采用这种结构形式。另外，某些建筑为了使内部空间开敞、通透，外墙不设立柱，也多借助于悬挑结构。近现代的悬挑结构就是为了满足这样一些功能要求和设计意图逐步发展起来的。

悬挑结构分为单面出挑和双面出挑两种形式。单面出挑的悬挑结构，其横剖面呈“厂”字形，这种结构由于出挑部分的重心远离支座，如果处理不当，整个结构极易倾覆。双面出挑的悬挑结构，其横剖面呈“T”形，这种结构形式是对称的，因而具有良好的平衡条件。一般，体育场建筑看台上部的遮篷属于前一种形式，由于看台本身具有极好的稳定性，如果两者结合牢固，就不会产生倾覆现象。火车站建筑中的雨篷多采用后一种形式，这种形式虽然本身具有良好的平衡条件，但为了保证安全，立柱的基础也必须做妥善处理。

还有一种四面出挑、形状如伞的悬挑结构，其主要特点是把支承集中于中央的一根支柱上，使覆盖的空间四面临空。近代某些建筑师常常利用这种结构来实现设计意图，室内空间中央低、四周高，周边不设置立柱，将外墙处理成为完全透明的玻璃幕墙。伞状悬挑结构，可以覆盖大面积的空间，大多数展览馆、工业厂房就是采用这种结构形成空间的。

5. 其他结构体系

除了以上四种基本结构体系外，还有一些常见的新型结构类型，如剪力墙结构、井筒结构、帐篷结构、充气结构等。

高层建筑，特别是超高层建筑，既要求有很强的抗垂直荷载能力，又要求有很强的抗水平荷载能力，因此一些高层建筑开始采用剪力墙结构代替框架结构。剪力墙结构的侧向刚度和抗水平荷载能力要比框架结构大得多。采用框架-剪力墙结构体系，作用在高层建筑上的80%以上的水平荷载都由剪力墙承担。随着建筑层数的不断增大，其水平荷载将急剧加大，剪力墙的间距则不断变小，必将导致剪力墙完全取代框架，而使建筑物的主要横墙全部成为既能抵抗垂直荷载，又能抵抗水平荷载的剪力墙结构。

剪力墙结构把承重结构和分隔空间的结构合二为一，内部空间组合会因为受到结构要求的限制而失去灵活性。为了克服这种矛盾，近年来人们又试图采用井筒结构，用极大刚度的核心体系来加强抗侧向荷载能力。把分散布置在各处的剪力墙相对集中于核心井筒，并利用它设置电梯、楼梯和各种设备管道，从而使平面布局具有更大的灵活性。有些超高层建筑甚至把外墙也设计成井筒，于是就出现了内、外两层井筒。

帐篷结构的薄膜是由柔性高分子材料制成的，重量极轻，这种结构的主要问题在于以何种方法把薄膜绷紧而使之可以抵抗风力。当前最常用的方法就是使之呈反向的双曲面形式：沿着一个方向呈正曲的形式，沿着另一个方向呈负曲的形式，作用在正、负两个方向上的力保持平衡后，不仅可以把薄膜绷紧，还可以使之既抗侧向压力，又抗侧向吸力。其特点是结构简单、重量轻，比较适合于用来作为某些半永久性建筑的屋顶结构或某些永久性建筑的遮篷。

用高分子材料、涂层织物等材料制成气囊，充以空气后利用气囊内外的压差承受外力并形成一种结构，这种结构称为充气结构。充气结构按其形式可以分为构架式充气结构和气承式充气结构两种。构架式充气结构属于高压充气体系，由于气梁受弯、气柱受压、薄膜受力不均匀，不能充分发挥材料的力学性能。气承式充气结构为低压充气体系，薄膜基本上均匀受力，材料的力学性能得到了充分的发挥，加上气囊本身很轻，可用来覆盖大面积的空间。充气结构根据它独特的力学原理，形成的外形也具有独特的几何规律性——处处都是曲线、曲面，根本找不到任何平面、直线或直角。这和传统的建筑形式和美学观念很不相同，只有严格地遵循它的独特规律进行构思，才能有机地把它和建筑功能要求、审美要求统一为一个整体。

8.1.3 建筑空间与结构的有机结合

前面介绍了不同种类的结构形式，尽管各有特色，但是具有两个共同点：一是本身必须符合力学规律；二是必须能够形成或者覆盖某种形式的空间。没有前一点，结构形式就失去了科学性；没有后一点，结构形式就失去了使用价值。一种结构，如果能把它的科学性和实用性统一起来，它就必然具有强大的生命力。当然形式美处理的问题也不能被忽略，任何一个优秀的建筑作品，都必须是既符合结构的力学规律，又能适应功能要求，同时还能体现形式美的基本原则。只有把这三个方面有机结合起来，才能通过美的外形来反映事物内在的统一性。前面提到，建筑设计的任务就是将适用空间、视觉空间和结构空间统一为一个整体，其实质就是要做到建筑空间与结构的有机结合。

1. 结构空间与适用空间相结合

1）合理的结构选型

要实现满足功能要求的建筑空间，必须有结构体系作为保障，虽然说建造某个建筑空间可以有多种结构形式供选择，但只有所选择的结构形式最切合使用功能、空间利用率最高、工程造价相对合理，才是最佳的结构选型。这就需要对各种建筑空间的形状、大小以及空间的组成关系等进行认真分析，并结合各种结构形式的空间特征进行合理的结构选型。

梁板结构易于形成相对较小的平面与剖面形状的空间，在小型建筑中被广泛运用。框架结构是目前最常用的结构体系，尤其是钢筋混凝土框架结构在我国运用极其广泛，建筑规模可大可小，空间分隔方式灵活，组合方式多变，适用于各种类型的建筑，但由于其梁柱承重的结构原理，框架结构的建筑在屋面形式的变化上受到一定的限制。大跨度结构更是多种多样，如前所述有桁架、刚架、拱等平面结构，还有网架、壳体等空间结构，每一种结构形式的建筑空间都有各自不同的特点。

随着现代城市化进程的加快，城市人口密度不断增大，生产和生活空间日益紧张，为了节约城市中有限的土地资源，建筑物逐步向空中发展，高层、超高层建筑所形成的轮廓线已成为现代化城市的标志。高层建筑承重的结构体系有框架结构、剪力墙结构等。这些结构形式均有一定的空间特色，在设计实践中应根据具体情况加以选用，以充分发挥各种结构形式的优势。例如，钢筋混凝土框架结构在层数不多的情况下具有优势，它能提供较大的室内空间，而且平面布置灵活，还可以利用悬挑部分创造极为丰富的空间及外观效果；当建筑物层数在 15 层以上时，则宜采用剪力墙结构。框架-剪力墙结构既克服了框架结构抗侧向荷载能力差的缺点，又弥补了剪力墙结构平面分隔不灵活的不足，因此被广泛应用于各类高层建筑。

当确定采用某种结构体系之后，其断面形式也可以根据空间的具体情况灵活变化，或高低错落，或倾斜弯曲，或采用一些非对称的处理手法，以便更有效地适应空间的需要。另外，在大跨度空间中可以将单一的结构形式转化为连续重复的组合结构，这样不仅可以减小结构的跨度，减小结构本身的厚度，还可以在覆盖的空间平面形状不变的情况下，减少空间的浪费，提高空间的利用率。

由此可见，结构选型是确定结构方案的基础，同时对建筑的平面布置有着重要的影响，在设计实践中认真分析各种结构形式的空间特征是十分必要的。

2）综合使用多种结构形式

现代建筑的功能日趋复杂，在同一幢建筑中经常会出现不同类型的建筑空间，以满足不同的使用要求，这些空间的大小、形状、跨度、高度往往会有很大的差别，如果都采用同一种结构形式，势必会造成空间的浪费或某个空间不能满足使用要求。例如体育馆，中间的观众厅部分需要大跨度的拱或桁架等结构形式来覆盖高大的空间，两侧的辅助空间如果也用同一种结构形式，就会造成空间的极大浪费，但如果都采用钢筋混凝土框架结构，就很难满足中间的观众厅部分的要求。因此在实践中往往会将大跨度结构与框架结构结合起来使用，从而满足整体的空间要求。

现代城市中的商业建筑往往以综合体的形式出现，其中有大型的商场、超市、停车场，还有写字间和酒店客房，除此之外，还包括各种娱乐设施，如保龄球馆、游泳池、电影院等。面对如此复杂的功能和空间要求，只有将各种结构形式综合地加以利用，针对建筑的不同部分进行具体的结构选型，才能充分发挥各种结构形式的优势。对于商场、超市、停车场等空间，可以采用钢筋混凝土框架结构，将其安排在裙房部分，而由写字间和酒店客房等规则的小空间组成的主体高层部分，可以采用框架-剪刀墙结构，至于电影院、游泳池等有大跨度和空间要求的部分，可以将其安排在裙房顶部或单独设置，以网架、桁架等结构形式来覆盖其空间。各种结构形式组合在一起，不仅可以满足各个部分的功能和空间要求，还可以使建筑的整体形象富有表现力。

2. 结构空间与视觉空间相结合

结构空间不仅能够提供人们活动所需要的空间，保证建筑的安全与可靠，而且会对视觉空间产生很大的影响，符合审美要求的视觉空间需要依赖结构空间的存在而得以实现，因此在建筑设计中不仅要将结构空间与适用空间相结合，还要将结构空间与视觉空间有机地结合在一起。

有些建筑设计的初学者总感到结构形式限制了其方案构思，实践证明，结构并非是实现建筑空间构思的障碍，而是实现构思的必要手段。设计师只要遵循结构体系及材料运用中的客观规律，充分发挥自身的逻辑性和创造性思维，对建筑空间进行艺术加工和处理，就能够创造出真正富有美感的建筑空间。我们不提倡那种脱离结构技术，单纯依靠建筑构思等纯形式主义概念进行建筑创作的所谓的“学院派”方法，也不赞成那种忽略建筑设计过程中的空间处理，过分依赖建筑建成后的装饰阶段来改善建筑空间效果的设计手法。许多结构形式对创造建筑空间造型、丰富建筑轮廓、加强空间的动感与韵律等都具有积极的作用。建筑设计者在实践中要不断丰富自身的结构经验，善于发现并运用结构形式本身所特有的美感，创造出符合结构规律的建筑艺术精品。

大跨度结构往往能够形成独特的空间及造型效果，但这并不意味着设计实践中最常用的框架、框架-剪力墙等结构形式就难以创造出多变的建筑空间。许多建筑大师留下的传世佳作都证明，只要能巧妙地运用一定的设计手法，就能在规律的柱网中创造出极具艺术魅力的建筑空间。

在设计实践中常用的手法有以下几种。

1）灵活分隔

框架结构最大的特点就是围护和分隔空间的墙体可以与承重体系的梁柱分离，不再受其严格的制约，因此设计中可以根据具体要求变化墙体的位置，同时与柱网保持一定的联系，这样可以创造出多种空间效果。根据墙与柱的相对关系，有的空间看不到柱子，有的墙上形成一排壁柱，还有的空间被一列柱子划分为不同的区域，这些空间处理手法在现代建筑设计中运用得非常普遍，是现代建筑的基本特征之一。

另外，在柱网中局部采用曲线或异形隔断也可以极大地丰富空间效果。曲线隔断不仅可以使空间产生一定的动感，还可以使该隔断分隔成的两个空间风格迥异，一面是凸向外部的空间界面，一面是凹向内部的空间界面，给人以不同的空间感受。

2）轴网旋转

轴网旋转是框架结构的建筑中较为常见的设计手法，是指将整体或局部轴网旋转一个特定的角度，形成一些扭转的非 90°直角的内部空间，从而打破千篇一律的矩形空间的单调感。在设计实践中以旋转 45°角者居多，因为这样既可以保持空间的变化，又可以方便空间的使用。这种呈 45°角布置的方法已由墙体发展到家具的组合，许多大空间的公共建筑，如开敞式办公区、大型商场、营业厅等，都采用这种方式布置办公家具或柜台，从而灵活划分了各种空间。

3）通融空间

框架结构作为梁柱承重体系，不但隔墙可以灵活布置，局部的外墙甚至楼板也都可有可无，极大地增强了现代建筑的开放性，为建筑的内部空间之间、内部空间与室外自然环境之间的互相渗透创造了条件。在规整的柱网体系中因地制宜地开放某些空间界面，是现代建筑中常见的空间处理手法，不仅增加了空间的变化，而且使建筑外观产生了强烈的虚实对比，丰富了立面效果。

“底层架空”是指将建筑底层或下面几层除交通空间以外全部敞开，以缓解许多现代建筑交通、停车、绿化等的矛盾，同时架空部分形成了许多介于室内空间和室外空间之间的灰空间，丰富了建筑的空间效果。

“中庭空间”是指将建筑内部适当位置的一层或多层楼板取消，甚至抽去柱子，使得上下几层空间得以贯通。中庭可以用来布置楼梯、自动扶梯、观光电梯等垂直交通系统，一方面使得空间的可识别性增强，另一方面使得人们在上下移动的过程中视线相互交流，给人以良好的心理感受。

“空中花园”是指在一些高层建筑中，为了给处在建筑上部的人们提供一个室内外相通的休闲环境，常将上部某一层甚至几层的局部外墙及楼板取消，配以绿化，使之成为半开放的庭院空间，也可以利用结构的悬挑特性，将室内空间扩展至柱网以外，这种手法不仅满足了建筑的使用要求，而且极大地丰富了建筑的空间效果。

在进行建筑设计时如何结合功能要求、材料情况、施工条件、空间处理、艺术造型等方面的具体情况，选择合适的结构形式，既是建筑空间组合的重要内容之一，也是创造良好造型的重要依据。无论是从建筑历史来看，还是从今后的发展来看，在建筑设计创作中，结构因素的影响是举足轻重的，古今中外优秀的建筑作品，总是与良好的结构形式相辅相成的。因此，作为建筑设计师，在结构选型的问题上，决不能掉以轻心，应把这个问题纳入整体构思中，这样才能比较妥善地解决建筑空间组合的问题。

8.2 材料构造与建筑设计

眼睛是一种强调距离和间隔的器官，触摸则强调亲近、私密和友善。大多时候，对于外墙与空间界面，尽管我们并没有真正用手去触及，却能通过视觉关联心理，从而产生粗糙与细腻、温润与生硬等印象。这说明材质肌理与构造工艺的微妙变化，使人们对建筑不仅停留在形的概念上，

图 8-6

也会使人的感觉世界发生变化。建筑师在设计中采用不同材质的表皮往往是为了体现个人风格。在阿尔瓦·阿尔托的设计中，无论是建筑外部的红砖纹理，还是建筑内部依靠手工精心制作的木质界面及家具细部，都能营造出温暖、亲切的氛围，唤起人们想要触摸的冲动(见图 8-6)。在他看来，家具不应该过于光滑、耀眼，也不应不利于声音吸收；经常使用的椅子，不应采用那些导热性能太好的材料来制造。他设计钢柱时，为了避免冰冷，会在与人们身体经常接触到的高度位置包上皮革。与纯粹理想化的视觉构筑物相比，他对建筑与使用者身体相遇时的对话更感兴趣，他更关心材料带来的真实感。

不同材质除了在表达建筑个性上具有不同的作用之外，还具有不同的物理特征与机械工艺技术。

8.2.1 砖与瓦

1. 砖

在我国古代，尽管木结构以绝对优势成为主流体系，但是有些建筑还是以砖作为结构材料。明代就曾出现过完全以砖券、砖拱结构建造的无梁殿。传统民居中，青灰色黏土砖不仅用于墙体，还用于地面。

随着 20 世纪后半叶全国建设规模的逐渐扩大，砖混结构也一度占主导地位：通常以砖横向叠砌为承重墙，在墙转角或十字、丁字交接处设置构造柱，并于墙顶部设置圈梁，以加强其整体性。这种结构对于规模不大、造型简单的单层或多层建筑来说，是比较经济的结构体系。

出于保护土壤资源的需要，黏土砖基本上已经被以粉煤灰、炉渣等为原料的大孔砖、多孔砖，以及硅酸盐混凝土、轻集料混凝土砌块代替。小型单排孔或多排孔空心砌块的主要规格为 190 mm×190 mm×390 mm。

2. 瓦

图 8-7

作为传统坡屋面的铺设材料，瓦因为构造简单、利于排水等特点被广泛使用。常见的有平瓦、小青瓦、石棉瓦、琉璃瓦等。通常在屋架檩条上铺望板，覆油毡防水，以顺水条压盖固定，然后在与之垂直的方向钉上挂瓦条，其间距应和瓦的尺寸相配合，多为 280～330 mm。自古以来，灰瓦白墙就以黑白构成的韵味显现出平民住宅的含蓄和恬淡。当代建筑师则利用瓦特有的装饰肌理来制造异乎寻常的视觉效果。王澍设计的“瓦园”(见图 8-7)是一个极具形而上意识的园林，面积约为 800 m^2，采用民间工匠技艺将60 000片旧瓦铺设于梁柱屋架上，形成一半平铺、一半沿对角线起坡的巨大的屋面。建筑师力图以单一材料"量"的积聚来获得视觉效果。在这里，极简不仅是一种形式，同时也意味着材料类型与用量的最少化。

8.2.2 木材等有机材料

1. 中国古代木结构体系

木结构是中国古代地上建筑的主要结构方式，也是辉煌的空间艺术的载体。直至今日，中国仍用土木工程来表达建设的概念，以区别于西方古代石结构建筑的特征。历代运用广泛的木构架形式有抬梁式、穿斗式和井干式三种。南方地区民居的木构架通常不施粉饰，清漆素面，追求天然木纹的含蓄之美。抬梁式构架是以柱、梁、枋、檩等为框架，在其顶部覆椽盖瓦，并在四壁建墙体与门窗，类似于现代的框架结构体系。穿斗式构架与抬梁式构架所不同的是沿山墙方向的柱子较细长，直接支撑檩条，屋架榀榀分开，这种构架形式多用于南方地区的建筑。井干式构架在商代以前就已经运用于陵墓当中，其特点是以原木层层堆叠建造墙体，并以此作为承重结构。直至今天，北方森林地区还依然使用这种构架形式建造民居。

中国古代木结构体系的产生与自然气候、地理环境密不可分。木构架便于就地取材，承重结构与围护结构分开正是"房倒屋不塌"的原因所在，同时这也在很大程度上解放了空间，增加了建筑形态的多样性——柱间外墙封闭围合即为屋殿，开放即为亭台。空间多元的形态不仅可以适应气候条件，还可以满足不同功能的技巧原则。传统的榫卯半刚性连接方式完全不同于"铁板钉钉"的刚性连接方式，木围护结构可先预制再装配，也可拆卸，为摆脱地域限制创造了可移动的前提机制，这就是为什么古代迁都时宫殿可以易地重建的原因。

2. 木材等有机材料的物理性能与绿色建材指标

干燥后含水率很低的木材绝热性能好，在厚度相同的情况下，其隔热值比混凝土高16倍，比钢材高400倍，比铝材高1600倍。在冬天室外温度完全相同的条件下，木结构建筑的室内温度比混凝土建筑的室内温度高6 ℃。同时，木材还可以吸收部分水平波的震荡冲击，因此木结构建筑能减少地震等自然灾害的威胁。早稻田大学的一个学生设计的日本Akira Kusumi贵宾房，尝试了一种特殊的木结构形式——先以金属丝将每三根木头呈三脚架状绑扎在一起作为基本结构单元，并调节单元间距以及木头之间的倾角，再沿每个单元中两根木头确定的平面覆以木板，并以灰泥饰面，围合成平面似逗号的空间，结构单元中的另一根木头则成为规律地外露于流畅曲墙外表的线性元素，立面开窗形式也自然顺应墙体内部支撑木的走势，呈逆向倾斜的平行四边形。正因为是弹性绑扎的木结构体系，这幢建筑才能在地震中幸免于难。

当代学者在重新审视木材、茅草等自然材料时，发现其除了具有质地温润、感觉亲切等特征外，还具备可持续发展精神。从生态建筑寿命周期的观点来看，建筑也有新陈代谢与生老病死。人们在建造建筑时就应该考虑到日后修葺、拆除时可能碰到的能源耗费与废弃垃圾的问题。钢筋混凝土等无机建材，从材料化合与构件生成所消耗的"内含能量"、运送所消耗的"灰色能量"，到现场浇筑所消耗的"诱发能量"、日常维护修缮所消耗的"运行能量"，各个环节都会消耗大量能量。当建筑被拆除时，还会产生无机建筑垃圾。相比之下，木材等有机材料在建筑从"生"到"死"的过程中，其发生的是可逆变化——源于自然，又回归到自然中，不会对环境产生永久性破坏。同时，这类材料还利于基地保水，对室内外空气的污染也较小。当然，对于不可无限再生的自然材料，必须有节制地利用，应该结合林业政策与机制，杜绝"掠夺性"开采所带来的灾难性后果。

3. 木材等有机材料的建筑防火

长期以来木结构的防水与防火一直是困扰其复兴与发展的难题之一。《建筑设计防火规范》(GB 50016—2014)明确规定了木结构建筑中构件的燃烧性能和耐火极限，同时指出，木结构建筑屋顶表层应采用不可燃烧材料；当由不同高度的部分组成时，较低部分屋顶的承重构件必须采用难燃烧材料，耐火极限应不低于 1 小时；木结构建筑不应超过 3 层，不同层数建筑的最大长度和最大防火分区面积不应超过表 8-2 中的规定；当安装有自动喷水灭火系统时，最大长度与最大防火分区面积按表 8-2 中的规定增加 1 倍。

研究表明，断面较厚、尺寸较大的木材在燃烧至 150 ℃时，常在外表形成碳化层，同时由于木材的热传导性较差，在燃烧时强度衰退比金属等缓慢，从而可以形成一定的阻燃机制。因此，一些建筑师扬长避短，尝试将天然材料经过适当加工处理后，再与混凝土、金属等结合，配合防火设施与构造，成功地创造出了自然生态建筑。

表 8-2 木结构建筑层数、最大长度和最大防火分区面积

层　数	最大长度/m	最大防火分区面积/m^2
1	100	1200
2	80	900
3	60	600

在德国北部，一些住宅至今依然沿用尖耸坡屋顶式样，采用当地传统的茅草层叠堆砌的构造施工技艺建造而成。这类建筑的防火设计要求较高，管理也较严格、规范，政府要求业主必须为其购买防火保险。

8.2.3 砌体石材与混凝土

1. 西方古典石材及混凝土结构体系

西方文明的发祥地古希腊以至整个欧洲创造了以石梁柱结构为主的建筑形式。那时的建筑更像是精心雕琢的雕塑，其造型及工艺都已达到非常高的水准。然而由于石材是脆性材料，其抗拉强度远远低于抗压强度，因此采用石梁柱结构不可能建造出跨度很大的建筑。古罗马时期，拱的出现使建筑内部空间的分化日趋发达，人们用以天然火山灰捣成的混凝土代替石材，使得像万神庙这样直径与高度都达到 43.3 m 的穹顶建筑有了强有力的技术支持。

可见，西方古典建筑充分利用石材、混凝土的强度与耐久性等特性，以梁柱、拱券等结构体系创造出了许多形式生动的宏伟建筑，至今也令人叹为观止。

2. 混凝土材料语言

真正可以承重的钢筋混凝土是法国人于 1848 年发明的。这种材料以其可塑性和朴素的质地成为很多建筑师坚守的设计语言。

除柯布西耶外，美国建筑师拉尔夫·艾伦也是一位忠实地追求混凝土神韵的探索者。他偏爱“易于辨认的造型，如动物的曲线轮廓、飞鸟优雅的姿势”，而混凝土的特性恰恰暗合了他的这种欲望。在他几乎所有重要的设计实践中，都采用混凝土作为结构和表皮材料，但是他却以不同的工艺程序造成了细微的肌理差别：有以勾缝分割的小型混凝土砌块，有利用混凝土以带条形槽的模板压制成线状纹理表面的大型预制板，有的完全保留拆模后的原始状态，有的为了避免过于

粗糙，在表面喷射或粉刷了一层色泽较浅、较为细腻的混合砂浆。保罗·鲁道夫设计的美国耶鲁大学艺术与建筑系馆如图 8-8 所示，在阳光下颇具天然石材朴素、大气的效果。另外一些建筑将预埋的铜、钢、花岗岩等与混凝土浇筑为一体，再与木材、玻璃等搭配对比，展现出混合材料语言的魅力。此外，还可以通过添加颜料、调节骨料搭配比，将混凝土压制成不同色彩、图案的装饰砌块，为建筑提供更生动的表现要素。

图 8-8

3. 砾石、卵石

天然砾石、卵石可用于铺设柔性地面，利于渗水防尘。日本"枯山水"多以粗砾象征水面，而江南园林则常用卵石拼饰道路。较大的卵石因其自重和强度较大而具有承重的性能，也可用于民居外墙或挡土墙的建造。以卵石建造的墙体，保温隔热性能较好，具有热惰性和一定的保水性，房间冬暖夏凉，可以满足温、湿度要求。建筑先锋马清运在陕西蓝田为其父设计的玉山石柴，几乎全部采用卵石垒筑墙体，相对于单纯的形式感而言，这更是对真实的生活状态、建造成本、施工能力等因素的智慧演绎。

4. 石片材与陶瓷墙面砖

天然石材还可加工为片状饰面材料。当围护墙体砌筑好之后，可采用贴面方法，将规格较小的石片材或陶瓷外墙砖以白水泥胶水浆粘贴在表面，以保护内部结构，增强建筑的耐久性及保温隔热性能。同时，建筑师们还创造出了多种多样的铺贴拼缝方法，仔细推敲其宽窄比例，配合形体，以产生耐看的线条纹样细部。

对于尺寸较大的大理石、花岗岩、青石板、人造石等片材，常采取绑扎或干挂两种方法进行安装。当片材较薄时，一般先在片材侧面钻孔打眼，然后将金属丝穿入孔内，绑扎于基体焊接的钢筋骨架上，最后灌浆嵌缝为整体，这种方法称为绑扎法。当片材较厚时，则宜通过镀锌锚固件与基体固定，这种方法称为干挂法。干挂法无须灌浆，工序简单，施工时对外界的干扰小，并且表面平整，因此也是较常采用的方法。

8.2.4 钢材与金属

钢结构轻质高强，变形性能好，施工快速便捷，对场地的污染较小，因此钢材是一种极具前景的新兴建材。除了结构支撑外，钢材还积极参与到建筑形象的塑造当中。远藤秀平就擅长采用压型波纹金属板的特殊肌理主导建筑形象，其作品也因此流露出典型的工业化气质。他在日本某建筑工程公司办公楼的设计中，将四道连续曲折的压型钢板直接暴露在外，穿插组合成简洁、低调的造型。建筑内部以钢板网铺设楼面，其透光性能优于传统的封闭的实体楼板，避免了下层因上层遮挡而享受不到自然光的问题。

高抛光金属显示出冷峻的科技前瞻感。Future Systems 设计的位于英国伯明翰的 Selfridges 百货商店，以 15 000 个铝质圆盘“编织”成自然有机形态的表皮，独一无二的外太空形象对于城市景观效应的重塑起到了巨大的推动作用。

受当代艺术取向的影响，一些建筑抛开不锈钢，转而利用金属部分锈蚀后的特殊质感来表现不修边幅的粗犷。位于西班牙马德里的 EL Croquis 总部办公楼，以锈蚀后的高强度合金钢板构成的动态体量牢牢地抓住地面，支撑着上部两个巨大的斜置的方盒子式的“书橱”（见图 8-9）。

图 8-9

钢材虽然不可燃烧，但不耐火，导热性能极好。普通建筑用的裸露钢材，高温下强度会骤减，耐火极限只有 15 分钟左右。因此采用钢结构，防火是非常重要的。常见的防火处理方式有防火板包裹、防火喷涂、复合防火等。其中，防火板包裹的工序和工艺较复杂，在用户二次装修时防火板也容易被破坏，因此，大多数建筑的钢结构主体仍采用表面防火喷涂。

8.2.5 轻质预制装配式板材

第二次世界大战后，欧美各国的生产相对恢复，玻璃幕墙及预制混凝土外墙板等材料技术的发展为建筑的快速发展提供了条件。随着当代钢结构以及轻质装配式板材墙体构造技术的创新，新一轮的建筑产业化进程势必会加速。

目前，为了配合钢结构应运而生的各种新型防水保温板、玻璃纤维增强水泥板、蒸压加气轻质混凝土板、轻质砂加气混凝土板等预构件，大多使用模具喷射制作。这些预构件因为是预制产品，所以尺寸准确，表面平整光滑，安装方便，在抗震性、气密性、防水性、防火性等方面也具有优势，同时还可回收再利用。

应用这类轻质装配式板材作为围护墙体时，建筑造型所依赖的模数体系有别于传统的砖混或框架结构。为了减少现场切割的工作量，最大限度地发挥规模生产的优势，在建筑设计初期就应从开间、进深、标高到内部隔断、门窗细部等方面考虑其与板材尺寸的倍数关系。另外，由于钢框架主体结构与板材不能同步变形而容易产生裂缝，所以在构造方式上除了常见的干挂施工之外，还可在板之间立筋灌浆，这样既可以保持整体强度，又可以预留弹性变形的空间。

8.2.6　玻璃与幕墙

玻璃是一种古老的建筑材料，在哥特式教堂中就曾以深红、深蓝等颜色的彩色玻璃作为特殊的围护材料，以影响光强和光色，从而左右信徒的意志。而 1851 年的伦敦水晶宫则可谓是玻璃与金属作为现代材料首次自豪地大规模地亮相于工业化时代的建筑杰作。玻璃材料轻盈、脆弱、冷漠，与金属等其他现代材料一样代表了技术的理性力量。

1. 镜面反射玻璃及 Low-E 玻璃

作为现代建筑反映视觉多样性的手段之一，镜面反射玻璃既可以透光，也可以使眼睛摆脱固有的透视，此一时彼一时地容纳相异的物象片段与场景，它们之间可能没有逻辑关联，却在同一时间点被包容到镜面当中。20 世纪 60 年代，欧洲制造商开始研发低辐射玻璃，简称 Low-E 玻璃。1978 年，Low-E 玻璃成功地被应用到建筑上。从 1990 年开始，其用量在美国以每年 5%的速度递增。生产 Low-E 玻璃可采用在线高温热解沉积法和离线真空溅射法两种方法。第一种方法是在浮法玻璃冷却的同时将液体金属或金属粉末直接喷射到热玻璃表面上，从而使金属膜层成为玻璃的一部分，但由于膜的厚度有限，故隔热性能欠佳。第二种方法是将一层纯银薄膜作为功能膜夹在两层金属氧化物膜之间，所以这种玻璃必须做成中空玻璃，这种工艺生产的 Low-E 玻璃具有较高的透光性和热舒适度，因此被大量应用在轻质自承重幕墙中。

2. 中空玻璃与真空玻璃

玻璃是建筑物外墙中最薄、最容易传热的部位，如果玻璃之间夹隔空气层，则整体热阻会增大。中空玻璃通常在两片或两片以上的玻璃之间隔以铝合金框条，框和玻璃之间以丁基胶密封，铝框内放置干燥剂，通过其表面的缝隙吸湿，使夹层空气长期保持干燥，所以这种玻璃的保温隔热性能较好。如果需要进一步提高玻璃的保温隔热性能，可以增加空气层数，采用三玻结构，夹层空气还可用氩气等惰性气体代替。如果将中空玻璃的夹层抽成真空，则可以使其具有更好的隔声效果。真空玻璃常用不会影响透光的微小支撑物均匀地分布于其中，以使两侧的平板玻璃能够承受大气压和风荷载。

3. 透明玻璃及幕墙

镜面玻璃及幕墙具有较好的私密性，但由于其定向反射特性，使得城市光污染以及交通危险系数增大。透明玻璃及幕墙在这方面的隐患则相对较小，因而被大量运用于建筑外墙、窗户，甚至屋顶、地面等界面。事实上，早在 20 世纪 20 年代，密斯就在大量的作品中使用了透明平板玻璃，并且提出了窗、墙合二为一的幕墙设想。其设计的全透明的建筑并不突显自身的信息，而以投射和反射来表现复杂的内外空间透视。当代设计透明化的轮回使建筑边界越来越模糊，几近消失，引发了一场“表皮消隐”的建筑革新。

玻璃幕墙通常采用三种构造体系与支撑方式。第一种是采用铁、铝合金、不锈钢等金属框架作为结构支撑，玻璃在框架外侧以胶黏剂黏结，这种方式称为明框式。第二种是隐框式，这种方式避免了金属支撑框架，使墙面完全由玻璃组成，空间更为透明、开放。第三种是常用的点式支撑方式，即在玻璃四角钻小孔，插入带有自由旋转系统的人字交叉不锈钢驳接爪，并以驳接螺栓将玻璃锚固，驳接爪再与金属框架、桁架、网架等焊接，有的还以钢索拉固，使之成为稳定的整体。采用这种方式时，结构与玻璃相对独立，能支撑任意倾斜或弧形弯曲的玻璃墙体，大大提高了幕墙造型的自由度。法国建筑师保罗·安德鲁设计的中国国家大剧院，其幕墙穹顶采用1126块圣戈班超白平板玻璃组成。为了防止因钢框架与玻璃的延展性及热胀冷缩性能不同而产生开裂等问题，施工时可以在两者间以胶质材料进行密封，既可以防止雨水渗漏，又可以为两种材料提供缓冲空间，从而确保安全。

4. 玻璃砖

玻璃砖由耐高温玻璃压制成型，通常由两个半坯结合在一起形成空腔，其内侧可压制成不同肌理的花纹，也可镀彩色膜层。它具有质轻、采光性能强、隔音等物理特性，因其规律化肌理和含蓄的光影效果，一直为很多建筑师所青睐。同时，玻璃砖模数化的尺度实现了生产制作与现场装配的便捷性，也为快速、洁净的干式施工法提供了可能性。1998年，皮亚诺在东京银座地区设计的法国爱马仕日本总部以"玻璃之家"的形式，代表了技术发展带来的规模、结构、构造与施工方面的飞跃和变迁(见图8-10)。这座高11层的大楼基本上采用428 mm×428 mm的大型玻璃砖包裹外表面，白天光影闪烁，夜晚则犹如巨大的自发光晶体。为了最大限度地实现通透，大楼采用全新隐藏式玻璃砖支撑系统，玻璃砖侧面开内凹槽口，钢框架嵌卡于其中，并用硅胶密封，再通过钢扣件与悬挑楼板固定。与此同时，还巧妙地在钢框架紧贴玻璃砖的一侧镀银，以增加反光效果，减弱接缝对视线的影响。另外，考虑到日本是地震多发国家，建筑采用了整体柔性结构，在外侧钢立柱与楼板交接处设置了化纤胶阀门，允许地震时楼板在一定范围内摆动，地震的能量被"关节"吸收，楼板牵动玻璃砖及钢框架像一层有机皮肤细微、均匀地颤动，能限制结构位移以及对表皮的损伤。在施工的过程中，先在瑞士将每9块玻璃砖从上到下分别镶嵌在方框格中，组装成1个竖向单元，每个单元的高度正好等于层高，然后将这些单元运到日本吊装，最终建成朝向街道的大面积玻璃砖墙体，真正体现出当代标准化建设方面高超的控制水平与技艺。

图 8-10

5. 双层皮系统与遮阳技术

顾名思义，双层皮就是采用双层体系作为围护结构，两层“皮”之间留有一定空间，依靠不同的分隔与构造方式形成温度缓冲部位。早在 1931 年，柯布西耶就提议，将巴黎难民城外墙做成间隔 50～100 mm 的双层玻璃，以抵御外部气候的变化。20 世纪 60 年代，北欧国家研发的“Airflow-Window”系统如图 8-11 所示，冬季双层玻璃带来的温室效应可加强保温，夏季依靠遮阳装置可阻隔直射阳光，这也被公认为现代双层玻璃幕墙技术的雏形。两侧的玻璃可完全垂挂，形成无阻隔空腔，也可在内部做水平、垂直间隔，水平间隔可于每层楼板处设置，也可数层间隔设置，形成“箱式”“井-箱式”“廊道式”等不同构造。建筑顶部设有排气口，下部设有进气口，垂直玻璃间隔上也设有侧向通风口以及能开能闭的调节盖板，依靠气压差形成烟囱效应，以加速空腔内空气的流动。有的建筑立面还可安装光伏幕墙模块，将光伏发电系统与夹层中的排风电机相连，随着热辐射的加强增大排风量，主动应对外部热环境。

双层皮构造既可以是全透明的，也可以与半透明玻璃，甚至非透明围护构件相组合，形成多元化的形式。卒姆托设计的奥地利布雷根茨美术馆，表皮由等大的长方形半透明玻璃板以金属支架及夹钳安装在钢结构上，并与内侧的混凝土墙体固定。每个玻璃板都做成齿状倾斜，形成与混凝土墙体间的空气层，产生对外渗透的均匀缝隙，既能调节进入展厅内部的光线，又能隔热、通风。

双层皮构造相当于完全将建筑包裹了一层，因而能有效提高隔音效果，但进光总量不如单层玻璃。同时，双层构造会加大房间的进深，使得建筑的采光效果变差。基于此，可在空腔内设置反光板等装置来调节进光（见图 8-12）。

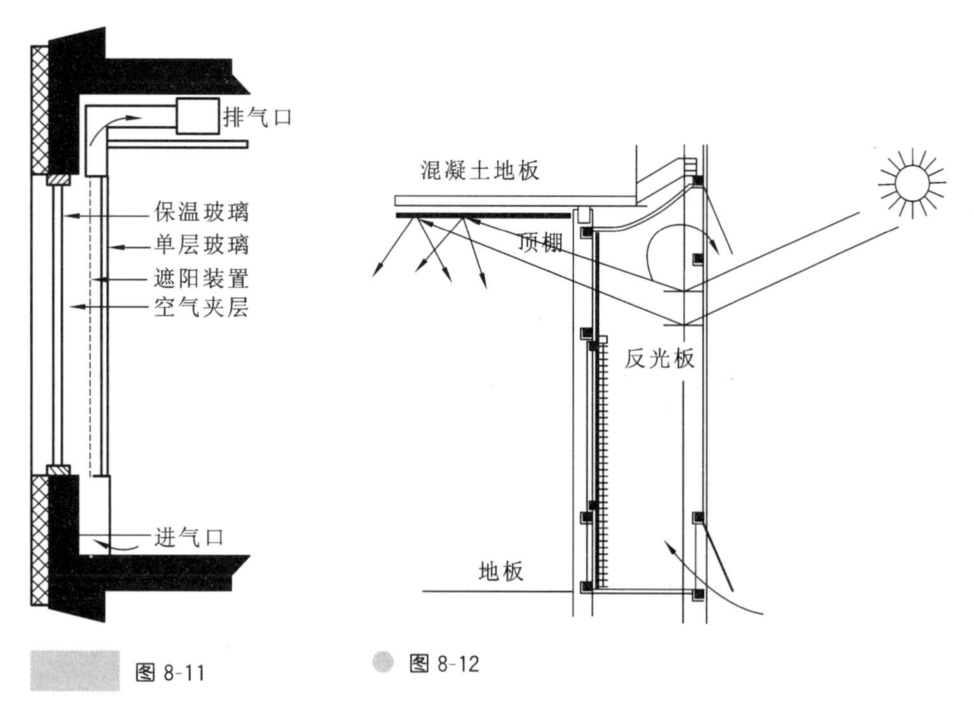

图 8-11　　图 8-12

为了避免夏季阳光直射造成室内过热、能耗增加以及眩光的问题，可设置遮阳装置。与双层玻璃幕墙相配合的遮阳方式有内置式和外置式两种。清华大学超低能耗示范楼就采用了各种各样的遮阳方式，以满足不同区域的采光、视野与保温隔热要求（见图 8-13）。

内置遮阳可采用完全设置在内部的百叶窗等，安装方便，调节灵活，经济洁净，但隔热性能有

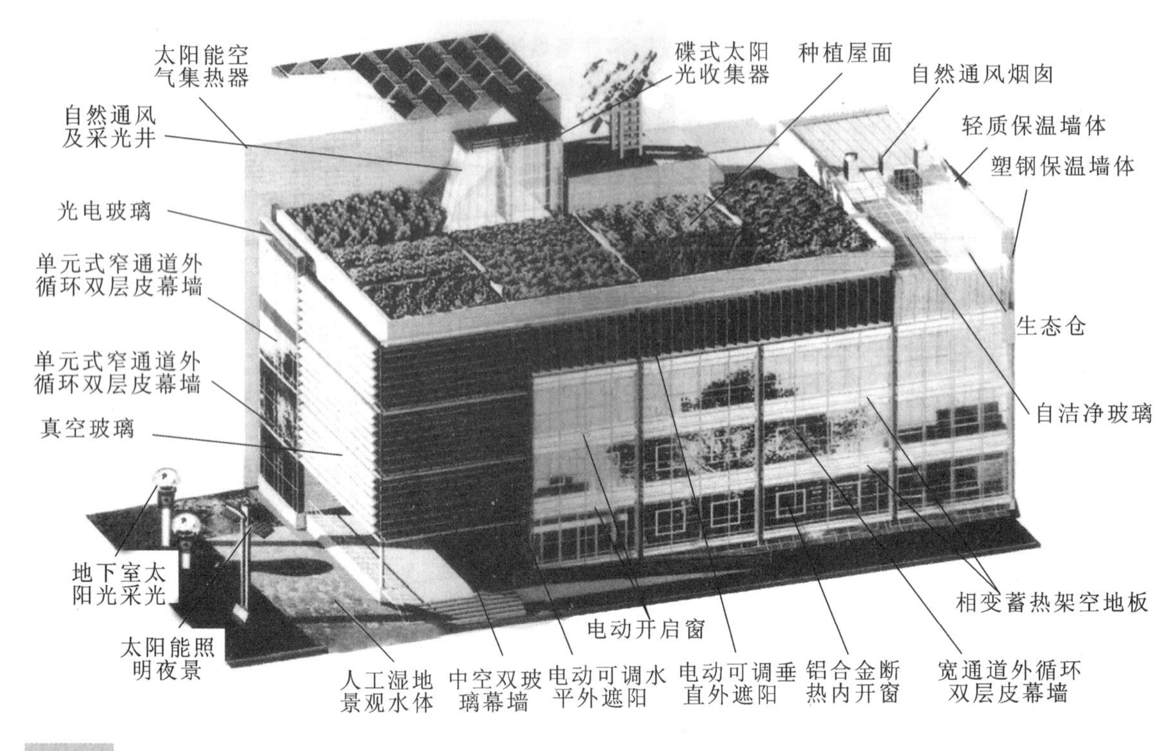

图 8-13

限。如果在双层皮之间设置自动控制的百叶窗，夏季可配合内外开窗，形成自然通风，起到降温的作用；冬季则可闭合外皮，形成具有空气夹层的双层体系，使整个构造的热阻加大，保温性能也随之提高。

外置遮阳在隔热性能上与内置遮阳相比，有明显的优势，但必须具备较高的强度、刚度，对活动构件的机制要求也较高，以抵抗外界气候与荷载的变化。水平或垂直百叶是最常见的外遮阳形式，设计时通常根据朝向和立面形式来确定遮阳方法、位置以及百叶的深度，并依靠与百叶联动的电动执行器来控制其转动。一般来说，水平百叶可控制不同高度角的光线进入，对于低纬度或夏季高度角较大的强日照就容易阻隔。垂直百叶是针对阳光方位角变化而采取的选择性装置，能有效遮挡高度角很小的早晚光线。但是由于人的横向视域比纵向视域大，垂直百叶有悖于使用者的视觉习惯，因此要慎选。有的建筑还采用固定或可推拉翻转的挡板作为外遮阳装置。新加坡滨海艺术中心玻璃外侧规律覆盖的角状突起是一个个安装在钢网架上的三角形遮阳构造（见图 8-14）。在计算机的控制下，每个单元的两块铝板能随光线入射角度的改变而变换形态，当南向阳光照射时，遮阳板会自动

图 8-14

开启，以获取自然光照以及较开阔的景观视野，而针对西晒强光，遮阳板则会自动关闭。随着遮阳的智能化与精确化发展，百叶遮阳形式也越来越丰富，遮阳甚至成为很多建筑立面的控制元素。可见，当代社会人们对建筑生态与节能的关注，直接引发了审美观念与造型导向的改变。

8.2.7 复合墙体构造

除了使用单一材料建造墙体之外，还可以采用多种材料建造复合墙体，共同适应除承重、围护之外的建筑物理要求。

在寒冷地区，经常在砖、混凝土砌块当中夹杂膨胀珍珠岩等材料。这种复合墙体构造既发挥了重质材料较好的承重及耐水、耐火性能，又利用了轻质微孔材料的绝热特征，使承重墙的保温隔热性能大大加强。

在节能领域，法国太阳能实验室主任 Trombe 教授首先发明了一种以其名字命名的集热墙——Trombe 墙。这种墙体的构造从外到内分别为：双层玻璃窗、可动绝热帘（百叶）、外侧为深色涂层的混凝土墙。其冬季与夏季、白天与晚上的工作情况各不相同：冬季白天将绝热帘（百叶）卷上去，从玻璃透射的太阳能可以通过混凝土墙的深色涂层更好地吸收并储存于混凝土墙中，由于混凝土具有热惰性，热能正好可以在夜间缓慢释放到房间内部，此时应将绝热帘（百叶）放下以免损失热量；夏季白天正好相反，将绝热帘（百叶）放下以阻止阳光暴晒，夜晚则将玻璃和墙上的通风口打开，利用空气对流带走室内的热量。

与其原理类似、效率更高的是透明保热墙。这种墙体在黑色吸热表层与绝热帘（百叶）之间增加了一层透明保热层，这层透明保热层由类似有机玻璃的丙烯酸酯制成的蜂窝状微毛细管构成。这层空隙材料具有更好的保温隔热性能，同时不影响透光，其背面以玻璃或透明塑料紧贴封闭，防止室内热量散失。

目前，Trombe 墙和透明保热墙在国内应用还不多，首先是因为成本高，施工难度大；其次，为了保持较多的日照时数，采用这种构造的建筑，其南北向间距势必会增大，这样会降低土地的利用率；再次，由于储热混凝土墙外侧需要采用深色或黑色涂层，这也给建筑立面处理带来了审美形式上的挑战。

8.2.8 高新建筑材料与智能技术

随着尖端工业技术的发展，当代建筑增加了对轻质工业材料，如不锈钢、穿孔铝板、金属丝网等的运用。普通透明玻璃也发展为液晶玻璃、红外线反射薄膜等，既考虑到了透明性，也兼顾了保温隔热要求，同时还配合激光和计算机调控照明技术，使其可从透明变为半透明和不透明，色彩也可以发生变化。

赫尔佐格和德梅隆设计的德国慕尼黑安联体育场，表面采用 2874 个菱形 ETFE（乙烯-四氟乙烯共聚物）薄膜结构单元构成。这种材料具有自清洁、防火、防水、隔热、耐划伤等性能，在夜间可通过先进的照明技术形成红、蓝、白三种颜色，分别对应拜仁慕尼黑、慕尼黑 1860 以及德国国家队的队服颜色。在北京奥运会水立方中，屋盖、外墙和隔墙的内外表面同样采用厚度仅为 0.2 mm、透光性能好的 ETFE 薄膜充气气枕及配套气泵，并将其镶嵌于钢结构框格中。

法国里尔美术馆扩建工程于 1997 年完成，简单几何形体的新馆玻璃表皮上印制了规则的镜

图 8-15

面方点，镜像老馆建筑的形象，形成了虚拟的符号信息，并随时间和外界气候条件的变化而变化，实现了新、老馆的互动和联系。

让·努维尔在 1987 年设计法国巴黎阿拉伯世界研究院（见图 8-15）时，将 27 000 个由铝制仿相机光圈形式构成的易变控光“快门”置于南面表皮的双层玻璃内。这些构件一方面具有穆斯林图案特征；另一方面，光电单元与计算机相连，调节阳光通过表皮的量。智能技术已经以其敏锐的表达方式参与到建筑塑造中。

8.3 建筑设备与建筑设计

人们在一幢建筑中的日常生活和工作总是离不开水、空气和电，我们把提供水、空气和电的设备称为建筑设备。建筑设备包括给水与排水系统，采暖、通风与空调系统，以及电力电气系统。有了这些设备，就可以为人们提供舒适的室内环境。

8.3.1 给水与排水系统

随着社会科技的不断发展，人类取水不再通过雨水或山泉，而是打开自来水龙头就可以得到水。然而，这些自来水仍然源于对雨水、地下水的收集、积蓄、净化，然后由市政管道引入建筑。所以，我们不仅要了解建筑的给水与排水系统，还要有珍惜和保护水资源的意识。

1. 给水系统

室内给水系统由管道、阀门和用水设备等组成。除了生活用水，还有消防用水以及工业建筑的工业用水。多数生活用水是经过净化的，并具有一定的水压。对于较高的建筑，市政水压不足以供给，所以需要设置水泵、水池和水箱等，并通过稳压、减压等技术来保证所需的供水。

消防给水系统是建筑物防火灭火的主要设备，不同的建筑类型、建筑高度有不同的建筑物防火等级和分类，对消防给水系统的要求也不同。

2. 排水系统

室内排水系统的组成与给水系统类似，室内管道收集的污水、雨水排入市政雨污管网。与给水系统不同的是，排水管道的水压是依靠其自身重力产生的，所以排水管道要有一定的坡度，否则会产生堵和漏。排水系统除了要保证畅通以外，还必须防止污染，所以建筑室内排水要求雨污分流、油污分流。一部分排水经过处理后还可以循环使用，如经过中水处理的水可用于灌溉、洗车等。

8.3.2 采暖、通风与空调系统

人们对于冷暖的感觉主要通过空气而获得。此外，空气质量，如湿度、颗粒污染物等，是直接影响人们舒适、健康的因素。在没有通风设备和空调设备以前，人们主要通过打开门窗进行自然

通风，从而解决闷热、潮湿的问题。但地球上大部分地区处于“冬冷夏热”的恶劣环境中，同时有些室内空间为无法开窗的封闭空间，因此，为了改善室内的空气环境，满足健康、舒适的要求，需要设置采暖、通风和空调系统。

1. 采暖系统

采暖系统是由散热器、阀门和管道组成的，根据热媒的不同，管道中有热水、蒸汽等。我国北方地区在寒冷季节需要采取集中供暖的方式，如产生热水或蒸汽的锅炉房，有些南方地区在冬天也会采用局部供暖的方式，如热风管道。上述供暖方式通常需要消耗能源，如煤、油、气、电等。近年来，人们的环保、生态意识日益增强，通过努力，人们发现了多种绿色能源可用于室内供暖，如地热等。

2. 通风系统

为了解决空气中的湿气、余热、粉尘和有害气体等问题，人们常常通过风口、管道、风机等设备排出室内的不良空气，并向室内输入新鲜空气。与水体相似，空气是有压力的，空气总是顺着压力由大（正）向小（负）的方向流动。因此，有效的办法是让室内的不良空气处于负压空间，尽量避免其流向清洁区。

此外，通风系统往往与消防的排烟系统综合考虑，即平时作为通风系统，发生火灾时则转换为排烟系统。

3. 空调系统

目前，我国多数民用建筑均设有用于改善室内空气温度和湿度的空调系统。空调系统分为集中空调和局部空调。后者较简单，如家用的空调机就是局部空调，而集中空调则比较复杂，一般由风口、空调机、风管、冷水管、制冷机、热媒等组成，系统造价高，能耗高，污染物排放也较多。

许多建筑师都将创造一个室内不使用空调或少使用空调的绿色建筑作为奋斗目标，他们在设计过程中会采用保温隔热的围护结构、低能耗玻璃、节能门窗等技术。

8.3.3 电力电气系统

建筑内部空间的照明不仅给人们带来了光明，也给人们带来了安定、温馨的感觉。建筑内部空间的照明通过电力电气系统来获得，电力电气系统包括强电系统和弱电系统。

1. 强电系统

室内强电系统包括配电线路、插座、灯具及其他用电设备。我国民用建筑的室内电力电气线路的电压有 220 V 和 380 V 两种，以满足不同电流负载的用电设备的要求。一般，民用建筑室内线路多为暗敷，即将电线埋设于墙体和楼板里，在一定的使用区间内设置一个配电箱，并加载短路保护、过载保护等。灯具的设计是室内设计的重点之一，既要有效，又要美观，选择时应优先考虑高效节能灯。

室内供电来自市政电网，某些重要建筑还需要设置自备电源和应急电源，即通过发电机组进行室内供电，以满足临时性的需要。

建筑物的防雷也属于电力设计的范畴。建筑物的防雷系统是由避雷针、引下线和接地极等组成的。有些建筑顶部的避雷针还可以起到一定的装饰作用。

2. 弱电系统

建筑弱电系统一般包括通信、有线电视等系统，有些建筑中还设有安保监控、消防报警、背景广播等系统。随着对建筑节能的日趋关注，建筑的智能化管理技术也得到了越来越多的应用，如照明节能智能化、电梯智能化、空调智能化等。

实践单元——练习 12

- **单元主题**：技术 vs. 结构——具体的抽象。
- **单元形式**：模型制作。
- **练习说明**：检验技术在建筑中所扮演的角色。将各个部分放到整体中进行统筹安排，由各个部分组成的系统，相互间独立。
- **评判标准**：空间质量、功能间的相互影响、设计图的质量、作品的抽象程度。

实践单元——练习 13

- **单元主题**：围护——表层包裹。
- **单元形式**：模型制作。
- **练习说明**：通过研究建筑中覆层的原则，揭示表层和结构的内在关系。运用上一个练习中的结构模型为接下来的围合系统提供框架，这个围合系统还可以被视为拥有自身特点及空间品质的系统。还应该考虑结构和外壳间的相互影响以及间隙中的空间的可能性。
- **评判标准**：结构和外壳的关系、视图中的围护与整合、品质和功能、外观。

实践单元——练习 14

- **单元主题**：反馈环——从过程到作品。
- **单元形式**：设计与课堂综述。
- **练习说明**：自主选择各种表现方式呈现一个最终的项目作品，这个作品要在概念和内容上具有清晰的意图和明确的论证，并将发展过程和作品的关系放在首位。提交的作品由工作模型和分步绘图构成。
- **评判标准**：内容的意图和概念、空间系统、功能系统、内部结构、体积和外观、工作过程、模型的质量。

Chapter 9

第9章 建筑经济

9.1 建筑的经济性评价

建筑经济问题是一个综合性的课题，从场地的选择、建筑总体规划、建筑空间组合、施工组织，到建筑的维修管理等一系列过程中都包含着经济因素。建筑师不仅要在建筑设计方面拥有足够的技能，而且要对建筑的经济问题给予重视。考虑经济问题不是要降低质量，而是要在保证必要的质量标准的前提下，不浪费一分钱，使一定的投资获得最大的经济效益，但又要防止因片面追求节约而导致影响建筑的功能，降低建筑的质量标准，增加建筑的维修费用等。在建筑设计中除了要满足功能使用要求外，还要注意建筑的经济性，缺少任何一面都不能称之为优秀建筑。

9.1.1 建筑的平方米造价及主要材料的消耗量

建筑的平方米造价是衡量建筑经济性的一个指标。影响该指标的因素是比较复杂的，要精确计算也是比较麻烦的。在初步设计阶段主要通过概算来控制建筑的经济性，只有在施工图完成之后才能进行预算，得出平方米造价。由于地区之间存在各类差价，所以平方米造价只有在相同的地区才有可比性。

为了使不同设计具有可比性，通常将平均每平方米建筑面积的主要材料消耗量作为一项经济指标，主要材料一般指钢材、水泥、木材和砖。因为耗材量和耗工量是影响造价的基本因素，因此材料消耗量和工日消耗量在很大程度上可以反映造价指标。耗材量和耗工量还可以反映新材料、新结构、新工艺的使用程度，同时也可以反映施工工业化的水平。目前，我国将平方米造价和主要材料的消耗量作为衡量建筑经济性的重要指标。

9.1.2 长期经济效益

衡量建筑的经济性必须注重建筑使用过程中的长期经济效益，这就需要恰当地选择建筑的质量标准。它的选择直接影响建筑的使用年限和在使用过程中的维修费用的高低。片面降低质量标准，不仅会影响使用水平，而且会增加维修费用，这实质上是一种极大的浪费。建筑的使用年限通常比较长，使用期内各项费用的总和往往比一次性投资大很多。从德国对几种使用寿命为80年的典型住宅所进行的费用分析来看，使用期间的维修费用为建筑费用的1.3～1.4倍。英国对设备较完善的医院，从设计、施工、设备更新、维修养护、使用管理等方面进行了费用分析，维修养护费用是总造价的1.5倍，使用管理费用为总造价的6.4倍。因此，以建筑的长期经济效益来衡量建筑的经济性是十分必要的。

9.1.3 结构形式及建筑材料

结构是房屋的骨架，是建筑得以存在的物质基础，不同的结构形式将产生不同的建筑空间和不同的建筑形象。例如古代的埃及神庙，当时的建筑技术决定它只能采用简单加工的石架和石柱建造，就自然形成了粗壮、坚实的形象。我国古代建筑由于承重体系是木构架，因此产生了优美的曲线屋顶、图案式的斗拱。如今，钢结构和钢筋混凝土结构不断发展，促进了大跨度建筑和高层建筑的不断出现，对建筑造型和建筑艺术的影响极为明显，因此建筑与结构密切相关。对于建筑师来说，应掌握各种结构形式的特点及其适用范围，只有这样，才能在创作建筑空间时选择适宜的结构体系，并使结构形式充分发挥力学性能，达到应有的经济效益。这是评价建筑的经济性时不可忽视的一个因素。在一般的民用建筑中，基础、楼板、屋盖的造价占建筑造价的30%以上，这说明合理选择结构形式非常重要。而结构的合理性首先表现在组成这个结构的材料的性能能不能充分发挥作用。因此，我们首先要选择能充分发挥材料性能的结构形式，其次要合理地选用结构材料，利用它的长处，避免和克服它的短处。

9.1.4 建筑工业化

衡量建筑的经济性还应从有利于缩短施工期限、提高劳动生产率、广泛利用工业化产品、采用机械化安装等方面考虑。在进行建筑平面空间组合时，应考虑使装配构件的类型最少，且尺寸应尽可能统一。因此，设计上要求实现建筑体系化，即进行工业化建筑体系的建筑设计。根据各地区的自然资源、经济条件、技术力量等的不同情况，对建筑的结构形式、采用的材料、施工工艺和生产方式等进行全面的考虑，把建筑生产纳入到工业化的轨道上去，这就要求设计时应对同类建筑进行全面的研究和分析，并对建筑中存在的共性问题进行提炼和概括，这样才能使设计既有高度的统一性，又有一定程度的灵活性，从而为实现工业化生产创造有利条件。对于纳入建筑体系设计对象的建筑，要采用合理的模数网，并选择合理的层高，这些对节约用地、节约原材料、降低造价都有显著的作用。

当然建筑体系设计并不排斥行之有效的各种类型的标准设计和定型设计，相反，它们之间存在着密切的内在联系。标准设计本身就是实现建筑工业化的途径之一，而且许多标准设计在一定程度上也体现了同类建筑中共性与个性相结合的特点，因此推广采用标准设计不但可以加速建筑工业化的进程，而且在标准设计的基础上还可以逐步提高，向更高的工业化要求迈进。在设计时应做到对于大量性多次重复建造的房屋采用标准设计或定型设计；当不能将整个建筑物定型化时，应将其中重复出现的部分，如建筑单元加以定型化；具有广泛使用性的结构和构造节点，应使之标准化；房屋的柱网、层高及其他建筑参数，应使之统一化；建筑的构件和配件，应力求使其统一化，并具有通用互换的可能性。

在住宅、学校等大量性的民用建筑中，采用工业化方法设计既要求标准化，又要求多样化。例如在住宅平面空间组合中，可以采用各种方法进行组合：采用定型单元的组合方法，即以一种或几种定型单元组成多种标准与户型的组合体；采用构件定型的方法，进行多种平面组合；采用大空间定型单元，增加房间分隔的灵活性。

在建筑设计中，工业化程度越高，采用的标准设计和定型设计就越广，对加快施工就越有利，从而可以降低建设投资。

9.1.5 技术、适用、美观和经济的统一

在建筑设计中，同一类型、同一标准的建筑由于采用不同的结构形式、不同的建筑材料、不同的平面组合和不同的空间形体，可以设计出若干个不同的投资方案。为了选择最优的方案，不仅要对上述有关经济问题进行分析比较，还要处理好技术、适用、美观和经济的关系。

在建筑发展中，技术和经济始终是并存的两个方面，二者有着相互促进、相互制约的辩证关系。一项新的建筑技术，不仅要在技术上先进，还必须有良好的经济效益，这样才会具有强大的生命力。

“安全、适用、经济、美观”是我国指导建筑创作的方针。在技术经济评价中，适用是主导因素。一幢不适用的建筑本身就是浪费，在使用过程中也难有较好的经济效益。不顾适用性，片面强调经济性，常常会造成更大的浪费。因此应在适用的前提下追求经济性，使适用和经济更好地统一起来。

建筑不仅要满足功能使用要求，还要取得某种建筑艺术效果，但这并不意味着以投资多少来决定其艺术价值。经济和美观应辩证地统一。

因此，在一切设计工作中，都要力求在节约的基础上达到适用的目的，在可能的物质基础上努力创新，设计出经济、适用、美观、大方的建筑。

9.2 建筑设计的经济问题

9.2.1 建筑的平面形状

建筑的平面形状受其功能要求的支配，而功能相同、面积标准亦相同的建筑平面，其形状也可以截然不同。建筑平面形状的选择，将直接影响到经济效果。因此在进行建筑设计时，应在满足功能要求的前提下，对建筑平面的轮廓进行细致的研究，并注意其经济影响，从而选择恰当的平面形状。

1. 从用地的经济性来分析

用地的经济性是一个很复杂的问题，在这里主要通过比较建筑面积的空缺率来分析用地的经济性。建筑面积的空缺率＝建筑平面的长度×建筑平面的最大进深/建筑平面面积。空缺率的值越大，用地越不经济。因此在建筑面积相同的情况下，建筑平面越简单、方整，用地越经济。

2. 从砌砖工程量来分析

建筑的平面形状不同，砌砖工程量亦不相同。方整的建筑平面不仅在用地方面比较经济，在砌砖工程量方面也显示出经济性。

9.2.2 建筑的面阔、进深及长度

建筑的面阔和进深，对建筑的经济性也有一定的影响，除了影响用地的经济性外，还会影响建筑物的墙体工程量。砌体用量增大，不仅会增大结构面积，减少使用面积，还会增加基础工程

量，提高建筑费用。在面积相等的情况下，加大进深，可以减少墙体工程量，从而降低建筑物的造价。虽然在建筑面积和进深都相同时，由于平面布置不同，墙体可能会不一样，但加大建筑物的进深，一般来讲是有经济意义的。

除此以外，建筑的长度对经济性也有一定的影响。在进深相同的情况下，建筑的组合体越长，山墙的间隔数量越少，从而可以减少侧墙的工程量。

建筑物的长度、进深对单位面积的外墙长度的影响如表 9-1 所示。建筑物的进深不变时，单位面积的外墙长度随着建筑长度的增加而减少；当建筑长度一定时，加大建筑物的进深，单位面积的外墙长度也随之减少。

表 9-1　建筑物的长度、进深对单位面积的外墙长度的影响

长度/m 单位面积的外墙长度/m 进深/m	7.5	15	30	45	60
7.5	0.53	0.40	0.33	0.31	0.30
7.8	0.52	0.39	0.32	0.30	0.29
8.1	0.51	0.38	0.31	0.29	0.28
8.4	0.50	0.37	0.30	0.28	0.27
8.7	0.49	0.36	0.29	0.27	0.26

9.2.3　建筑的层高与层数

建筑的层高是设计中影响建筑造价的一个因素。对于任何建筑，都应在保证合理使用空间的条件下，选择经济的层高。盲目地增加层高，不仅会增加墙体工程量，还会在建筑使用期间增大能源的消耗，这将造成一定的浪费。据统计，北京地区的住宅，层高每降低 10 cm，可降低造价 1.2%～1.5%。由此可见，在设计中恰当地选择建筑层高是有经济意义的。

建筑层数的增减，对经济效果的变化也有一定的影响。为了比较细致地掌握这种变化，首先应了解建筑物各个分部的造价在总造价中所占的比重，其次应熟悉由于建筑层数的增减所引起的经济效果的变化。对居住建筑进行经济分析时，一般可分为以下几个部分：基础（包括基础的土石方挖运、回填，以及建筑所有的不同材料的基础总工程量）；地坪（包括地坪层的垫层、面层）；墙体（包括建筑的承重墙及非承重墙）；门窗（包括各种不同的门窗及门窗油漆）；楼盖（包括各层楼盖的结构层及各种不同的面层）；屋盖（包括建筑物的全部屋盖系统）；粉刷（包括全部内外墙的粉刷）；其他（以上各部分均不能包括的零星工程，如阳台、厕所蹲位等）。

以上八个分部的造价随着建筑层数的变化而变化，但是这种变化基本上是有规律的，大致可以分为三种情况：第一种情况是随着层数的增加，其分部造价随之降低，如地坪、基础、屋盖；第二种情况是随着层数的增加，其分部造价随之升高，如楼盖；第三种情况是随着层数的增加，其分部造价基本不变，如墙体、门窗、粉刷等。1～6 层住宅分部造价所占百分比如表 9-2 所示。

表 9-2　1～6 层住宅分部造价所占百分比

层　　数	基础/(%)	地坪/(%)	墙体/(%)	门窗/(%)	楼盖/(%)	屋盖/(%)	粉刷/(%)	其他/(%)
1 层	17.4	7	27	9.2	—	31.6	4.5	3.3
2 层	16.2	3.7	30.5	10	10.5	17.2	4.9	7
3 层	14.5	2.6	32.3	10.6	14.9	12.2	5.29	7.7
4 层	11.5	2.09	34.1	11.2	17.7	9.6	5.44	8.37
5 层	9.5	1.74	35.2	11.6	19.5	7.96	5.60	8.9
6 层	10.3	1.37	37.7	10.9	19.3	6.3	5.3	9

从表 9-2 可知,5 层建筑最为经济。从 2 层到 5 层各分部的变化情况来看,对降低造价起决定性作用的是基础和屋盖。

9.2.4　砖混结构纵、横墙承重方案的经济性

在砖混结构中,纵墙承重对建筑的开间有较大的灵活性,但对建筑的进深有一定的限制。与横墙承重相比,其最大的优点是减少了每平方米承重墙的长度,并相应减少了基础工程量。相关资料表明,在居住建筑中,以纵墙承重时,每平方米承重墙的长度为 0.5～0.6 m,比横墙承重减少了 20%～25%的砖墙工程量,结构面积也大大减少,因此,纵墙承重方案的经济意义更大。其不利因素是由于需要保证居室的使用面积,进深往往较大,这样可能使得楼盖和屋盖的构件增大。在考虑承重方案时,应对这两种方案的经济性进行全面的对比。

9.2.5　门窗与经济

在建筑中,门是根据房间组合关系的需要设置的,窗是根据不同性质的建筑物的采光要求设置的。门窗的多少对建筑的造价有一定的影响。在设计中应根据工程的性质,合理安排门窗。除此之外,还要掌握门窗造价与墙体造价的关系,并注意节约对国民经济有重要意义的木材和钢材。门窗的合理设置与材料、构造方式的选用,对节约木材、钢材具有重大意义。

门窗的数量对房屋长期使用过程中的能耗也具有一定的影响。建筑的采暖和空调系统会消耗大量的能源,据统计,住宅的能源消耗量占能源消耗总量的 20%以上。因此,在设计中不仅要考虑对工程的一次性投资,还应注意尽量节省建筑的长期消耗费用。

9.2.6　基础与经济

1. 基础材料的选择

在不同的荷载情况下,基础材料的选择对基础造价的影响很大,因为不同的基础材料,其单位造价相差很大。

一般来说,浆砌块石基础是比较经济的,因此在地质情况允许时,荷载不大的建筑物,应尽可能采用浆砌块石基础。一般情况下,毛石混凝土或纯混凝土基础,施工方便,整体性好,施工快,缺点是木材使用较多。如果地基条件好,能原槽浇灌,不用木材,以使用毛石混凝土基础为宜。

对全国各地区而言,地质条件、材料来源、施工技术、基础做法以及造价等均不相同,应按各地区的实际情况和建筑物的特点,因地制宜地选用恰当的基础材料,以降低造价。

2. 基础方案的选择

在选择基础方案时，应对地质情况、建筑物荷载、地区条件等做全面的技术经济分析。基础方案选择恰当与否对房屋造价的影响很大。例如，重庆地区一般为多层建筑，多选用毛石混凝土、预制桩、灌注桩等基础方案，在选用这些方案时，除了要注意其经济性外，还必须注意施工条件，否则会出现方案虽经济，却不能实现的情况。

9.2.7　用地与经济

建筑设计中重视节约用地不仅是国家的重要政策，同时也具有明显的经济意义。建筑个体设计对总体规划用地的经济性有很大的影响。个体建筑与建筑基地的关系、用地的多少、怎样才更有利于节约用地，可从建筑的层数、进深及层高等方面来进行分析。

在建筑群体组合中，个体建筑的层数越多，用地越经济；建筑的进深越大，用地越经济；建筑层高越高，用地越不经济。这种关系在居住建筑的群体组合中更加明显，显然，提高层数是节约用地的重要途径。

住宅的层数与用地的关系如表 9-3 所示。

表 9-3　住宅的层数与用地的关系

层　　数	平均每户用地的面积/m^2	与 5 层住宅相比较
3	44.84	多用地 23%
4	39.56	多用地 8.8%
5	36.36	0
6	34.22	节约用地 5.9%
7	32.71	节约用地 10%
8	31.58	节约用地 13.1%
9	30.69	节约用地 15.6%
10	29.95	节约用地 17.6%
11	29.39	节约用地 19.2%
12	28.94	节约用地 20.4%
13	28.49	节约用地 21.6%
14	28.16	节约用地 22.6%
15	27.88	节约用地 23.3%
16	27.59	节约用地 24.1%

由表 9-3 可知，与 3 层和 4 层住宅相比，5 层住宅节约用地相当显著。随着层数的增加，节约用地的效果逐渐变差。层数增多，不仅可以节约用地，同时还可以降低市政工程费用。但必须注意，层数增多时，因为公共设施增加，结构形式发生改变，其平方米造价将有较大的提高。因此在考虑经济问题时，必须进行全面的分析和比较。

住宅的进深与用地的关系如表 9-4 所示。

表 9-4 住宅的进深与用地的关系

进深/m	平均每户用地的面积/m^2	与进深为 9.84 m 的住宅相比较
8.0	42.15	多用地 15.9%
9.84	36.36	0
11	33.70	节约用地 7.3%
12	31.81	节约用地 12.5%

由表 9-4 可知，与进深为 9.84 m 的住宅相比较，当进深减少到 8 m 时，要多用地 15.9%；当进深增加到 12 m 时，可节约用地 12.5%。

住宅的层高与用地的关系如表 9-5 所示。

表 9-5 住宅的层高与用地的关系

层高/m	平均每户用地的面积/m^2	与层高为 2.8 m 的住宅相比较
2.7	35.46	节约用地 2.5%
2.8	36.36	0
2.9	37.14	多用地 2.1%
3.0	37.98	多用地 4.5%

由表 9-5 可知，当住宅的层高从 2.8 m 降到 2.7 m 时，节约用地的效果比较显著。

9.3 建筑技术经济指标

对个体民用建筑设计的经济评价，需要利用各项技术经济指标。目前，我国主要以建筑面积和平方米造价为主要的评价依据。此外，评价建筑设计是否经济，还应从节约建筑面积和体积等方面进行考虑，通常利用建筑系数这一指标来衡量。

9.3.1 建筑面积

建筑面积是指建筑物勒脚以上各层外墙外围的水平面积之和。建筑面积是国家控制建筑规模的重要指标，国家基本建设主管部门对建筑面积的计算做了以下规定。

(1) 单层建筑物的高度为 2.20 m 及以上者应计算全面积，高度不足 2.20 m 者应计算 1/2 面积。

(2) 利用坡屋顶内的空间时，净高超过 2.10 m 的部位应计算全面积，净高为 1.20～2.10 m 的部位应计算 1/2 面积，净高不足 1.20 m 的部位不应计算面积。

(3) 单层建筑物内设有局部楼层者，局部楼层的二层及以上楼层，有围护结构的应按其围护结构外围的水平面积计算，无围护结构的应按其结构底板的水平面积计算。层高为 2.20 m 及以上者应计算全面积，层高不足 2.20 m 者应计算 1/2 面积。

(4) 多层建筑物的首层应按其外墙勒脚以上结构外围的水平面积计算，二层及以上楼层应按其外墙结构外围的水平面积计算。层高为 2.20 m 及以上者应计算全面积，层高不足 2.20 m

者应计算 1/2 面积。

(5) 多层建筑的坡屋顶内和场馆看台下，当设计加以利用时，净高超过 2.10 m 的部位应计算全面积，净高为 1.20～2.10 m 的部位应计算 1/2 面积，当设计不利用或室内净高不足 1.20 m 时，不应计算面积。

(6) 地下室和半地下室(车间、商店、车站、车库、仓库等)应按其外墙上口(不包括采光井、外墙防潮层及其保护墙)外边线所围的水平面积计算。层高为 2.20 m 及以上者应计算全面积，层高不足 2.20 m 者应计算 1/2 面积。

(7) 坡地建筑吊脚架空层、深基础架空层，设计加以利用并有围护结构的，层高为 2.20 m 及以上的部位应计算全面积，层高不足 2.20 m 的部位应计算 1/2 面积；设计加以利用且无围护结构的吊脚架空层，应按其利用部位水平面积的 1/2 计算；设计不利用的深基础架空层、吊脚架空层不应计算面积。

(8) 建筑的门厅、大厅按一层计算建筑面积。门厅、大厅内设有回廊时，应按其结构底板的水平面积计算，层高为 2.20 m 及以上者应计算全面积，层高不足 2.20 m 者应计算 1/2 面积。

(9) 建筑间有围护结构的架空走廊，应按其围护结构外围的水平面积计算。层高为 2.20 m 及以上者应计算全面积，层高不足 2.20 m 者应计算 1/2 面积。有永久性顶盖无围护结构的应按其结构底板的水平面积的 1/2 计算。

(10) 立体书库、立体仓库、立体车库，无结构层的应按一层计算，有结构层的应按其结构层的面积分别计算。层高为 2.20 m 及以上者应计算全面积，层高不足 2.20 m 者应计算 1/2 面积。

(11) 有围护结构的舞台灯光控制室，应按其围护结构外围的水平面积计算，层高为 2.20 m 及以上者应计算全面积，层高不足 2.20 m 者应计算 1/2 面积。

(12) 建筑外有围护结构的落地橱窗、门斗、挑廊、走廊、檐廊，应按其围护结构外围的水平面积计算。层高为 2.20 m 及以上者应计算全面积，层高不足 2.20 m 者应计算 1/2 面积。有永久性顶盖无围护结构的应按其结构底板的水平面积的 1/2 计算。

(13) 有永久性顶盖无围护结构的场馆看台应按其顶盖水平投影面积的 1/2 计算。

(14) 建筑顶部有围护结构的楼梯间、水箱间、电梯机房等，层高为 2.20 m 及以上者应计算全面积，层高不足 2.20 m 者应计算 1/2 面积。

(15) 设有围护结构不垂直于水平面而超出底板外沿的建筑物，应按其底板面外围的水平面积计算，层高为 2.20 m 及以上者应计算全面积，层高不足 2.20 m 者应计算 1/2 面积。

(16) 建筑内的室内楼梯间、电梯井、观光电梯井、提物井、管道井、通风排气竖井、垃圾道、附墙烟囱应按建筑的自然层计算。

(17) 雨篷结构的外边线至外墙结构外边线的宽度超过 2.10 m 者，应按雨篷结构板的水平投影面积的 1/2 计算。

(18) 有永久性顶盖的室外楼梯，应按建筑自然层的水平投影面积的 1/2 计算。

(19) 建筑的阳台均应按其水平投影面积的 1/2 计算。

(20) 有永久性顶盖无围护结构的车棚、货棚、站台、加油站、收费站等，应按其顶盖水平投影面积的 1/2 计算。

(21) 高低联跨的建筑，应以高跨结构外边线为界分别计算建筑面积。其高低跨内部连通时，其变形缝应计算在低跨面积内。

(22) 以幕墙作为围护结构的建筑，应按幕墙的外边线计算建筑面积。

(23) 建筑外墙外侧有保温隔热层的，应按保温隔热层的外边线计算建筑面积。

(24) 建筑物内的变形缝，应按其自然层合并在建筑面积内计算。

(25) 不应计算面积的部分：①建筑通道（骑楼、过街楼的底层）；②建筑内的设备管道夹层；③建筑内分隔的单层房间、布景的天桥、挑台等；④屋顶水箱、花架、凉棚、露台、露天游泳池；⑤建筑内的操作平台、上料平台、安装箱和罐体的平台；⑥勒脚、附墙柱、垛、台阶、装饰面、装饰性幕墙、空调室外机搁板（箱）、飘窗、构件、配件，以及与建筑内部不相连通的装饰性阳台、挑廊；⑦无永久性顶盖的架空走廊、室外楼梯和用于检修、消防等的室外钢楼梯、爬梯；⑧自动扶梯、自动人行道；⑨独立烟囱、烟道、地沟、油（水）罐、气柜、水塔、贮油（水）池、贮仓、栈桥、地下人防通道、地铁隧道。

9.3.2 平方米造价

平方米造价指每平方米建筑面积的造价。平方米造价在质量标准一定的情况下往往受材料供应、运输条件、施工水平等多方面因素的影响。国家在制订建设计划时，除了下达建筑面积指标外，还会根据不同建筑的性质及质量标准下达平方米造价指标，设计工作者必须严格控制建筑规模和投资。

平方米造价的内容涉及房屋土建工程、室内给排水卫生设备、室内照明用电工程等。

在确定建筑的平方米造价时，必须注意哪些费用应该包括在建筑的平方米造价内，哪些项目应另外计算。室外给排水、室外输电线路、采暖通风、环境工程、设备，如剧院的座椅、教室的桌凳、旅馆的床铺等，均需要另列项目计算。

9.3.3 建筑系数

1. 面积系数

常用的面积系数有：有效面积系数＝有效面积/建筑面积、使用面积系数＝使用面积/建筑面积、结构面积系数＝结构面积/建筑面积，其中，有效面积指建筑平面中可供使用的面积，使用面积为有效面积减去交通面积，结构面积指建筑平面中结构所占的面积。

在满足使用要求、结构选择合理的情况下，建筑的有效面积越大，结构面积越小，就越显得经济。结构形式对建筑的有效面积有一定的影响，近代框架结构建筑的结构面积系数可降至10%左右。在实际工作中，一般民用建筑通常以使用面积系数作为经济指标，例如中小学建筑的使用面积系数为60%左右。设计中，在满足使用要求的条件下，通过减少辅助面积和交通面积来提高面积系数是具有积极的经济意义的，但应防止片面追求面积系数而压缩辅助面积，导致影响使用。

1) 结构面积

结构面积的多少直接影响到使用面积的大小，因此结构选型要合理，避免肥梁胖柱厚墙体，尽可能选用先进的形式和先进的结构材料来降低结构面积。对多层居住建筑来讲，墙体的厚度是关键的因素。

2) 房间面积

房间面积的大小会直接影响面积系数。在建筑面积相同的情况下，房间面积大，房间数量少，结构面积必然小；相反，房间面积小，房间数量多，结构面积必然大，从而影响面积系数的大小。在不影响使用的前提下，适当增大房间面积，既可以提高面积系数，又具有经济意义。

3）交通面积

交通面积的变化是较大的。在设计中应避免一味地追求壮观，应从实际出发，恰当地选择交通面积，在可能的条件下提高面积系数。居住建筑中，楼梯服务户数一般为2～5户，楼梯布置不当，将会影响面积系数和经济效果。因此在设计中，要对交通面积进行认真的研究，以提高面积系数。

2. 体积系数

在一些民用建筑设计中，如果只控制面积系数，仍然不能很好地分析建筑经济问题。恰当地控制体积系数也是降低造价的有效措施。例如学校、办公楼、医院、候车大厅、展览馆的陈列厅等，若层高选择偏高，则会因为建筑体积增大，造成投资的显著增长。这就表明，选择适宜的建筑层高，控制建筑体积，同样是经济、有效的措施。

除了分析建筑本身的经济性之外，建筑用地的经济性也是不可忽视的。因为增加建筑用地，就会相应地增加道路、给排水、供热、煤气、电缆等管网的城市建设投资。一般建筑的室外工程费用约占全部建筑造价的20%。

在建筑设计过程中，进行经济分析要持全面的观点，防止片面追求各项系数，例如，过窄的走道、过低的层高、过大的进深、过小的辅助面积等，不仅不能带来真正的经济效果，反而会严重影响使用与美观，这将是最大的不经济。

总之，在建筑设计中，建筑经济问题是一个复杂的问题，也是一个不容忽视的问题，设计者在设计过程中要建立必要的经济观点。如果说满足物质与精神要求是民用建筑设计的目的，建筑技术是构成建筑空间的手段的话，那么建筑经济则是建筑设计得以实现的基本条件。

9.4 建筑节能设计

9.4.1 建筑节能概述

1. 节能概述

改革开放以来，我国积极推进经济增长方式的转变，资源节约与综合利用取得了一定成效，但从总体上看，粗放型的经济增长方式尚未得到根本转变，与其他国家相比，我国仍存在资源消耗大、浪费大、环境污染严重等问题。随着经济的快速增长和人口的不断增加，我国淡水、土地、能源、矿产等资源不足的矛盾更加突出，环境压力日益增大。在建设节能型社会的指导思想下，“减排降耗”已是可持续发展的主导方向，需要我们坚持资源开发与节约并重，以节能、节水、节材、节地、资源综合利用为重点，大力加强资源的循环利用，促进经济社会的可持续发展，创造尽可能大的经济社会效益。

2. 建筑节能

建筑节能是指在建筑规划、设计、新建（改建、扩建）、改造和使用的过程中执行节能标准，采用节能的技术、工艺、设备、材料和产品，提高保温隔热性能，并降低采暖供热、照明、热水供应的能耗。

3. 节能建筑

节能建筑是指在不同地区、不同时间段满足建筑能耗指标要求的建筑。我国一直倡导发展节能建筑，降低能源消耗。我国规定，2010 年起全国新建建筑全部执行节能省地标准，同时，对既有建筑要逐步开展节能、节水改造，全国城镇建筑总能耗要基本实现节能 50%的目标；到 2020 年，北方和沿海经济发达地区，以及超大城市要实现建筑节能 65%的目标，同时实现节地、节水、节材的目标。

9.4.2 建筑设计中如何考虑节能

1. 建筑节能的范围

建筑物是有使用年限的，建筑物的生命周期大体可分为以下几个阶段：建材生产供应、施工建造、使用运行、维修更新、拆除、废弃物处理。这中间的各个环节，都涉及能源的消耗，因此与建筑节能有直接的关系。如何缩短运输距离，如何采用先进、节能的施工技术，如何减少使用过程中的能源消耗，如何维修更新，如何保持良好的品质和性能，延长使用年限，如何选择有利于材料循环使用的拆除技术，如何妥善处理废弃物，尽可能综合利用，减轻污染等，都是建筑设计中要考虑的问题。

建筑所处的气候带不同，节能设计的方式与措施也不同。建筑节能既有硬节能，也有软节能。软节能主要通过管理来实现，如制定法规、标准、制度、政策等。硬节能主要通过技术和物质手段来实现，硬节能又分为直接节能与间接节能，直接节能包括采暖、空调、通风、照明、热水、家电、电梯等各个环节的节能，间接节能指通过非能源方面的节约，达到节约能源的目的，如节水、节材、减少维修、延长装修使用周期、延长建筑的使用年限等。建筑节能是一个系统工程，大系统的节能是依靠各个子系统的节能来实现的。与建筑节能有直接关联的系统包括：建筑围护系统（外墙、外窗、屋面），采暖、制冷与通风系统（热源、管网、散热设备、热交换回收装置、温度控制设备、热计量设备等），太阳能及其他可再生能源系统（太阳能光热设施、水源热泵、地源热泵等），绿色照明及家电系统（高效节能荧光灯、电子镇流器、符合能效标准的家用节能电器等），检测与技术咨询服务系统。

2. 建筑节能设计的要点

建筑的规划与设计是节能设计的决策阶段，应把握好以下几个方面。

（1）必须严格执行国家强制性的节能标准，不得违背有关规定，这是保证新建建筑不违背节能标准的关键。

（2）规划过程中要有节能意识，朝向、间距、色彩等规划要素，都包含节能问题。规划如果能为采集利用天然能源创造有利条件，建筑单体设计就有了节能的基础，否则只能事倍功半。

（3）建筑设计要统筹考虑经济、适用、美观等问题，不能单纯、刻意地追求造型的独特和立面的新奇，而忽视节能，造成浪费。在立面形式、剖面形式、窗墙比、窗地比、南北窗面积比、层高、进深等设计要素的选择上，都要有节能意识。

（4）尽量采用低成本、先进、成熟的成套技术，以集成的方式综合地加以运用，这是实现建筑节能的有效措施。

（5）围护结构是关键，薄弱环节先加强。据统计，在居住建筑的能耗构成中，采暖、空调系统的能耗占 65%，在公共建筑中则达到了 69%，因此，要把采暖、空调系统作为建筑节能的重点，把围护结构作为节能技术的重点部位。建筑围护结构的热工性能根据气候特点，或以保温为主，或以隔热为主，或兼而有之，有的还需要考虑遮阳。在建筑节能设计中，应统一考虑外墙、外窗、屋面节能技术，重点推行外墙外保温系统及高效节能的门窗技术。窗往往是节能的薄弱部位，就窗而言，窗框材料、玻璃、开闭五金、遮阳等节能技术要配套使用，选择经济合理的配件组合，这样才能达到理想的节能效果。

(6) 大力推广太阳能技术，广泛利用可再生能源。太阳能利用系统包括太阳能热水系统、太阳能供暖和制冷系统、太阳能光伏发电系统等。在建筑设计中，考虑太阳能技术与建筑造型相结合是太阳能利用的必要条件。我国太阳能资源丰富，应用前景十分广阔，当前以供热水和供暖为主，光伏发电和地源热泵等技术的开发，弥补了其不稳定的缺点，使之得到了广泛的推广和应用。

9.4.3 建筑节能方式与节能技术

1. 建筑节能方式

建筑节能方式可分为两种：建筑自身的节能和空调系统的节能。建筑自身的节能主要是从建筑的规划设计、建筑的围护结构、遮阳等方面进行考虑。空调系统的节能主要是从减少冷热源能耗、减少输送系统的能耗、系统的运行管理等方面进行考虑。

建筑自身的节能，是指根据建筑的功能要求和当地的气候参数，在总体规划和单体设计中，科学、合理地确定建筑的朝向、平面形状、空间布局、外观、间距、层高、色彩等，选用性价比高的节能型建筑材料，增强建筑围护结构的保温隔热等热工性能，对建筑周围环境进行绿化，全面应用节能技术，最大限度地减少建筑能耗，获得理想的节能效果。

建筑的朝向和平面形状对节能的影响很大。在建筑物内布置空调房间时，应尽量避免布置在东西朝向的房间及顶层的房间。为了实现节能的目的，建筑的空间布局宜紧凑，要减少窗墙比。增加绿化面积，能调节小气候，外墙的立体绿化、屋顶绿化能显著减少太阳辐射，并美化、净化环境，有利于节能。提高建筑围护结构的热工性能，也是建筑节能有效的方式之一。

2. 建筑节能技术

建筑节能技术可分为建筑围护系统节能技术及设备节能技术。围护系统节能技术又可分为外墙节能技术、外窗节能技术和屋顶节能技术，设备节能技术主要是指空调系统节能技术。

围护系统节能技术是建筑节能的重点，也是建筑节能设计的首要措施。

外墙节能技术主要指外墙保温隔热系统，通常有外墙自保温、外墙外保温和外墙内保温三种。外墙外保温能消除冷桥，对建筑围护结构起到保护作用，是一种科学合理的保温方式。外墙自保温是新型墙材技术发展的结果，是一种新的保温方式，但存在冷桥。外墙内保温也存在冷桥，对建筑结构不利，国家已开始限制使用。

屋顶节能技术的目的是阻止太阳辐射热，包括新型隔热材料屋面、架空屋面、种植屋面、蓄水屋面等技术。其中，种植屋面不仅能降低屋顶的温度，还可以改善环境，同时避免屋顶结构因温差而产生裂缝，已被广泛应用。

外窗是建筑节能最薄弱的环节，其能耗占建筑总能耗的50%，其中传热损失占25%。外窗节能技术主要是从窗框、玻璃的隔热性能和成品窗的气密性等方面突破。常用的窗框材料有塑钢、玻璃钢、断桥铝等，常用的节能玻璃有双层中空玻璃、镀膜玻璃等。外窗的气密性随着建材工艺的进步，已有很大的发展。外遮阳技术也是外窗节能技术的一部分，阻止阳光直接辐射到室内是一种高效的节能方式。

空调系统节能技术是通过选用合理的空调方式，采用合适的主机和控制灵活的末端设备来实现节能的。空调系统的节能，涉及设计、施工、运行管理等各个环节，是一个系统的过程。

9.5 绿色建筑理念

所谓绿色建筑，并不是指有屋顶绿化、立体绿化的房屋。绿色建筑是指在建筑生命周期内，使用地球资源最少，消耗能源最少及制造废弃物最少的建筑。绿色建筑可以为人类提供健康、适用和高效的使用空间，最终实现与自然共生。绿色建筑还常常被称为"节能建筑""生态建筑""可持续建筑"，这些叫法包含了"绿色建筑"的主要理念，但并未完整地概括其内涵。

9.5.1 节约资源

节约资源是指在房屋的建造过程中尽量减少对资源的使用，尽量利用可再生的建筑材料。在建筑设计时，应努力降低建筑占地面积，扩大绿化面积，充分利用太阳能、风能、地热等天然可再生资源。

9.5.2 保护环境

保护环境是指减轻环境的负荷，减少污染。人们越来越深刻地认识到，建筑使用能源所产生的二氧化碳是造成气候变暖的主要原因，因此世界各国对建筑节能的关注程度日益增加。建筑节能已成为建筑设计的主要内容之一，不仅对新建建筑如此，对既存建筑的更新也应以节能和资源再利用为关键策略。

9.5.3 健康与回归自然的生活

建筑设计应该使建筑的室外空间与周边环境和谐、互补，做到融于生态、保护生态，同时还要营造舒适、健康的室内空间，不能使用对人体健康有害的建筑材料、装饰材料和家具陈设，不能过度地追求奢华。

实践单元——练习 15

- **单元主题**：城市的层次——理解与创作。
- **单元形式**：设计与综述。
- **练习说明**：分析地域的构成，制作一个三维地图，分小组进行策略讨论。根据研究主题进行规划，绘制空间布局的草图，制作原始模型，并完成分析报告。
- **评判标准**：城市设计的前瞻性、观点的论证、城市发展及其阶段、分析的方法、论证的清晰性、方法的独创性、模型的质量。

Chapter 10

第10章 建筑创作总体构思与设计手法

10.1 建筑创作构思的特征

建筑造型设计涉及的因素较多，是一项艰巨的任务。理想的设计方案是在对各种可能性进行探索和比较的过程中逐渐产生的。

建筑形象创作的关键在于构思。成功的创作构思源于对建筑本质的精通、坚实的美学素养与广泛的生活实践。

10.1.1 反映建筑内部空间与个性特征的构思

不同类型的建筑会有不同的使用功能，而不同使用功能的建筑，其内部空间也会不同，不同的使用功能与内部空间决定了建筑的个性。也可以说，一幢建筑物的性格特征在很大程度上是功能的自然流露。因此，对于设计者来说，应采用与功能相适应的外形，并在此基础上进行适当的艺术处理，从而进一步强调建筑的性格特征，使其有效地区别于其他建筑。

医疗建筑常采用排列整齐的点窗或带形窗，并采用红十字作为象征符号，以强调建筑的性格特征。幼儿园建筑多以鲜明的立面色彩、简单的几何形状来满足儿童的生长需求，构成了幼儿园建筑特有的性格特征。中小学校建筑的主要使用房间是教室，对光线要求较高，立面常为宽大、明亮的窗子，为了满足大量学生的课间活动及休息，多采用外廊式布置，因此，连续的大面积开窗、通畅的外廊和宽敞的出入口是中小学校建筑明显的特征。体育建筑巨大的比赛大厅以及特殊的大跨度空间结构使其具有舒展的外观形式，内部空间根据观赏的需求，多为椭圆形，比赛大厅周围采用台阶形式的环状看台，下方的低矮空间则是观众入口以及运动员用房，这些都通过外部形体得到明确的反映。

10.1.2 反映建筑结构及施工技术特征的构思

建筑功能需要有相应的结构方法来提供与其相适应的空间形式。例如：为了获得单一、紧凑的空间组合形式，可采用梁板结构；为了适应灵活划分空间的需要，可采用框架结构；各种大跨度结构则能创造出各种巨大的室内空间，特别是一些大跨度和高层结构体系，往往表现出特殊的结构美，如果能适当地展示出来，会形成独特的造型效果。因此，从结构形式和施工技术入手进行构思，是目前非常普遍的建筑创作思路。

加拿大蒙特利尔预制装配式盒子住宅以“间”为单位在工厂预制生产，然后在现场装配，造型别致,充分体现了盒子建筑简约的结构美以及高效的装配施工特点(见图 10-1)。日本代代木体育馆的屋顶采用悬索结构,索网表面覆盖焊接起来的钢板。两馆外形相映成趣,协调而富有变化。建筑师创造性地把结构形式和建筑功能有机地结合起来,取得了良好的艺术效果(见图 10-2)。澳大利亚悉尼歌剧院位于悉尼市海滨,三组不同方向、不同大小的白色薄壳,远望犹如扬帆起航的船队,又如海滩上洁白的贝壳。美好的建筑形象离不开多组三角瓣形壳体结构。中国国家体育场因形似鸟巢而得名。建筑的外形结构主要由巨大的钢架组成,其观众台顶部采用可填充的气垫膜,有效解决了阳光照射与顶层防水的问题。该建筑是建筑形象、建筑结构、建筑材料与建筑施工有机结合的佳作。密尔沃基美术馆将斜拉大桥与建筑主体有机结合,并在顶部设立了双翼般的活动百叶,能有效地遮挡直射阳光(见图 10-3)。

图 10-1

图 10-2

图 10-3

10.1.3 反映不同地域与文脉特征的构思

世界上没有抽象的建筑,只有具体地区的建筑。建筑是有一定的地域性的,受所在地区的地理气候条件、地形条件、自然条件以及地形地貌的影响,建筑会表现出不同的特点。例如,南方建筑注重通风,轻盈、通透,而北方建筑则显得厚重、封闭。建筑的文脉特征则表现在地区的历史、人文环境之中,强调传统文化的延续性,即一个民族、一个地区的人们长期生活形成的历史文化传统。

考虑到多雨、湿热的气候特点,南方住宅多开敞、通透。坡屋顶、粉墙黛瓦、花窗、圆门洞,充分体现出传统的"中国风"特点。敦煌机场充分借鉴了敦煌石窟的造型特点,古朴的造型,构成了现代与传统的对比,体现了敦煌的地域和文脉特色,展示了人类建筑文明的发展轨迹(见图 10-4)。黄龙饭店位于历史文化名城杭州,其造型为方形平面的组合,塔楼顶层的小阳台借鉴了江南民居吊脚楼的手法,凸形横梁等多处细节均是对传统建筑构件的抽象,可以引起人们对当地历史文脉的联想(见图 10-5)。

图 10-4

图 10-5

10.1.4 反映基地环境与群体布局特征的构思

除了功能外,地形条件及周围环境也会影响建筑形式。如果说功能是从内部来制约形式的话,那么地形便是从外部来影响形式。一幢建筑之所以设计成某种形式,追根溯源,往往和内、外两方面因素的共同影响有着密切的关系。

山西大同悬空寺发扬了我国的建筑传统和建筑风格,因地制宜,充分利用峭壁的自然形态布置和建造寺庙的各部分建筑,将一般寺庙的平面布局等运用在立体的空间中,山体、钟鼓楼、大殿、配殿等设计得非常巧妙(见图 10-6)。广西桂北吊脚楼多在山区、峡谷或江边凌空而建,犹如一条条长龙,气势宏伟,它们有的紧密地挨在一起,有的依地势叠在一起,有的骑架在堤岸上,这些早已成为结合地形和环境的桂北建筑的特点(见图 10-7)。美国流水别墅位于风景优美的山林之中,设计师赖特巧妙地将有虚有实的建筑与所在环境的山石、林木、流水紧密交融,并充分利用建筑材料的性能,以一种独特的方式实现了建筑与环境的高度融合。

图 10-6

图 10-7

10.1.5 反映一定象征与隐喻特征的构思

在建筑设计中,把人们熟悉的某种事物或带有典型意义的事件作为原型,经过概括、提炼、抽象，成为建筑造型语言，让人联想并领悟到某种含义，以增强建筑感染力，这就是具有象征意义的构思。隐喻是指利用历史上成功的范例或人们熟悉的某种形态，甚至历史典故，择取其中的某些局部、片段、部件等，重新加以处理，使之融于新建筑形式中，借以表达某种文化传统的脉络，使人产生视觉和心理上的联想。隐喻和象征都是建筑构思常用的手法。

印度莲花寺的外形如同一朵浮在水面上由荷叶衬托的含苞欲放的荷花，象征宗教超凡脱俗、走向清净的大同境界（见图 10-8）。朗香教堂巨大的体量和怪诞的外形，从某种角度看上去仿佛教堂中修道士的帽子，曲线墙体组成的平面，又如同人的耳朵在静静聆听上帝的声音，给人以启迪与联想。中国彩灯博物馆以“灯是展品，馆也是展品”的构思，在展馆的不同部位以圆形、棱形的灯窗进行组合，创造出象征灯群的外貌，使人一目了然。建筑平面采取错层布置的方法，空间层次丰富，并结合园林环境，使得整体风格一致，主题鲜明，体现出一派喜气洋洋的氛围。西班牙瓦伦西亚天文馆以知识之眼为设计理念，圆球状的瞳孔为全天域放映室，眼帘上部以薄壳结构包覆，天气炎热时眼帘会自动开启，以调节室内的微气候，它启迪着人们打开智慧的双眼去探索人类的奥秘（见图 10-9）。甲午海战纪念馆位于威海刘公岛，以北海舰船和民族英雄人物为原型，表现了当年甲午海战中炮火硝烟、血染疆场的悲壮画面，从而激发人们的爱国情怀（见图 10-10）。美国环球航空公司候机楼的外形像展翅的大鸟，屋顶由四块现浇钢筋混凝土壳体组成，凭借现代技术把建筑同雕塑结合起来，极具表现力的混凝土外部造型和高大的内部空间可以使人们产生丰富的想象。

图 10-8

图 10-9

图 10-10

10.2 建筑创意与构思的过程

远古时代，人类的建造活动主要出于自发的安全意识。随着建造经验的积累以及上层建筑的干预，建筑设计分化为一种有预设的规划活动。预设的创造性特征决定了建筑设计与思考方式的不同。建筑师面对崭新的创作任务，首先进行的不是抽象的逻辑推理，而是直接、迅速、敏锐地洞察和判断各种条件与线索，最终模拟出三维实体或空间形态。这实际上是一种对事物的隐约把握，也是设计构思的萌芽。

然而，建筑设计并非建筑师的内心独白，也不能只停留在直觉层面，还需要深入分析，不断调整，将横向知识引入，进行多方案比较，最终把概念意向反映在平面图、立面图、剖面图以及透视图、轴测图等二维图纸上，也可以用实体模型和计算机虚拟等方式展现设计成果，使空间创作以直观的形态呈现出来。

10.2.1　创意来源

创意不是凭空产生的，而是积累后的顿悟。设计师需要经历多次“理性—感性—理性”的反复之后，才能设计出优化的方案。

1. 异质同化与同质异化

所谓异质同化，就是变陌生为熟悉，将新的系统归纳、沉淀到我们熟知的系统中。任何方案设计都不是真正从零开始的，而是以熟悉的空间、尺度为原型，依照对生活模式和建筑模式的固有理解，从新的层面不断进行改良和提升。异质同化可以将复杂的问题简单化、基础化。这就要求设计者研读大量的设计案例，让专业视角沉淀到潜意识中，并在发散的头绪中理出基本线索，以不变应万变。

对于美的敏感程度，除了天生的直觉之外，后天的培养也有很大关系。首先，图案关系和四维空间是把握空间本质的基石。一旦对虚实比重及相对转化关系有所认识，就能把握诸多要素的可约束性，进而提升设计的自由度。理解了四维空间，就能在设计中将人这个主体放进空间内部走一遭，体会不同维度上的变化。其次，构成手法也会直接影响建筑造型。

随着设计经验的积累，社会学、哲学、历史、音乐、语言学、诗歌等各个方面的知识相互融合，都可能成为理解和构思建筑的点金石，建筑师们也会因此具备自己的思想理论与哲学气质。埃森曼与当代思想教父德里达保持着深厚的友谊，并将他所推崇的解构哲学图解化。与解释他人的哲学不同，还有一类建筑师是自创哲学的宣扬者，并通过卓有成效的实践来不断诠释。历史上，赖特创造了“有机建筑”理论，密斯用“少就是多”表达技术干预的高效性，迈耶以白色建筑成为抽象的巴洛克美学的歌者。可见，哲学与美学在建筑领域内的异质同化，推动了建筑的内在化。

所谓同质异化，就是变熟悉为陌生，破除思维定式和稳态，举一反三。不要将熟知的规律变为迂腐和毫无生气的累赘，要善于联想、转化、变换。事实上，空间并不一定都是方形，界面不一定全部封闭，墙面、地面也不一定都是水平面或铅垂面。简洁的几何形式并不意味着单调，标高的变化、错层的设置、空间的渗透，最终也可以创造出多元化的意境。

只有兼顾异质同化与同质异化原则，才能引导思维在发散与聚合、横向与纵向之间跳跃转换，从而让设计者具备成熟的个性化专业素养。

2. 类比与移植

在建筑设计中，类比与移植的创造性技能是指借助于不同的建筑类型或其他事物，深入地比较其相似与相异之处，直接或间接地进行联想、想象、改型等。尤纳·弗莱德曼之所以创建“移动建筑”理论，是因为他承认并且接受人类行为的不可预测性，意识到动物在永恒不变的自然法则中自由生存。他以一些简单的材料制作模型，思考不规则结构对建筑的意义。同时，他还以蛋白质的连接形态为原型来研究城市基本构架的任意性。针对河流、铁路等，他还提出了“桥镇”方案，他认为，大跨度的桥梁结构不可避免地会占据很大的空间，因此设想将建筑空间嵌入到桥体中，以桥延续镇，桥、镇融为一体，使其不仅成为交通纽带，也可以用于居住。

黑川纪章设计的1970年日本大阪世博会实验性住宅，以同一弯曲角度并且末端可以铆接的L形钢管为标准构件，每12根钢管拼接为一个立方体框架，然后任意两两相连，最终利用200根钢管完成了整幢住宅的构架。同时，人们可以自由选择由工厂预制的舱体单元插入框架中，实现居住、生产、工作等不同功能。

人类总是以憧憬为动力不断进步和迈向未来。人们从向日葵的生物智能得到启发，发明了可以跟踪阳光方向的日光捕捉器，并将其用于建筑中，以充分地利用太阳能。对环境和自然科学的关注使得一些建筑师从遗传学和神经机械学等角度模拟设计智能生长建筑——根部演变为地基，细胞膜与表皮如同墙壁等围护结构，毛孔则与建筑中的门窗类似，建筑外观以及内部家具都能像生物一样被定制栽培。

通过类比与移植，从非常规的角度进行思考，对其他学科的结构、知识特征与思考方法进行概括性迁移，并植入建筑设计领域，有可能会产生另类的创意构想。

3. 整合与重建

所谓整合，是指对不同对象进行信息、原理、技术等方面的解析、重组与创新。这当然要求设计者具有开阔的视野和丰富的知识。事实上，设计主题切入点的随意性很高，手段也很多，设计者可根据各自不同的兴趣寻找相关资源，利用网络、电脑游戏等补充传统调研的局限性，最终锁定目标。在多领域边缘融合的趋势下，整合既可以是设计素材的梳理与组织，也可以是设计技巧和手法的变通。

作为时下频繁使用的词语，“整合”的真正含义很容易被某些忽视文脉与地域特性的平庸设计偷梁换柱。事实上，整合并不意味着盲目地模仿。设计者首先要在纷繁的思潮与手法中不迷失立场，扬长避短，然后结合地域特性，确立建筑的个性，汲取传统文化的同时也要切合时代需求，以整合后的语言来建构新的模式。

张钦楠在《特色取胜——建筑理论的探讨》一书中指出，世界文化确实存在某种趋同的趋势，但全球性在具有普适性的同时也具有非普适性，民族性和地域特色不能被全球化所淹没或替代，民族文化应不断地在与外来文化的交融中再生。很多优秀的建筑师既不走“搬古”的道路，也不走“抄外”的道路。师从柯布西耶的印度建筑师多西学会了如何在印度炎热的气候条件下寻求凉风和以蓝天为背景的建筑轮廓线。他在麻省理工学院深造后回到印度，以印度南部村落中的庭院民居为原型，研究利于社区交往的“渐进式”住宅综合体，成为发展第三世界高密度、低成本住宅的先驱之一。中国第二代建筑师杨廷宝和路易斯·康虽然是宾夕法尼亚大学建筑系的同窗，但是两人毕业后的执业环境、设计经历和建筑思想却大相径庭，杨廷宝坚持辩证的建筑观，并不恪守美学定式，而是因地制宜，继承“以贫资源建造高文明”的宝贵传统以表现历史和时代特点。

20世纪80年代后，西方后现代、解构思潮一拥而入，又一次使中国建筑文化的发展陷入混沌之中。面临这样的局面，迫切需要重新唤回建筑师应具有的民族本位意识，合理定位，重建具有地域特色的建筑体系。事实上，已经有相当一批建筑师以切实的设计实践对中国建筑何去何从的问题做出了积极的回应。一部分先锋设计师融汇多种艺术形式，力求从哲学美学层面体验建筑。他们忧患文化断层，在西方前卫的建筑观念与中国的建筑观念的比较中进行选择性创作，保留与突破共生，借鉴与挑战并存，加速了当代建筑思潮的本土化进程。例如，张永和对西方解构建筑生成编码进行替换，选择汉字作为生成、叠加的基本元素，试图以自治的“基本建筑”形态阐释中国化的建筑观念。另一部分建筑师则从宏观的观念艺术走向微观的实效创作。例如，王家浩提出“极限楼”的概念，试图以艺术的方式改造烂尾楼。建筑师以宽容的态度面对中国特定时期的城市建设状况，以经济、快速、高效的方法赋予烂尾楼新的使用功能。

4. 逆向思考

逆向思考是极端发散思维的结果，指有意寻找矛盾对立面、颠倒主客体关系、克服思维流程的单一性、突破观念壁垒的否定式创新方法。设计时，如果次要的、被动的、隐性的因素被重新挖掘，并加以强化，使其成为显性要素，很可能会使整个体系发生质的颠覆。我们常常希望“一条道走到底”，但在设计过程中，往往会“道路分叉”。此时，我们应该退后环顾，大胆质疑，设置不同层次的假设和反问，转换思考方向，如：空间的“内”与“外”能否重新定义；常见的观演方式是观众席不动舞台动，能否舞台不动观众席动。这样的假设能为建筑设计带来“柳暗花明”的转机。提到不遮挡视线的建筑物，人们通常会想到降低建筑物的高度或将其置于地下。但是荷兰设计师迈耶·恩·凡·肖登在设计荷兰阿姆斯特丹 ING 总部时，为了使建筑不影响行人的视线，将整幢建筑用 9～12.5 m 高的立柱撑起，这样也可以使内部办公空间的视野更加开阔（见图 10-11）。

图 10-11

10.2.2 构思方法

构思是一种原始的、概括性的思想构架，是对设计条件分析后的心灵反馈以及试图将其转变为设计策略的过程。很多入门者在设计方案时，往往无从下手，在被问及想法时也不知道怎么回答。在这种情形下，应如何找到突破口呢？灵感很重要。要想获得创作灵感，首先要明确具体的任务要求，然后深入地分析项目，发现、确定亟待解决的问题，找出关键与核心问题，最后着力思考应对方法。

1. 环境法

场地环境的地形地貌、地段位置、气候、资源等，可以成为构思的起点。我国传统民居中包含着很多与自然默契交融的生存居住经验。地处丘陵地带的湘西民居采用底层部分架空的吊脚楼形式，既能避免虫蛇侵袭和潮湿的地气，又能顺应坡地地形。在新疆吐鲁番地区，当地居民利用“坎儿井”地下水网系统将天山积雪融化后的水引入干旱地区，并采用高出屋顶好几米的透空隔栅棚院落，夏季既能遮阳，也能拔风。这种特殊的建造方法主要是为了适应干热的气候环境。

事实上，乡土建筑有着经验主义的根源，它与当地的自然环境和人文气质都极为和谐，因而成为很多建筑师推崇的设计策略。

周边既存建筑对拟设计建筑有很大影响，新老建筑间的关系的处理向来是有争议且操作难度较大的实践活动。新建筑在建成之后势必会成为整体环境的一部分，并对其产生影响，这就需要采用合理的建筑语言来阐释新老建筑间的关系。

在第二次世界大战中被损毁的德国柏林凯撒·威廉纪念教堂在 1961 年进行了整体改建。残缺不全的新罗马风格建筑犹如剖面模型一般被保留，内部空间被改造为博物馆，用于介绍这幢建筑与宗教有关的历史。在东面新建了细高的钟塔，在西面建造了体量较大的八边形平面的新祈祷堂及附属建筑，新旧建筑统一在抬高的大平台之上。新旧建筑反映出不同时代的鲜明特征，成为城市中融合历史与当代文化的真实载体。

无独有偶，在德国慕尼黑坐落着老、中、青三代同堂的绘画馆家族。1822～1825 年，利奥·冯·克伦泽设计了新文艺复兴式风格的古绘画馆。大约 160 年后，建筑师亚历山大·冯·勃兰卡在新绘画馆中更多地采用了后现代主义手法，其主入口面向古绘画馆，并且大量运用拱形窗，以此作为与古绘画馆相呼应的建筑语言。2000 年，由斯蒂芬·布劳费尔斯设计的现代绘画馆以位置关联代替了立面要素关联，巧妙地通过一条由西北贯穿东南的对角线将方形建筑体量切开，其西北端自然形成了面向古绘画馆和新绘画馆的巨型门廊，东南端则是入口及大厅。这条对角线不仅体现了新老建筑间的关系和建筑与城市的关系，同时也成为内部功能和空间组织的主轴线。

2. 思想法

思想法发于感性，止于理念。建筑构思既不是游离的逻辑思维，也不是设计说明中断章取义的文字游戏，更不是简单地模拟事物形态。建筑既是物质条件限制下功利性选择的结果，又是建筑师意识流的外化。同一建筑师在不同的时空下设计出的作品形象既独一无二，又相互关联。将这些共性特征放大后再观察，就会发现它们差不多来自同源的“生成编码”，编码的特质取决于建筑师个体的概念和手法。正是不同的“DNA 源”造成了建筑师作品的个性差异。

概念不能凭空捏造，哲学美学背景是立意的基础，历史文化与思想感情都是建筑编码的培养基。建筑大师齐康设计的侵华日军南京大屠杀遇难同胞纪念馆，借助交错的墙垣、片段式的浮雕，以及大片沙砾与枯槁的树干，再现了灾难性历史场景，使观者在游历的过程中心情沉重，精准地表达出了最初的立意与定位（见图 10-12）。他设计的哈尔滨金上京历史博物馆采用四合院布局，东向大门与会宁府对应，在造型上具有武士意义的方形中庭、犹如刀枪行列的入口架，以及象征烽火台的西北出口均具有强烈的标志性，暗合了历史博物馆的意义（见图 10-13）。

图 10-12

图 10-13

除了在哲学文化基础上的“写意”构思之外，受具象形态感染而生的“写形”也可能成为触发灵感的机制。SOM 建筑师事务所设计的上海金茂大厦是从中国古代高层构筑物——砖构密檐塔得到启发的，建筑呈现出层层收进、优雅稳定的形态。值得一提的是，“写形”的“写”，意味着抽象在先，而不是单纯地去模仿，虽源于具象形态的启示，却应概括出高于形态的特征。过于真实的场景化空间只会使观者被动地将其还原为初始参考对象，毫无想象余地可言，这种造型手法并不高明。

3. 功能法

如果说环境法和思想法侧重分析的都是建筑外部条件，试图由表及里地推进设计概念，那么功能法则是从业主的倾向以及功能要求出发，分析空间组合形式，自下而上地确定设计主导方向。这实际上就是以逻辑思维带动图示思维的一个过程。构思时可借鉴合理的分区与配置模式，避免发生重大功能紊乱。经初步分析后，再思考整体构架与具体的平面布置，进而再与其他要素结合、平衡，形成内外严丝合缝的造型形态。德国GMP建筑师事务所设计的国家博物馆改扩建工程方案，既考虑与天安门广场轴线西侧人民大会堂大致对等的体量关系，又以内部功能的合理创新为依据。空间中分散设置了多个方形核心筒，它们既是包含电梯、自动扶梯与消防楼梯的交通枢纽，还设有主要设备管井与结构支撑。筒体的外观形态与色彩也能引起人们对传统木梁柱框架体系的联想，红色饰面材料上刻有“石器时代”“隋唐时代”等表明藏品时期的字样，引导人们直接从大厅上到顶层的基本陈列区进行有选择性的参观，而不必一一游览全馆。

4. 技术法

任何建筑都无法凌驾于结构限制之上，有的甚至会受结构掌控，如悬索桥梁或巨型支撑体系的高层建筑等，都以结构作为造型的前提。除了结构技术，还需要考虑材料技术、构造技术，以及声、光、电等建筑物理技术。URBANUS都市实践建筑事务所在北京华远CBD项目立面改造方案的设计中，巧妙地利用角部的巨型结构，既将原有的不规则多边形体量补充为方形体量，又使其成为若干从老建筑主体中出挑的水平斜向办公体量的支撑体系。这些每隔若干层悬空架设的玻璃盒子方向各异，既增加了视觉层次，也与旧有结构共同形成了自平衡整体。

10.2.3 方案生成

当几何结构被自组织、自相似、自协调的混沌结构代替时，建筑师们试图以自然组织的方式来感受建筑的本质。一些建筑师正尝试着将建筑转换为有机进化与实时演变的“生物”，其创作方式也突破了固有程序。

1. 动手务实与自主建构的方法

很多实验建筑师都对自己的艺术直觉充满了自信。古德温认为，空间设计不仅是手跟随脑，更多的时候是脑跟随手。他鼓励学生从模型搭建入手，用直觉的不定性来补偿理性思维单一与几何化的面貌，以促进方案的生成。他本人也从拆卸与重组废旧汽车的特殊爱好中获得灵感，创造出了附着寄生于建筑肌体的“外骨骼空间”。

王澍在为中国美术学院建筑系第一届学生开设的第一阶段专业课程中，选择了“造房子”：在学生自己夯土的基地上用废弃的材料建一座房子。最终，学生用塑料瓶完成了作品。重庆交通大学建筑系师生在超级建筑师建构节作品设计大赛中，以废弃的包装纸箱为材料研究单元形态与连接方法，让学生在搭建的过程中了解结构逻辑与稳定构造（见图10-14）。活动旨在培养每个参赛者的逻辑思维能力，帮助他们在体验的过程中做出正确、客观的分析与判断。每一个参赛者都拥有与众不同的想法，通过观察、设计、制作、展示，创造出了独一无二的作品。此项活动可以帮助参赛者开发多维空间感，并且激发其对结构、材料等学科的兴趣，挖掘他们的创造力与艺术天赋。除此之外，活动还可以培养参赛者对形式与空间的意识，提升他们的动手能力、身体协调性与创新意识。在搭建的过程中，每个参赛者的沟通交流能力、时间管理能力、预算管理能力、动

图 10-14

手能力、即时反应能力、创造力都得到了潜移默化的提升。参赛者通过感知体验与操作实践，获得对指定材料——纸板及建造过程的感性与理性认知，同时掌握使用功能与空间、材料形式与表现、支撑结构与构造、建造方式与方法等相关知识。参赛者通过设计和建造空间环境，发现设计和建造过程中存在的问题，感悟设计与使用功能之间的关系。另一些建筑师则立足于乡村，分析环境要素与物质经济条件，在"身体的创造力"中体会建筑意义与目标。这种真实搭建的形式已经突破了纸面绘制以及在实验工厂中制作模型的构思模式，增加了设计主体自主创造与适时变通的可能性。

2. 依靠数字化工具与设计编码生成建筑的方法

渗透到建筑本体的信息技术，不仅使建筑的最终面貌获得了前所未有的自由，也完全改变了设计方法与工程。矶崎新曾说过，他的设计生涯可以分为两部分，前 20 年用手绘来决定很多建筑形体，后 20 年通过计算机来确定建筑形体——将具体要求输入计算机，计算机会自动生成结构最合理的造型。埃森曼认为，手工设计一个作品，设计师唯一能做的就是把他们想到的或与其相关的表达出来……每一次再绘制都是为了使草图更加接近预期的想法，但它有自己的不被建筑师所知的工作模式、组织方式、运算规则、图案式样……库哈斯也认为，在程序与空间之间不存在界限，也就是在分析与创造之间不存在界限。

在传统二元论的背景下，建筑各维度的基本参数都被明确量化。无论是黄金分割、模数关系，还是单元依靠规律性骨骼繁殖的构成方式，都是线性束缚的机制。当代一些西方建筑师破除了定向参数式的传统设计手法，提出依靠设计编码复杂多变的结构脉络来动态地生成建筑。如同生物工程一样，确定的操作目标与步骤在动态的演化过程中也伴随着不可预知的偶发情况。意大利建筑师切莱斯蒂诺・索杜长期从事建筑自主生成规则与相应软件技术的研究。他利用图像数字技术进行编码的转换，将能代表某类建筑的典型的二维图形特征信息输入计算机，系统会自主转换和模拟生成三维场景及立体透视图像。他在实践中多次运用其设计的软件系统，适时取得动态画面，生成的结果也是可调控和可选择的。

建筑自主动态生成如同一种调侃式的、不经意的设计方法——过程是结果，结果也是过程；有序逻辑与无序随机相互关联，预测与不可预测互相包含。基于这种思路，建筑师运用数字工具创造出了不受重力、功能和结构制约的各类形态。曾运用于航空领域的 CATIA 系统技术使盖里的设计如虎添翼，他不断地将无数按比例制作的手工模型撕开，再整体扫描外观，把数据输入计算机，精确呈现出三维图像。可见，数字化处理系统已经将动态的生成过程以可控程序的方式固化了。

10.3 建筑设计深化的流程与方法

美国建筑师费纳尔将自己的设计方式与爵士乐创作相比较，从一个想法开始进行即兴创作，他在创作中认识到，每个步骤都不会是圆满的。建筑设计不可能从某一方面出发一蹴而就，而需要将环境与单体、平面与三维、功能与形态结构结合在一起，同步展开，互相推进。

设计通常分为五个阶段，即计划阶段、纲要设计阶段、设计发展阶段、契约文件阶段及工程建设管理阶段。在前两个阶段中，设计师从直觉整体性出发，通过联想进行构思；其后的设计发展阶段则需要将内部因素与外部条件相结合，把想法体现为手法，用设计语言将构思转变为可被阅读的建筑特征。

深化设计既是深入演进，又具有开放性和可变性，是在三维真实与二维抽象图式的可逆转换中不断包容新创意的过程。在这个过程中，应从真实的视角观察空间，考虑空间是否符合视知觉心理与行为习性，就好比跟随一台视点连续变换的摄像机，从外到内，对场地、外立面、屋顶及各层空间进行扫视和浏览。因此，深化绝不是平面、立面孤立地发展，而是在评估方案的同时，最大限度地关注空间变换与形态生成的自主性，这样才能在尝试中扩展研究面，使每一次实践都成为手法从青涩走向成熟的机会。

10.3.1 平面布局

1. 从功能模型到平面配置

建筑平面图一般指从上俯瞰建筑物，或水平剖切后朝下的水平正投影图，通常包括各层平面图以及屋顶平面图。

我们提倡图解思考的方法，常用方框图或泡泡图来梳理思维，也就是变个案特殊性为惯常模式。在《建筑设计资料集》中，我们可以看到，每类建筑都以特定的功能分析图式来反映其共性。然而功能模型、方框图或泡泡图并不是平面图，它只为我们提供了功能区块的主次亲疏关系，具体的平面配置还有待在问题中推进：每个区块通过什么样的方式组织在一起？空间组合的方式多种多样，是水平联系还是垂直发展，是院落围合布局还是集中紧凑安排？每种决策都会带来产生新平面图的契机。

平面图一般应该明示或暗示四个方面的信息：一是功能分区；二是流线组织；三是空间形态；四是造型意象。但是这四者之间不是只存在某种唯一的对应关联方式，也就是说，同样的功能分区方式可能有不同的流线组织方式，同样的平面图也可能生成多种形态的空间与立体。

2. 平面关系的完善与调整

1）从环境、用地要素对平面关系进行调整

建筑场地的地形地貌、周边建筑群体的方位和尺度、道路等都是影响总平面布局的要素。深化设计时应重新审视已有的平面配置能否兼顾场地因素，如：是否考虑了对不规则地形的顺应？如果是分散布局，其占用与围合生成的负形空间是否完整？主要出入口与道路的导向关系是否自然？主要功能空间的朝向是否优化？是否有无自然采光和通风的黑房间？

只有有针对性地解决好这类问题，才能进一步调整平面配置。

2）从建筑体量与空间构成艺术对平面关系进行调整

不断推敲体量穿插与空间构成的关系，能反过来促进平面调整。如果采用几何形体相加的造型，则需要及时对已经生成的平面进行检查，看看单体之间咬合得是否有机。如果采用坡屋顶造型，则需要简单绘制出可能产生的屋顶平面图以及空间交接关系示意图，以检验两坡屋顶、四坡屋顶等坡屋顶能否按照设计意图合理衔接，是否会出现衔接不上、不利于排水等问题。

3）从区域及各个要素的特征对平面关系进行调整

每个区域以及要素都需要细化研究，任何小的改变都可能引发建筑格局的变动。门窗洞口的平面位置及形式不仅会直接影响空间的围合程度，同时还会影响内部家具的布局形式。在组织交通时，应考虑尽端走道能否归属于某一房间而扩大使用面积。在推敲建筑入口时，应检查室内外是否有标高差异，以避免雨水进入。这也是一个使设计方案逐步合理化的过程。

4）控制及核准建筑面积

平面的基本格局一旦确定，就应该进一步根据建筑部位与层高，按照规定计算核准建筑面积（见表10-1）。建筑面积包括使用面积、辅助面积以及结构面积，一般指建筑物外墙勒脚以上的外围水平面积，多层则为各层面积的总和。

表10-1　不同部位建筑面积的计算规定

部　　位	按外围结构水平面积或顶部水平投影面积计算	按外围结构水平面积或顶部水平投影面积的一半计算	不算面积
地下室、半地下室	外墙有出入口的地下室、半地下室、商店、仓库（以上口外围为准）		
利用深层基础作地下架空层	设置门窗		不做地面及装饰且层高低于2.2 m
利用坡地吊脚作架空层	有围护结构且层高超过2.2 m		
雨篷	有柱围合支撑	有独立柱支撑	无柱支撑，及其他突出建筑外墙的构件、操作平台、安装平台等
阳台	封闭式阳台	挑阳台或内凹式阳台	
图书馆书库	有书架层按书架层计算面积；无书架层按自然层计算面积		
技术层	层高超过2.2 m；层高小于2.2 m，但从中隔出来作为办公室、仓库等的房间		层高小于2.2 m

5）从介入结构、设备因素对平面关系进行调整

造价经济、结构难度低、便于施工等是优化可行的建筑方案首先要考虑的因素。对于大多数几何直线形态的建筑，当我们已经按照任务书核准了平面各区域的面积时，如果房间大小不一、形式各异，就要尽量采用一套“骨骼”，对原有的平面形式进行调整，将其纳入到规律化、均匀化的结构体系当中。另外，为了实现给排水与排污的合理、便捷，卫生间应尽量上下对齐，厨房不应位于卫生间的正下方。

10.3.2　剖面研究

剖面图是指建筑被与之相交的铅垂面剖切开后的垂直正投影图。有人认为剖面图太抽象，没有必要对其进行分析，只在最终环节程式化地选取纵、横两个方向的剖切空间并反映在成果图

中就草率了事。事实上，从草图阶段开始的剖面研究，能启发构思，也能控制空间形式与尺度的发展，还能检验结构构造与细部的合理性，是设计进程中非常重要的一个方面。

1. 通过剖面推动整体构思

我们看到很多大师的设计构思草图，除了直接透视意象之外，还有粗犷不羁、富有弹性的剖面示意，它们恰到好处地揭示出项目面对的主要矛盾以及建筑师巧妙的回应。对于坡地建筑，剖面分析不仅能提供形体顺应坡度的思路，还可以利用高差巧妙地安排不同的出入口，做到人车分流，甚至能启发新奇的空间构想。对于以垂直方向空间变换作为突破口的设计，往往需要在剖面上花更多心思进行研究，如部分地下空间、共享中庭、空中花园、骑楼以及错层和夹层空间的设置，只有通过剖面标高分析，才能找到解释空间的最佳词汇。

2. 通过剖面确立空间的纵向形象，传达纵向尺度感受

剖面分析是触及建筑内部的重要步骤，直接显现出空间的纵向形象。法国利摩日大学法律与经济学院教学办公综合大楼的新建核心部分由两个巨大的不规则的外覆镀锌铝板的球体穿插在垂直玻璃结构内组成。建筑师夸张大胆的造型手法，源于对平面与剖面的综合思考，球体斜曲面正好顺应了内部沿阶梯上升的演讲厅空间，同时也成为立面的突变要素。

通过剖面，还能对各个空间的长、宽、高比例有明确的认知，进而确立建筑层高、各空间高差、楼梯级数、坡道坡度，以及入口、屋顶女儿墙等构件的高度。可见，剖面也是传达纵向尺度感受的载体。

3. 通过剖面检查验证结构构造与建筑物理的合理性

随着图纸的深化与比例的放大，很多问题将会逐步暴露，如果不适时进行剖面分析，将会错失纠正问题的良机，因为在剖面图中，立柱与梁、墙体与楼板之间的直接碰撞，能直观提示设计的结构构造是否合理。剖面设计反映出对空间、结构常识的掌握程度。我们可以利用剖面对建筑物理要求较高的环境进行直观分析。另外，我们还可以利用剖面图来分析日照间距、采光遮阳、风向引导、隔音构造等问题，这样也更容易找到解决问题的途径。

10.3.3 立面造型

建筑外观相对某铅垂面的正平行投影就是建筑立面图，它主要反映建筑物的比例尺度、界面形态、材料铺设与色彩关系，以及门窗、雨篷等构件的细节。立面图是对造型组合深化加工的结果。我们之所以要在体量构成之后再更纯粹化地研究立面，是因为“面”也具有相对自主的特征。

1. 受视知觉与形式美法则的调控

古罗马建筑理论家维特鲁威在《建筑十书》中所论述的形式美法则，是后世古典建筑审美的标准与基本评价模式。文艺复兴时期，因掺入人体尺寸和谐美与数学比例的研究，这些法则变得更加系统化，与尺度的关联也越来越明确。尽管有人认为维特鲁威的观点产生于手工生产和建构的社会背景，对它是否对当代建筑还存在指导意义表示质疑，但究其根本，它还是具有一些能引起良好视觉感受的建筑构图表征。因此，直至今天，它依然是建筑师有意无意间主导造型、协调体量的重要参照。

1）比例与尺度

（1）比例。

毕达哥拉斯曾通过琴弦实验证明了音程与弦长有关，进而推论音乐中的数学秩序也代表了宇宙中普遍存在的和谐规律。如果将音乐视为几何学的声音化，建筑则是将数学转化为空间单位的艺术。比例通常分为以下两类。

① 基于严格的数字关系的比例。

这类比例是指局部与局部、局部与整体或某一个体与另一个体之间的数值、数量或程度上的数的和谐关系。最常见的数列是等差数列和等比数列。

除此之外，还有人们熟知的黄金比例。事实上，黄金分割数列是一种特殊的几何数列，它所具有的奇妙的代数与几何特征也正是其存在于生命肌体与建筑结构中的形式美规律。建筑师将这种数字比例关系运用到空间或立面上，总结出了一些兼具美感和理性关系的图形划分与组合定式。利用数列关系来推敲立面体量以及门窗洞口的高宽比例，找出等同或相似关系，绘制出规律控制线，是建筑用以增强其数理逻辑的思路与先导因素之一，但并非处理立面所恪守的机械式方法。

② 可以直观把握的比例。

并非所有具备良好视觉感受的比例都基于严格的数字关系，更多的时候还是以直观把握比例感觉为主，将各部分配置出均衡的形式美感，就连热衷于比例造型的柯布西耶也反复强调比例的灵活性与可选择性。

比例理论虽然不是现代建筑理论的中枢，但是运用算术或几何学的规律来推动创作，仍然是行之有效、颇具意义的手段之一。

(2) 尺度。

① 尺度是针对不同参照系的相对感受。

与比例一样，尺度也是数量之间的比较衡量关系，但比例强调数的和谐的绝对性，而尺度则偏重量化的相对感受，它是我们根据某些已知的标准或公认的尺寸与未知尺寸对比后所做出的判断。形状、大小都相同的两个建筑立面图上，如果画有不同尺寸、不同行数的窗洞，我们很容易根据窗洞行数来直观判断建筑层数，并进一步推断建筑的总高度。参照单元不同，就可能引起完全不同的尺度判断。在很多建筑立面上，我们既可以找到与人体相匹配的一套尺度体系，还可以读出关乎整个城市的另一套尺度体系。例如，在高大的雨篷之下设计尺度宜人的入口与细致的门扇，既兼顾了建筑的整体性，又考虑到与人近距离接触贴合部位的亲和力与使用的便捷性。

② 对正常尺度的尊重。

早在文艺复兴时期，安德烈亚·帕拉第奥就在《建筑四书》中提出了七种“最优美、最合乎比例的房间”，体现出其对正常尺度以及长期固化的“期待性尺度”的尊重。在空间的三个量度中，高度比长和宽对尺度感的影响更大，直接决定隐蔽性与亲切感。比如，同样是 3 m×3 m 的平面尺寸，当高度为 3 m 左右时，我们可以将其安排为舒适的小卧室，而当高度变为 10 m 时，我们只能产生居于井道的空洞与压抑。

③ 对夸张与反常规的尺度的利用。

根据尺度的大小，我们可以将其分为亲密尺度、一般尺度、纪念性尺度和巨大尺度。前两者可满足普通的社交需要，后两者则会让人产生超出普通视知觉观察范围甚至如同苍穹般的距离感。具有亲和感的体量、要素、纹样，其尺度在人的心理空间中具有确定的范式，如果改变比例或等比例地放大、缩小，都会让人产生非同寻常的感受。纪念馆建筑中，其超高、超阔的空间有利于显示其主宰性的震慑力量。一些设计会有意将固有要素的比例放大，造成立面上夸张、反常、混淆的尺度感。盖里与另外两位艺术家于 1991 年合作为广告公司 Chiat Day 设计的位于美国洛杉矶的大楼由三个单体构成，白色金属流线型船体与铜饰面的抽象森林中间矗立着双筒望远镜形的大楼，象征着公司的远见卓识，双筒之间演化为地下车库的入口，顶部两个透镜则是内部会议室的天窗，这种仿真的形态与常人概念中的真实尺度形成了强烈的反差，成为吸引客户的噱头（见图 10-15）。

图 10-15

2）变化与统一

在建筑设计中立面变化是必然的，因为功能、空间、造型的复杂性以及多重要素的复合叠加、协调兼顾，会使最终生成的体量组合存在方向、形状上的对比，再加上立面的虚实凹凸、光影材质、门窗细节等各方面的不同，必定会使立面充满变化。问题在于如何将这些变化的要素统一于同一建筑中，而不至于因为过多凌乱的特征破坏建筑的完整性。

统一并不意味着整齐划一，也不排斥建筑对趣味性的追求。基于变化基础上的统一，其目的是建立一种动态秩序感。

（1）变化。

① 对比变化。

对比是一种强烈的突变，即要素在质、量、性等方面存在较大差异，可以造成醒目、刺激的感觉。如在旧建筑改造及扩建项目中，旧建筑的外墙采用厚实的石材铺设，简洁大气，而新建建筑采用玻璃墙面，明亮闪烁，构件细部也细腻完美，这种明显的个性反差表明了新、旧建筑对不同时代的不同态度。

② 微差变化。

微差变化是一种要素之间的细微变化，它有一定的量化限度，即视觉上能够辨别、判断，而不是通过仪器才能测量到。与对比的跳跃性特征相比，微差以细腻而有节制的改变带来了视觉层次上的自然过渡。

图 10-16

利用微差可以有效地补充和矫正视错觉带来的局限性，无论是中国古典建筑还是西方古典建筑，都在丰富而独到的营造经验中体现出这一点。被称作建筑奇迹的古希腊雅典卫城帕提农神庙，山墙立面严格贯彻黄金比例，看似铅垂的柱身呈饱满曲线形逐渐膨胀，并朝外略有倾斜，以表现从上至下的压力，同时也使立面显得挺拔稳定，不至于让人产生上大下小的错觉。

一组要素有规律地渐变能形成一种特殊的微差。当要素达到足够数量时，就会因相同特征的重复而带来秩序感。巴黎库瓦赛大学生公寓的弧形墙面上折线状外凸窗户的厚度逐渐增加，在形成节奏的同时，也巧妙地改变了窗户的朝向（见图 10-16）。格雷格·林恩设计的美国纽约韩国人社区教堂是在洗衣厂的基础上改扩建而成的建筑，能为学校、社会团体以及婚礼仪式等提供多功能服务。在它的外立面上，有多个逐步放大、套叠成组的壳状构造，一方面通过侧面开口将柔和的自然光投射到室内，另一方面以舞台化的词汇弱化了原有工业建筑的严肃姿态，使其更轻松，更富有戏剧性（见图 10-17）。

图 10-17

（2）统一。

① 强化一个要素的同时弱化其他要素，多重要素分层级发挥效力。

造型艺术依靠形状、尺度、方向、光影、色彩与材质等要素传达综合意象，同时也需要保持其间的平衡。形态表达离不开光影互动，改变投射方向与亮度才能显现立体层次。表面的不同色彩会影响人对体量尺度的判别，浅色让人感觉扩张变大，深色则让人感觉收缩变小。质感与光线也互相牵制，直射光线能增强粗糙的质感，但过强光照下的表面如同曝光过度的相片，色彩被冲淡，细部肌理也变得不明显。反之，材质也会影响光线的反射与分布，粗糙的表面因为漫反射而不易使人产生视觉疲劳，光滑的表面如果处理不当，就会造成镜面反射，致使强光方向集中，直接射入人眼产生眩光。

在这些要素中，我们必须厘清其在立面造型中所处的地位，在强化其中某一个要素并使其成为压倒性因素的同时，弱化其他要素，这样才能突出主题，使多重要素在控制下分层级发挥效力，形成统一的秩序。在迈耶的白色建筑中，我们之所以能感受到形态与光影的完美表演，就是因为在作为主角的形态要素背后，有单纯的白色布景，建筑师将色彩和质感的对比关系都减弱到了极致，以突出动人的光影。

② 简化基本造型类别，利用母题重现统一立面。

初学者常担心立面缺乏变化，希望在一个建筑上将各种形态以不同手法同时呈现，结果往往造成立面太碎。这时，我们就需要采用一种基本形式和组织规则来统一立面，即母题重现，它可以是某类形体，也可以是一种符号，其特征应尽可能单纯。

以完全相同的形态元素来控制立面，很容易获得统一的母题印象。德国柏林北欧诸国使馆区内的芬兰大使馆，平面为具有斜角与弧形的不规则形状，建筑的一面连接高 15 m 的使馆区铜质弧墙，其余三个透明的玻璃立面完全被同一规格、精致细密的金属框架和落叶松木百叶单元连续包围遮盖。白天，使用者根据进光量调节百叶的启闭与转动方向；到了夜晚，灯光则透过格栅向外传递均匀的光讯息。该建筑统一采用线的构成手法作为立面形象，表露出其轻盈、内敛的气质，不同转动方向的百叶成为纯粹背景中活跃的点缀（见图 10-18）。

除了相同单元均匀分布之外，以相似的方式组织、建构相似的形态也同样能产生系列感。史蒂文·埃瑞奇设计的位于美国加利福尼亚州的舒尔曼住宅，其立面反复采用木框架与遮阳板穿插构成的形式，以特征重现来强化统一感受。

③ 保持立面的连续性。

“人们是在心无所系的状态下看建筑的，与看绘画相反。我们盯着绘画看，是因为它是加框挂在博物馆的墙上的。”这句话解释了小尺度平面艺术与大体量空间艺术不同的视觉特征。对于建筑，我们是在持续欣赏与体验的过程中了解全局的，观察到的视觉片段应该具备潜在的关联，这样人们才能通过大脑重新整合并概括出其同一性，最终才能形成整体印象。

图 10-18

让·努维尔设计的法国巴黎 Quai Branly 博物馆，色彩成为延续立面构成形式的统率因素。建筑主体北侧的弧形立面以色彩跳跃、大小各异的盒子紧密排列，南侧则保持平面化的特征，均匀排布于其表皮上的红色、褐色、白色遮阳板成为与其他立面呼应的色彩元素（见图 10-19）。妹岛和世设计的位于日本东京的小住宅，不同面积的楼层先错位，然后再以折线形斜墙包围外部。建筑体量虽然不规则，却以垂直方向的玻璃分割线作为上下层的巧妙关联，因此建筑看上去并没有脱节的感受。另外，利用水平或垂直对位线，将门窗、雨篷、阳台、栏板、幕墙框架等构件拉齐，使其成排或成列地有规律分布。

图 10-19

2. 注重界面交接以及边缘和外廊

1）*界面转角的交接关系*

建筑师总是在长期的实践中不断筛选出具有典型意义的语言，对界面转折交接部位的控制，正是转译设计构想的代码之一，也为创作提供了一个重要视点。密斯擅长以精细的构件直接相交来强调转折处的硬朗线条，轮廓分明、清晰的角部体现出几何形体的严谨。相反，分离交错、穿插咬合的角部，则是建筑开放形态体系在细部上的贯彻。

建筑转角嬗变，还与结构逻辑直接相关。例如：砌体结构要求大面积、有一定间距的墙体来承重，转角处因刚度直接影响整体性而较封闭完整，以满足构造上抵抗水平应力的需要；框架结构中承重与围护构件的分离，为角部造型提供了更大的自由度。同时，技术水平的提高，推动了建筑师聚焦于节点，对细部层次进行深入的表达。高技术建筑作品中精致的转角是成熟构造工艺的自然流露，而非设计师刻意而为。特定的界面交接方式也能彰显材料的特征，采用金属曲面柔和地转折至另一个界面，可以恰到好处地体现出金属良好的延展性。

2）边缘和外廓

虽然建筑是三维艺术，但远距离欣赏整体时，随着视距的增大，其透视也变得越来越平面化，尤其是黄昏、雨天时，细部会变得比较模糊，建筑甚至只留下外廓剪影。可见，建筑外廓在特定的状况与视角下，会成为欣赏重点，因此，需要处理好各个体量投影间的对比关系以及立面构图的边缘等问题。

边缘关系到建筑自身的形体及对外的渗透程度。自汉代起就出现了庑殿、歇山、悬山、硬山、攒尖五种基本的屋顶形式。不同屋顶在组合、叠加中创造出了恢宏大气、丰富动人的天际线。除了建筑与天空交接的边缘之外，还应关注建筑与大地的交接关系，可以采用几何硬线条做肯定收束。不同手法勾勒的建筑外廓可以直观地反映出构图意向的差异。

3. 辩证地反映表皮与内体的关联

1）表皮的逐步自治

事实上，古典建筑有严格的主次立面划分以及精确的、可重复的固定比例范式，它们大都采用附着形式，将传达社会信息的雕塑、绘画、字体等添加到建筑表面，以加强其易读性。而现代主义建筑则使其外观被生产逻辑主导下的覆层所简化，立面的方向性也被削弱，其在去除装饰的同时，也几乎丧失了表皮独立表现自身和传达意义的机会。后现代建筑以古典符号、装饰元素等作为表皮语言，以引发历史联想与文脉延续，建筑外观不再忌讳直接强调形式感，表皮的力量也在变大，并试图挣脱内体的控制。真正使表皮获得本体形式自由的是解构建筑对传统内外关系的消解——建筑表皮变成围绕整个建筑的自由而连续的外皮，它不仅通过围护带来空间感，而且摆脱了承重功能及重力主导的形式法则。

表皮可腾空在内体外侧，有自身的层次、深度、空间，也可匀质开放，走向超透明甚至消失。伊东丰雄的"透层化建筑"就是采用透明或半透明的表皮，对光线与景象进行昼夜不同的反射，颠覆了建筑固有的凝固性和恒定性，令空间拥有瞬息万变的灵活性。

图 10-20

表皮也可用遮挡或伪装手段隐藏内体。赫尔佐格与德梅隆设计的英国伦敦拉班中心是一个具有多种功能的公共建筑。建筑师在透明或半透明的玻璃外侧安装了彩色、透明的聚碳酸酯面板，它如同一层会表演的外壳，随天空变化和内部舞动的身影显现出细微的变化（见图 10-20）。

表皮还可以成为媒体化时代传播信息的载体，它被赋予压缩、传达和生成信息的能力，信息符号被植入"屏幕建筑"外层，成为表皮不可分割的一部分。绘画、雕塑等多元艺术形式的参与，成为表皮充满生机的视觉重点。有意味的平面设计艺术附着于表皮，犹如巨大的包装覆层，为建筑增加了戏谑的语境。

2）传统立面意义的新诠释

在很多不规则、连续流动的空间形态中，正立面、侧立面、顶面等都融合为一张巨大的表皮，有的甚至顺应连续的骨骼渗入肌体。流动性不仅模糊了界限，而且柔化了建筑构件之间的联系，甚至难以察觉其间的过渡与转换。

立面与剖面甚至有交错混淆的情形。有的立面不仅讲求"围护面"的性质，还强调"剖切面"的特征，呈现出剖面化的倾向。在多米尼克·佩罗设计的北京CCTV新大楼方案中，各种功能按照最适宜的位置与尺度占据特定的空间，并归属于一个体量单位，多个体量单位紧凑地堆叠在一起形成互动组织。建筑外部以巨大的不锈钢结构支撑着200多个太阳伞，太阳伞表面有的覆以玻璃，形成巨大的电视屏幕；有的覆以金属片，可以像镜面一样反射阳光；有的覆以彩色编织结构，如同风筝一般。在轻薄的外衣下，内部重叠的一个个体块似是而非，若隐若现，它们的表面相对内部空间而言是立面，但相对外部犹如被揭开了面纱一样的另一张表皮而言，则是内体。

4. 入口的特殊处理

一般，建筑入口有主辅之分，入口的位置除了要从周围环境与道路因素考虑通行便捷之外，还需要从立面构图等方面加以考虑。

从造型角度来看，入口是建筑方位主次的重要标识，我们也通常将建筑主入口所在的立面或面临城市主要道路的立面称为"主立面"。入口的虚实、凹凸处理显示出建筑物的不同态度。内凹入口呈谦虚内敛的姿态，像怀抱一样欢迎进入的人群；外凸入口则以直白的语气告知到访者将要穿过的界面与空间的显赫地位；与界面平齐的入口虽然没有强烈的表现欲，但却能保证其与四周界面的连续完整性。结合地形，利用坡道或踏步作引导并采用与建筑主体造型手法一致的入口，仿佛是墙面与结构的自然顺延，而采用急剧变化风格的入口，则希望以对比的要素特征使视觉冲击力积聚到最大。

从空间感受来看，入口是区分内外的场所和人流出入的"灰空间"。通过这个临界点，就从外（内）部领域进入到内（外）部领域。有的入口通过尺度的缩减或扩大形成空间停顿，有的入口采用新材料和自动控制技术产生趣味中心。可见，入口为整个空间序列奠定了情绪基调。

从功能意义来看，大多数入口具备迎候送别、休息停留、挡风避雨、夜间照明、支撑招牌等功能。入口设计通常包括踏步、坡道、平台、雨篷、门的设计，以及相应的环境设施与景观设计。

5. 立面上的多功能复合构件的处理

建筑立面上常见的功能性构件除了入口以及相关组成部分之外，还包括阳台、屋顶女儿墙或栏杆、遮阳百叶、太阳能光电板，以及其他能量采集或存储构件等。随着生态节能需求的发展，这些构件突破了功能局限，越来越多地兼备复合功能。它们与构造技术完美结合，产生新的造型逻辑，并成为建筑界面中的显著标识。例如，太阳能光电板可以置于倾斜的屋面，使太阳能转换为热能、电能和可控光能。

总之，进行建筑设计，需要有正确的思考方法，在创意过程中，应该避免一些造成走弯路的不明智之举。

首先是缺乏空间思维。无论平面还是立面，始终是以图形化的思维角度去考虑，只专注线面的构成是否优美、均衡，是否曲直对照，这样只会导致三维空间艺术变为相互分离的二维平面形式的简单叠加。

其次是缺乏平行同步思维。要么只关心功能，要么只追求形式，要么只盲目担忧结构、构造是否可行等，忽视方案发展过程中矛盾要素的整体互动性与变化性。事实上，从灵感闪现到第一次绘制草图，直到最终定稿，每个阶段都应该是平面、立面、剖面设计交错进行。一旦发现某个环节有需要解决的问题，就应手脑合作，及时调整。如果只是片面、孤立地研究某一个要素，将原本连续的设计过程割裂肢解，等矛盾累积到一定程度时，设计就很难继续，这样会造成时间、精力的浪费与情绪上的挫败感。

再次是缺乏对形式美的基本判断。有些初学者会在一知半解的情况下采用非建筑观点，过多地尝试光怪陆离的造型手法。初学者应该更加重视形式美基础法则，不应认为“多元”就是将毫无关联的矛盾并置，也不应一味强调刺激而忽视视觉伦理。

10.4 建筑设计方案及成果表达

再好的设计也需要与之相适应的精彩表现，否则就无法以视觉形式传达设计构思。表现是思维的外化，是在不同的设计阶段以图纸、模型等方式将头脑中的不定性概念转译为直观、清晰的形态的过程。建筑表现像一种研究方法与控制手段，贯穿设计的全过程。

10.4.1 构思草图与图解思考

建筑师不可能按照直线模式和限定程序按部就班地开展工作，而是在有关方案的各个方面来回跳跃思考，相关或看似无关的因素都可能影响设计的发展。但凡有设计经验的人都知道，我们无法预设思想的轨迹与时序，但可以在同一时间考虑若干方面，也可以反复研究。构思阶段的方案表达不仅是他人交流的媒介，也是厘清概念、自我修正、创新突破的载体，是一种图解思考的过程。图解，是西方建筑学话语中的一个常用词，它不仅是再现图形，而且是借技术传达意义，具有行为过程与结果的兼容性。设计就是在图解的过程中得到回馈与激发，迸发出新的灵感并不断提升。

虽然计算机辅助设计工具的参与使手绘不再是唯一的设计草图的表现途径，但是手绘因其敏锐、快速的特点，依然是一种非常重要的创作方式。构思草图大都具备以下特征。

第一，构思草图应呈开放性姿态。不必拘泥于一种想法或画法，也不必害怕出现错误，我们期待的就是弹性和意外的产生。用铅笔、钢笔及马克笔等勾勒大致形态，是表达粗放思维常用的手法。如果设计一开始，就依靠针管笔和直尺等小心翼翼地绘制线条图，不仅会浪费时间，而且会禁锢大脑的创意发挥。

第二，构思草图是抽象性表达。我们通常利用简单的图形、文字将复杂的意向概括再现，或者借助方框、箭头、符号等对建筑环境、气候、物理因素进行分析，并对功能、模数、轴线、核心、边缘、节点等概念进行提炼。这个阶段进行的仍然是抽象与逻辑思维，不必马上进行情境假设。

第三，构思草图既具备稳定的核心内容，又具有可变更的潜在可能。一张看似杂乱的线条草图中往往隐匿了多重信息，有些信息是重要线索，有些信息只是思考过程中闪现的凌乱片段。

10.4.2 过程图纸与定稿表现

从抽象的概念构思到具体的空间图形的获得是一个质的飞跃，其后的每一次深化表达，一方面要保持图形的清晰性，另一方面要不断校验所传达的信息的准确性。

深化过程中的图纸也尽量以快速徒手表现为主。最初可用比任务书要求小一半的比例或更小的比例画平面图、立面图、剖面图。随着设计的深化，可放大比例进行细致的研究。当需要考虑面积参考指标时，可用 1∶100 或其他比例的网格纸垫在半透明的草图下，这样即使不依靠比例尺，也能轻易把握相对准确的尺度。

反复绘制透视图或轴测图，能从空间的角度为设计者提供新思路。透视图不仅显示空间的形态、虚实，还能通过上色与渲染反映光线的品质。在半透明纸上修改上一轮透视图的过程中，有时甚至会产生空间叠加、旋转、漂浮、运动的幻想，这样就有可能扩展思考的范围。

对于复杂的有机连续空间以及变异建筑，以手绘方式进行相对独立的研究是很困难的，这时就要善于利用数字化设计的优势。先用计算机生成三维形态，在内外空间立体形象的基础上不断深化调整，当完善到一定程度时，分阶段进行各个方向的水平、垂直剖切与投影，生成平面、立面、剖面的二维图纸，接着确定细部，然后反复进行“面—体—面”的循环，直至最终定稿。

10.4.3 成果表达

建筑师与雕塑家不同，建筑师只能通过中介来表达构想，不能在创作中直接接触作品实体，其首先构建和制造的作品是图纸和模型。从安藤忠雄设计的阿拉伯联合酋长国阿布扎比海洋博物馆方案（见图 10-21）中，我们可以看到建筑师用实体模型来体现设计成果。

图 10-21

长期以来，建筑图一直处于成果与工具的尴尬边缘，它们大多被认为是建筑创作过程中的一个补充环节或客观手段，很少被看作是有独立意义与价值的艺术形式。随着制图和渲染设备的改进以及数字模型的出现，建筑表现的观念和技术发生了重大变化。它已经不只是以平面、立面、剖面精确地传达预见的空间形态，而是更多地强调探索的过程。一些先锋建筑师的设计表达方法通常伴随着非自觉与随意的成分，充满了非系统化的表现性特征。哈迪德以其大学时期的数学专业背景显示出独到的表现意识与绘画手法。她的绘画与模型，以失重的倾斜构图与抽象的色块，开发了很多超常的、充满动感的场景与视角。她看似随心所欲的表现，实际上正好契合了人们有选择性地捕捉与接收视觉信息的模式。我们的眼睛与大脑并不是像摄像机一样将所有细节都一模一样地记录下来，而是有选择地被最活跃的视觉重心吸引。她的效果图有时只有局部，有时又由很多不同角度的透视组成，更像是受俄国艺术家马列维奇的"至上主义"影响的构成主义变体创作。由此可见，建筑设计方案成果表达是借绘画、平面视觉艺术形式、模型、多媒体等手段对概念进行的综合表现。

建筑表现的构图与版面不仅是视知觉美感的问题，还应当有意义，并与设计概念相关联。与其他平面设计作品一样，成功的版面应当具有一定的暗示功能，让图形说话，使观者产生对设计主题的联想。要想传达解构设计的概念，排版时可先将所有图纸连续地布置在一张整体画面上，然后将关联显著的部位裁切断开，成为几个单独的版面，每个版面传达的信息都是不完整的，但是将它们像拼图一样组合在一起时，又可以形成意义完整的"事件"。这种人为地将连续视线断裂以强调"正在进行"的动态过程，正好暗合了解构主义消解整体秩序的目的。在商业建筑设计表现中，大胆采用时尚、绚烂的色彩，能引起观者对喧嚣的世俗生活的联想，版面中闪现的条形码则以调侃式的模仿解释设计的商业性。即使是手绘，也可以采用一些非常规的制图媒介，以合理的构图与复合的表现手法，让画面传达出丰富且具有感染力的信息。成果版面应该忠实于设计思想，传达概念内涵。

总之，建筑设计不是一朝一夕的事，它是制造未知空间的艺术，它从原理到方法、从构思到成果都环环相扣，严丝合缝，不能绝对孤立，也无法生硬分离。设计的全过程就是从灵感闪现到思路成熟的探索之旅，既要摆脱陈旧观念的束缚，也要尊重创作规则；既是对艺术概念的传达，也要在社会与环境、功用与建构交织的坐标系中准确定位。我们的每一次创作在挑战思维极限的同时，也让我们获得了日益拓宽的视野和天马行空的想象，这也为设计风格走向成熟架起了桥梁。

实践单元——练习 

●**单元主题**：建筑设计的策略——回归处理。

●**单元形式**：设计与综述。

●**练习说明**：从城市规划方案中选取一个样本，制定建筑策略，发展基于时间的愿景，研发一种建筑语言，制作原始模型，绘制平面图和剖面图，建立数字模型，制作实体模型，绘制细部图，准备论据，制作 PPT 演示文稿，汇报项目。

●**评判标准**：实际操作的能力、创新超越的意识、整体系统的结构、开放吸收的观点、综合感知的表达、设计的最终目标、设计的评价体系。

参考文献

[1] 刘先觉.现代建筑理论[M].2版.北京:中国建筑工业出版社,2008.

[2] 王受之.世界现代建筑史[M].2版.北京:中国建筑工业出版社,2012.

[3] 卢济威,王海松.山地建筑设计[M].北京:中国建筑工业出版社,2007.

[4] 彭一刚.建筑空间组合论[M].3版.北京:中国建筑工业出版社,2008.

[5] [德]马克·安吉利尔,德尔克·黑贝尔.欧洲顶尖建筑学院基础实践教程[M].祁心,苏文婷,王云石,译.天津:天津大学出版社,2011.

[6] [荷]赫曼·赫茨伯格.建筑学教程1:设计原理[M].天津:天津大学出版社,2008.

[7] [荷]赫曼·赫茨伯格.建筑学教程2:空间与建筑师[M].天津:天津大学出版社,2008.

[8] [韩]韩国CA出版社.第一次跨越:从建筑教育到设计实践[M].金哲宇,赵稳,译.天津:天津大学出版社,2012.

[9] 李延龄.建筑设计原理[M].北京:中国建筑工业出版社,2011.

[10] 朱瑾.建筑设计原理与方法[M].上海:东华大学出版社,2009.

[11] 邢双军.建筑设计原理[M].北京:机械工业出版社,2012.

[12] 张文忠.公共建筑设计原理[M].4版.北京:中国建筑工业出版社,2008.

[13] 日本建筑学会.建筑设计资料集成:人体·空间篇[M].天津:天津大学出版社,2007.

[14] 程大锦.建筑:形式、空间和秩序[M].3版.刘丛红,译.天津:天津大学出版社,2008.

[15] [英]理查德·韦斯顿.材料、形式和建筑[M].范肃宁,陈佳良,译.北京:中国水利水电出版社,知识产权出版社,2005.

[16] [日]黑川纪章,[日]隈研吾.日本的前卫建筑师[M].覃力,译.北京:中国建筑工业出版社,2004.

[17] 大师系列丛书编辑部.弗兰克·盖里的作品与思想[M].北京:中国电力出版社,2005.

[18] 王静.日本现代空间与材料表现[M].南京:东南大学出版社,2005.

[19] 佚名.黑川纪章[M].郑时龄,薛密,译.北京:中国建筑工业出版社,1997.

[20] 汪江华.形式主义建筑[M].天津:天津大学出版社,2004.

[21] [美]罗伯特·文丘里.建筑的复杂性与矛盾性[M].周卜颐,译.北京:知识产权出版社,中国水利水电出版社,2006.

[22] 徐磊青.人体工程学与环境行为学[M].北京:中国建筑工业出版社,2006.

[23] 孙祥明,史意勤.空间构成[M].上海:学林出版社,2005.

[24] [美]普林斯顿建筑出版社,[美]纽约建筑协会.材料的处理[M].孟繁星,张颖,译.北京:中国建筑工业出版社,2005.

[25] [美]伦纳德·R.贝奇曼.整合建筑:建筑学的系统要素[M].梁多林,译.北京:机械工业出版社,2005.

[26] [美]奥斯卡·R.奥赫达.饰面材料[M].楚先锋,译.北京:中国建筑工业出版社,2005.

[27] [美]克里斯·亚伯.建筑与个性——对文化和技术变化的回应[M].2版.张磊,司玲,侯正华,等,译.北京:中国建筑工业出版社,2003.

[28] [日]小林克弘.建筑构成手法[M].陈志华,王小盾,译.北京:中国建筑工业出版社,2004.

[29] [英]布莱恩·劳森.空间的语言[M].北京:中国建筑工业出版社,2003.

[30] 张永和.非常建筑[M].哈尔滨:黑龙江科学技术出版社,1997.

[31] [美]麻省理工学院.圣地亚哥·卡拉特拉瓦与学生的对话[M].张育南,译.北京:中国建筑工业出版社,2003.

[32] 王建国,张彤.安藤忠雄[M].北京:中国建筑工业出版社,1999.

[33] [美]奥斯卡·R.奥赫达,[美]马克·帕什尼克.建筑元素[M].杨翔麟,杨芸,译.北京:中国建筑工业出版社,2005.

[34] 蔡凯臻,王建国.阿尔瓦罗·西扎[M].北京:中国建筑工业出版社,2005.

[35] 褚智勇.建筑设计的材料语言[M].北京:中国电力出版社,2006.

[36] 马进,杨靖.当代建筑构造的建构解析[M].南京:东南大学出版社,2005.

[37] 丁沃沃,张雷,冯金龙.欧洲现代建筑解析:形式的逻辑[M].南京:江苏科学技术出版社,1998.